图解数控机床控制与维修

PLC+自动线+高端机床

佟 冬 主编
黄丽梅 马树德 副主编

化学工业出版社
·北京·

内 容 简 介

本书从数控机床控制和调试维修的角度，主要介绍了直流电与交流电、电机控制与优化、数控系统进给误差及补偿、硬件连接与软件组态、自动线介绍与调试、液压与气动工作原理、力矩电动机、电气原理图、发那科梯形图、西门子 PLC、中高端数控机床调试与维修等内容。

本书可供与机床相关的技术人员和操作人员使用，也可供高等院校相关专业师生学习参考。

图书在版编目（CIP）数据

图解数控机床控制与维修：PLC＋自动线＋高端机床/佟冬主编.—北京：化学工业出版社，2021.10

ISBN 978-7-122-39627-3

Ⅰ.①图…　Ⅱ.①佟…　Ⅲ.①数控机床-电气控制-图解②数控机床-维修-图解　Ⅳ.①TG659.022-64

中国版本图书馆 CIP 数据核字（2021）第 149413 号

责任编辑：王　烨　　文字编辑：陈小滔　温潇潇

责任校对：王素芹　　装帧设计：刘丽华

出版发行：化学工业出版社（北京市东城区青年湖南街 13 号　邮政编码 100011）

印　　装：北京盛通数码印刷有限公司

787mm×1092mm　1/16　印张 22¼　字数 597 千字　　2022 年 1 月北京第 1 版第 1 次印刷

购书咨询：010-64518888　　售后服务：010-64518899

网　　址：http://www.cip.com.cn

凡购买本书，如有缺损质量问题，本社销售中心负责调换。

定　　价：128.00 元

前言

机床（Machine Tool，MT），是指能制造机器的机器，因此机床又称为工业母机。小到手机，大到汽车火车、轮船飞机，其中大大小小的零件大都是由机床生产出来的。搭载了数控系统的数控机床，机械结构得到了大幅简化，加工能力及效率大幅提高，而对于技术人员来说，更加倚重的则是数控技术中的电气知识。

很多新入职场的电气工程师对于数控技术中的电气知识有一定的误解，甚至简单地认为 PLC 就是数控机床的全部。事实上，数控技术是一个多学科知识，包含了运动控制、NC 技术、PLC 技术、数据通信技术等，而 PLC 仅仅是最基础的技术环节。也就是说，即便精通 PLC，也不可能通晓全部的数控技术。

产生“PLC 就是数控机床的核心”这种误解的原因很简单，那就是工作中接触到的数控机床都是技术含量颇低的小微型数控机床，例如雕铣机、钻攻中心、小型卧式车床等。而对于大中型数控机床、高端数控机床来说，例如卧式加工中心、大型龙门铣床、落地镗床、五轴加工中心等，以及由数控机床组成的自动线来说，仅仅掌握 PLC 的知识是远远不够的。

相比解决数控机床的故障来说，更重要的是如何准确地判断故障。而且准确地判断故障才是一个电气工程师的综合实力的体现。而电气工程师的综合实力的提高，也就意味着能为企业做出更大的贡献，实现自己更大的价值。

本书是《数控机床电气控制入门》的续作，很多基础知识在前本书中有详细介绍，因此，对于职场新人来说，建议大家可先认真研读笔者编写的《数控机床电气控制入门》，打好基础，磨刀不误砍柴工。

本书共分 11 章，主要内容包括直流电与交流电、电机控制与优化、数控系统进给误差及补偿、硬件连接与软件组态、自动线介绍与调试、液压与气动工作原理、力矩电动机、电气原理图、发那科梯形图、西门子 PLC、中高端数控机床调试与维修等。本书所有章节知识点的连贯性很强，因此学习本书时要逐章逐节认真学习。

本书由中国兵器工业集团武汉重型机床有限公司电气科技骨干佟冬担任主编，由通用技术集团沈阳机床集团黄丽梅、通用技术集团大连机床有限责任公司马树德担任副主编，主要参编人员如下：通用技术集团沈阳机床集团马俊杰、牛石从、周守胜、辛忠权、朱峰、陈刚、王薇、李阵、白鑫、李雨馨、吕文卓、赵宏强、刘昌盛、吴云峰、陈美良、李宁宁、苗松、杨坤，通用技术集团大连机床有限责任公司张峰、段广游、张魁非、冯津强，63656 部队任彦东。

由于笔者水平有限，书中难免存在不足之处，欢迎广大读者批评指正，主编联系邮箱 saintong@163. com。

佟冬

2021 年 6 月

目录

附录 / 290

参考文献 / 347

第1章 直流电与交流电

现代人生活和工作中使用的电源，应用最多的当属交流电。相比之下，100多年前的人们更多使用的是直流电。交流电的广泛应用并不是一帆风顺的，而是经历了一段漫长而又黑暗的时期，经过多年的斗争才实现的。

而这一切都要从电学之父法拉第（图1-1）说起。

1.1 电学之父法拉第

图1-1 迈克尔·法拉第

迈克尔·法拉第（Michael Faraday，1791—1867）是英国物理学家、化学家。法拉第首次发现电磁感应现象，它揭示了电和磁现象之间的相互联系和转化关系：运动的电产生磁场，运动的磁场产生电。

只要穿过闭合电路的磁通量发生变化，闭合电路中就会产生电流，产生的电流叫作感应电流（图1-2）。依据电磁感应的原理，人们制造出了发电机，使得电能的大规模生产和远距离输送成为现实。电能的广泛使用，使得人类的生产力发展又有了一次重大飞跃，人类文明由蒸汽机时代迈进了电气化时代，又称为第二次工业革命。

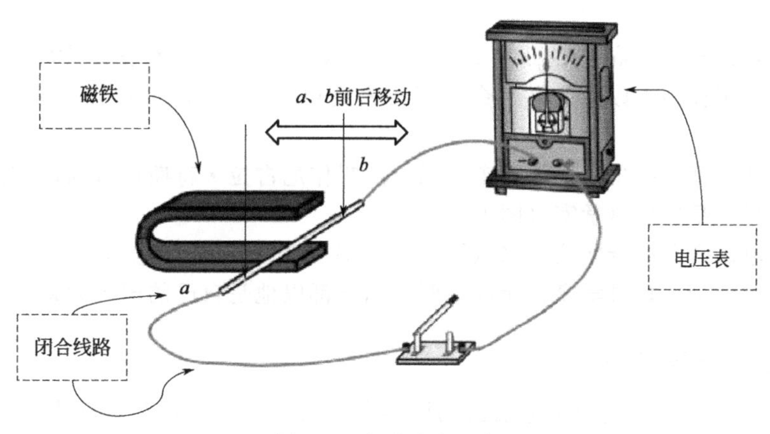

图1-2 电磁感应现象

1.2 爱迪生简介

通过发电机能大规模地生产电能，电能需要用电网进行传输。早期的发电机生产的电能是直流电（Direct Current，DC），电网输送的电能自然也是直流电。对直流电的传输与应用做出最大贡献的就是赫赫有名的发明大王——爱迪生（图 1-3）。

托马斯·阿尔瓦·爱迪生（Thomas Alva Edison，1847—1931），是世界闻名的发明家、企业家。爱迪生在推广直流电时，很快就发现了困难所在，难题有两个。

第一，因为导线自身有电阻，线路越长，电阻就越大。电阻大了发热就大，导致很多电能转变成热能后白白损失掉了，为了弥补这些因发热而损失掉的电能，只能将该部分成本转嫁到用户身上，最终导致直流电的电费非常的昂贵，只有少数有钱人才能用得起。

第二，因为传输距离远，线路过长，电压下降（压降）严重，到电网线路末端的客户家里，电压严重不足。最终只能每隔一英里（约为 1.6km）就要建立发电站，进一步提升了用电成本，同时还增加了对环境的污染。

直到有一天，一个人的出现彻底改变了这一切：电网实现超远距离传输（图 1-4），发电站远离生活区，并使电能成为大众能消费得起的能源，这个人就是特斯拉。

图 1-3　爱迪生

图 1-4　高压传输电网

1.3 特斯拉简介

尼古拉·特斯拉（Nikola Tesla，1856—1943），塞尔维亚裔美籍发明家、物理学家、机械工程师、电气工程师。以他的名字命名了磁密度单位（1Tesla＝10000Gause），表明他在磁学上的贡献。

在塞尔维亚首都的贝尔格莱德有座机场，就叫作尼古拉·特斯拉机场，该国的 100 第纳尔货币上的头像也是这位科学家（图 1-5）。

美国品牌电动汽车以特斯拉命名（图 1-6），这些都是为了纪念这位伟大的人物。因为特斯拉是塞尔维亚裔美籍科学家，所以这两个国家都以他是自己的国民为荣。

1.3.1 特斯拉与爱迪生

1882 年秋，特斯拉到爱迪生电话公司巴黎分公司当工程师，并成功设计出第一台感应电机模型。1884 年，特斯拉第一次踏上美国国土，来到了纽约，开始在爱迪生实验室工作。

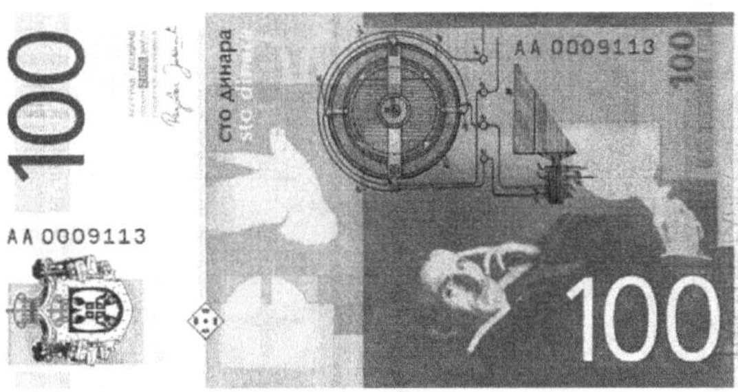

图 1-5　塞尔维亚货币（已不流通）

除了前雇主查尔斯·巴切罗所写的推荐信外，他几乎是一无所有。这封写给托马斯·爱迪生的信中提到：“我知道有两个伟大的人，一个是你，另一个就是这个年轻人。”

图 1-6　特斯拉汽车

爱迪生雇用了特斯拉，安排他在自己的公司工作。这个天才的年轻人很快就显露出了他的与众不同，帮爱迪生解决了很多技术难题。在为爱迪生工作的这段时间里，特斯拉提出了有关交流电的理论与应用，但都被爱迪生否决。相比交流电，爱迪生更痴迷于直流电。后来爱迪生许诺以五万美金作为奖励，让特斯拉重新设计以改进直流发电机。当特斯拉出色地完成任务后找爱迪生兑现承诺时，爱迪生以一句“美国式的玩笑”拒绝了特斯拉，再加上爱迪生一直痴迷直流电，仅仅为爱迪生工作了一年的特斯拉最终选择了离职（1885 年）。

1.3.2　特斯拉与交流电

离职后的特斯拉一度陷入穷困，直到 1887 年 4 月，他创立了自己的公司，很重要的一个目的就是推广交流电。特斯拉组装了最早的无电刷交流电感应电机，并在 1888 年为美国电气电子工程师学会做了演示。同年，他发现了特斯拉线圈的原理，并且得到了当时西屋电器与制造公司乔治·威斯汀豪斯的支持，于是两人合作推广交流电。

图 1-7　变压器

有了交流电，就可以使用变压器（图 1-7）提升电厂的出厂电压，而直流电不能通过变压器改变电压。由于能量是守恒的，通过变压器提高电厂的出厂电压，出厂电流就会降低，如此一来，相同距离传输电能的时候，电能的损耗就会大幅降低，这样就减少了电能的传输成本。

当用户使用电能时，再通过变压器将电网电压降低，满足实际的用电需求。

由焦耳定律可知，电产生的热能与电流的平方值成正比，$Q=I^2Rt$，电网在远距离传输电能时，电压提高一倍，那么电流就要降低一半，电网在传输电能时的损耗就降低到原有损耗的四分之一（理论值，下同）。电压如果提高两倍，那么电网在传输电能时的损耗就是原有损耗的九分之一。当电能在电网中的损耗大幅降低后，电的传输成本也大幅降低，那么电费的价格就会大幅下降。直流电与交流电在传输上的对比如图 1-8 所示。

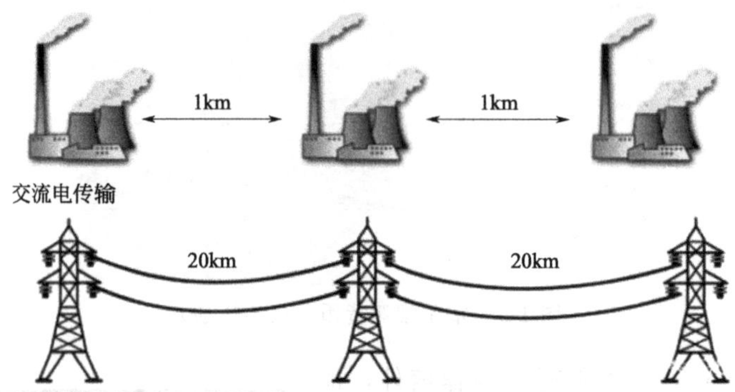

图 1-8 直流电与交流电在传输上的对比

当然这些在如今看来美好的事情，在 100 多年前进行的并没有那么顺利，尤其是早期的交流电在应用过程中很多技术并不是十分成熟，更为重要的是交流电在推广的过程中严重损害了爱迪生的利益，为此爱迪生无所不用其极地抵制交流电，从而爆发了最著名的“电流之争”(图 1-9)。

1.3.3 电流之争

交流电在传输的过程中，最典型的特征就是电压很高，而高电压是致命的。为此，爱迪生为了打压交流电，利用人们对电的恐惧，采用了两个最有名的举措，来证明交流电的危害。

图 1-9 特斯拉与爱迪生的电流之争

1903 年，爱迪生找来一头名叫托比西的大象，准备在众目睽睽之下将其电死。在纽约著名娱乐区科尼岛，爱迪生将可怜的托比西放在一张铁板上，然后拉下电闸。剧烈的电流瞬间通过托比西的身体，在火焰、焦煳味以及看客们的惊呼中，四吨重的大象顷刻间倒毙。随后爱迪生将电死大象的过程拍成了纪录片，用以说明交流电的“危险”，当时电死大象的交流电电压高达 6000V。

为了进一步打压交流电，爱迪生决定用人来做试验对象。当时纽约州正在寻求更高效的处刑手段，希望能有一种更能彰显人道、文明的方法来代替传统的绞刑、枪决。爱迪生的公司里有个工程师叫夏努·布朗，他在爱迪生的帮助下发明了电椅。于是在爱迪生不遗余力地游说下，纽约州同意用电椅来处决犯人，当然电椅使用的电是交流电。第一次使用电椅处决死刑犯的电压是 300V，分三次，分别是 17s、3min、8min，累计使用 11 分 17 秒才将该死刑犯电死。自此之后，人们对交流电的恐惧达到了极点。

1.3.4 特斯拉的反击

作为对爱迪生宣传攻势的反击，特斯拉也在多个公开的场合进行“电的魔术”表演。除了使人们为之惊叹以外，特斯拉的另一个目的就是向世人传播交流电理念：当不被用在故意犯罪的目的时，交流电是非常安全的。

就在“电流之争”愈演愈烈的时刻，特斯拉终于等到了一次绝好的机会。1893 年的芝加哥世博会，电力系统招标，威斯汀豪斯用爱迪生四分之一的报价拿下项目，在全世界瞩目当中，特斯拉的高频率交流电点亮了整个世博园，从此也彻底打消了人们对于交流电的顾虑。

不久后，在尼亚加拉大瀑布将要建造美国第一座水力发电站，交流电系统由于其经济实惠和便于制造而被选中。1895 年，一座十万马力的发电站建成，它可以将电流传输到距发电站 35km 外的布法罗市。

这个项目和后来相继建成的十多个发电站都选用了特斯拉的交流电技术。由于交流电超远程的传输距离、低廉的价格，使得爱迪生的直流电再也没能翻身，最终交流电成了民用电的唯一选择。

1.4 劳保鞋

实际上，不论是交流电还是直流电，只要是高压电都是危险的。行业规定，安全电压不高于 36V，持续接触的安全电压是 24V，安全电流为 10mA。

电击对人体的危害程度，主要取决于通过人体电流的大小和通电时间长短。电流强度越大，致命危险越大；持续时间越长，死亡的可能性越大。人们能感觉到的最小电流值称为感知电流，交流电为 1mA，直流电为 5mA；人触电后能自己摆脱的最大电流称为摆脱电流，交流电为 10mA，直流电为 50mA；在较短的时间内危及生命的电流称为致命电流，致命电流为 50mA。在有防止触电保护装置的情况下，人体允许通过的电流一般为 30mA。

在数控机床的电气工作中，为了防止个人被电伤，最基本也是最有效的办法就是穿劳保鞋（图 1-10），有质量保证的劳保鞋能有效防止高达 500V 甚至更高的触电伤害，而且还具有防止重物砸伤、防滑等保护作用。

工厂是一个充满一定危险的场所，不是校园、不是超市、不是商场，要时刻保护好自己的人身安全。不论是对个人而言，还是对企业而言，人身安全才是重中之重的事情（图 1-11）。

图 1-10 劳保鞋实物图

图 1-11 安全生产

1.5 数控系统的供电

数控系统中的电源模块、驱动器（发那科称之为放大器）、变频器、主轴电机、伺服电机，属于高压交流电供电部分；I/O 模块、显示器、光栅尺模块等属于低压直流电供电部分。驱动器供电如图 1-12 所示。

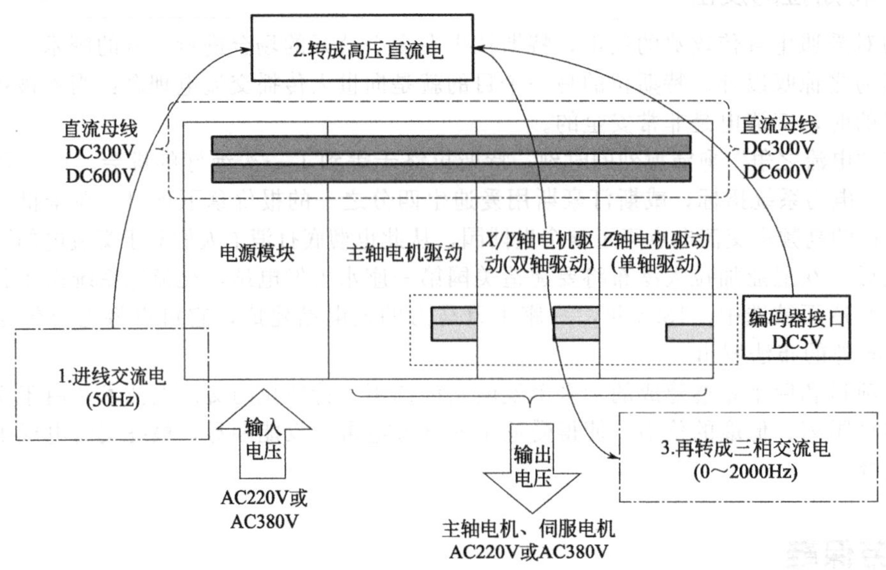

图 1-12　驱动器供电

① 电源模块由电网或变压器提供三相交流电，进线电压是 AC380V 或 AC220V；

② 驱动器由电源模块提供高压直流电，数控系统类型不同，高压直流电范围是 DC300～600V，但一定高于电源模块进线电压，功率越大（宽度越大）的驱动器离电源模块越近；

③ 主轴电机、伺服电机由驱动器或放大器提供电源，电压与电源模块的进线电压相同，且都是三相交流电，电压是 AC380V 或 AC220V；

④ 速度编码器线、位置编码器线（主轴）由驱动器供电，供电电压是 DC5V。

1.5.1　电源模块与交流电

国产数控系统的驱动器供电电压也各不相同，但供电电压也只有 AC220V 与 AC380V 两种，我国台湾生产的数控系统供电电压通常是 AC220V。

以发那科、三菱为代表的日系数控系统的供电电压更多的是 AC220V（图 1-13、图 1-14），以西门子、海德汉为代表的欧系数控系统的供电电压更多的是 AC380V（图 1-15、图 1-16）。

图 1-13 发那科电源模块
（中型以上数控机床）

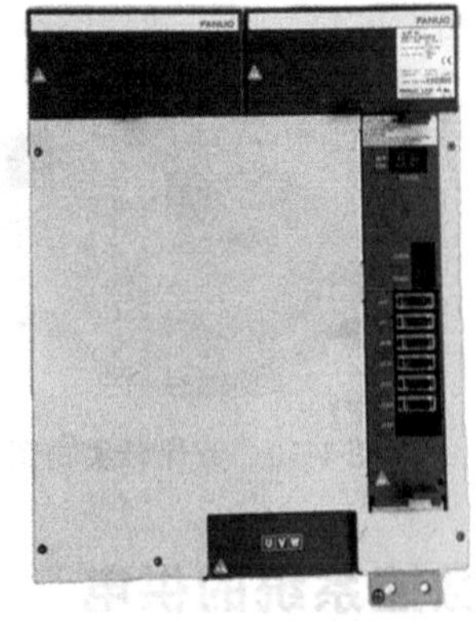

图 1-14　电源模块与放大器集成在一起
（小型数控机床）

图 1-15 西门子书本型驱动器
（中型以上数控机床）

图 1-16 西门子紧凑型驱动器
（小型数控机床）

应用在中小型数控机床上的数控系统使用的供电电压有 AC220V 和 AC380V 两种，但应用在大型数控机床上的数控系统使用的供电电压只有 AC380V。

西门子电源模块的供电电源是 AC380V，与我国工业电网的电压一致，因此应用时可以直接接到工业电网上。而对于中小型数控机床所应用的发那科系统，其电源模块的供电电源是 AC220V，因此还需要额外配置一台变压器，将 AC380V 变压至 AC220V，以满足电源模块的供电需求。对于大型或重型数控机床所应用的发那科系统而言，其放大器也是 AC380V 供电，可以直接接入工业电网，不需要变压器。

数控机床上所使用的主轴电机、伺服电机也是三相交流电供电（图 1-17、图 1-18），供电电压与放大器、驱动器的供电电压相同。这就意味着驱动器、放大器通过内部电路，将工业电网 50Hz 的交流电“转变”成 0～2000Hz 的交流电，也就是说驱动器/放大器改变的只有交流电的频率，并没有改变交流电的电压。

图 1-17 发那科主轴电机（大）与伺服电机

图 1-18 西门子主轴电机（大）与伺服电机

1.5.2 电源模块与高压直流电

驱动器改变了供电的频率，并没有改变供电的电压。其运行过程是通过整流电路，将交流电转换成直流电，其过程称之为整流，再由逆变电路将直流电转换成交流电，称之为逆变。

电源模块中的直流电电压要远高于输入端的交流电电压，直流电的传输由直流母线实现，直流母线的实物是两根用绝缘胶带包裹的金属条（图 1-19、图 1-20）。

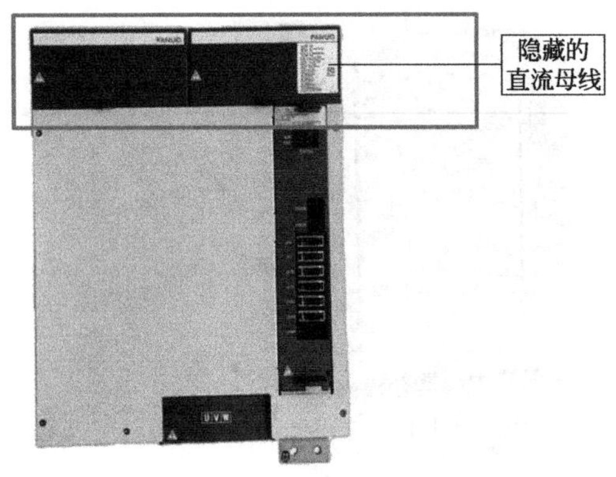

图 1-19 一体式放大器（发那科）

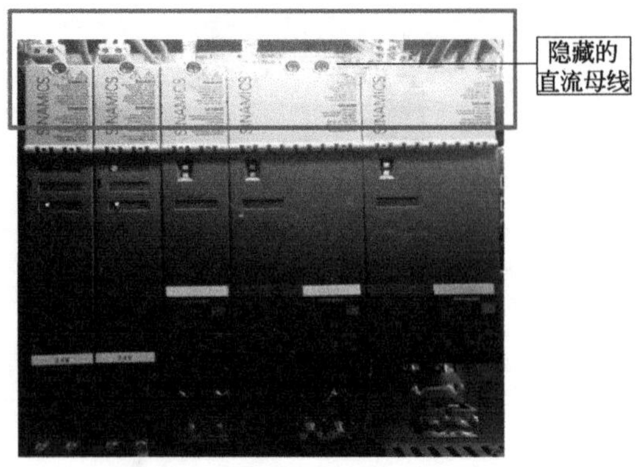

图 1-20 书本型驱动器（西门子）

发那科放大器的进线电压通常是 AC220V，但直流母线的电压高达 DC300V，西门子驱动器的进线电压是 AC380V，但直流母线的电压最高达 DC600V。不论是 DC300V 还是 DC600V，都远远超过人体的安全电压 DC36V，因此在工作中不要将保护盖翻开或打开，以防触电。

西门子数控系统的直流母线电压已经超过普通劳保鞋 500V 的安全保障电压，在数控机床通电时，不要将保护盖打开（图 1-21～图 1-23）。

驱动参数 AX2:Z/SERVO_3.3:4

参数		名称	值	
r2		驱动的运行显示	[43] 接通禁...	M
p10		驱动调试参数筛选	[0] 就绪	M
p15		宏文件驱动对象	0	M
r20		已滤波的转速设定值	0.0 rpm	M
r21		已滤波的转速实际值	0.0 rpm	M
r22		已滤波的转速实际值 rpm	0.0 rpm	M
r24		已滤波的输出频率	-0.0 Hz	M
r25		已滤波的输出电压	0.0 Veff	M
r26	✔	经过滤波的直流母线电压	538.5 V	M
r27		已滤波的电流实际值	0.00 Aeff	M
r28		已滤波的占空比	0.0 %	M
r29		已滤波的磁通电流实际值	-0.00 Aeff	M
r30		已滤波的转矩电流实际值	0.00 Aeff	M
r31		已滤波的转矩实际值	0.00 Nm	M
r32		已滤波的有功功率实际值	-0.00 kW	M
r33		已滤波的转矩利用率	0.0 %	M
r34		电机热负载率	0 %	M
r35		电机温度	30.8 ℃	M
r36		功率单元过载 I2t	0.0 %	M

DRV_CTRL_OP_STATE

驱动 + | 驱动 - | 选择驱动 | 保存/复位 | 搜索 | 筛选

通用机床数据 | 通道机床数据 | 轴机床数据 | 用户视图 | 控制单元参数 | 电源模块参数 | 驱动参数

图 1-21 西门子 828D 直流母线电压（急停）

1.5.3 低压直流供电

数控机床中的直流电，需要手动接线的主要就是 DC24V 与 DC0V。显示器、I/O 模块、光栅尺模块等则由稳压电源供电（图 1-24～图 1-26）。

判断一个电气元件是否由 DC24V 供电的最直观的方法就是观察接线电缆。如果是蓝色的线且粗细接近普通 2B 铅笔芯，那么这个电气元件的工作电压就是 DC24V；如果接线电缆是较粗的黑色线或者红色线，则对应的电压通常高于 DC36V，工作中要格外注意安全。

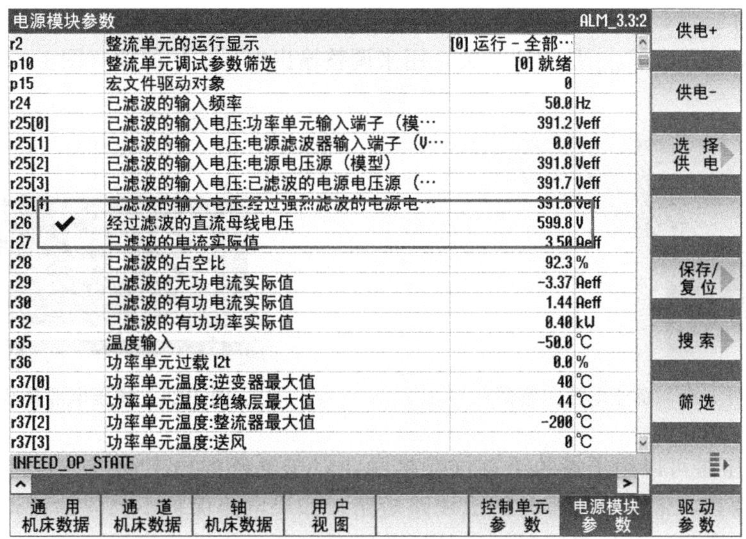

图 1-22　西门子 840Dsl 直流母线电压

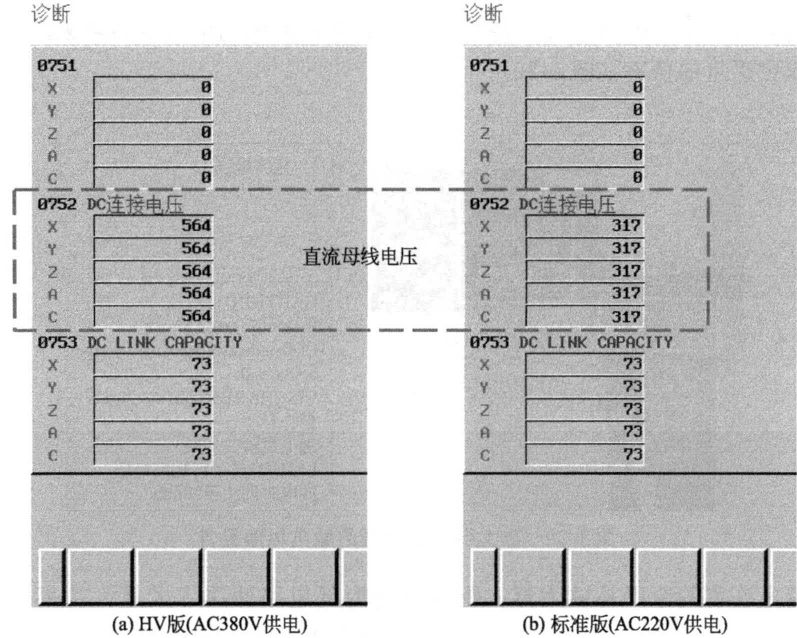

图 1-23　发那科直流母线电压

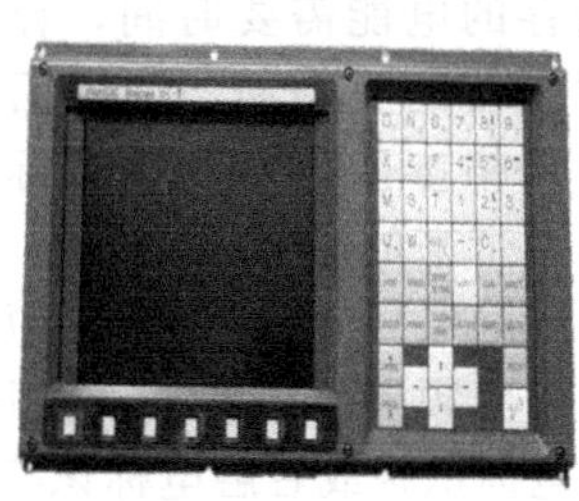

图 1-24　显示器

图 1-25　I/O 模块

图 1-26　光栅尺模块

稳压电源的 L、N 接头接 AC220V，由变压器提供电源；V+与 V−是输出电压，分别输出 DC24V 与 DC0V，$+V_{ADJ}$ 是旋钮开关，用来调整输出电压+V 的值（图 1-27、图 1-28）。

图 1-27　稳压电源实物图

图 1-28　稳压电源接线图

DC24V 电压是可以用干燥的手直接触摸的，对于熟练的电工而言，在接线时会带电接线，对于新人而言，带电接线容易造成线路短路，如果电路保护不到位的话，容易损毁电气元件。出于安全考虑，低压接线时，还是要关闭总电源，再进行接线。

1.5.4　致命的残留电

通常人们会认为不通电的电气设备是安全的，刚刚断电的电气设备带来的危险往往被忽略，进而造成更严重的伤害（图 1-29）。

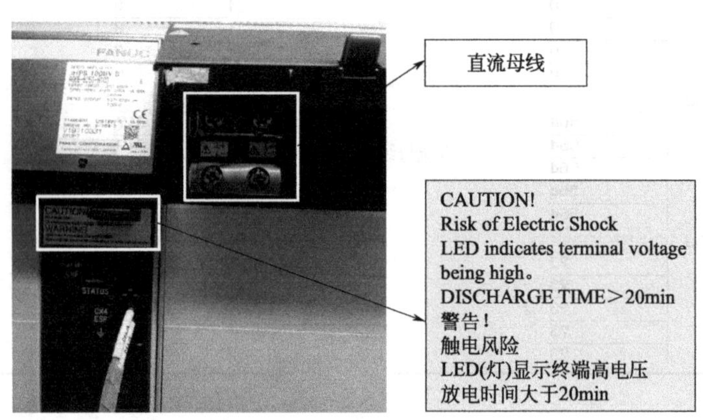

图 1-29　放大器、驱动器的触电风险警告

造成残留电伤害的原因是放大器、驱动器的内部电路使用了大量大功率的电容与电感（图 1-30），不论是电容还是电感，都是能储存电能的。其中电容主要储存直流电，电感主要储存交流电，不论是电容还是电感，释放储存的电能需要时间，释放电能的时间根据设备的类型而不同。因此不论工作多忙，严格参照设备的警告标识，不能忽略残留电带来的触电风险。

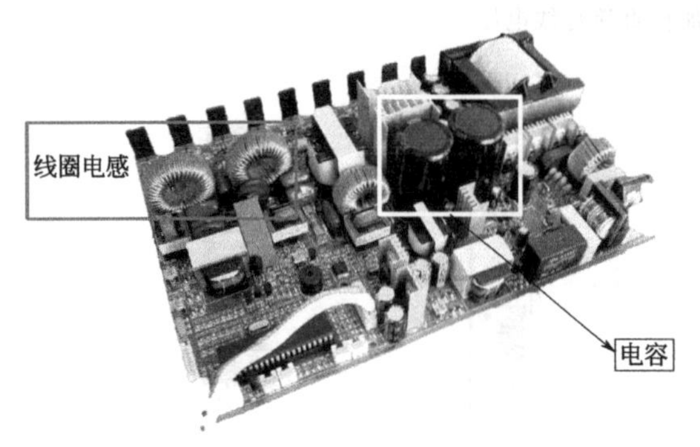

图 1-30　电路板中的电容与电感

有残留电触电风险的不仅包含放大器、驱动器，还有变频器、滤波器及变压器等，但凡带有触电标识牌或者触电标识符的，在操作上都要严格按照要求操作（图 1-31）。

1.5.5 不起眼的地线

地线电缆的特征非常明显，是黄绿色的单芯线缆，横截面积不固定。电气柜中的电气设备，但凡有接地标识的都必须接地线，同时也包括电气柜门上的地线，都要连接到接地铜排上（图 1-32、图 1-33）。

图 1-31 触电风险标识牌

图 1-32 接地符号

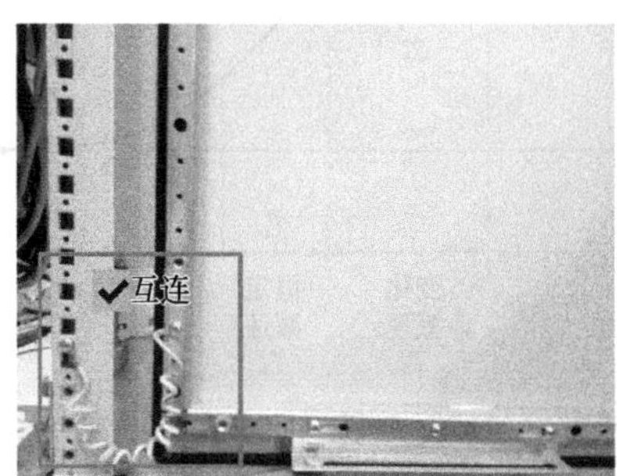

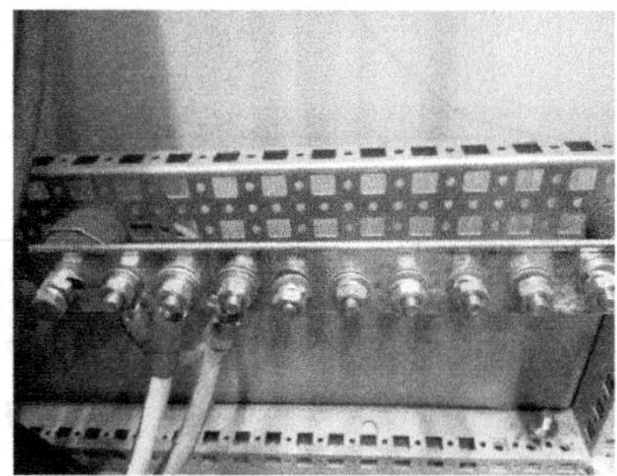

图 1-33 地线接线与接地铜排

电气设备接地电缆的横截面积通常与供电电缆的横截面积相同，接地铜排的总地线横截面积不低于 10mm^2。地线在接线时不能发生缠绕（图 1-34）。

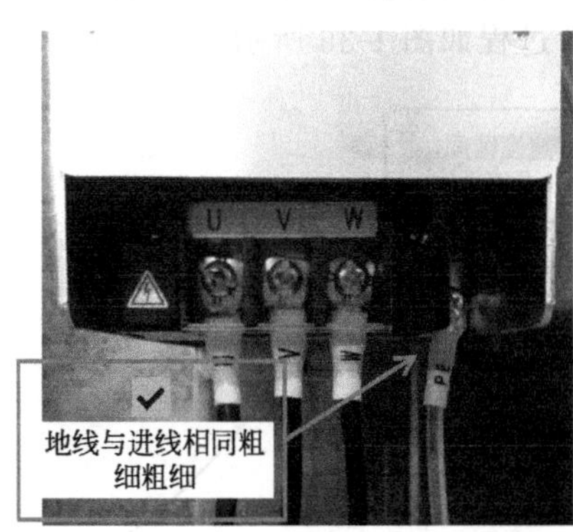

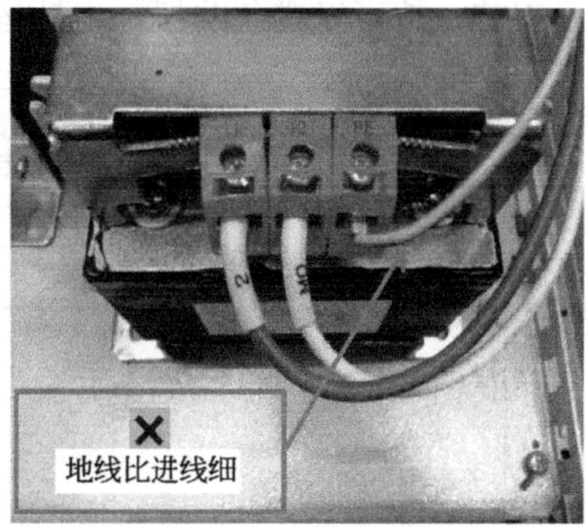

图 1-34 容易被忽略的地线横截面积

1.6 交流电的烦恼

交流电与直流电的最大区别是交流电有电流频率，而直流电没有电流频率。

三相交流电机的转速与交流电的频率成正比，提高三相交流电机的电流频率，相应的电机转速也会提高；降低三相交流电机的电流频率，相应的电机转速也会降低。但当三相交流电机在加减速时，不再是简单的转速与频率成正比，而是多组频率的交流电共同影响的结果。换句话说，与交流电频率成正比的是三相交流电机的稳定转速。在控制伺服电机加减速时，其电源的频率范围为 0～2000Hz。如此大范围的电流频率必然与数控机床某些床身部件的固有频率相同，进而产生共振，尤其是对伺服轴而言，在运行过程中频繁地加速、减速、换向，必然会导致伺服电机的交流电频率与数控机床的某些零部件产生持续的共振，对于数控机床而言，不仅会影响加工的质量，同时也会损坏机床的床身结构。

伺服电机在启停运行过程见图 1-35。

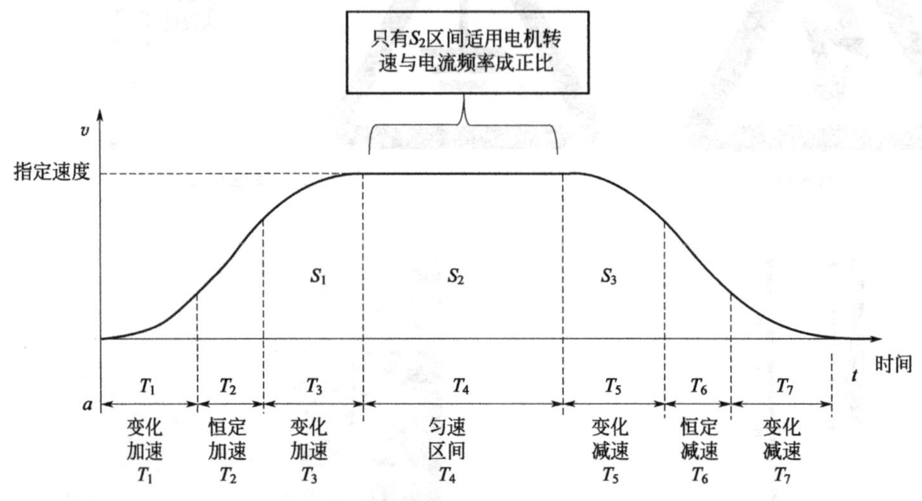

图 1-35　交流伺服电机启停的运行过程

值得强调的是，伺服轴电机的转速从“变化加速 T_1”到“变化减速 T_7”的过程中，每一个时刻都会影响加工结果。

而对于主轴来说，其在加工时的转速是固定的，不需要频繁地进行加减速以及换向。更重要的是主轴在加减速的过程中不参与加工。即便引起共振，只要改变主轴的加工转速，改变零件的加工工艺，就可以避免共振。主轴运行过程如图 1-36 所示。

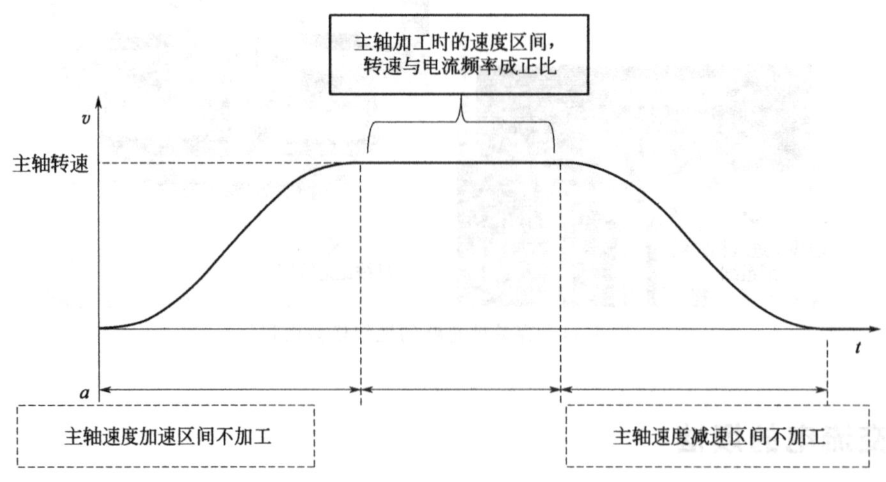

图 1-36　主轴运行过程

主轴的旋转通过 M 代码 M3 或 M4 实现，主轴停止旋转通过 M 代码 M5 实现。

常见的 M 代码控制主轴的 PLC 处理过程如图 1-37 所示。

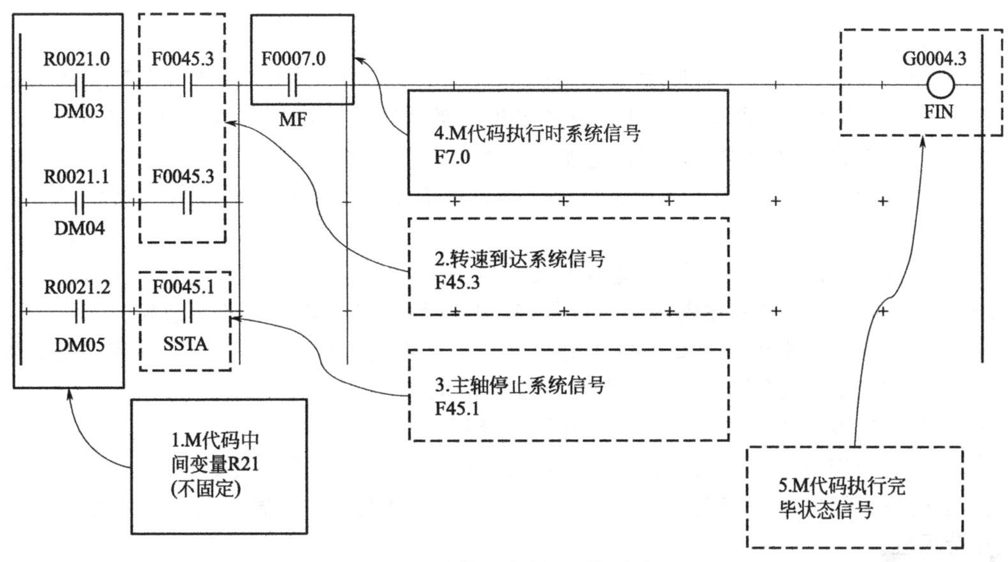

图 1-37 主轴运行的 M 代码处理

由控制主轴旋转的 PLC 处理过程可知，主轴在达到指定速度之前是不能进行加工的，因为转速到达信号 F45.3 的原因，会使主轴在达到指定的转速之前，数控系统一直处在执行 M 代码期间（G4.3）。

对于国内的数控机床而言，其整体的机械结构很多都是源自二十世纪八九十年代的日本（中小机床）、苏联（大型、重型机床），数十年来很少做大的改动，因此被很多数控机床厂家称之为经典结构。但随着近年来数控技术的提升，伺服电机的响应速度越来越快，主轴转速越来越高，而没有变化的就是数控机床所谓的“经典结构”。

例如，一辆绿皮火车的最高速度是 120km/h，如今希望最高速度达到 240km/h 的动车速度或者 350km/h 的高铁速度，仅仅更换一个更大功率的发动机是不能达到目的的，而是其整体的材料材质、机械结构都要进行变更与改进。

再说回到数控机床，所有的部件都有固有频率，而且还是多个高阶（高频）固有频率。从电气控制的角度来说，“经典结构”时代的数控机床的床身固有频率只满足低转速、低响应速度的交流电机控制。随着电机转速的提高、响应速度的加快，控制手段越来越复杂，势必造成放大器、驱动器的输出电流频率范围越来越大，必然会导致放大器、驱动器与床身的零部件产生高阶共振，这也就意味着所谓的“经典结构”不再经典。

以发那科的伺服控制为例，伺服系统的电流环采用 HRV（High Response Vector，高响应矢量）控制，电流采样周期越小，控制精度越高。HRV1 控制的电流采样周期是 250μs（微秒，下同），HRV2 控制的电流采样周期是 125μs，HRV3 控制的电流采样周期是 62.5μs，HRV4 控制的电流采样周期是 31.25μs。目前市场上应用最多是 HRV3 控制，HRV3 控制的电流频率范围是 10～2000Hz，而低于 HRV3 版本的控制的电流频率范围是 10～1000Hz。这就意味着如果床身等部件的高阶振动频率在 1000～2000Hz 之内，必然会引起床身之间以及床身与伺服电机之间的共振。

虽然可以通过添加电子滤波器抑制伺服电机的高频共振，但不能抑制因高频而导致的床身部件之间的共振。

1.7 本章节知识点精要

① 用电要注意安全。

② 闭合的电路在变化的磁场中会产生感应电流，感应电流的发现使得人类文明从蒸汽机时代步入到了更加高效的电气时代，也就是说人类文明从工业 1.0 步入到了工业 2.0。

③ 由于特斯拉的卓越贡献，使得电能成了廉价的能源。

④ 但凡标识有“PE”的电气设备都要接地，所有电气设备的地线也要连接汇总，而且所有的接地电缆要足够粗。

⑤ 电缆是有电阻的，在传输电能时只要电缆有长度就会产生压降，压降会随着电缆长度的增加而增加，短距离的输电压降可以忽略，但长距离的输电压降不可忽略。

⑥ 对于数控机床来说，重要的信号电缆的电信号强度，例如 I/O Link 电缆、变频器模拟量电缆（DC10V）也会随着电缆的长度增加而减弱。

⑦ 只有交流电才能通过变压器进行升压与降压。

⑧ 直流电与交流电是可以互相转换的，交流电的频率也是可以改变的。

⑨ 不论是直流电还是交流电，只要超过 36V 就会对人产生伤害，防止电击最好的方法就是穿劳保鞋。

⑩ 大功率的电气设备，例如放大器、驱动器、变频器、变压器、滤波器等在断电后仍有残留的电能，如果需要维修，不要立即进行拆装，需要等待一段时间后方可进行，具体等待时间不少于警示牌规定的放电时间。放电的电击伤害要大于触电伤害。

⑪ 控制三相交流电机转速的电流频率，如果与机床某些部件的固有频率相同，就会产生共振，不仅影响加工质量，长时间运行还会损坏机床。一言以蔽之，交流电会产生共振，但直流电不会。

第2章 电机控制与优化

数控机床的最终目的是批量加工质量有保证的零件。这就需要机床自身的机械结构稳定，同时要求频繁启停、加减速的伺服轴的运行速度稳定。在第1章中，介绍了频繁启停、加减速的伺服轴的电流频率范围为0～2000Hz，在某些情况下会与数控机床的工作台、床身、主轴箱等产生高频共振，导致数控机床运行时抖动，造成加工工件报废和数控机床损毁。由于数控机床的机械零部件是固定的，材质也是固定的，其工作台与床身的整体振动频率在数控机床装配后也是固定的，因此只能通过优化放大器、驱动器来解决共振的问题。

再次强调的是，优化放大器、驱动器抑制的是伺服电机自身共振频率，并不能抑制其他机床零部件因高频导致的共振。

2.1 机床振动

2.1.1 固有频率

固有频率也称为自然频率。任何物体都有固有频率，当受到外界刺激时就会产生振动。振动频率与物体的固有特性有关，例如质量、形状、材质等的变化，都会影响其固有频率。

对于数控机床来说，金属或者大理石材料的床身等机床部件，在被生产出来之时，其固有频率就已经固定下来，只要机床的整体结构不发生重大变化，那么固有频率的范围就是集中的、固定的。如果机床装配良好，刚性高的话，整体的固有频率高于200Hz。

2.1.2 共振及危害

共振是指一物理系统，例如桥梁、楼宇、机床，受外界激励做强迫振动时，如果外界激励的频率接近于系统的固有频率，强迫振动的振幅可能达到非常大的值，这种现象叫共振。

十八世纪中叶，一队拿破仑士兵在指挥官的口令下，迈着威武雄壮、整齐划一的步伐，通过法国昂热市一座大桥，快走到桥中间时，桥梁突然发生强烈的颤动，并且最终断裂坍塌，造成许多官兵和市民落入水中丧生。后经调查，造成这次惨剧的罪魁祸首，正是共振！因为大队士兵齐步走时，产生的频率正好与大桥的固有频率一致，使桥的振动加强，当它的振幅达到最大限度直至超过桥梁的承受范围时，桥就断裂了。由此可见共振的危害。

对于数控机床来说，伺服电机作为机床运行的核心动力源，运行时如果和工作台等机床部件发生共振的话，不仅仅是导致加工零件报废，同时也会对机床的自身结构造成严重损伤。

2.2 消除共振

对于数控机床而言，伺服电机一定是三相交流电动机，更准确地说，伺服电机是同步交流电动机，而主轴电机可以是三相交流电动机，也可以用直流电动机。如果主轴是三相交流电动机，通常是异步交流电动机，只有少数能实现高速刚性攻螺纹（3000r/min 以上）的中小型加工中心，会采用同步交流电动机。

镗铣床或加工中心，主轴都是三相交流电动机，而对于某些车床，机床制造商为了降低制造成本，主轴可能会采用直流电动机进行控制（图 2-1、图 2-2）。

图 2-1 五轴卧式加工中心（三相异步主轴）

图 2-2 单立柱立式车床（直流主轴）

共振来自交流电动机的电流频率，如果主轴电机采用的是直流电动机控制，由于直流电没有频率，故而也不会产生共振的情况。普通车床或者手动钻床等，加工时更多的依赖恒定的主轴转速，故而极少可能会出现共振的情况。

2.2.1 滤波器的种类

数控机床的电源模块有时会应用滤波器（图 2-3）。滤波器的主要作用是过滤掉电网中的高频与低频电流，好比收音机的调台功能一样，通过滤波器的过滤功能，保证放大器、驱动器获得的电流频率是纯净的，即 50Hz。

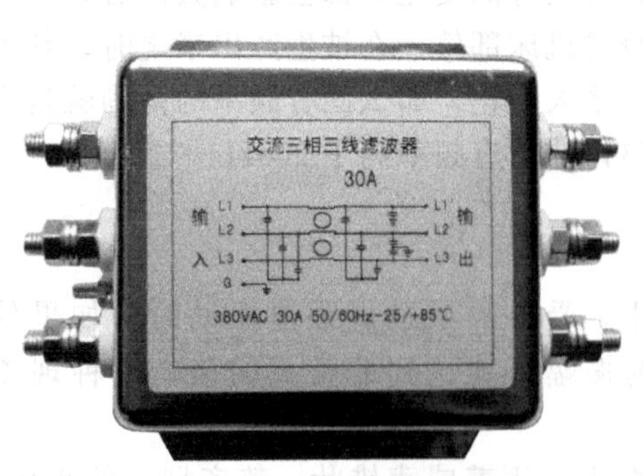

图 2-3 三相滤波器实物图

滤波器内部的电路板主要包含电感、电容、电阻等（图 2-4），其内部结构相对比较复杂，而且不同功能的滤波器，其内部电路结构都各不相同。由于数控机床是应用滤波器而非研发滤波器，因此不需要深究其具体的电路原理，但一定要了解滤波器的用途。

滤波器的应用途径有很多种，按照允许通过电信号的频率范围分为低通、高通、带通、带阻、全通滤波器等。

① 低通滤波器：允许信号中的低频或直流信号通过，抑制高频信号、干扰和噪声。

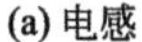

(a) 电感

(b) 电容

(c) 电阻

图 2-4　电感、电容、电阻实物图

② 高通滤波器：允许信号中的高频电流通过，抑制低频或直流电流。

③ 带通滤波器：允许一定频率范围的信号通过，抑制低于或高于该频率范围的信号、干扰和噪声。

④ 带阻滤波器：抑制一定频段内的信号，允许该频段以外的信号通过。

⑤ 全通滤波器：具有平坦的频率响应，并不衰减任何频率的信号，但改变输入信号的相位。

对于数控机床的放大器、驱动器来说，为了解决共振问题，其内部必然包含了带阻滤波器抑制伺服电机的共振频率。找到伺服电机的共振频率，削减其振动的幅值，这样就不会再产生共振现象。导致机床运行抖动的原因很多，共振仅仅是其中的一个原因。

2.2.2　共振优化方法

数控系统中的放大器、驱动器已经提供电子滤波器来解决数控机床共振的问题。发那科、西门子等数控系统已将该功能作为标配功能。在使用电子滤波器之前，首先需要确定的是数控机床的共振频率范围以及共振的峰值。

查找机床共振频率的范围与峰值的方法为频率响应（Frequency Response）法。通过数控系统的放大器（驱动器）发出一定频率范围的电信号（通常为10～2000Hz），再与伺服电机侧的接收器接收到的反馈信号进行幅值对比，也叫幅频特性，即可找出数控机床的共振频率范围，也就是说伺服电机接收到的反馈信号强度在某一频率范围大于放大器（驱动器）发出的电信号强度，那么表示该频率范围为共振频率范围。

根据放大器发出的电信号与伺服电机接收到的反馈信号的时间差，计算出相频特性，而相频特性表示的是电机控制的延后性。

所测试频率响应曲线分为上下两组曲线，曲线 1 为幅频特性，曲线 2 为相频特性（图 2-5），主要以曲线 1 作为考察伺服特性的依据解决共振问题。

曲线 1 按照频率区域划分，10～200Hz 为低频特性响应区，如果低频区域产生共振，通常是由较差的机械装配引起的，很难通过数控系统自带的优化功能消除共振。在低频特性响应区域内，接近 0dB 的曲线代表系统的响应带宽，接近 0dB 的曲线越宽，系统的响应特性越好。200～1000Hz 为高频特性衰减区，利用该区域的曲线，可以测试出机床高频振荡点，利用数控系统提供的电子滤波器功能进行滤波，最终消除共振。频率响应标准如图 2-6 所示。

理论上，伺服电机接收到的电信号与放大器（伺服电机）发出的电信号的差值是 0，时间差值也是 0，但实际上由于机械误差与装配等原因，导致实际接收到的反馈信号与发出的电信号在幅值与相位（时间差）上都存在差值。

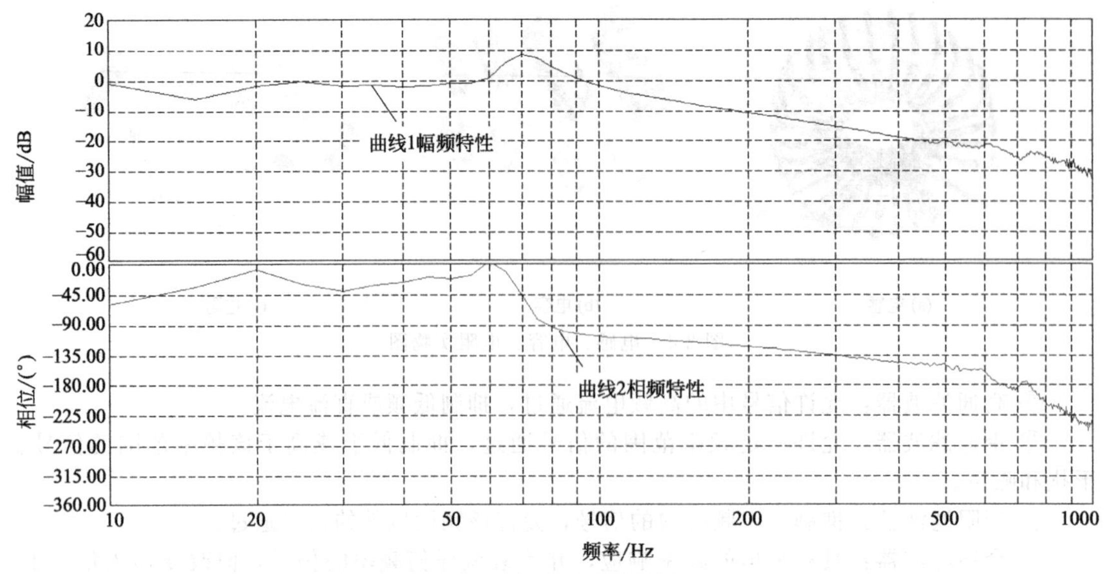

图 2-5 频率响应伯德图

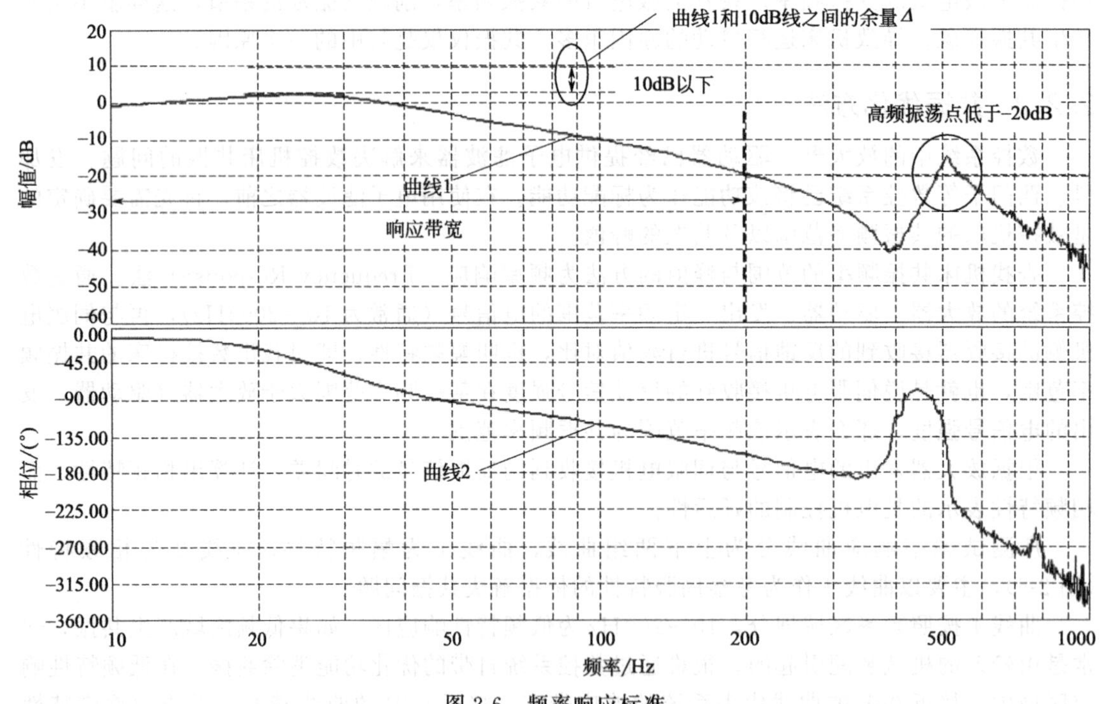

图 2-6 频率响应标准

由图 2-7 频率响应分析结果图可知，该轴在控制上存在两个可接受的共振频率点，如果加工精度不高（保证高增益）也是可以接受的，相位存在滞后。

频率响应优化前后对比如图 2-8 所示。

通过优化前后的对比发现，优化后共振区域消失，相位差则是从 0 开始逐渐降低，优化后该轴可以快速响应。

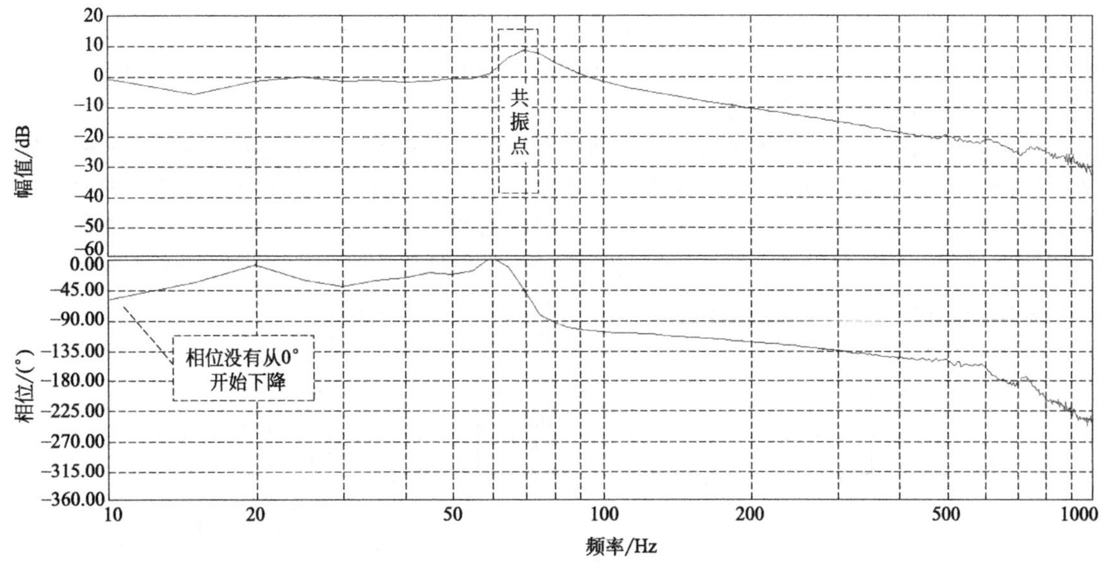

图 2-7　频率响应分析结果

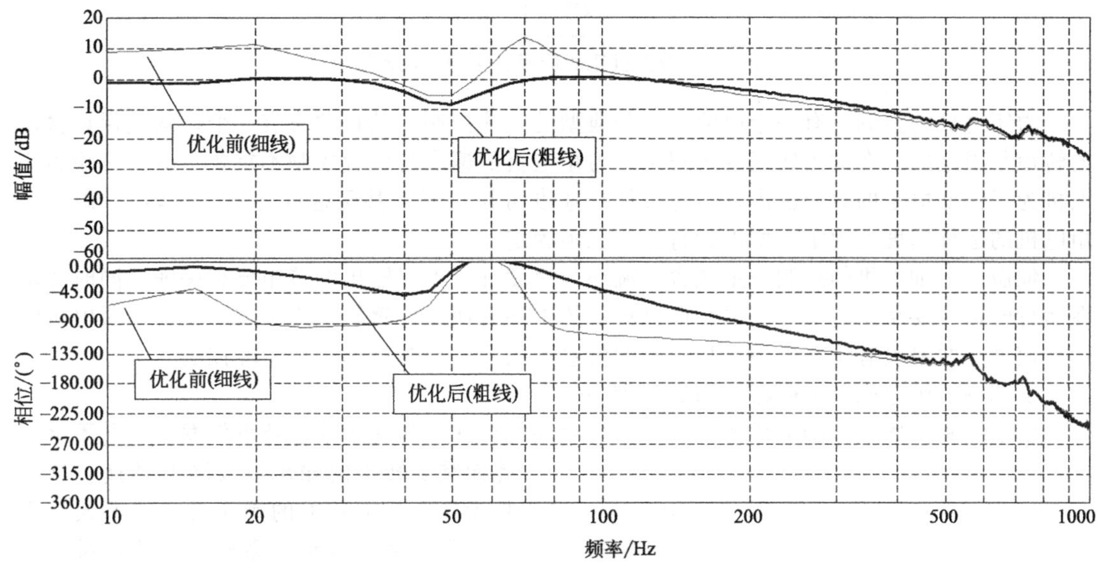

图 2-8　频率响应优化前后对比

2.3 自动快速优化工具

消除共振功能，需要借助数控系统自有的优化功能，发那科与西门子数控系统都提供在线优化功能，即在数控系统上实现一键快速优化功能，也提供相对复杂的、更专业的个人电脑端的手动优化功能。在优化伺服电机之前，要先了解伺服电机的控制原理。

2.3.1 伺服、主轴电机控制原理

数控机床的伺服电机在控制上包含三部分，从里至外分为电流控制（电流环）、速度控

制（速度环）、位置控制（位置环）。

电流控制是保证伺服、主轴电机的电流（转矩）与理论转矩的差值在要求范围内；速度控制是保证伺服、主轴电机的速度与理论速度的差值在要求范围内；位置控制是保证伺服、主轴电机运行的位置与理论位置一致。

电流控制的最终目的是保证机床在切削时即便加工负载发生变化也能保持恒定的输出转矩，以防转矩不足导致加工时切削量不足。速度控制的最终目的是保证机床切削时即便加工负载发生变化也能保持恒定的加工速度，加工时的切削速度保持恒定，加工出来的零件就没有因速度波动而导致的刀纹。位置控制的最终目的是保证机床在切削时即便加工负载发生变化，也能保持恒定的加工进给量，保证被加工零件的尺寸满足精度要求。

由上可知，伺服、主轴电机在加工过程中的控制要求是非常高的（图 2-9）。

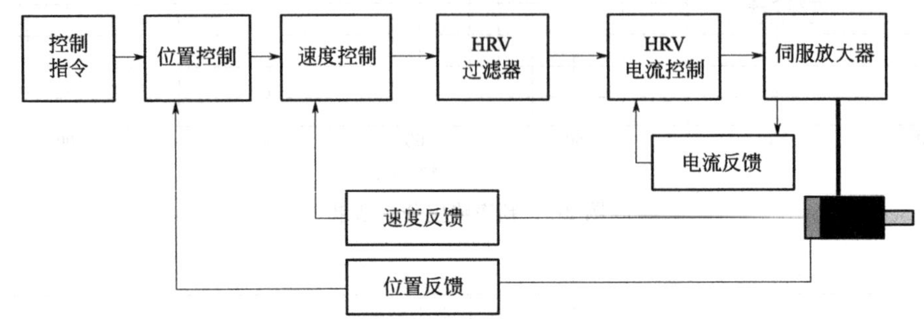

图 2-9　数控机床的伺服、主轴电机控制

力矩电机的控制只有一个电流环，是典型的电流控制，其目的只有一个，就是保证输出的转矩是固定的。在输出转矩的过程中，力矩电机的速度与位置控制不重要。也就是说力矩电机为了保证恒定的力矩输出，运行过程中速度可快可慢，甚至速度为零（堵转）。由于力矩电机的运行速度不固定，所以运行位置也不固定。

伺服、主轴电机的控制一定包含电流环与速度环，不仅输出的转矩要有保证，同时要求在运行时速度要稳定。伺服、主轴电机转子的末端有速度传感器，用来实时反馈伺服电机的运行速度，如果没有位置反馈，只有速度传感器的电机控制也称作半闭环控制。

发那科伺服电机及编码器如图 2-10 所示。

由于控制伺服、主轴电机的电流环与速度环的存在，因此导致意外事件发生时并不会因此而减少转矩的输出以及降低转速。这也是为什么要求相关的操作者、技术人员不允许戴手套、不允许穿长衣长袖，对于女性要求把头发扎起来的原因，因为一旦被旋转的电机或者主轴卷入，挣脱的概率几乎为零。安全警示牌如图 2-11 所示。

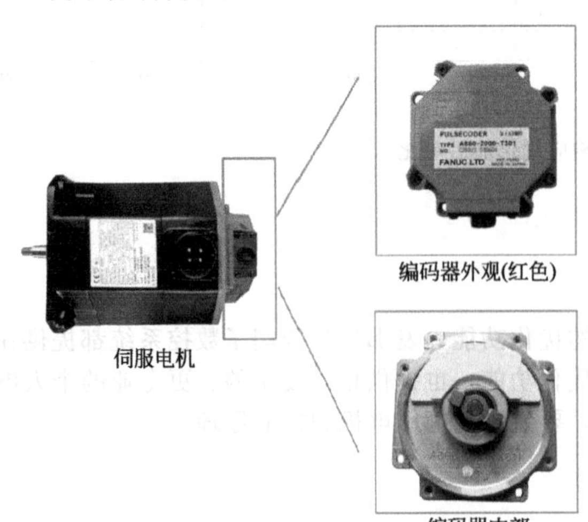

图 2-10　发那科伺服电机及编码器

高精度数控机床的伺服、主轴电机的控制不仅包含电流环、速度环，还有位置环控制，以保证在恒转矩输出、加工速度稳定的前提下，确保位置控制准确。而确保位置准确需要使用光栅尺，带有光栅尺的电机控制也叫全闭环控制。

由于主轴的转速是恒定的，伺服电机的转速是实时变化的，因此伺服电机的优

图 2-11　安全警示牌

化是重中之重。而伺服电机优化的第一重点就是三个控制环在高响应、高刚性下的相互配合工作，既保证力矩输出稳定、速度运行稳定、位置误差小，又要保证整个控制过程不发生共振现象。这又增加了伺服电机的控制难度。

另一个方面，伺服电机的加减速也需要根据实际机械进行调整，保证最合理的加减速保护数控机床的机械结构。

由此可见，伺服电机的控制理论是极其复杂的，对应的研发工作更是难上加难。

值得一提的是，关节机器人、桁架机器人等其他自动化场合所应用的伺服电机与数控机床的伺服电机相比要简单一些，原因在于其控制原理有很大的不同。简单地说，数控机床伺服电机在运行过程中既要保证定位精度（位置控制）的结果控制，同时又要确保运行速度不允许有波动（速度控制）的过程控制，相比之下，关节机器人、桁架机器人的伺服电机在运行过程中更侧重于定位精度（位置控制）的结果控制，见图 2-12。

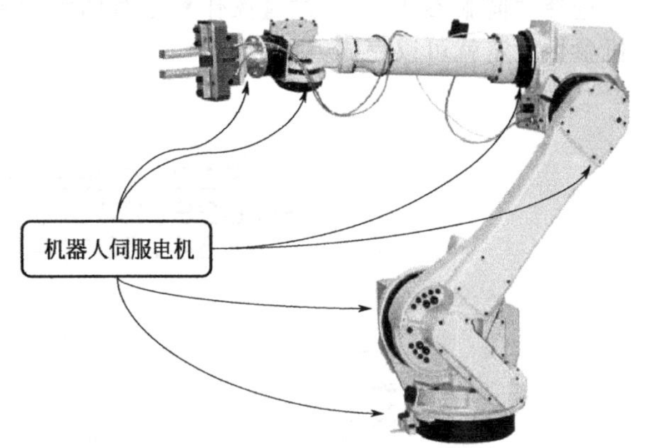

图 2-12　机器人伺服电机控制

也就是说，数控机床的伺服电机在运行时，如果定位不准，那么加工出来的工件，其尺寸一致性就很难保证，也就是有大有小；如果加工过程的速度有波动，那么加工出来的工件表面质量差，工件表面会有条纹。而机器人伺服电机的控制过程，更侧重于控制精度，保证工件装卸时的精度，对于速度，只要求其运行快，可以允许轻微的速度波动。

2.3.2　伺服驱动优化

对于伺服电机控制的优化，可以采用发那科系统自有的一键设定功能。其主要是利用系统参数设定支持页面，调用已经集成到系统内部的参数，该参数为发那科工程师根据现场经验总结的相关高速高精度参数，大部分的数控机床按此设定都可以大幅度提高加工精度，操作简单、快捷。

注意，优化存在一定的操作风险，因此只有对优化特别熟悉的专业技术人员才推荐进行伺服优化工作，在伺服优化前一定要备份 NC 参数，以防优化失败！

（1）画面的调用

按键顺序：【SYSTEM】→【+】（多次）。可以调出参数调整画面，见图 2-13。

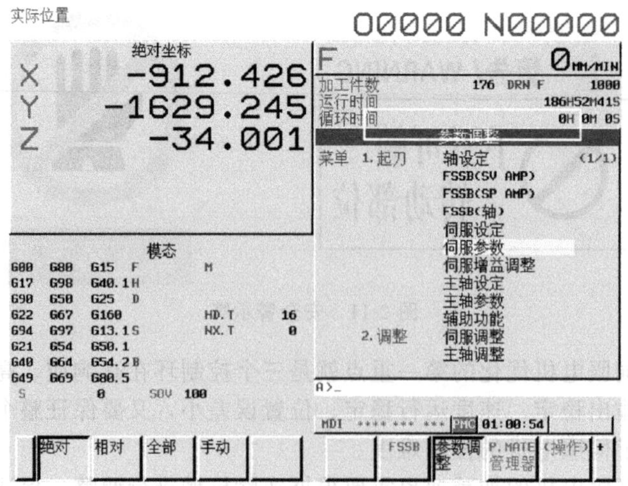

图 2-13　伺服电机参数调整画面

利用“伺服参数”与“伺服增益调整”两项功能菜单，不仅会自动完成滤波器的参数设定，还会调用发那科的高速高精度参数，完成优化参数的自动设定。

选择“伺服参数”，通过【操作】键对伺服参数进行参数初始化，适合一般数控机床的电机参数设定就可以完成（图 2-14）。

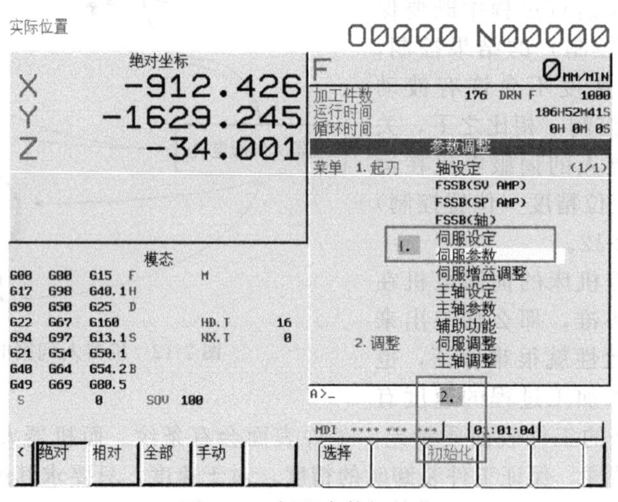

图 2-14　伺服参数初始化

（2）伺服增益的自动调整

对伺服轴的参数进行初始化后，利用系统“伺服增益调整”功能，实现伺服电机滤波器、增益参数的自动调整如图 2-15 所示。

进入到伺服增益调整页面后，可以看到各个伺服轴的调整情况，见图 2-16。

可以通过【全轴】【选择轴】【手动调整】进行选择，通常选择【选择轴】逐个进行优化调整，见图 2-17。

自动优化过程中，数控机床不会移动，但会发出“轰轰”的声音，此时数控系统正在进行自动测试，不必惊慌而中断自动调整过程。

如果重新优化已优化的伺服轴，需要按照提示选择【结束清除】并重启（Restart 行），提示“调整结束”即表明已完成自动优化，如图 2-18 所示。

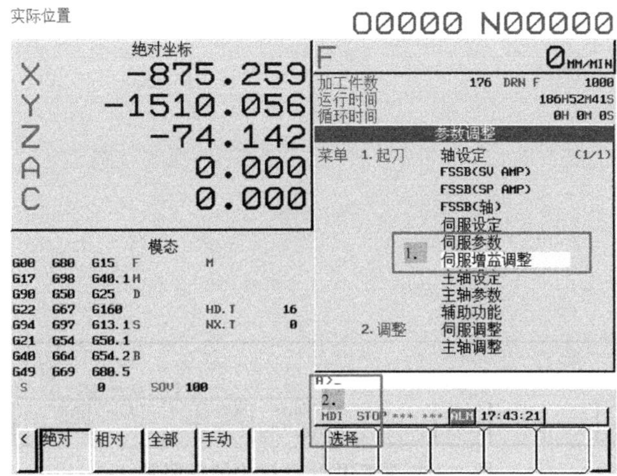

图 2-15　伺服增益调整

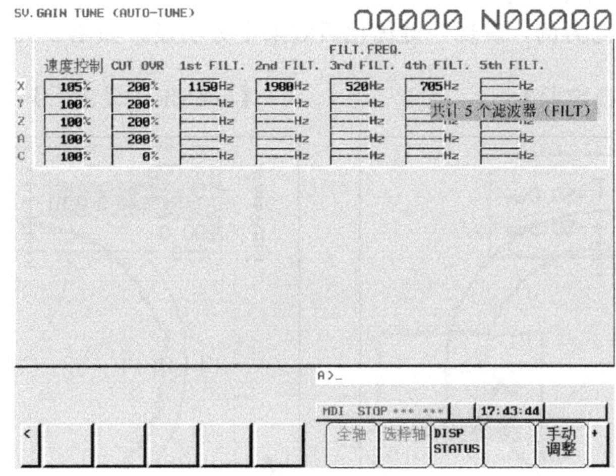

图 2-16　伺服增益调整页面

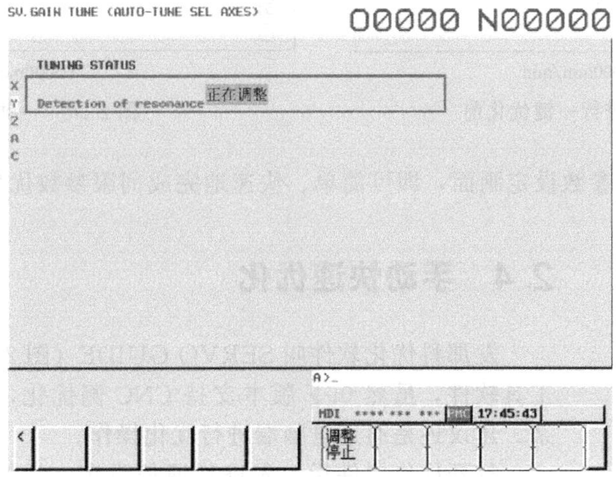

图 2-17　伺服轴自动优化中

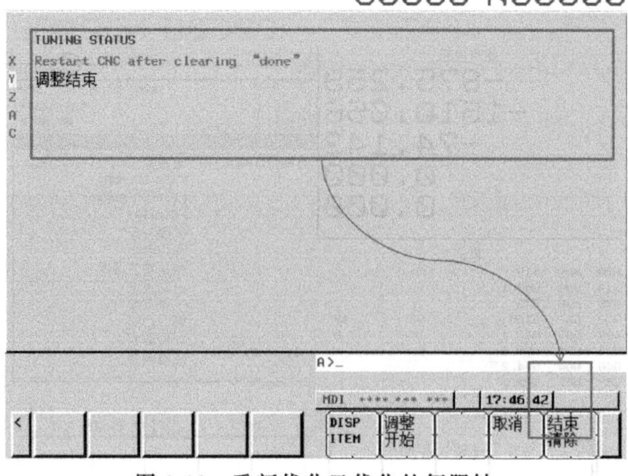

图 2-18 重新优化已优化的伺服轴

（3）典型加工形状的测试

以圆弧的加工对比为例，发现一键优化后效果十分明显，如图 2-19、图 2-20 所示。

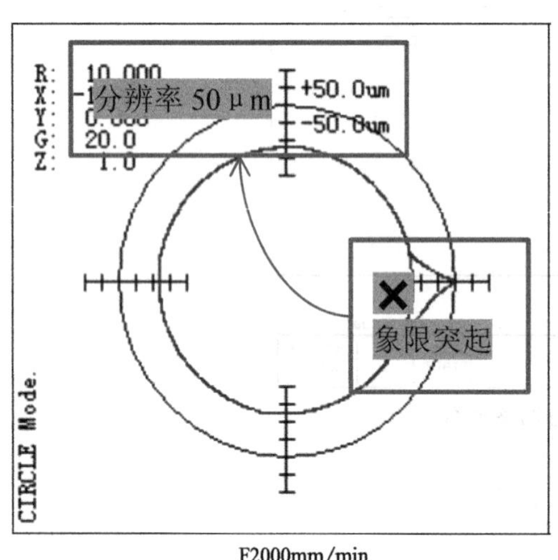

图 2-19 未进行一键优化前

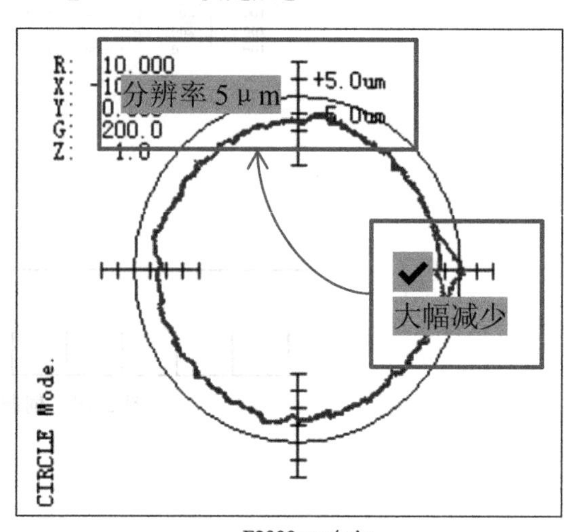

图 2-20 一键优化后

通过上述系统的参数设定画面，即可简单、快速地完成伺服参数优化和设定。

2.4 手动快速优化

SERVO GUIDE

图 2-21 SERVO GUIDE

发那科优化软件叫 SERVO GUIDE（图 2-21），电脑端安装的工具软件，虽然 0i-F 版本支持 CNC 侧优化，但操作相对比较复杂，建议还是通过电脑端进行优化操作。

打开优化软件后，先进行通信设定，根据 CNC 侧的 IP 与端口（TCP）对软件进行设定。FANUC 侧查看 IP 步骤：【SYS-

TEM】→【+】(多次)→【公共】/【FOCAS】,【设备有效】一定是“内置板”(图 2-22)。

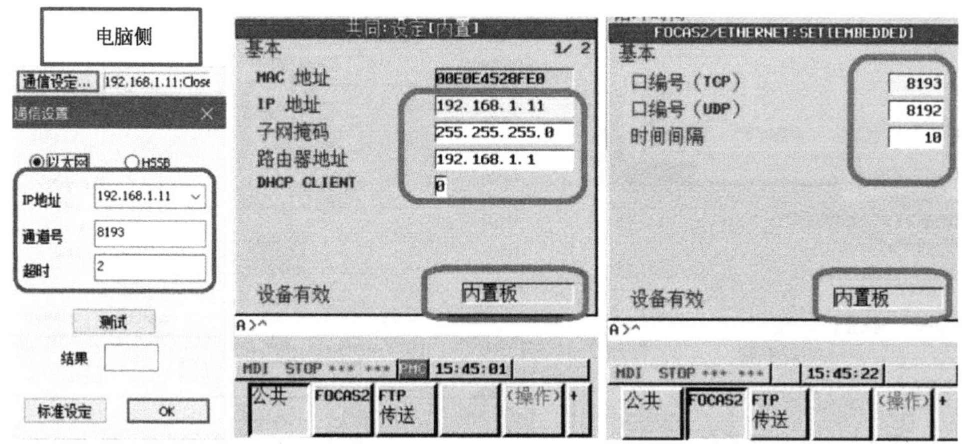

图 2-22　电脑与数控系统侧设置

同时,也要将笔记本电脑 IP 设置为 192.168.1.1。设置完毕后,点【测试】,如果结果是 OK,表示通信正常,如果是其他,表示上述设置有误或者网线有误。

手动快速优化工作。点击“调整向导…”,按图 2-23 所示的前三项依次进行操作即可。

后续的步骤都很简单,轴选择后,除了需要选择“高速 HRV 电流控制”以外,其余按照“下一步”的操作进行,使用软件推荐的值即可(图 2-24)。

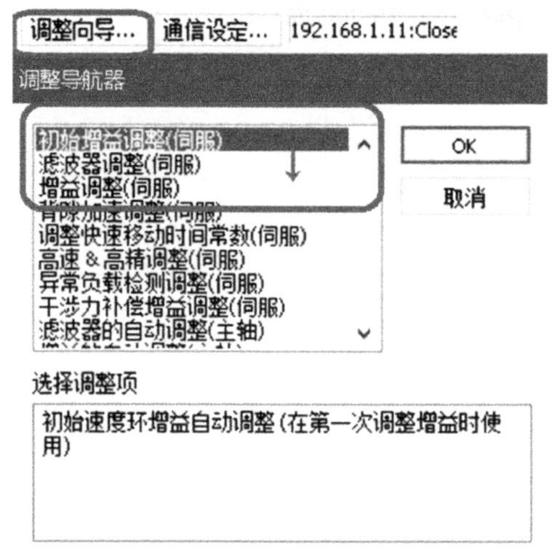

图 2-23　SERVO GUIDE 调整选项

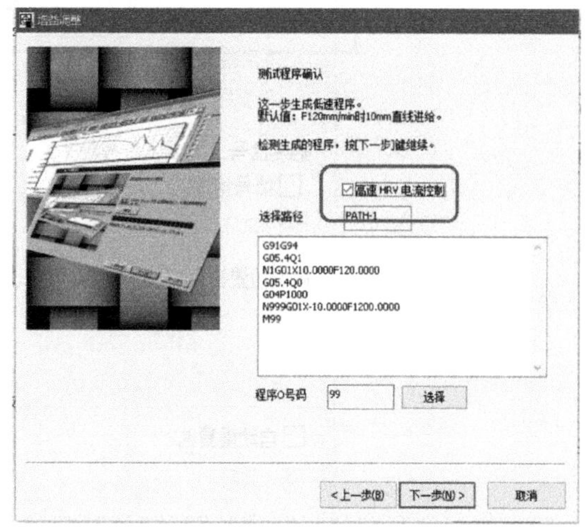

图 2-24　SERVO GUIDE 快速优化

2.5　圆弧优化

2.5.1　示波器设定

点击【图形】→【新图形窗口】,如图 2-25 所示。

按 F9,进行测量设定。第一步,测定数据点设为 100000(100000,对应 100s),测定数据点的初始值为 1000,如图 2-26 所示。

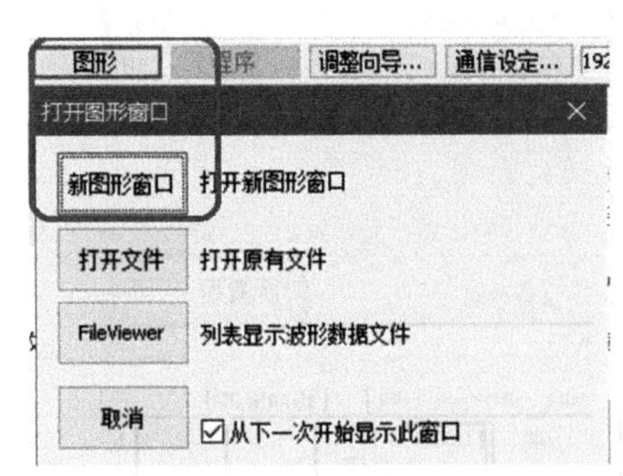

图 2-25　示波器开启

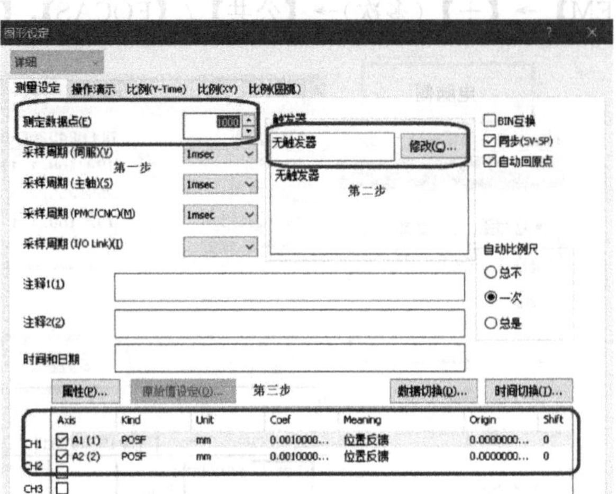

图 2-26　示波器设定 1

第二步，修改触发器，选择“顺序号”，并设定为 1，表示运行程序执行 N1 时开始采集数据如图 2-27 所示。

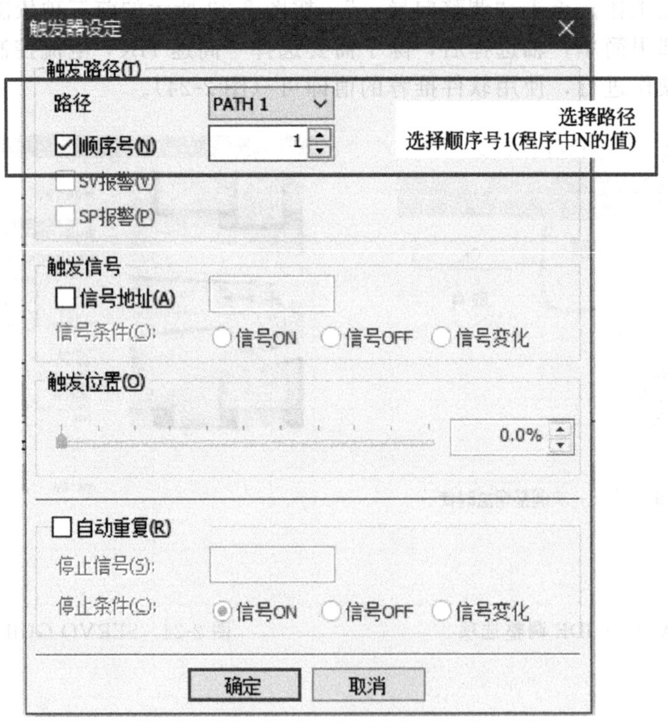

图 2-27　示波器设定 2

第三步，在测量设定页面最下方修改采样通道信息，修改 CH1 信息并添加 CH2 信息设定：

① 参与圆弧插补的轴：*X*、*Z* 轴等；

② 采集数据的种类：位置 POSF；

③ 采集单位：毫米 mm；

④ 换算系数 0.001（默认值），设定后见图 2-28。

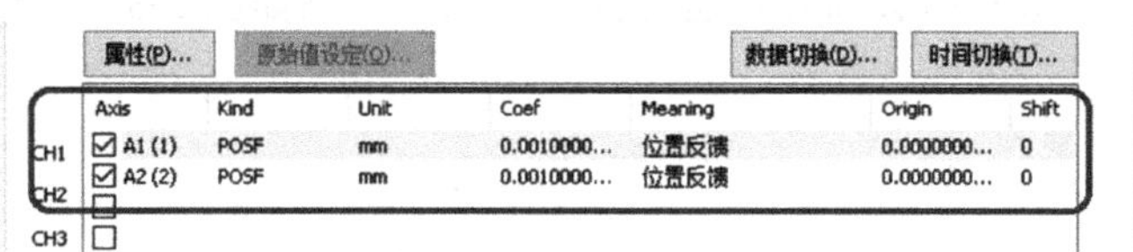

图 2-28 示波器设定 3

在比例（圆弧）页面，设定圆弧采集的半径值，具体见图 2-29。

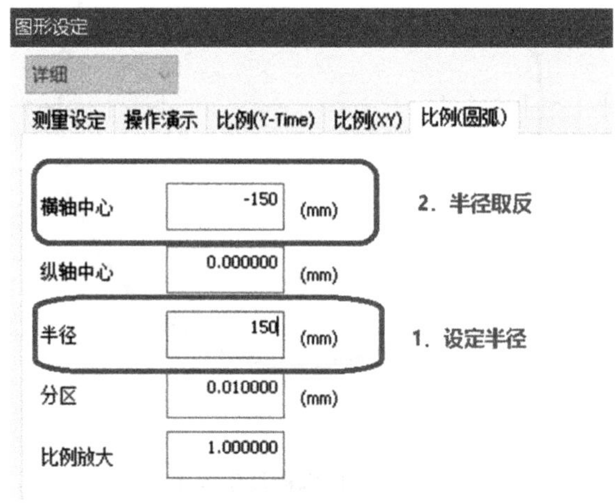

图 2-29 示波器设定 4

按回车完成采集设定，按 F1 键准备采集数据。

2.5.2 圆弧程序生成

点击 SERVO GUIDE 的“程序”按钮如图 2-30 所示。按照图 2-31 所标注的数字顺序进行操作。

图 2-30 圆弧程序生成 1

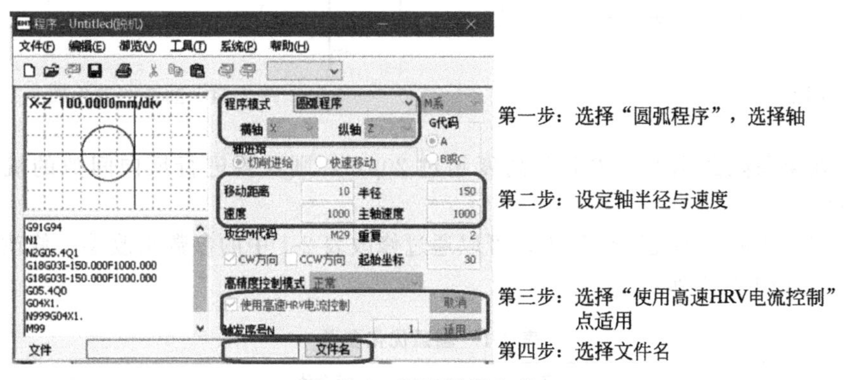

图 2-31 圆弧程序生成 2

全部完成后，软件会提示，先发送子程序，再发送主程序（每次测试都要进行），此时按“循环启动”按钮，这时伺服轴开始运行并开始采集数据如图 2-32 所示。

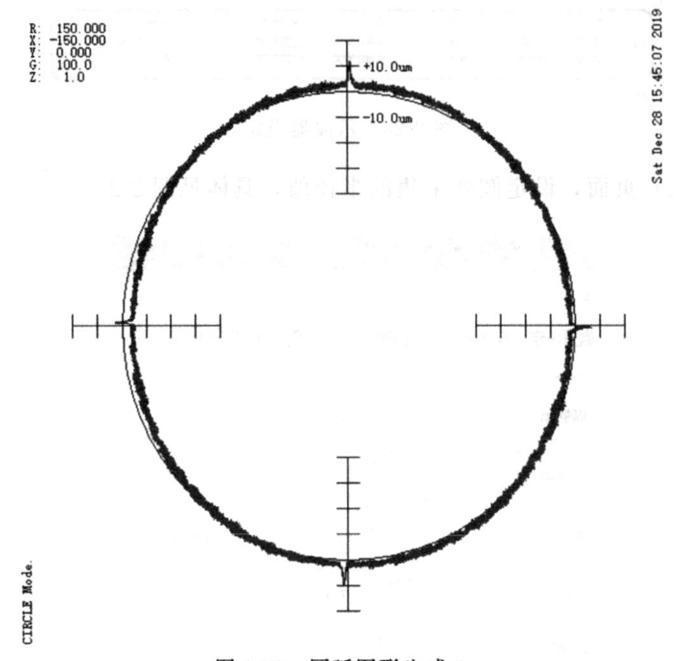

图 2-32　圆弧图形生成 1

数据采集结束后，可以通过鼠标中轮进行图形的放大与缩小。如果采集的图像不是一个圆，如图 2-33 所示，则点击“方式”，将图像显示的方式选为“CIRCLE”，见图 2-34。

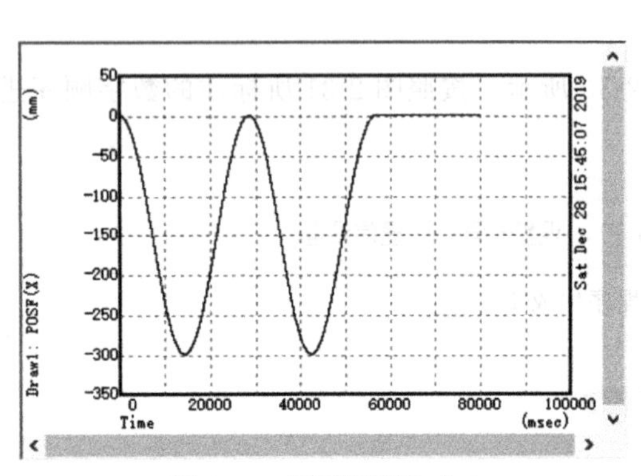

图 2-33　圆弧图形生成 2

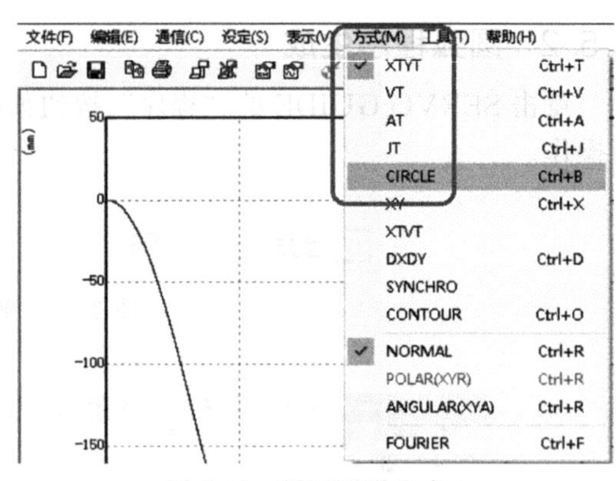

图 2-34　圆弧图形生成 3

注意，如果象限凸出的“尖儿”高度超过 20μm，则需要进行反向间隙的机械调整如图 2-35 所示。

如果象限突出的“尖儿”比较小，可以通过修改表 2-1 中的参数来改善。修改参数对圆弧优化的影响如图 2-36 所示。

表 2-1　圆弧优化参数

参数	意义	标准值	调整方法
NO. 2003＃5	背隙加速有效	1	
NO. 1851	背隙补偿	1	

续表

参数	意义	标准值	调整方法
NO. 2048	背隙加速量	100	值越大去“尖儿”越明显，太大则会过切，导致一个“坑”
NO. 2071	背隙加速计数	20	
NO. 2009 #7	加速停止	1	
NO. 2082	背隙加速停止量	5	同上

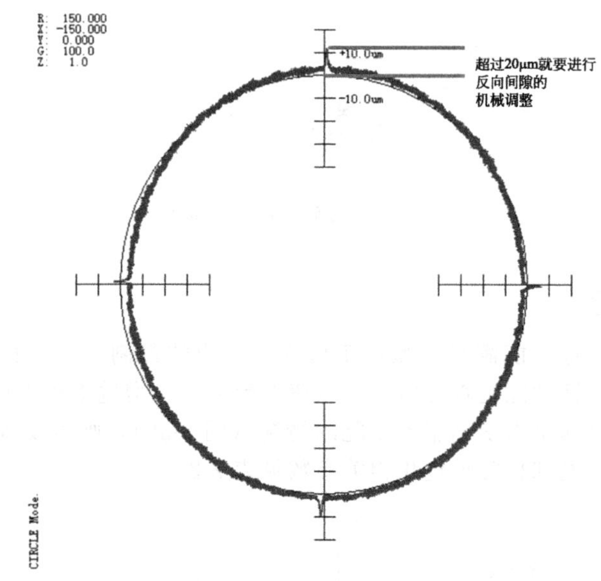

图 2-35　反向间隙过大

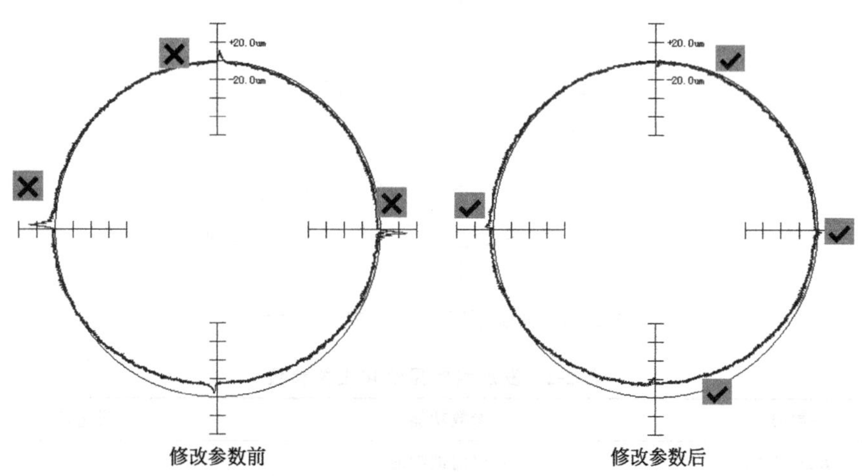

图 2-36　修改参数对圆弧优化的影响

如果参数修改过大，可能会将圆弧突出的“尖儿”变成一个“坑”，见图 2-37。

值得强调的是，圆弧测试时对应的突出的“尖儿”实际表现就是对应位置有一个棱，如果参数调整过大，凹进去的“坑”实际表现就是对应位置有一个坑。对于“尖儿”与“坑”不同的加工零件有不同的要求，有的待加工零件允许有“尖儿”不允许有“坑”，有的待加工零件允许有“坑”不允许有“尖儿”。

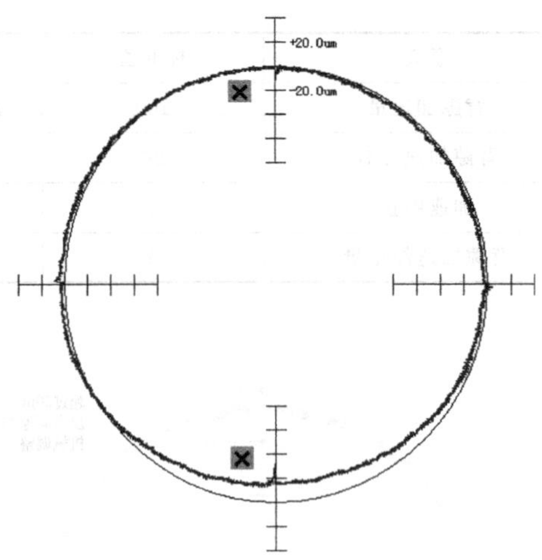

图 2-37　参数修改过大的影响

2.5.3　伺服不匹配

为了保证伺服轴的运行能满足圆弧加工要求，相应的控制参数与控制方式必须保持一致，包括但不局限于前馈功能是否开启，加减速参数大小，增益参数大小，等等。

如果优化后的圆度测试出现伺服不匹配的情况（图 2-38），则需要查看参与圆弧加工的伺服轴参数是否一致。发那科常见优化相关参数见表 2-2。

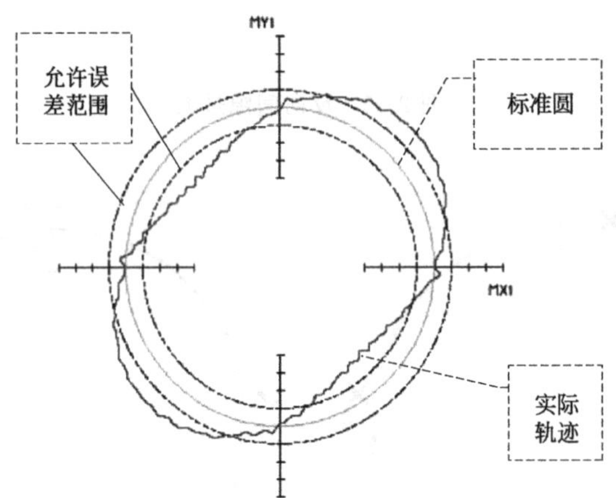

图 2-38　伺服不匹配（45°或 135°倾斜）

表 2-2　发那科常见优化相关参数

参数号	参数功能	设定值
NO. 2005＃1	开启前馈功能	1
NO. 2212＃3	切换/快速进给位置增益切换	1
NO. 1622	加减速时间常数	取最大值
NO. 1825	切削时位置环增益	取最小值

举例说明“伺服不匹配”的原因，两个伺服轴通过彼此配合（插补功能）完成一个圆或者弧线等曲线的加工轨迹，好比两个人一同绕操场跑步，其中一个人身体强健（增益高、加

速度快)，另一个人身体较差（增益低、加速度慢)，如果两个人要在约定的时间内到达同一地点，那么身体较差的那个人一定会“抄近道”，导致加工的圆“不圆”。为了保证圆的加工，只能让身体强健的人（高增益轴）慢一点，方法就是下调增益，保证两轴增益一致。因此，伺服轴的所有控制参数一定要一致，包括但不局限于相同的加速度、相同的增益、相同的加减速时间等。

2.6 本章节知识点精要

① 既然振动不能避免，那就避免共振，既然避免不了机械因素振动，就要避免电气因素振动。

② 虽然数控系统可以抑制伺服轴的共振，但不能避免其他机床零部件之间相互影响带来的共振。

③ 伺服电机的优化选项要多于主轴电机。

④ 优化存在失败的风险，优化前一定要备份参数，造成优化失败的原因之一是机械装配差（例如同轴度装配不达标）。

⑤ 轻微的加工误差可以通过修改参数来弥补，但错误的参数设置也会影响加工结果。

⑥ 伺服电机可以通过优化实现好的加工结果，但机械结构与装配水平是伺服电机优化的根基。

⑦ 增益越高，代表伺服电机的刚性越高，对应一个人来说就是底气足，干活有力气，加工时误差越小。如果机械装配较差，高增益也会也会导致机床抖动。

第3章

数控系统进给误差及补偿

数控机床的种类很多，但其核心的运动控制只有两种，分别是主轴控制与伺服轴控制。

主轴除了刚性攻螺纹时对位置控制精度要求极高之外，更多的功能是按照某一固定转速持续正转或反转，同时允许速度有轻微的波动。因此对主轴优化与补偿的方法简单而又固定。

相比之下，进给轴（*X* 轴、*Y* 轴、*Z* 轴等）的控制就复杂得多，其原因在于加工时进给轴的速度是不断变化的，同时运行的方向与位置也不是固定的。对于伺服轴而言，既要求速度波动小，保证加工质量，又要求定位精确，保证加工尺寸。

图 3-1 是发那科伺服电机与主轴电机的优化方案对比，由此可见伺服轴的优化要比主轴复杂得多。

本章重点讲解进给误差中影响加工定位精度的因素及补偿方法。

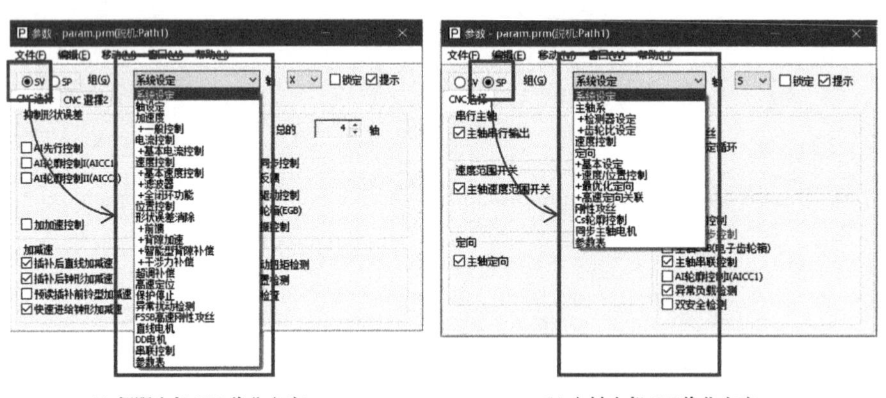

图 3-1　伺服电机与主轴电机优化方案对比

3.1　进给误差

最常见的影响加工精度的误差有两个，分别是热变形误差及螺距误差。

造成热变形误差的原因很简单，源于机床自身材料的热胀冷缩。其中对热变形影响最大的是丝杠的热变形。造成丝杠热变形的原因是伺服轴在频繁地往复运行时，丝杠摩擦发热。

螺距误差主要源于丝杠制造时的尺寸误差，同时随着丝杠的长时间使用，会加剧丝杠的磨损，导致螺距误差变大。

不过值得强调的是，热变形是一个动态的变化过程，在补偿的时候不仅需要热传感器检测温度，同时还需要一个完整的热变形的数据库，以便矫正热变形带来的误差。由于采集数据与分析数据极其繁琐，一直以来是国内各大机床亟待解决的难题。不同型号的数控机床的热变形过程也各不相同，故而本章节不讨论热变形补偿技术。

3.2 螺距误差补偿

造成螺距误差的原因有两种：一种是丝杠的螺纹在制造时由于加工精度不足产生的螺距误差，另一种是丝杠的螺纹在机床长时间运行后发生了磨损。由于丝杠单次磨损造成的定位误差是微小的，需要很长的时间才能体现出来，故而丝杠的螺距误差相对而言是静态变化的过程，这就为针对螺距误差的补偿提供了必要条件。

3.3 螺距误差补偿原理

螺距误差补偿（简称螺补）功能是数控系统必备的补偿功能。其补偿过程很简单，通过螺补程序，使得伺服轴以多次的固定位移，从机床限位的一端运行到另一端，每一次的位移都会通过激光干涉仪确定实际位置与理论位置的差值，这个理论位置与实际位置的差值就是螺距误差补偿值，将多个螺距误差补偿值输入到数控系统的补偿参数中即可。

当螺距误差补偿生效后，数控系统再次定位时，数控系统会根据补偿值让伺服轴多运行一段位移或者少运行一段位移，保证实际运行位置与理论位置的差值尽可能地在数控机床的定位精度之内。螺距误差补偿原理如图 3-2 所示。

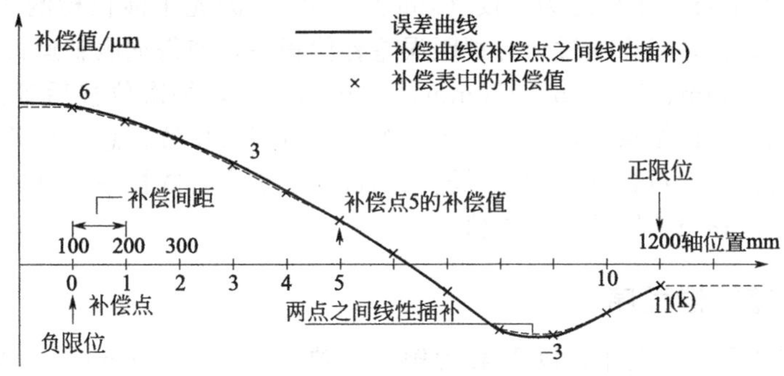

图 3-2　螺距误差补偿原理

经过螺距误差补偿后，再次进行定位精度检测，其实际定位误差大幅降低，满足 5μm（中小机床的定位精度）的加工精度要求，如图 3-3 所示。

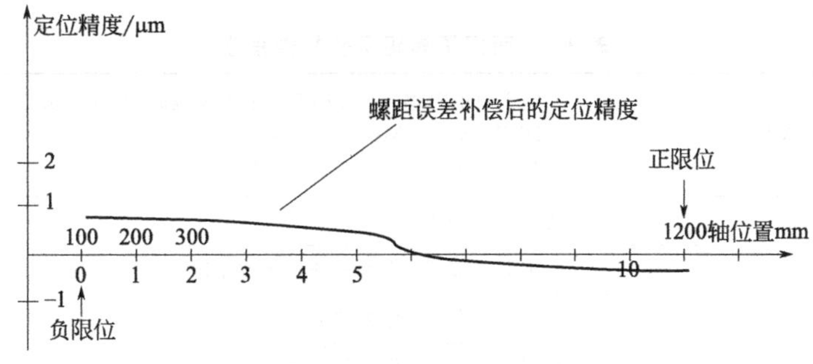

图 3-3　螺距误差补偿后

3.4 螺距误差补偿方法

3.4.1 激光干涉仪

激光干涉仪（图 3-4）以激光为载体进行距离的高精度测量，以雷尼绍（Renishaw）公司生产的激光干涉仪为例，其测量精度为纳米级（nm），数控机床的加工精度通常是微米级（μm），1000nm=1μm，因此可以实现精准测量。

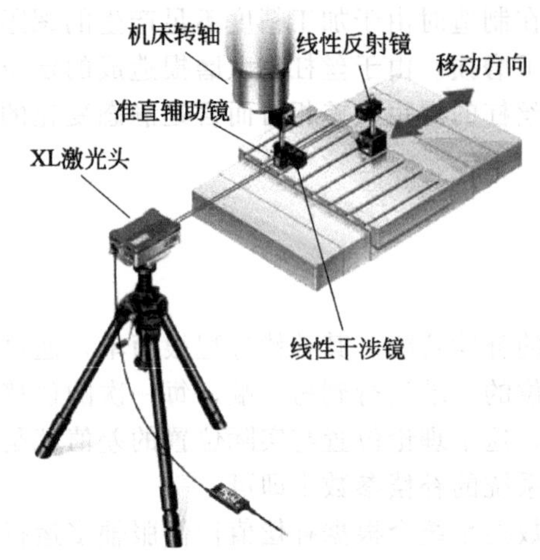

图 3-4 激光干涉仪实物图

激光干涉仪的价格昂贵，价格少则十几万，多则数十万，作为新人不要独自使用，要慎重使用。

激光干涉仪在机床上具体应用有以下几种情况：

① 新机床出厂前都要进行定位精度和重复定位精度以及反向间隙的检测；

② 机床使用一段时间后，由于丝杠的磨损和其他原因，精度会逐渐降低，这时需要使用激光干涉仪进行精度的再校准；

③ 激光干涉仪还可以进行其他项目的检测，例如直线度、垂直度、角度等。

激光干涉仪的作用是查看机床的定位精度、重复定位精度以及反向间隙，我们常称之为“校（jiào）激光”，一些老员工则称之为“校（xiào）激光”。激光干涉仪检测的都是直线精度，检测的过程很简单，就是机床通过运行螺距误差补偿程序，使得伺服轴运行若干个等距离位移，例如：0mm、50mm、100mm、150mm、200mm……，每次位移后等待若干秒以便激光头搜集位置信息，等待结束后再运行到下一个位置再搜集位置信息，将理论位置与实际检测的位置进行比对计算，再将计算的结果输入到数控系统中，数控系统再通过螺距误差补偿功能修正这个指令位移与实际位移的差值。

3.4.2 螺距误差补偿程序

螺距误差补偿的程序很简单，以 X 轴为例，X 轴行程是 0～800mm，补偿间距是 20mm。运行螺距误差补偿程序时，X 轴固定进给，通常是 F2000，以增量的方式运行 20mm 直到正限位，再由正限位以增量的方式运行－20mm 直到负限位。由于螺距误差程序运行时更多的步骤是重复的，因此建议使用循环调用的方式编写螺距误差程序。由于西门子的螺距误差补偿程序相对比较直观，故以西门子的螺距误差补偿程序为例，进行详细说明见表 3-1。

表 3-1 西门子螺距误差补偿程序

DEF INT TIME=3	1. 定义(DEF)整数(INT)TIME 为停顿时间，初始值 3 2. DEF、INT、TIME 之间有空格 3. 整句表示定义整数变量 TIME 等于 3
R2=0	使用 R 变量 R2 为测量次数
R3=800	使用 R 变量 R3 作为螺补程序的正限位
R4=0	使用 R 变量 R4 作为螺补程序的负限位
R5=20	使用 R 变量 R5 作为每次运行距离

上述内容表示螺补程序的初始设定,以下内容为螺补判断与执行过程	
CCC:	标签 CCC(任意,不重复即可),开始螺补程序,程序准备就绪
G53 G90 G1 X=(R4-2) F5000	1. 以 F5000 运行到零点负(—)2mm,预留 2mm 用来触发测量系统 2. 如果轴位移变量不是数字,需要加等于号,X=mmn
R1=0	1. R1 为测量点数 2. 临时计数用,初始值等于 0
X=R4 F2000	由 R4-2 运行到 R4 的位置,一则表示测量要从零点开始,二则也是为了触发激光干涉仪准备测量
G4 F=TIME	1. 暂停 3s,便于测量系统采集距离 2. 西门子程序暂停标准格式:G4Fm. n,m. n 是时间 3. 发那科程序暂停标准格式:G4Xm. n,m. n 是时间 4. 如果时间不是数字,则需要加等于号
AAA:	1.“螺补程序正向走”标签(LABEL)AAA 2. 表示后续程序实现伺服轴正向走
G91 X=R5	1. 增量(G91)运行 2. 每次运行 20mm
G4F=TIME	暂停 3s
R1=R1+1	1. 每运行 20mm 2. 正向运行计数+1
STOPRE	STOP READING,停止读取,NC 指令
IF R1<((R3-R4)/R5)GOTOB AAA	1. 当计数的 R1 小于总步数时,重复运行 AAA 2. 总步数=(正限位-负限位)/步距,如果使用定量,则 IF R1<40 GOTOB AAA 3. 如果走完总步数,程序向下运行,轴准备负向运行
G90 X=(R3+2)	1. 正限位处偏移 2mm 2. 用来触发测量系统
G4F=TIME	暂停 3s
X=R3	从正限位开始测量
G4 F=TIME	暂停 3s
BBB:	1.“螺补程序负向走”标签(LABEL)BBB 2. 表示后续程序实现伺服轴负向走
G91 X=-R5	步距-20mm
G4F=TIME	暂停 3s
R1=R1-1	负向运行时,计数-1
STOPRE	STOP READING,停止读取,NC 指令
IF R1>0 GOTOB BBB	如果负向次数大于 0,跳转 BBB 处,继续负向运行
R2=R2+1	R2+1,表示完成一次“从正向再到负向,负向再到正向”的测量
STOPRE	STOP READING,停止读取,NC 指令
IF R2<3 GOTOB CCC	测量次数小于 3,继续重新开始螺补程序
M30	程序结束

3.5 螺距误差补偿参数

3.5.1 发那科螺距误差补偿参数

发那科在进行螺距误差补偿时，共分两步。第一步，先根据机床各轴的行程设定好螺距误差补偿参数；第二步，再根据激光干涉仪的采集数据设定螺距误差补偿值见表 3-2。

表 3-2 发那科螺距误差补偿相关参数

补偿内容	参数号
参考点的螺距误差补偿点号	No. 3620
最靠近负侧的螺距误差补偿点号	No. 3621
最靠近正侧的螺距误差补偿点号	No. 3622
螺距误差补偿倍率	No. 3623
螺距误差补偿点的间隔	No. 3624

不同型号的数控机床在螺距误差补偿时，补偿点的间距（参数 No. 3624 的值）是不相同的，一般而言，补偿点的间距会随着数控机床的行程增加而增加，也就是机床型号越大，补偿间距也越大。

螺距误差补偿倍率（参数 No. 3623 的值）通常设定值是 1，如果螺距误差补偿的值过大，设定值可能大于 1。如果将其值设定为 0，则关闭螺距误差补偿功能。

螺距误差补偿点号（参数 No. 3620 的值）的设定不固定，因此参数 No. 3621 的值与参数 No. 3622 的值的设定也是不固定的，但两者的设定与参数 No. 3620 的值相关，具体设定方法如下：

① X 轴的机械行程为 0～－2000mm，螺距误差补偿点间隔为 50mm，参考点的补偿号为 40；

② 正方向最远端补偿点的号码为参考点的补偿点号码＋机床正方向行程长度/补偿间隔＝40＋0/50＝40；

③ 负方向最远端补偿点的号码为参考点的补偿点号码－机床负方向行程长度/补偿间隔＋1＝40－2000/50＋1＝1。

因此，该机床 X 轴的螺距误差补偿号码为 0001～0040，见表 3-3。

表 3-3 X 轴螺距误差补偿参数

补偿内容	参数号（X 轴）	参数值（X 轴）
参考点的螺距误差补偿点号	No. 3620	40
最靠近负侧的螺距误差补偿点号	No. 3621	1
最靠近正侧的螺距误差补偿点号	No. 3622	40
螺距误差补偿倍率	No. 3623	1
螺距误差补偿点的间隔	No. 3624	50

① Y 轴的机械行程为 0～－1600mm，螺距误差补偿点间隔为 50mm，参考点的补偿号为 132；

② 正方向最远端补偿点的号码为：参考点的补偿点号码＋机床正方向行程长度/补偿间隔＝132＋0/50＝132；

③ 负方向最远端补偿点的号码为：参考点的补偿点号码－机床负方向行程长度/补偿间隔＋1＝132－1600/50＋1＝101。

因此，该机床 Y 轴的螺距误差补偿号码为 0101～0132 见表 3-4。

表 3-4　Y 轴螺距误差补偿参数

补偿内容	参数号(Y 轴)	参数值(Y 轴)
参考点的螺距误差补偿点号	No. 3620	132
最靠近负侧的螺距误差补偿点号	No. 3621	101
最靠近正侧的螺距误差补偿点号	No. 3622	132
螺距误差补偿倍率	No. 3623	1
螺距误差补偿点的间隔	No. 3624	50

3.5.2 发那科螺距误差补偿设定方法

发那科螺补设定页面操作如下：【SYSTEM】→【＋】(多次)→【螺补】，见图 3-5。

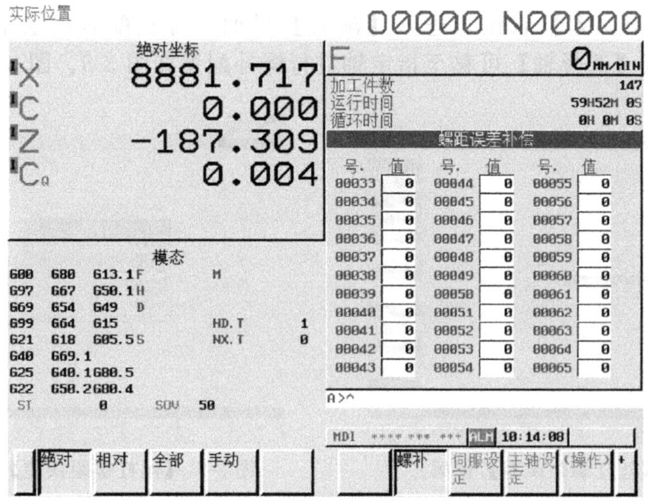

图 3-5　发那科螺距误差补偿页面

3.5.3 西门子螺距误差补偿参数

西门子数控系统的螺距误差补偿过程比较简单、直观，便于理解，西门子螺距误差补偿参数见表 3-5。

表 3-5　西门子螺距误差补偿参数

参数号	参数名	单位	设定值	数据说明
36100	POS_LIMIT_MINUS	mm	实际情况	负向软限位
36110	POS_LIMIT_PLUS	mm	实际情况	正向软限位
32450	BACKLASH	mm	实际情况	反向间隙补偿值
32700	ENC_COMP_ENABLE	—	1	螺距误差补偿生效

注意螺距误差补偿与反向间隙补偿需要在圆度优化时失效。

3.5.4 西门子螺距误差补偿设定方法

选择【Menu Select】(菜单选择)，螺补界面在【调试】→【NC】界面下如图 3-6、图 3-7 所示。

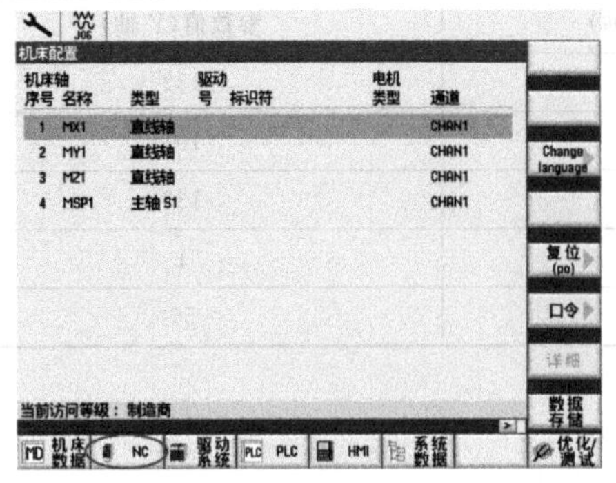

图 3-6 选择【NC】页面

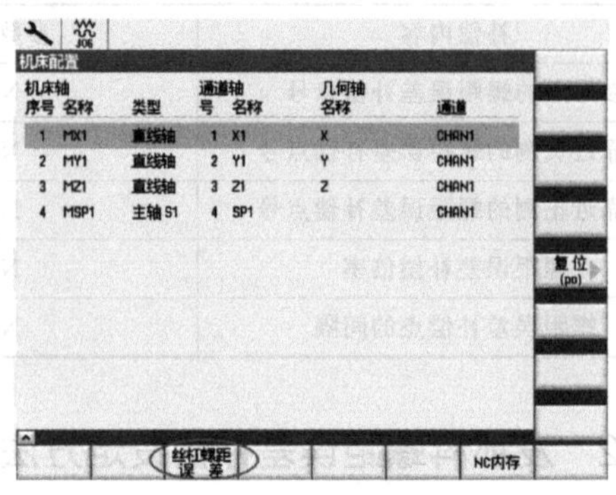

图 3-7 选择【丝杠螺距误差】

点击【丝杠螺距误差】软键，进入【配置】界面，首次配置时会有提示信息，点击【轴+】、【轴−】或【选择轴】可移至指定轴进行螺补配置如图 3-8、图 3-9 所示。

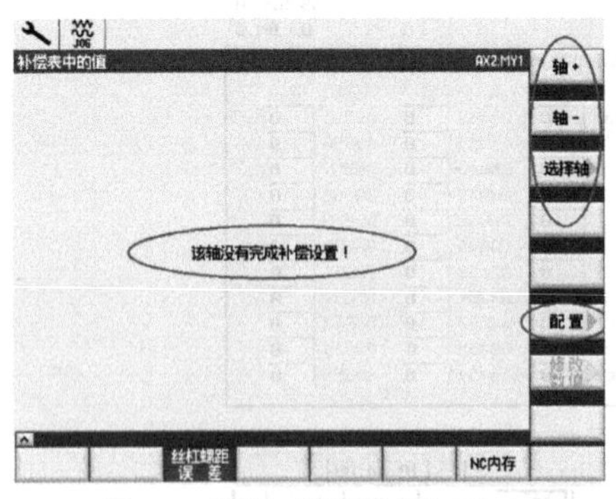

图 3-8 【丝杠螺距误差】页面

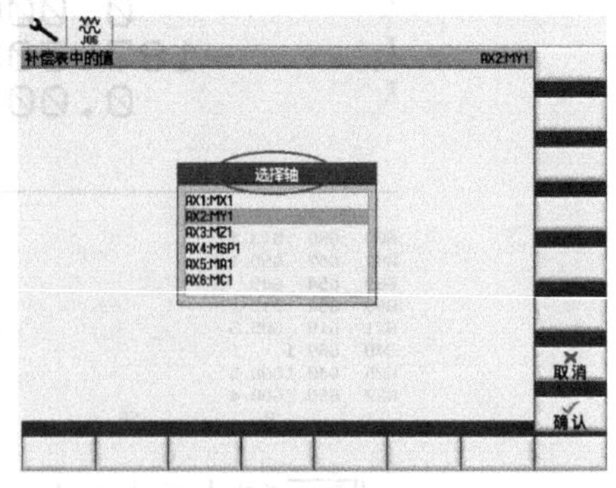

图 3-9 【丝杠螺距误差】配置页面 1

选择指定轴后，点击【配置】，对该轴进行螺补位置及螺补步长的设定，点击【修改配置】，即可对起始位置、结束位置、支点间距进行修改如图 3-10、图 3-11 所示。

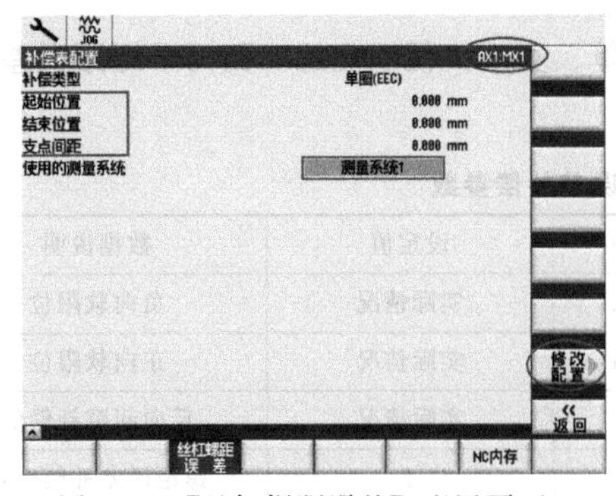

图 3-10 【丝杠螺距误差】配置页面 2

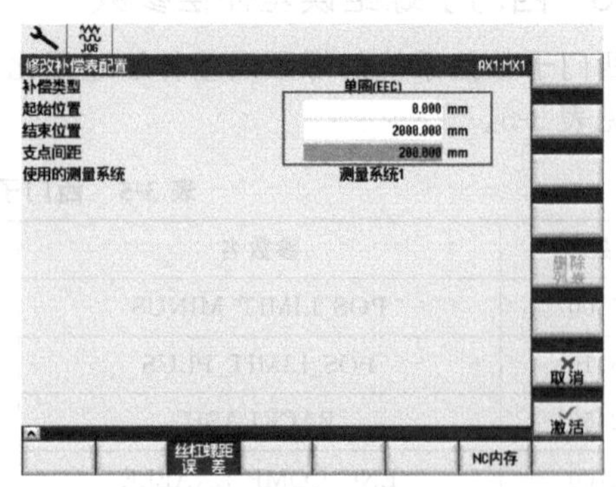

图 3-11 【丝杠螺距误差】配置页面 3

当使用第二编码器（光栅尺）时，会有“测量系统 2”的选项可选择，此时补偿需要根据当前激活的测量系统选择。

起始位置、结束位置有逻辑关系（结束位置>起始位置），支点间距不可为 0。

配置完成，点击【激活】，系统会提示 NCK 重启如图 3-12 所示。

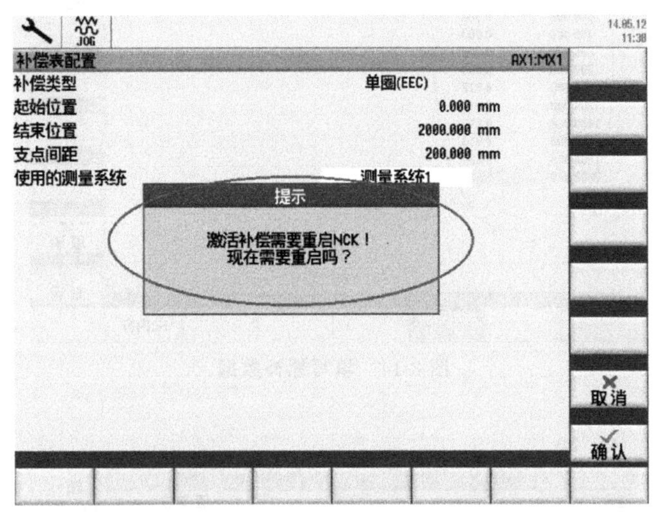

图 3-12　重启 NCK

系统生成一螺距误差补偿表格，完成配置，如图 3-13 所示。

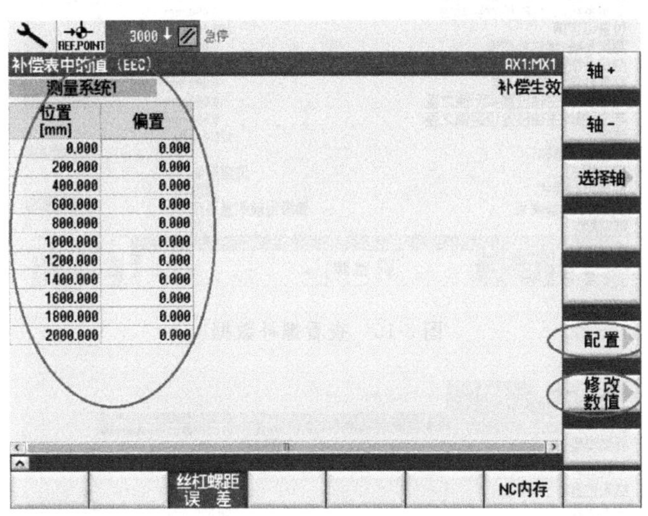

图 3-13　螺距补偿表格配置成功

在激光干涉仪对光完成后，运行激光干涉仪测试宏程序进行误差数据采样，将采集的误差值（带符号绝对差值）按照所对应的点位（坐标点）在补偿表格中一一填写，注意表格中的单位为 mm。点击修改数值对表格误差值进行填写，如图 3-14 所示。

填写完成，点击【确认】，系统自动生效补偿结果（激活过程不重启）。补偿生效后的数值可在诊断界面下【轴诊断】→【轴信息】中查看如图 3-15 所示。

3.5.5　清除补偿

需要清除补偿时，可点击【配置】→【修改配置】界面下的【删除列表】一键完成补偿数据的清除，系统自动 NC 重启如图 3-16 所示。

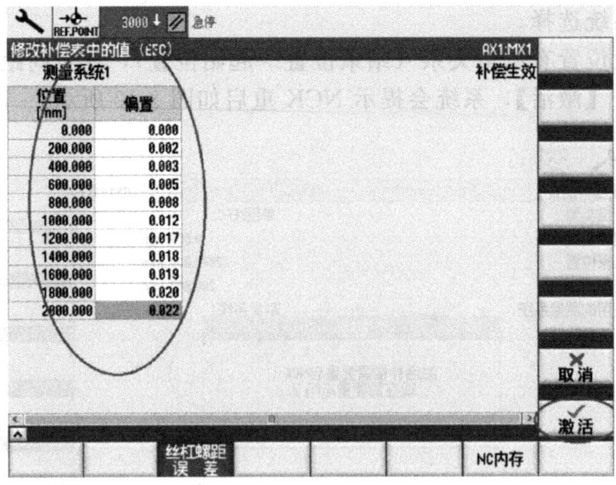

图 3-14　填写螺补数据

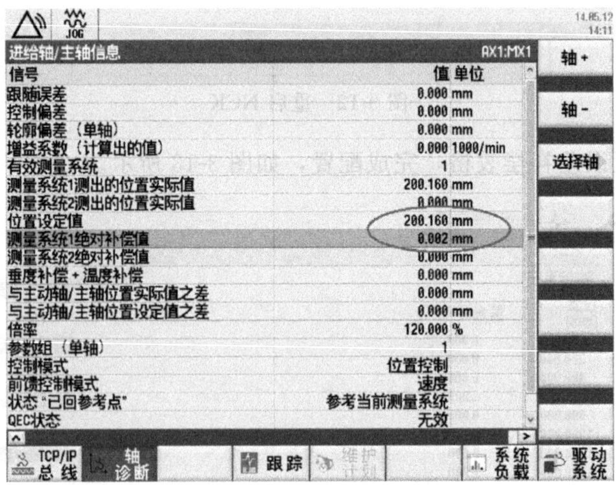

图 3-15　查看螺补数据

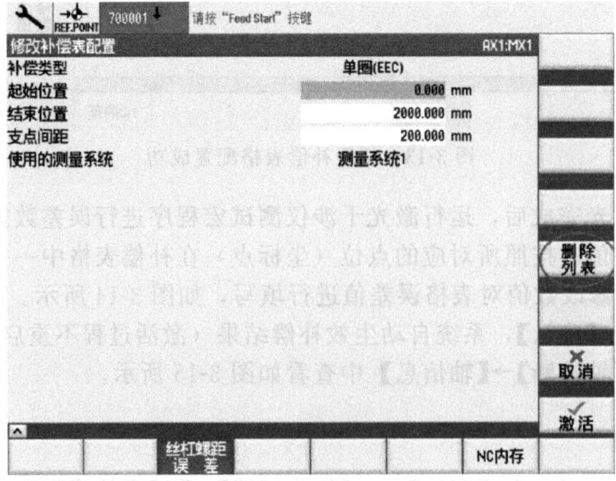

图 3-16　删除螺补数据

3.6 螺距误差补偿备份与恢复

在螺补页面下，选择 EDIT 编辑模式，依次按下【操作】→【+】→【文件输出】→【执行】，螺距误差补偿文件备份完毕，螺距误差补偿数据的输出文件名为 PITCH. TXT，其文件名是固定的，如图 3-17 所示。

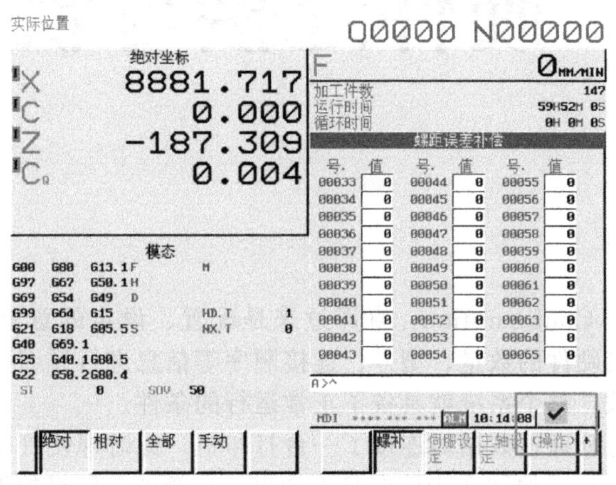

图 3-17　螺距误差补偿页面

如果是恢复螺距误差补偿文件，相应的操作为【操作】→【文件读取】→【列表】（从 U 盘或者 CF 卡中查找）→【执行】。

3.7 实际应用中螺距误差补偿的差别

前文讲到，螺距误差补偿功能是数控系统必备的基础功能，但实际应用还是略有差别。以发那科系统为代表的日系数控系统，螺距误差补偿采用的是增量式补偿，而以西门子为代表的欧系数控系统，螺距误差补偿采用的是绝对值补偿，两种补偿方法没有绝对的好与坏之分。

增量式螺距误差补偿，指的是第 $N+1$ 个补偿点的补偿值是基于第 N 个补偿点的补偿值之上的，也就是说修改当前补偿点的螺距误差补偿值，后续的补偿点的螺距误差补偿值都要修改。

绝对式螺距误差补偿，指的是第 N 个补偿点的补偿值与第 $N+x$ 个补偿点的补偿值彼此独立，也就是说当修改当前补偿点的螺距误差补偿值，不影响其他补偿点的螺距误差补偿值。

3.8 本章节知识点精要

① 螺距误差补偿是数控系统最基本的补偿功能。

② 如果机床的伺服轴零点发生变化或者伺服电机重新拆卸的话，螺距误差补偿需要重新设定，否则会发生抖动或者加工零件表面很差。

③ 温度补偿十分复杂，通常是数控系统的收费功能。

④ 通过激光干涉仪可以实现螺距误差值的测定。

⑤ 发那科系统的螺距误差补偿功能是增量式的，西门子系统的螺距误差补偿功能是绝对式的。

第4章

硬件连接与软件组态

组态，英文名称是 Configuration，直译过来是配置、设定的意思。所谓组态，指的是从软件层面，对已连接硬件的数量、型号、连接顺序等信息进行详细描述的过程。当已连接的硬件与软件描述一致，整个系统就具备了正常运行的条件。

举例说明，一台电脑通过数据线连接了一台打印机，此时即使打印机接通电源，电脑也不能使用打印机（图 4-1）。原因在于该电脑不知道已连接的打印机的型号与功能。

图 4-1　电脑与打印机

为了正确使用打印机，需要如下步骤：

① 硬件连接打印机；

② 打印机接通电源；

③ 安装已有的打印机驱动程序（相关打印机的具体信息）；

④ 添加打印机功能；

⑤ 在打印机列表中选择已有的打印机型号。

如果打印机与电脑是同一个制造商或者电脑制造商合作支持的厂商，其过程就很简单，不需要安装打印机驱动程序，添加打印机时直接从列表中选择该型号的打印机，这台打印机就能使用了。

对于数控系统来说，包括大型的自动化设备，其组态的过程也是相似的。显示器、操作面板、NCU（西门子常见）、放大器（驱动器）、主轴/伺服电机、I/O 模块等硬件连接后，需要进行相关参数的设定，告知 NC 已连接的硬件的顺序与型号等信息，只要实际连接硬件与软件参数设置相匹配，数控系统就具备了正常运行的前提，如果不匹配，数控系统可能会发生报警进行提示或者运行时不正常。

4.1　组态参数

对于数控机床来说，实现 NC 控制主轴/伺服电机运行的必备条件有三个：

① 硬件正确连接以及软件正确组态；

② 软件上的组态（参数设定）必须与实际连接的硬件匹配；

③ 硬件接通电源。

数控系统的核心就是实现主轴电机与伺服电机的控制。其组态的基本信息有两部分，第一部分是设备的总线地址，第二部分是连接到设备上的设备型号。对于西门子 840Dsl 数控系统来说，其组态信息还包含了 HMI 型号、PLC 模块数量与型号、总线的类型等更加详细的信息。

下文分别以发那科 0i-F 与西门子 840Dsl 为例进行详细的说明。

4.2 标准总线

总线的英文名称是 BUS，数控机床的标准总线结构包含了操作站、PLC 模块以及驱动器模块。其总线的地址从 BUS0 开始，每连接一个设备，总线地址加 1。每一个连接的设备区分输入端（IN）和输出端（OUT），不可接反。标准的总线连接方式与总线地址如图 4-2 所示。

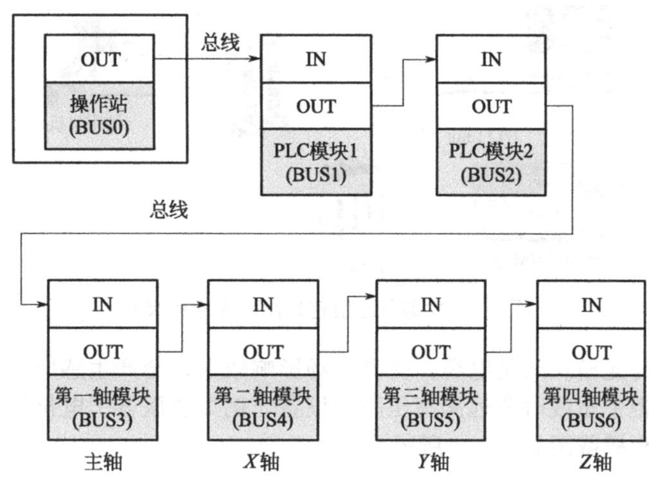

图 4-2　标准的总线连接方式与总线地址

4.3 发那科总线组态

不同的数控系统制造商的总线连接硬件是不同的，相应的总线的相关参数设定也各不相同。发那科通过总线 FSSB(FANUC Serial Servo Bus) 连接放大器及光栅尺模块，通过 I/O Link 连接操作面板、I/O 模块等 PLC 模块。这就意味着对发那科的总线设定分两部分分别设定。

发那科总线（FSSB）是光缆，而 I/O Link（包括编码器线、光栅尺线）是电缆。两者对比及实物图见表 4-1。

表 4-1　总线与 I/O Link 线对比

	总线(FSSB)	I/O Link 线
材质	光纤	电缆
传输信号	光信号	电信号
传输速度	0.1ms(甚至更低)	8ms 以上

续表

	总线(FSSB)	I/O Link 线
传输距离	不受限制	传输距离受限
抗干扰性	抗干扰线强	电信号受电磁场影响大
实物图(接头)		

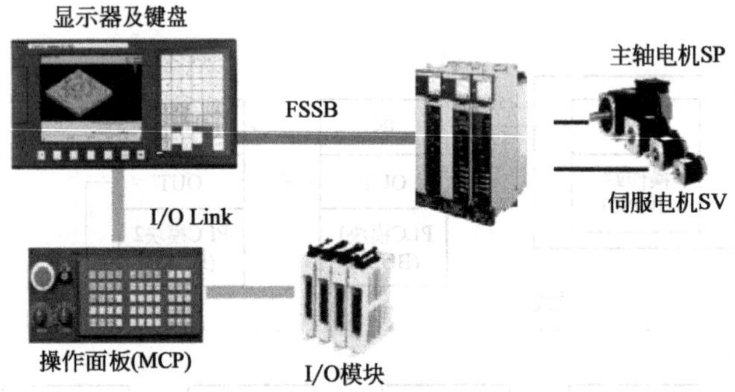

图 4-3 发那科通信连接图（无光栅尺）

由于编码器线与光栅尺线是电缆，受电磁场影响较大，会产生感应电流，因此编码器线与光栅尺线在电气柜中布线时要远离高压高频设备，例如变压器、电抗器、动力线等。编码器（I/O Link）接头横截图如图 4-4 所示。

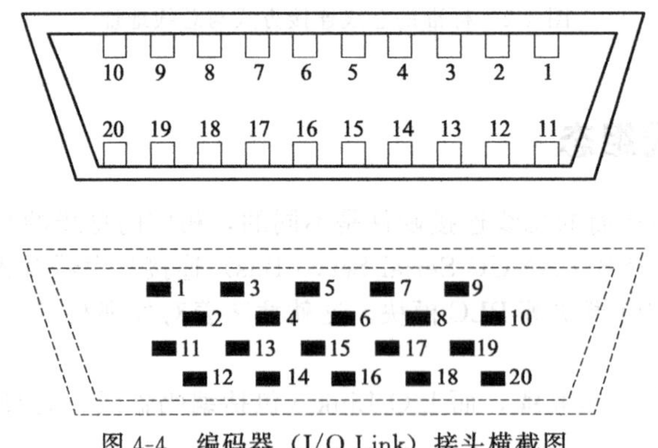

图 4-4 编码器（I/O Link）接头横截图

4.3.1 总线连接

发那科总线（FSSB）是光缆，受到电磁场影响的因素较小，但其数据传输及接线是有方向的，详细连接见图 4-5。

发那科总线（FSSB）只能从上一个设备的 CB10A 接出，从下一个设备的 CB10B 接入，即 CB10A→CB10B。最常见的错误就是操作站接出的 CB10A 应该接到主轴模块的 CB10B

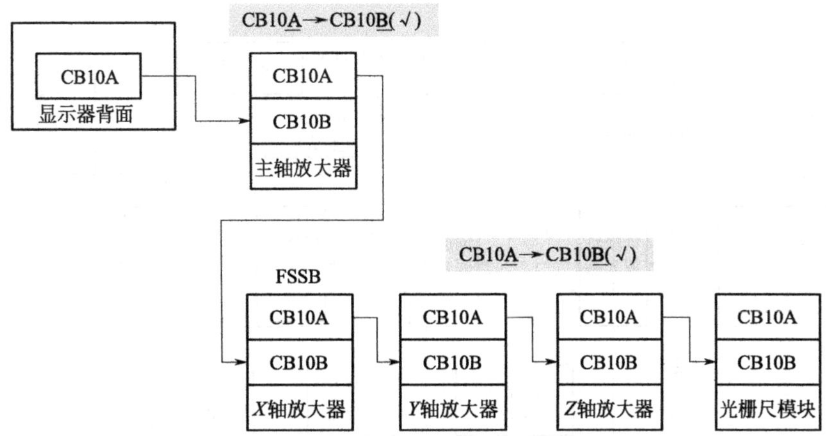

图 4-5　发那科总线实际硬件接口示意图

上，而实际接到了 CB10A 上，最终导致后续的总线顺序全部接错，见图 4-6 和图 4-7。

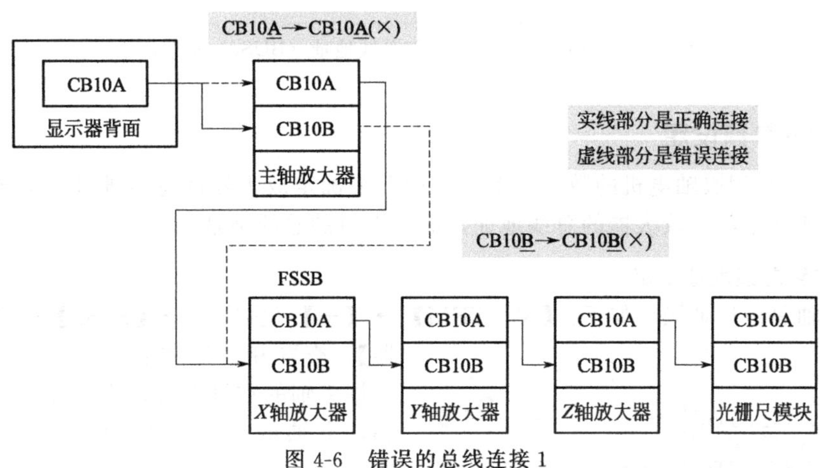

图 4-6　错误的总线连接 1

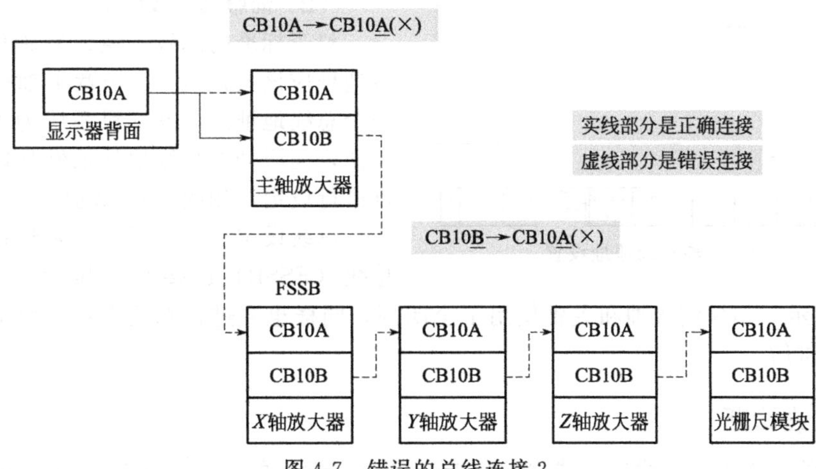

图 4-7　错误的总线连接 2

发那科总线在定义地址时，区分主轴总线地址与伺服轴总线地址。完整的发那科总线

（FSSB）接线图如图 4-8 所示。

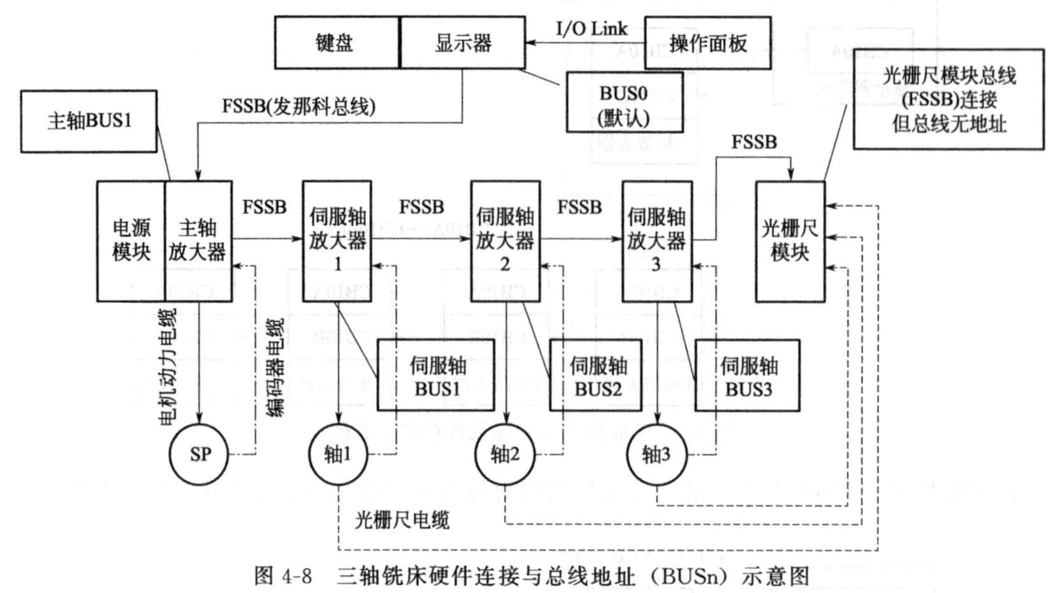

图 4-8　三轴铣床硬件连接与总线地址（BUSn）示意图

4.3.2　总线参数设定

确定了主轴/伺服轴电机的数量与型号，接下来确定放大器的总线地址。需要再次强调的是，总线地址指的是放大器的总线地址，而非电机的总线地址。

（1）主轴总线地址设定

设定主轴总线地址操作如下：【SYSTEM】→【+】（多次）→【FSSB】→【主轴放大器】，查看并设定主轴放大器的总线地址，根据主轴的数量进行设定，如果只有一个主轴，主轴的总线地址设定为 1，如图 4-9 所示。

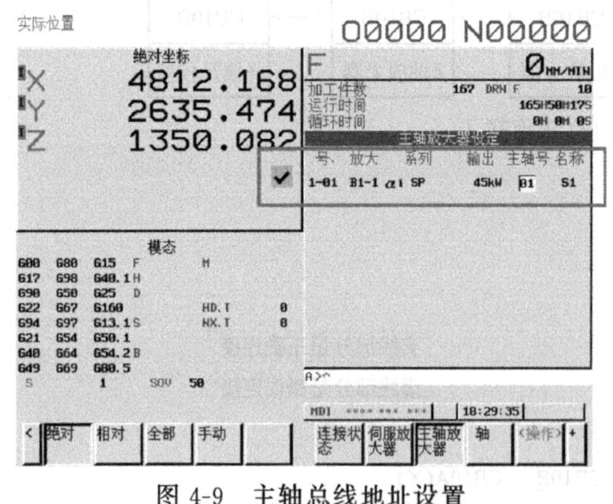

图 4-9　主轴总线地址设置

（2）伺服轴总线设定

对于标准的总线来说，X 轴放大器的总线地址应该设定为 2，毕竟主轴模块占据了一个总线地址。但发那科系统为了设定参数方便，伺服轴的总线地址依然是以 1 作为起点进行设定，如图 4-10 所示。

总线设定后，如果与实际连接匹配，则总线（FSSB）连接状态显示“通信正常”如图 4-11 所示，如果伺服轴和主轴使用了全闭环，同样也要进行总线设定，后文的全闭环章节会详细讲解。

4.3.3　总线诊断

在实际的工作中，总线连接错误的情况还是时有发生的，如图 4-12 所示，因此需要使用总线诊断功能。操作如下：【SYSTEM】→【+】（多次）→【FSSB】→【连接状态】页面下，可以查看总线（FSSB）连接状态及设定。

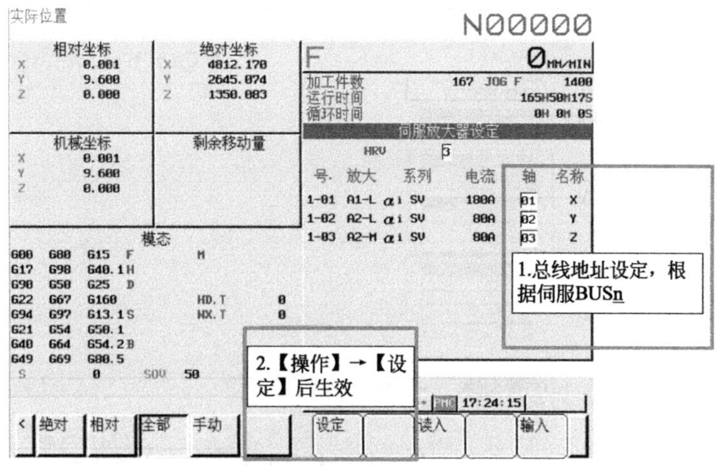

图 4-10　伺服轴总线地址设定

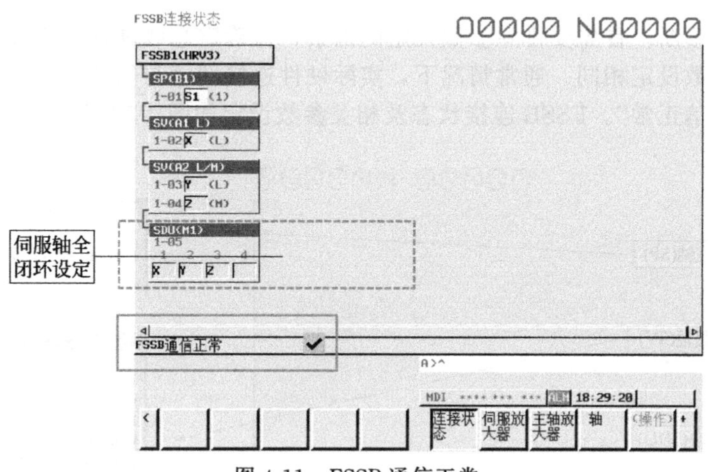

图 4-11　FSSB 通信正常

图 4-12　FSSB 通信异常

正确的总线状态显示如图 4-13 所示，FSSB 通信正常。

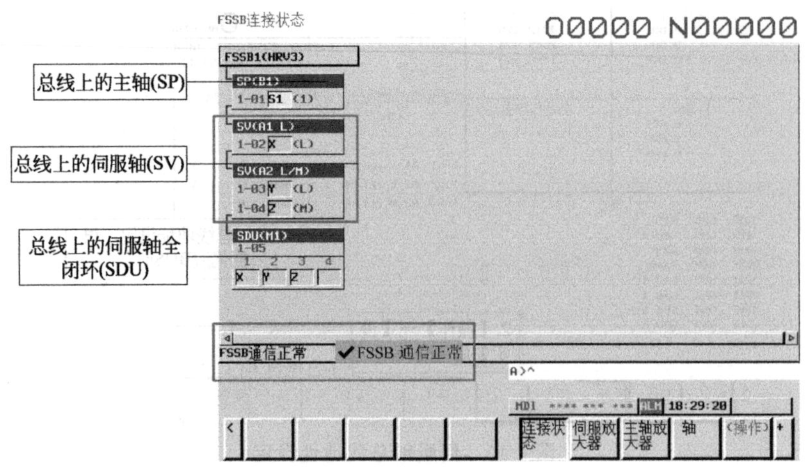

图 4-13　总线（FSSB）连接正常

对于总线的诊断，首先要排除参数设定的因素，再确定总线硬件的连接顺序（连接是否牢靠）是否与参数设定相同。通常情况下，实际硬件连接顺序与软件参数设定相同后，总线诊断时显示“通信正常”。FSSB 连接状态及相关参数设定如图 4-14 所示。

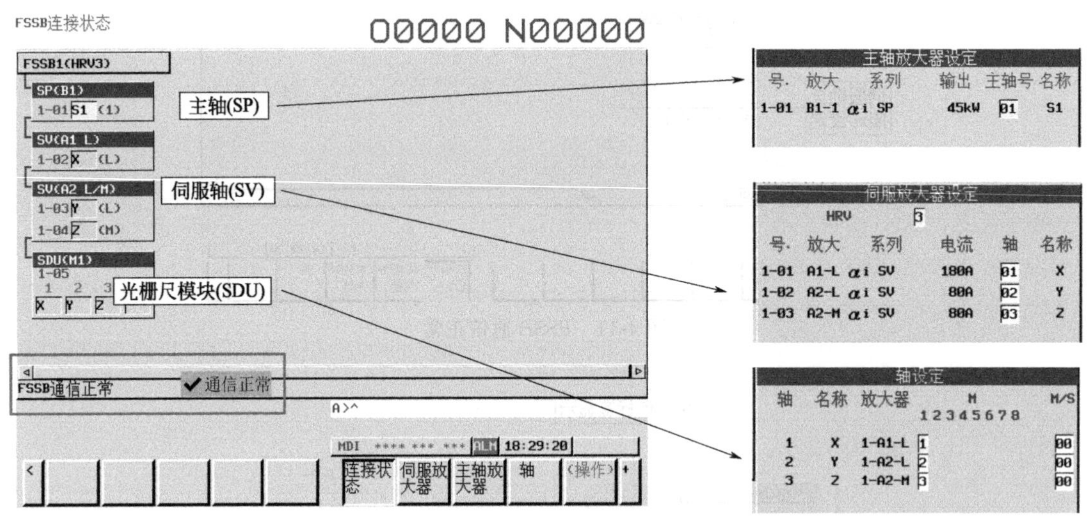

图 4-14　FSSB 连接状态及相关参数设定

4.3.4　伺服轴与主轴数量

总线设定完毕后，接下来就要确定主轴的数量与伺服轴的数量。

按【SYSTEM】键，在【参数】页面下，输入参数号 987 与 988，按【搜索号码】。参数号 987 的设定值是伺服轴的数量（CONTROL AXES NUMBER），参数号 988 的设定值是主轴的数量（SPINDLE AXES NUMBER），如图 4-15 所示。

修改参数 987 与 988 的值后，此时系统会出现报警“PW0000 必须关断电源”，见图 4-16。

如果设定的主轴和伺服轴数量与实际的接线不一致，会出现 FSSB 总线报警如图 4-17 所示。

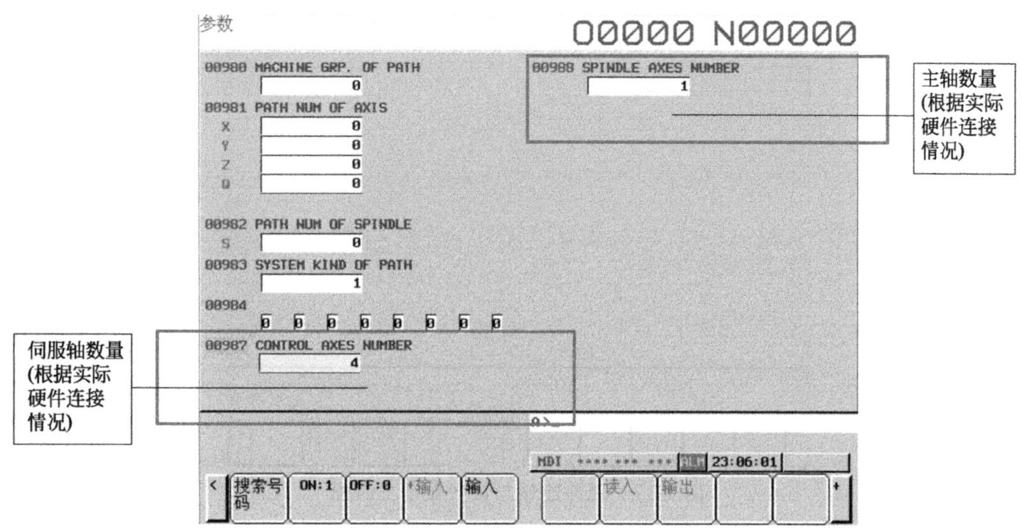

图 4-15 伺服轴数量与主轴数量的设定

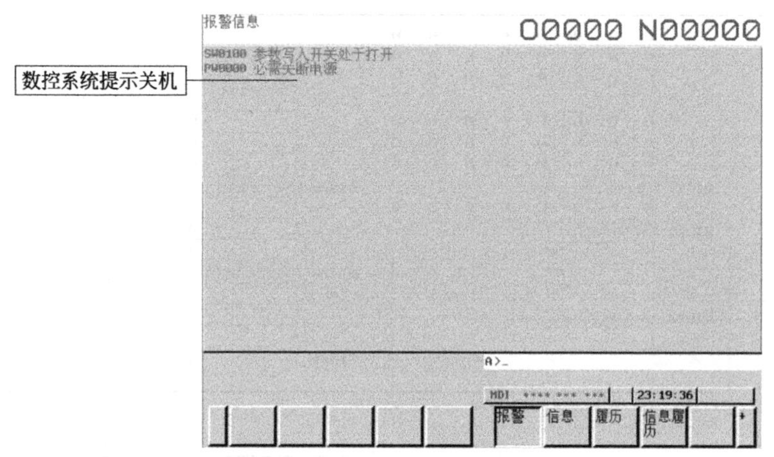

图 4-16 必须关断电源提示

配置伺服轴与主轴的数量之后，下一步确定伺服轴的名称与分配。

4.3.5 轴名称与轴分配

参数 1020 轴名称（AXIS NAME）是指定伺服轴的名称，对于铣床来说，伺服轴名称为 X、Y、Z 轴（基础轴、直线轴），A 轴（附加轴、旋转轴、立式加工中心）、B 轴（基础轴、旋转轴、卧式加工中心、镗床）、C 轴（基础轴、旋转轴、五轴机床转台）；对于车床来说，常见的伺服轴名称为 X 轴、Z 轴；对于大型镗床来说还包含了 W 轴（镗杆、直线轴），等等。

值得强调的是，对于数控系统来说，X 轴、Y 轴、Z 轴等伺服轴仅仅是一个轴 1、轴 2、轴 3 的标签，NC 与 PLC 在控制和影响伺服轴运行时，最终指向的是轴 $n(n=1,2,3,\cdots)$，而并非是 X 轴、Y 轴、Z 轴。也就是说，可以把 Z 轴（铣床）视为轴 3，也可以把 Z 轴（车床）视为轴 2。伺服轴基本设置如图 4-18 所示。

轴名称（参数 No.1020）的设定值与字母（字符）的对应表见表 4-2。

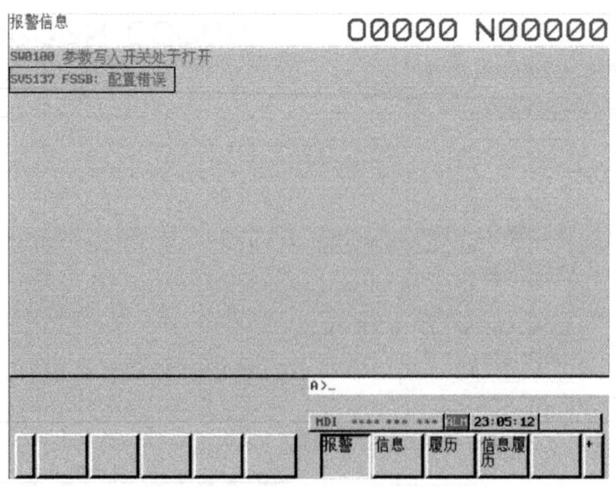

图 4-17　硬件连接与参数设定不匹配

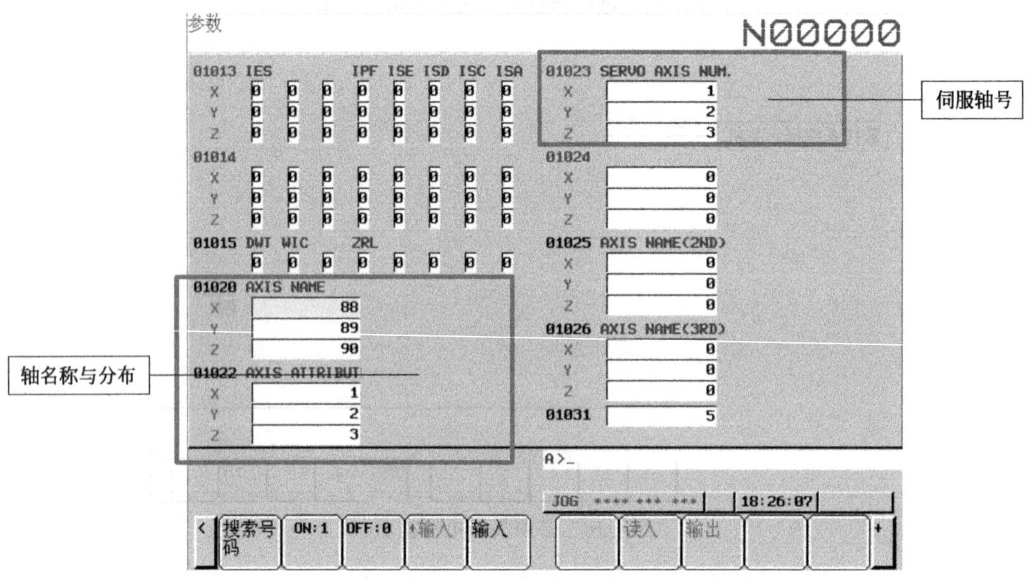

图 4-18　伺服轴基本设置

表 4-2　轴名称代码表

数字	字符	数字	字符	数字	字符
65	A	74	J	83	S
66	B	75	K	84	T
67	C	76	L	85	U
68	D	77	M	86	V
69	E	78	N	87	W
70	F	79	O	88	X
71	G	80	P	89	Y
72	H	81	Q	90	Z
73	I	82	R		

4.3.6 电机代码

确定了伺服轴的数量、名称，接下来就是确定电机的具体型号。如果主轴电机和伺服电机与数控系统是同一厂家生产的话，只需要输入电机的型号，对其进行初始化操作，NC 会自动获取相应的电机参数进行控制。如果主轴电机或伺服电机是第三方厂家生产，需要手动填写有关电机的详细的硬件参数。

数控系统断电再开机，修改参数 3111#0，将其设定为 1，使得 CNC 显示【伺服设定】页面。

按【SYSTEM】→【+】（多次），在【伺服设定】页面，按【操作】→【+】→【切换】，设定伺服电机的代码。

图 4-19 为发那科伺服电机铭牌信息，伺服电机铭牌上有 MODEL 字样，其后 αiF 为电机系列，2/5000 为具体型号，由此可查询发那科的电机手册，可知该电机的代码是 255，如图 4-20 所示。铭牌的详细说明见表 4-3。

图 4-19 发那科伺服电机铭牌信息

电机型号	电机代码
αi F1/5000	252
αi F2/5000	255
αi F4/4000	273

图 4-20 发那科电机代码查询表

表 4-3 伺服电机铭牌中英文对照说明

英文	中文	说明
AC Servo Motor	交流伺服电机	
MODEL	电机型号	αiF 2/5000
SPEC.	订货号	A06B-0205-B200
No.	序号	C096F0784
DATE	生产日期	2009 年 6 月
FANUC LTD	发那科公司	
YAMASHASHI MADE IN JAPAN	山梨县 日本制造	
CONT.	制造标准	IEC60034-1
OUTPUT	输出功率	0.75kW
VOLT	电压	149V
SPEED	转速(额定)	4000r/min
AMP(~)	电流(交流)	3.2A
AMP. INPUT(~)	放大器输入	200~240V 50/60Hz
WIND. CON.	电机定子接线	星形连接
IP	防水防尘等级	IP65
STALL TRQ.	安装转矩	2N·m

注：标灰处为重点关注的内容。

注意，一定要确认电机的系列。如果只查看电机型号 2/5000 的话，可能会出错，见表 4-4。

表 4-4 不同系列相同型号的电机

电机系列	电机型号	电机代码
αiS系列	αiS2/5000	262
αiS(400V 高压)系列	αiS2/5000HV	263

只要输入了正确的电机代码，将初始化定位的数值 00000010 设定为 0，重新启动数控系统，数控系统会自动获取伺服电机的有关信息，如图 4-21 所示。

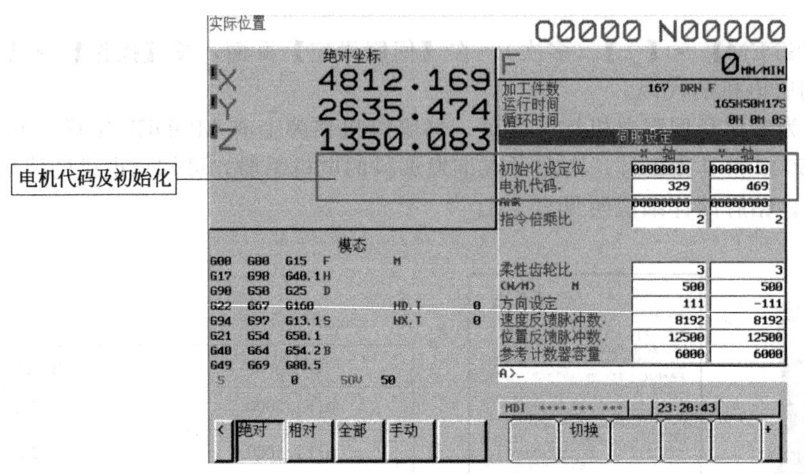

图 4-21 伺服电机型号设定及初始化

如果电机代码设定错误，实际设定的电机功率比原定的小，NC 并不会发出报警，只不过伺服电机运行时会出错；如果实际设定的电机功率远远大于放大器的功率，NC 会发出报警，见图 4-22。

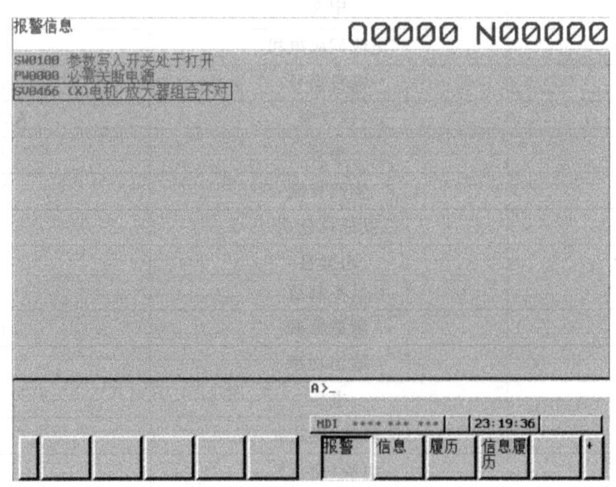

图 4-22 伺服电机型号设定错误

（1）伺服放大器故障与伺服电机故障

前文在总线顺序与地址中特别强调了总线地址是放大器的总线地址，并非电机的总线地址。因此对于数控系统来说，放大器故障与伺服电机故障在处理的过程中是不一样的。

例如，当 Y 轴（轴 2）的电机出现故障时，在更换电机的过程中，如果机床能手动运行，此时只需要将 Y 轴进行屏蔽。其方法如下：

① 将“光栅尺设定”参数 No. 1815 设定为 00000000（如果没有光栅尺忽略此步）；

② 将伺服轴轴号参数 No. 1023 的 Y 轴部分设定为－1；

③ 将对应的放大器的 JF1 接口的第 11、12 脚短接；

④ 操作面板的 Z 轴（第三轴）按钮失效，Y 轴按钮实际控制原 Z 轴运行。

如果放大器出现故障，在更换的过程中仍需要机床能手动运行，这时总线（FSSB）就要重新接线，同时包括轴数量、电机型号、总线地址在内的软件参数全部重新设定——按照只有 X 轴与 Z 轴进行设定，总线（FSSB）硬件接线见图 4-23。

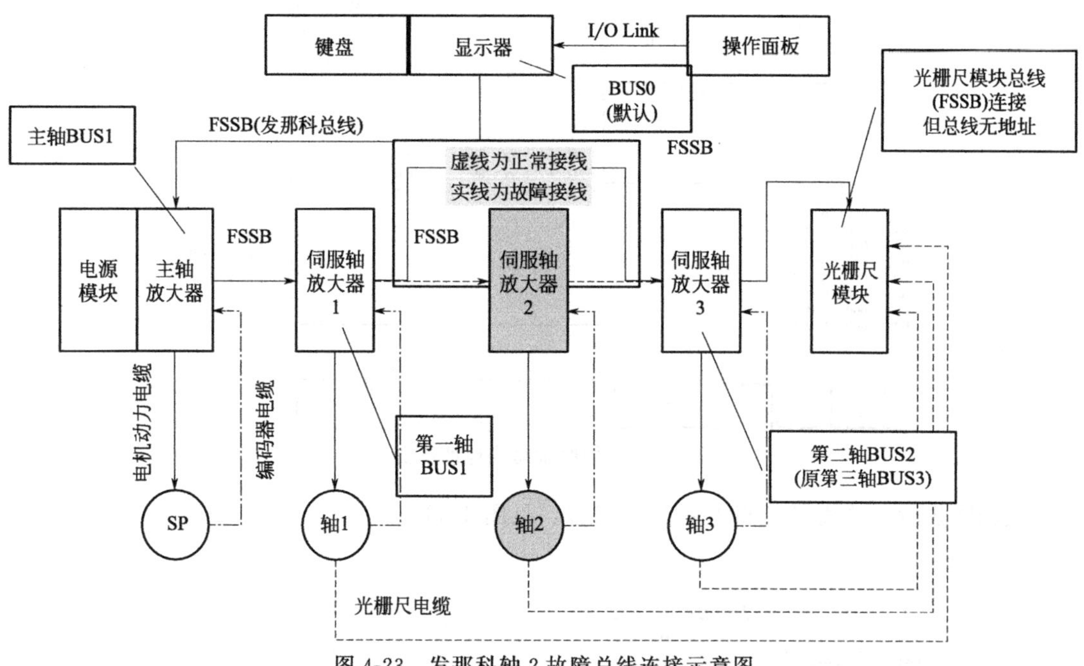

图 4-23 发那科轴 2 故障总线连接示意图

如果伺服轴数量设定与实际连接不匹配，例如 FSSB（总线）连接了两个放大器模块，数控系统会提示报警，在 FSSB 连接状态页面可以看到实际连接的情况，见图 4-24。

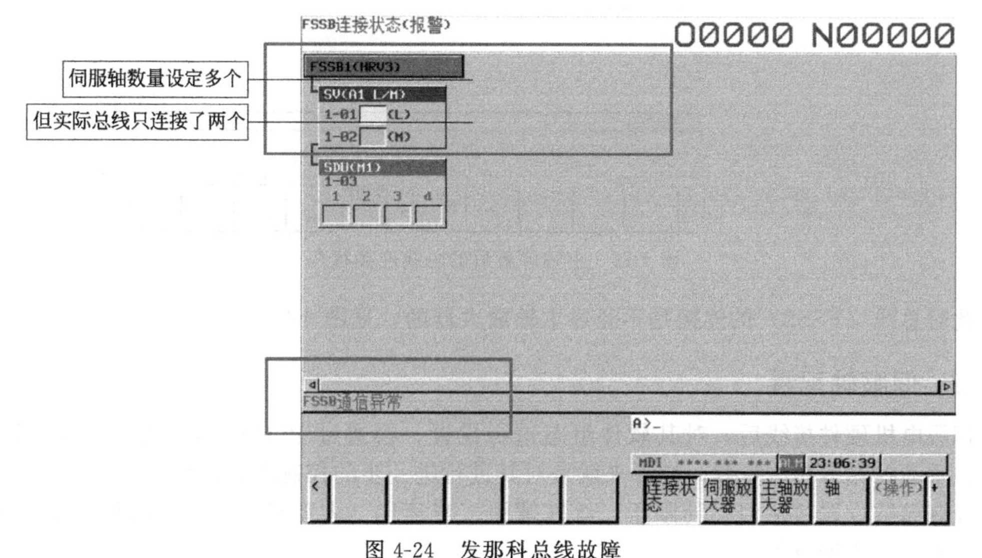

图 4-24 发那科总线故障

（2）主轴放大器与主轴电机故障

主轴放大器故障与主轴电机故障发生时，在拆卸的过程中，如果仍要使机床能手动运行，将主轴功能屏蔽的参数设定部分比伺服轴简单，方法如下：

① 主轴数量参数 No. 988 设定为 0；

② X 轴、Y 轴、Z 轴的总线地址不变，如图 4-25 所示。

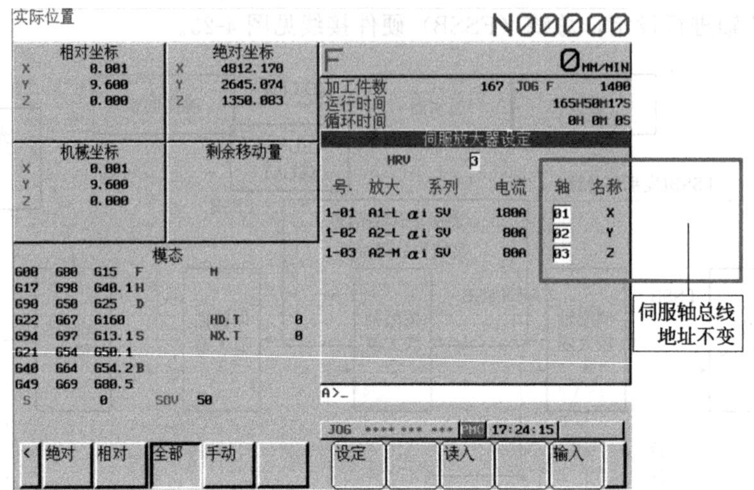

图 4-25　伺服轴总线地址不变

主轴屏蔽后，总线（FSSB）的连接状态，见图 4-26。

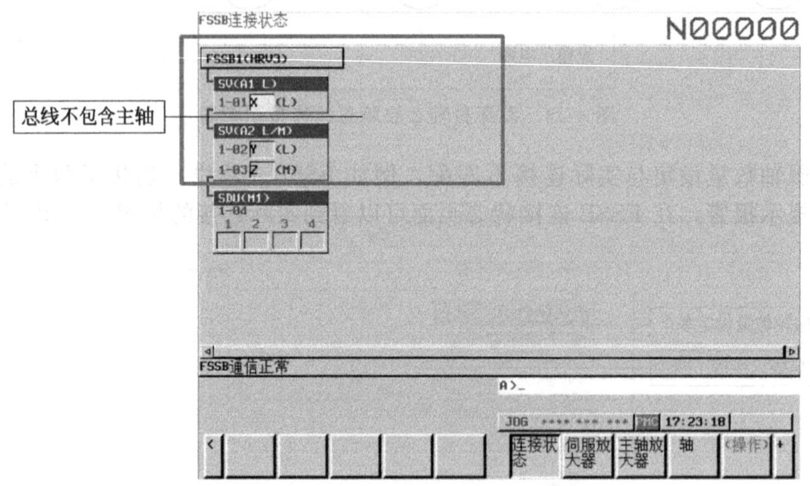

图 4-26　主轴屏蔽后的总线连接状态

此时总线（FSSB）的连接是不经过主轴放大器的，见图 4-27。

4.3.7 伺服轴配置

伺服电机硬件接线后，对其软件组态进行设置，再通过 PLC 的信号处理，使其限位、锁定、手动控制等功能生效，接下来就是对其进行进一步的控制参数设置。

控制参数设置包括但不局限于：丝杠螺距、减速比（大型机床）、半闭环全闭环设定、定位误差、伺服增益等。

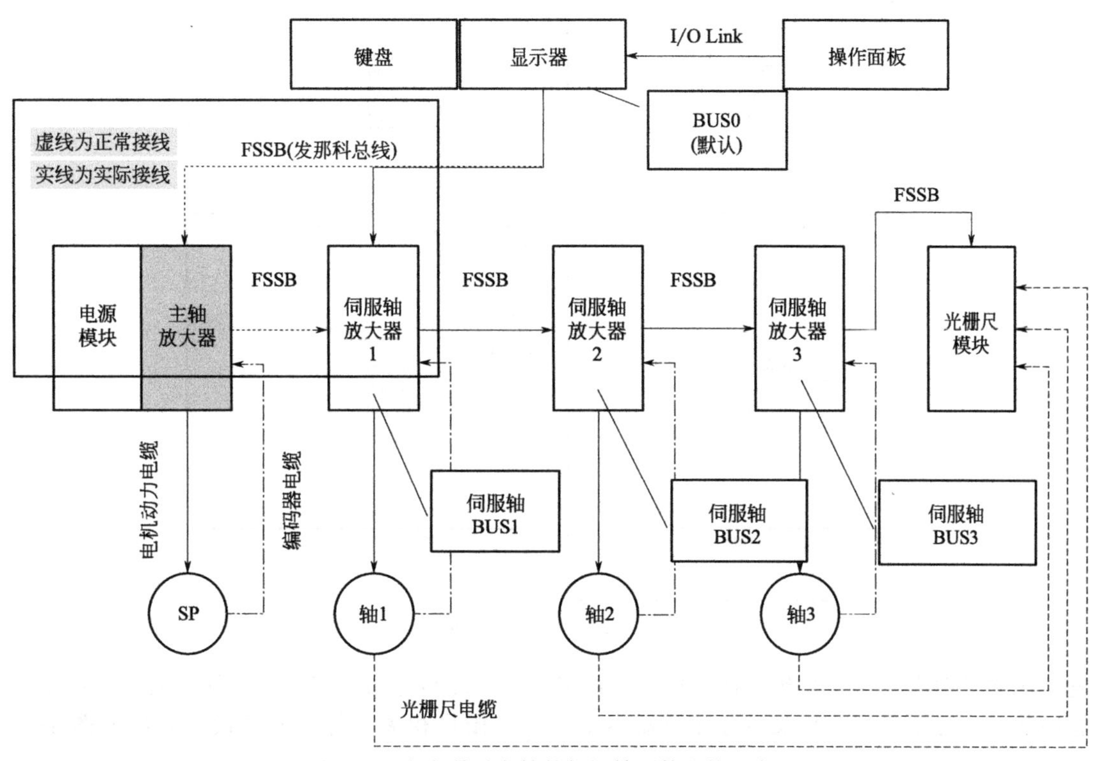

图 4-27 发那科无主轴的伺服轴硬件连接示意图

（1）轴设定

轴设定包含了基本的参数设置，设定方法可以参照已有轴设定及说明进行。具体操作如下：【SYSTEM】→【+】（多次）→【参数调整】，选择“轴设定”如图 4-28 所示。

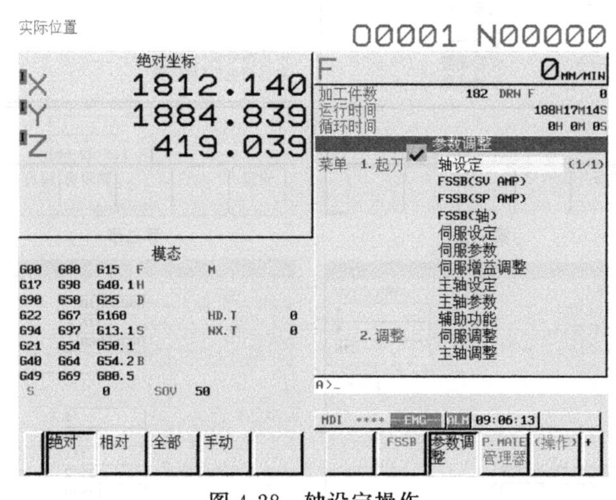

图 4-28 轴设定操作

在轴设定页面下，可以根据实际的硬件情况及设定说明进行设置，轴设定页面如图 4-29 所示。

（2）伺服设定

前文中提到对伺服电机代码进行初始化设定。在伺服设定页面下还包含了其他参数设

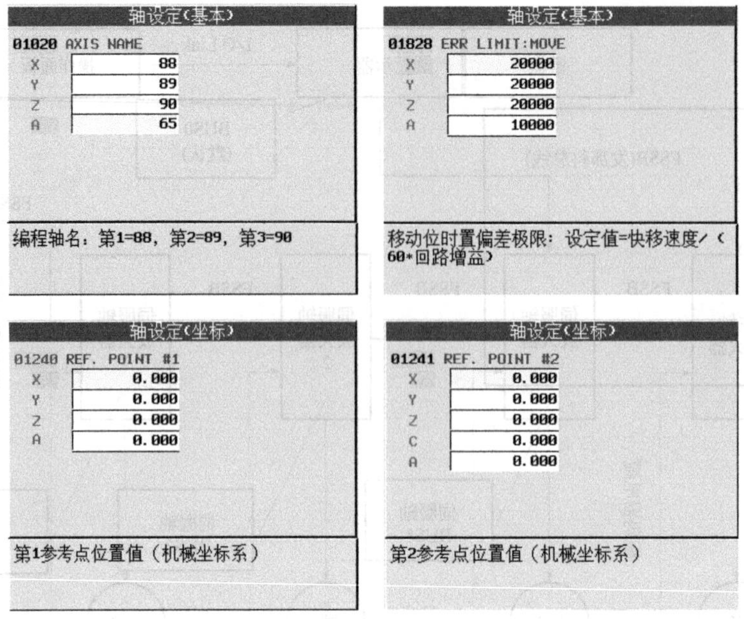

图 4-29　轴设定页面

置，例如柔性齿轮比（与丝杠螺距相关）设定、电机旋转方向、速度反馈脉冲数、位置反馈脉冲数（与光栅尺相关）及参考计数器容量（与光栅尺相关）等，伺服设定方法如图 4-30 所示。

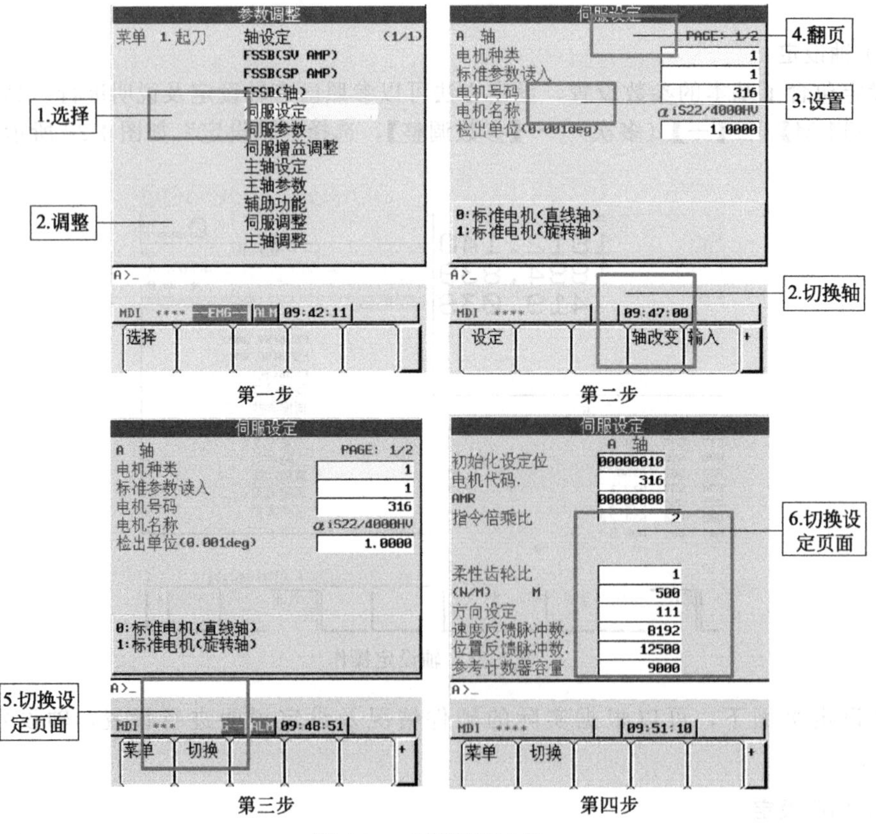

图 4-30　伺服设定方法

4.3.8 全闭环

对于高精度机床来说，光栅尺（分离式编码器）作为第三方的位置反馈设备，是必不可少的。直线轴使用直线光栅尺（图 4-31），旋转轴使用圆光栅尺（图 4-32）。使用光栅尺的电机控制称为全闭环控制，而未使用光栅尺的电机控制称为半闭环控制。

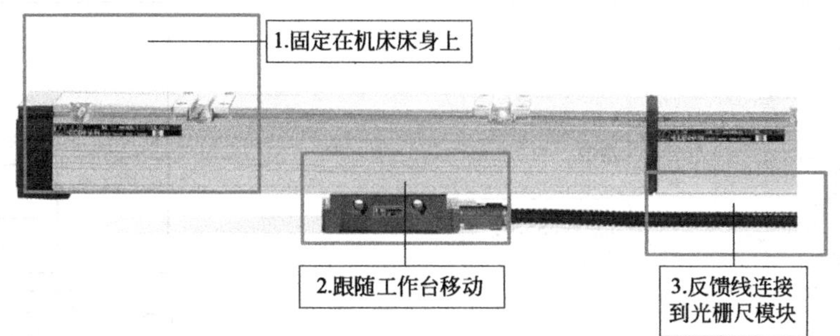

图 4-31　直线光栅尺（海德汉）

圆光栅尺外观是圆环形的，其构造及接线与直线光栅尺相同，适用于旋转轴。例如立式加工中心的 A 轴、卧式加工中心的 B 轴以及立式五轴加工中心的 A、C 轴。

图 4-32　圆光栅尺（海德汉）

光栅尺常用类型分三种，分别为增量式光栅尺、距离码光栅尺、绝对值光栅尺。

当使用光栅尺功能后，还需要对光栅尺模块的接口进行配置。放大器、驱动器通常“外挂”光栅尺模块。光栅尺模块与放大器之间的接线如图 4-33 所示。

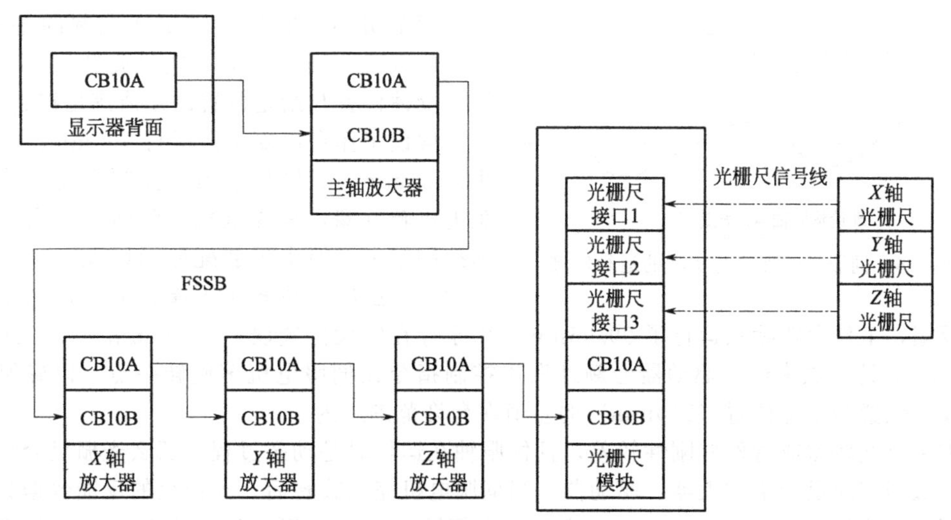

图 4-33　光栅尺模块与放大器之间的接线

发那科光栅尺模块及接口见图 4-34。发那科的光栅尺模块只用来接伺服轴电机的全闭环反馈电缆，不接主轴电机的全闭环反馈线缆。

也有部分放大器自带光栅尺接口，例如，发那科主轴放大器自带光栅尺接口。主轴模块光栅尺接线如图 4-35 所示。

由于主轴是三相异步交流电机，对位置精度控制要求没有伺服轴那么高。但如果主轴要实现刚性攻螺纹这种高位置精度控制，则必须使用（圆）光栅尺，确保主轴的位置控制精度。如果主轴要实现高速刚性攻螺纹，则主轴必须采用三相同步交流电机。

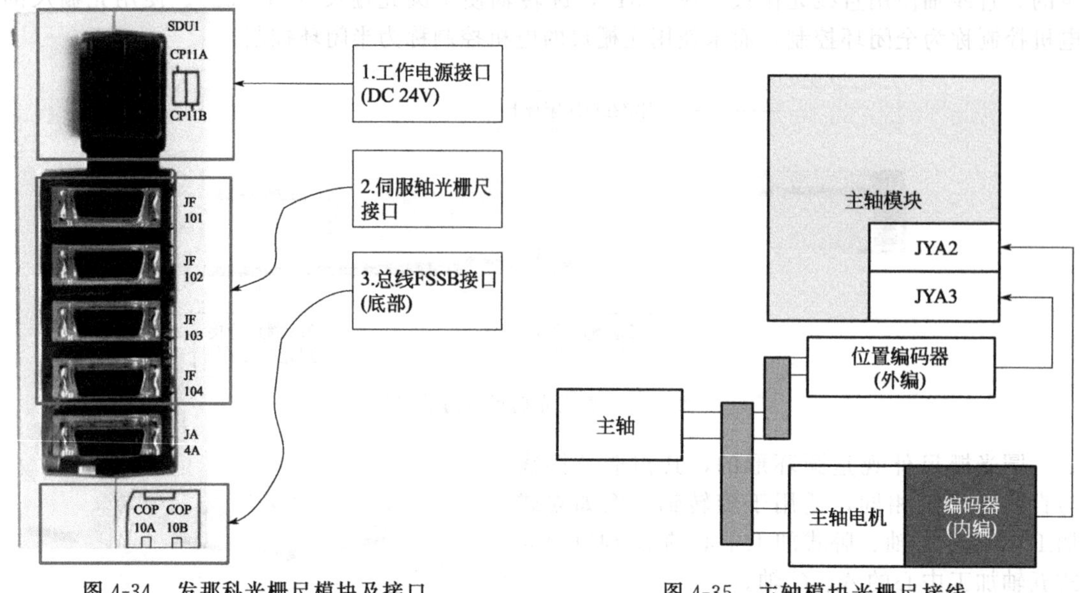

图 4-34　发那科光栅尺模块及接口

图 4-35　主轴模块光栅尺接线

（1）光栅尺的影响

半闭环控制，是通过电机内部的速度编码器（内编）进行速度反馈，即确保电机实际转速与给定转速的差值满足控制要求以及电机实际转了多少，至于伺服轴的实际运行位置无法检测，具体情况见图 4-36。

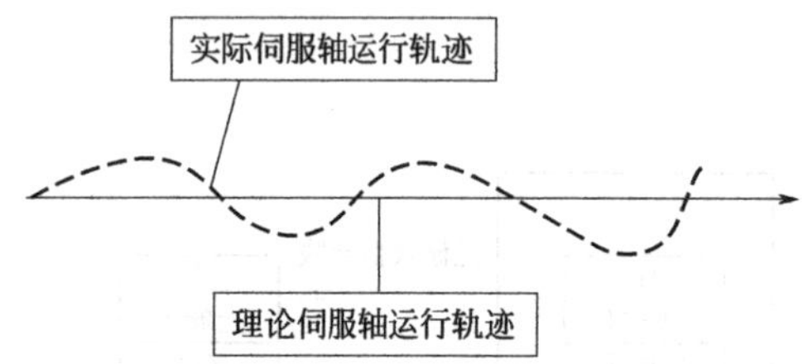

图 4-36　伺服轴的理论与实际的运行轨迹

而全闭环控制是在半闭环控制的基础上，通过放大器适当调整伺服电机旋转，以确保光栅尺反馈位置与给定位置的差值满足控制要求。

假设工作台需要正向运行 100mm，丝杠螺距是 20mm，如果是半闭环控制只需要确定伺服电机转五圈，只要电机实际转了五圈即可认为控制结束。但由于装配原因以及丝杠存在一定弹性，虽然电机转了五圈，但通过光栅尺的位置反馈，工作台实际只运行了 99.95mm，由于存在较大位置误差（100mm－99.95mm＝0.05mm），这时放大器、驱动器会额外发出控制指令让伺服电机多旋转一点，以确保光栅尺的反馈位置与给定位置（100mm）的差值在允许范围之内。

如果装配较差或者丝杠刚性较差，且伺服轴在运行时是动态过程，那么光栅尺会将获取的位置数据实时反馈给放大器、驱动器，当伺服电机完成旋转后，光栅尺的反馈数据又会通过伺服系统让伺服电机多转一点，这就会造成伺服电机实际运行过程中总是“跌跌撞撞”，直观表现就是机床运行时的严重抖动。

全闭环的控制过程，好比监视一个人走路，这个人每向前或向后走一步（伺服电机正反转），如果步距不均匀（机械装配不良），那么每走一步都会有误差，身边的监视者（光栅尺）不停地用手（放大器、伺服驱动器）推它或者拉它（机床抖动）以保证每一步都是准确的。也就是说运行的结果是准确的，但运行的过程是“坎坷”的，这个过程会导致工件表面有条纹，长时间运行会导致机床精度下降甚至损毁。

当然，如果光栅尺本身装配较差，同样也会导致机床的抖动。因此，如果光栅尺生效后，机床运行时发生抖动，那么说明机床的机械装配、光栅尺的装配非常差，需要重新进行机械装配。当电机重新装配或者光栅尺重新装配后，数控机床的零点也发生了变化，需要重新进行螺距误差补偿，否则机床在全闭环的情况下运行依然会抖动。

（2）光栅尺类型

光栅尺类型有三种，分别是增量式光栅尺、距离码光栅尺、绝对值光栅尺。这三种类型的光栅尺在外观上没有明显的区别，但应用过程却大不相同。

当数控机床应用增量式光栅尺或半闭环控制时，必须搭配回零开关。每次上电后，都需要通过回零开关（通常是正向回零）实现回零，确立机床零点坐标，如图 4-37 所示。

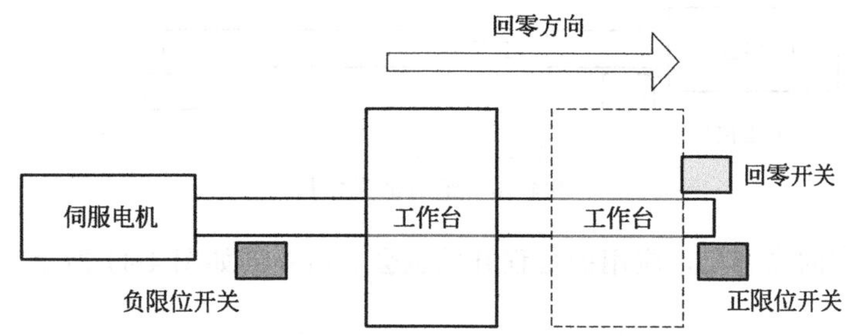

图 4-37　增量光栅尺及半闭环的回零方式

当数控机床应用距离码光栅尺时，不需要搭配回零开关，但需要限位开关。仅在第一次自动回零后，通过手动方式将伺服轴移到限位处，通过限位开关附近的显示位置以及修改零点偏移参数确定零点位置。确定机床零点位置后，再次上电回零时，床身通过多次正负向移动确定机床零点坐标，如图 4-38 所示。

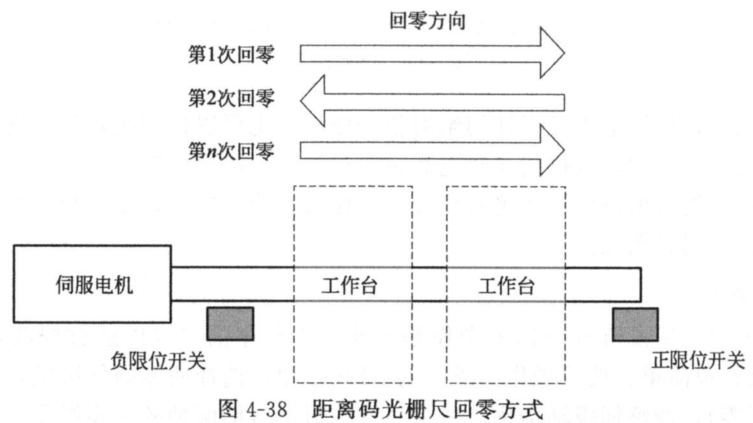

图 4-38　距离码光栅尺回零方式

值得一提的是，由于伺服轴在回零过程中是忽略软限位的，因此应用距离码光栅尺回零时要远离正负限位开关，以免撞到限位开关导致回零失败，如图 4-39 所示。

当数控机床应用绝对值光栅尺时，不需要搭配回零开关，但需要限位开关，如图 4-40 所示。仅在第一次自动回零后，通过手动方式将伺服轴移到限位处，通过限位开关附近的显示位置以及修改零点偏移参数确定零点位置。确定机床零点位置后，再次上电回零时，不需要回零即可执行工件程序。

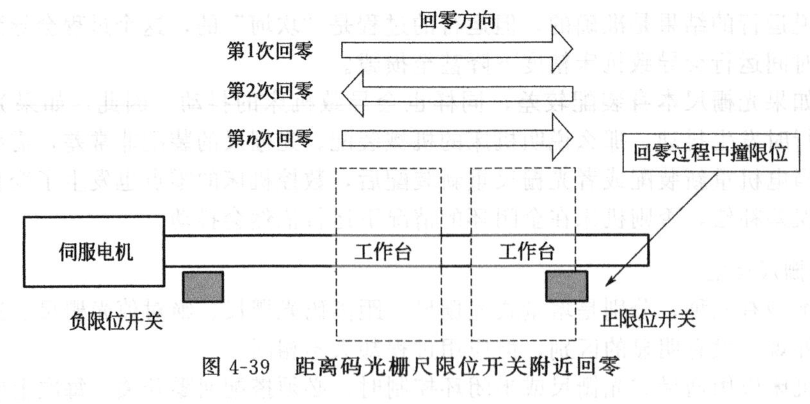

图 4-39　距离码光栅尺限位开关附近回零

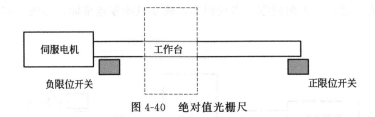

伺服电机　工作台　负限位开关　正限位开关

图 4-40　绝对值光栅尺

应用不同功能的光栅尺，应用的行程开关也会有所不同如图 4-41 所示。

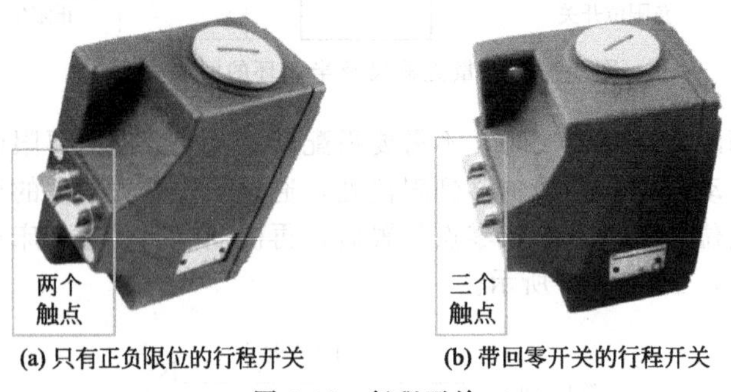

(a) 只有正负限位的行程开关　　(b) 带回零开关的行程开关

图 4-41　行程开关

值得一提的是，伺服电机可以使用绝对值光栅尺，也可以使用绝对值编码器。原理是相同的，即只需要回零一次，数控机床断电后再次通电是不需要回零的。

中小机床使用绝对值编码器或绝对值光栅尺比较普遍，中型以上的数控机床通常使用增量式光栅尺或距离码光栅尺。

（3）回零操作

数控机床通电之后没有进行回零操作是不能加工程序的（可以通过修改参数忽略该情况），回零的操作很简单：按下操作面板上的 REF 按钮，选择回零的伺服轴，再选择正向键（通常是正向回零），调整伺服轴倍率，数控系统即可进行伺服轴的回零操作。

西门子的 HMI 界面会在伺服轴前，通过⊕显示回零状态如图 4-42 所示。

MCS	位置 [mm]	进给率/倍率
⊕ MX1	500.000	0.000 mm/min 0.0%
⊕ MZ1	500.000	0.000 mm/min 0.0%
MSP1	0.000°	0.000 rpm 75%

图 4-42　伺服轴已回零

如果数控机床的操作面板上没有回零按钮 REF，那么表明该机床的伺服电机使用的是绝对值编码器或者绝对值光栅尺。

（4）绝对值光栅尺与绝对值编码器

数控机床采用绝对值光栅尺或绝对值编码器，断电后其保存的位置数据也会消失，因此放大器、伺服驱动器会使用一块或一组电池来保存绝对值光栅尺或绝对值编码器的位置数据如图 4-43 和图 4-44 所示。

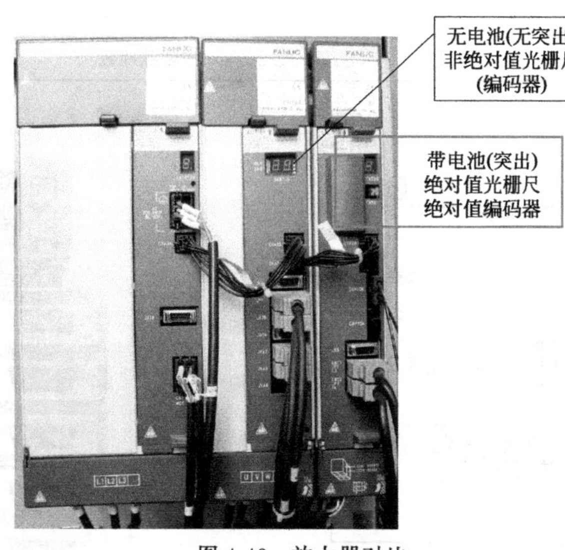

图 4-43　放大器对比

（5）全闭环生效及诊断

全闭环生效过程，就是通过修改 NC 参数，将放大器的速度反馈修改成位置反馈的过程。选择【SYSTEM】功能，多次按扩展键【+】，在 FSSB 页面下，进行轴的光栅尺接口设定，如图 4-45 所示。

图 4-44　发那科电池

如果全闭环参数设置正确，光栅尺模块参数设置也正确，那么在【FSSB】的【连接状态】下可以看到光栅尺模块（SDU）接口的设定，如图 4-46 所示。

上述参数设定仅仅是组态意义上的全闭环生效，并不包含针对具体型号的光栅尺进行详尽的参数设定。

全闭环与半闭环的相关参数见表 4-5。注意，半闭环参数设定仅仅取决于伺服轴的丝杠螺距、降速齿轮比（大型机床），全闭环参数设定包含了丝杠螺距、降速齿轮比、光栅尺类型及型号。

表 4-5　全闭环与半闭环的相关参数

参数号	说明
2084	柔性齿轮比 N
2085	柔性齿轮比 M
2024	位置反馈脉冲数
2185	位置脉冲系数

续表

参数号	说明
1821	参考计数器容量 1
1882	参考计数器容量 2
1815	光栅尺类型设定
2178	半闭环柔性齿轮比 N
2179	半闭环柔性齿轮比 M
2023	速度脉冲数

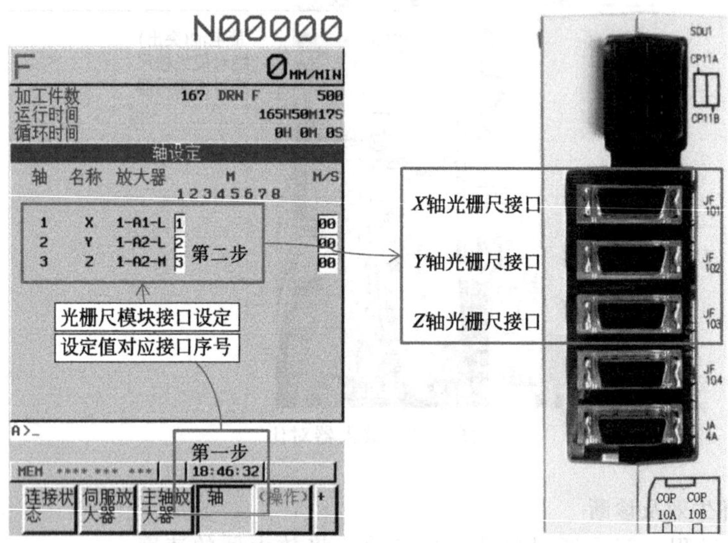

图 4-45　光栅尺模块（SDU）接口设置与接线

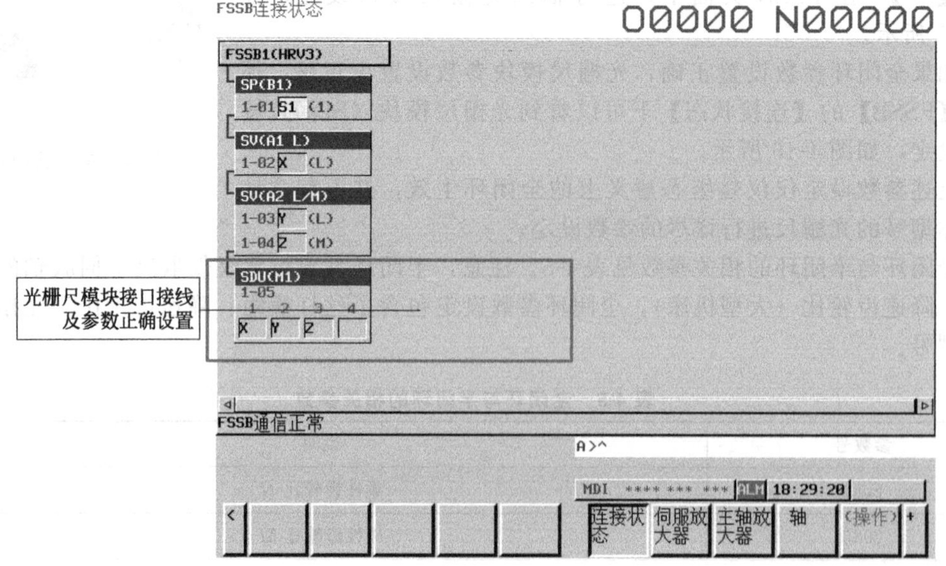

图 4-46　全闭环生效后的 FSSB 状态

4.4 发那科 PLC 组态

对于发那科来说，不仅总线（FSSB）需要进行硬件连接与软件参数设定，PLC 模块也需要进行硬件连接与软件设定。有些数控系统也会将 PLC 模块作为总线的一部分。

发那科 CNC 与 PLC 模块的通信方式是 I/O Link（i），也是一种数据线、一种多芯电缆，用来传输 PLC 的输入输出信号（I/O）信息。

4.4.1 硬件连接

I/O Link 的接头虽然与编码器、光栅尺接头外观上相同，但内部接线却大不相同如图 4-47 和图 4-48 所示。

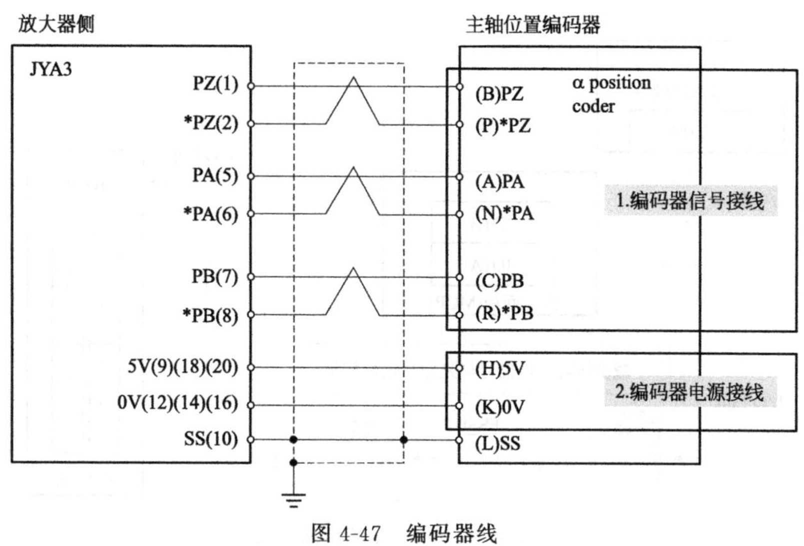

图 4-47　编码器线

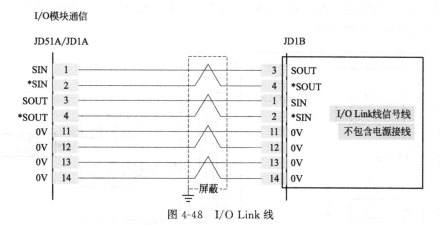

图 4-48　I/O Link 线

虽然编码器线与 I/O Link 线传输的都是电信号，但编码器线中包含了电源接线，因此编码器线的长度是不受限的，相比之下 I/O Link 线中不包含电源接线，随着电缆长度的增加，相应的电信号会有所衰减，这就意味着 I/O Link 线的长度会受限。因此当大型机床应用 I/O Link 时，还需要一组中继适配器，确保 I/O Link 线的电信号不会随着长度的增加而产生压降，导致信号衰减，如图 4-49 和图 4-50 所示。

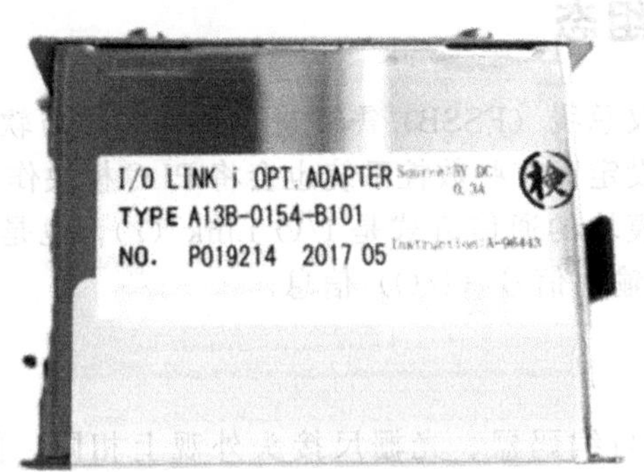

图 4-49　I/O Link 适配器实物图

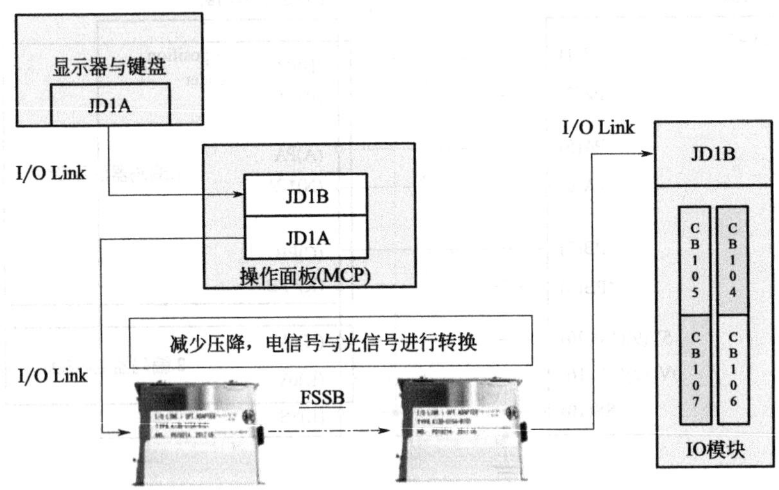

图 4-50　I/O Link 长距离连接

I/O Link(*i*) 主要用来连接操作面板（MCP）与 I/O 模块，进行 PLC 的数据通信，其硬件连接比较简单，见图 4-51。

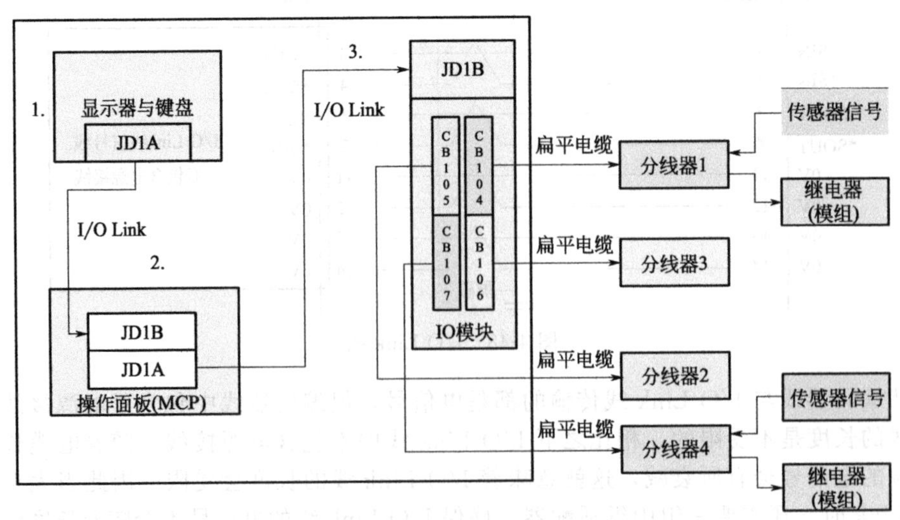

图 4-51　I/O Link(*i*) 硬件连接示意图（实线方框）

操作面板与 I/O 模块实物图如图 4-52～图 4-55 所示。

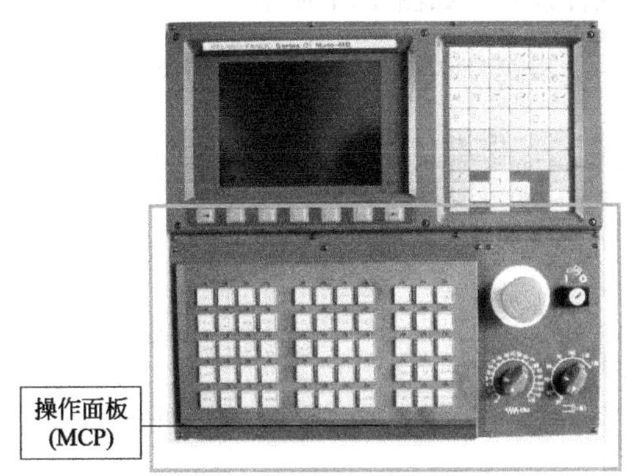

图 4-52　操作面板实物图

图 4-53　集成的 I/O 模块

图 4-54　扁平电缆（50 芯）

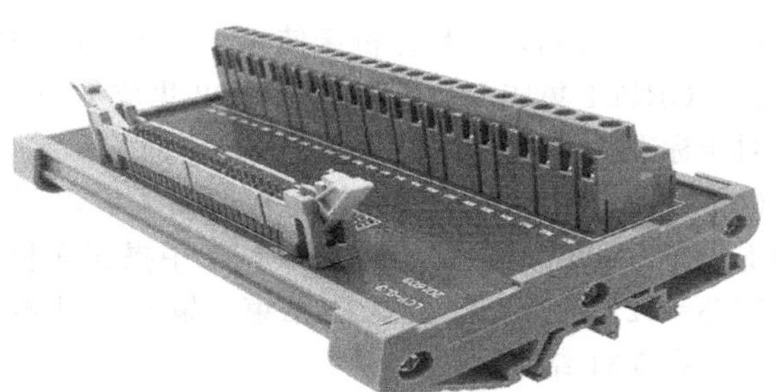

图 4-55　分线器

4.4.2　软件设置

在进行软件设置前，首先需要将参数 No. 11933＃0、＃1 设定为 1（发那科 0i-F），如图 4-56 所示。发那科很多功能设置的开启都需要参数设定。

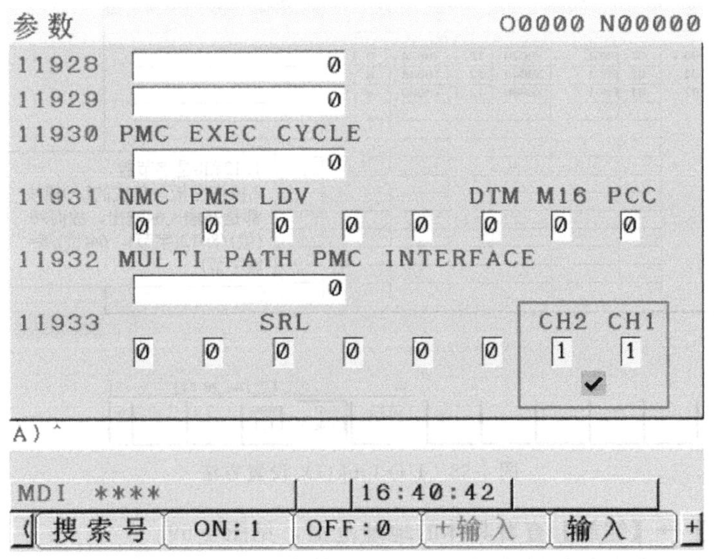

图 4-56　参数设定

软件设置操作如下：【SYSTEM】→【+】（多次）→【PMC 配置】，在 I/O Link(*i*) 页面下，通过相关设定，完成 PLC 的组态软件设置，如图 4-57 所示。

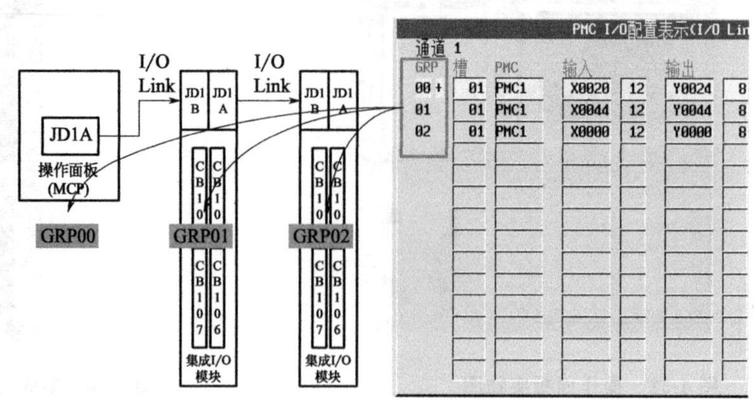

图 4-57　I/O Link(*i*) 设置画面

由图 4-57 可知，该数控机床使用了三组（GRP）I/O 设备，分别是 GRP00 的操作面板（固定）、GRP01 集成 I/O 模块、GRP02 集成 I/O 模块（实际 I/O 模块，型号不固定）。

对于标准的操作面板（包括安全操作面板）来说，都是 96 输入/64 输出（DI/DO：96/64）的 I/O 设备，也就是说操作面板的输入输出所占据的 I/O 地址的数量是固定的，但具体的 I/O 地址可以是不固定的。图 4-57 中操作面板的输入地址被定义为从 X20 开始，共计 12（96/8=12）个字节，到 X31 结束。输出地址被定义为从 Y24 开始，共计 8（64/8=8）个字节，到 Y31 结束。

集成的 I/O 模块也是 96 输入/64 输出。第一个 I/O 模块被定义为从 X44 开始，共计 12 个字节，到 X55 结束。输出地址被定义为从 Y44 开始，共计 8 个字节，到 Y51 结束。第二个 I/O 模块的输入地址被定义为从 X0 开始，共计 12 个字节，到 X11 结束。输出地址被定义为从 Y0 开始，共计 8 个字节，到 Y7 结束。I/O 模块的输入输出地址与机床的电气原理图的地址是匹配的，同时也与 PLC 中引用的地址匹配。I/O Link(*i*) 设置方法如图 4-58 所示。

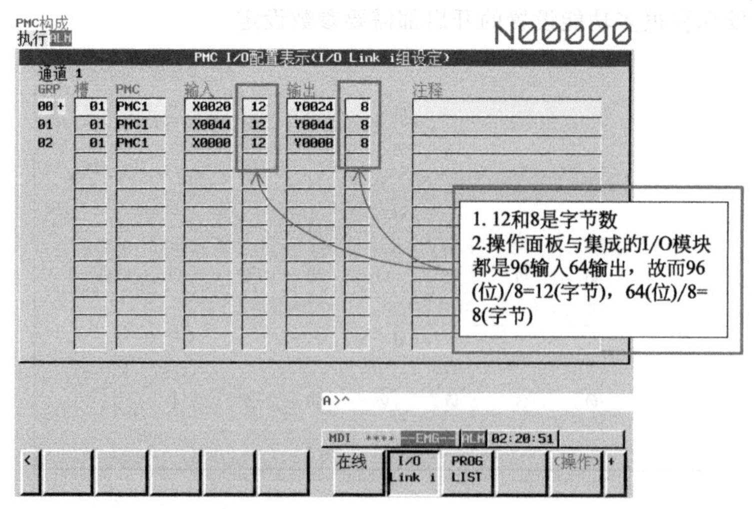

图 4-58　I/O Link(*i*) 设置方法

通过【操作】→【缩放】查看具体的地址范围，见图 4-59。

值得强调的是，发那科的操作面板、I/O 模块等 PLC 设备的 I/O 地址范围的定义是随

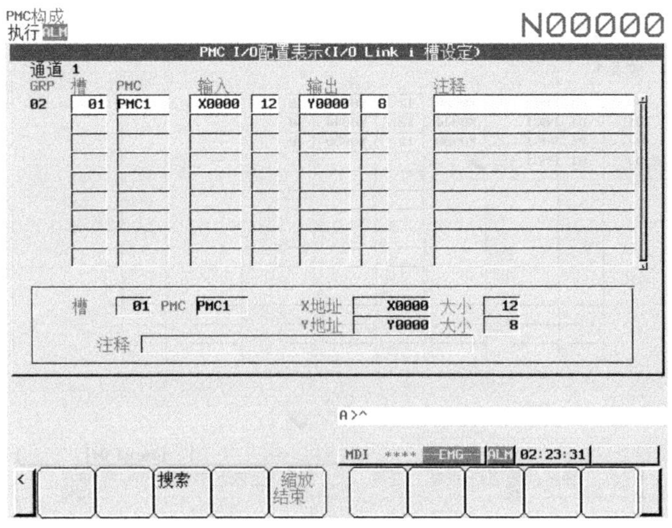

图 4-59 【缩放】I/O 配置

意的。可以定义操作面板的地址是从 X0、Y0 开始，也可以从 X100、Y100 开始，不同的机床制造商定义的地址范围是不同的，甚至相同机床制造商不同型号的机床定义的地址范围也是不相同的。

如果 I/O 模块不是集成的 I/O 模块（图 4-60），需要按照实际已经连接的 I/O 模块的输入输出地址数量进行配置。一个输入或输出模块一共 16 个 I/O 地址，占据 2 个字节。如果是 4 个输入模块，3 个输出模块，那么配置 PLC 时对应的 X 地址大小就是 4×2=8，Y 地址大小是 3×2=6。

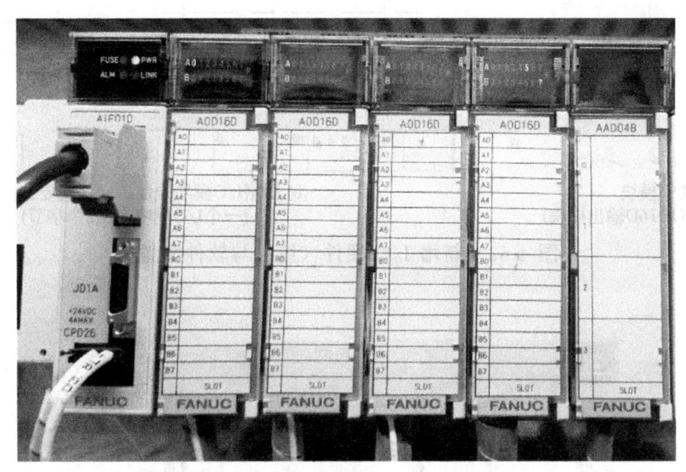

图 4-60 不同形式的 I/O 模块

PLC 的组态过程，是以“组”（GRP）为单位，而不是以 I/O 模块的个数为单位，而“组”（GRP）的认定是以 I/O Link 的连接为基准。也就是说每增加一个 I/O Link 电缆的连接，就要增加一个“组”（GRP），再通过缩放与编辑定义新增 I/O 模块的地址，如图 4-61 和图 4-62 所示。

如果仅仅是在已有的“组”（GRP）中额外增加若干个 I/O 模块，对应的软件设置是增加若干个“槽”，并在“槽”中定义新的 I/O 地址，如图 4-63 和图 4-64 所示。

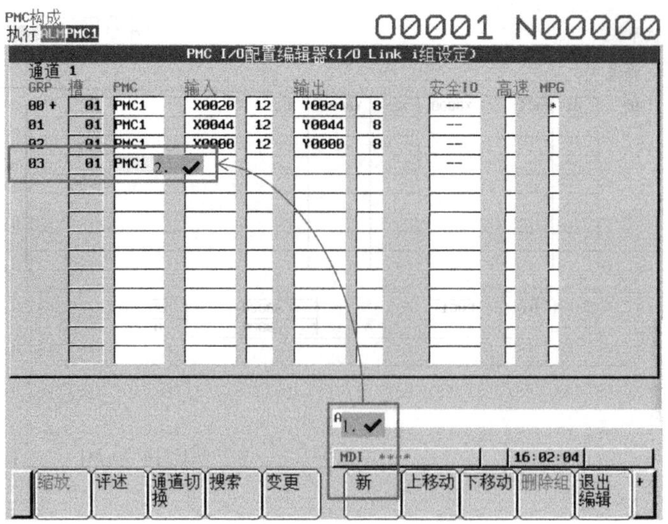

图 4-61　新增一“组”I/O 模块

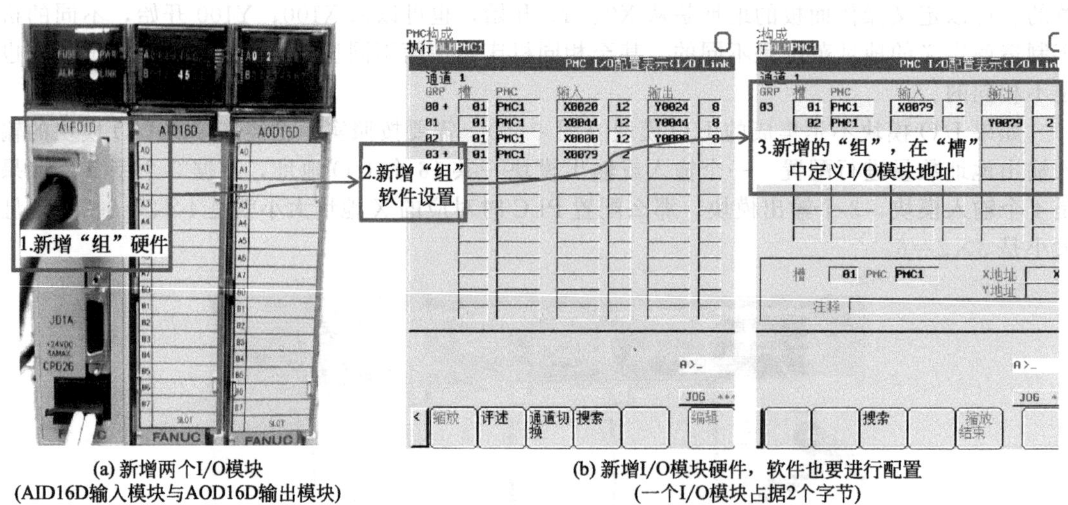

图 4-62　新增 I/O 硬件（组）与软件配置

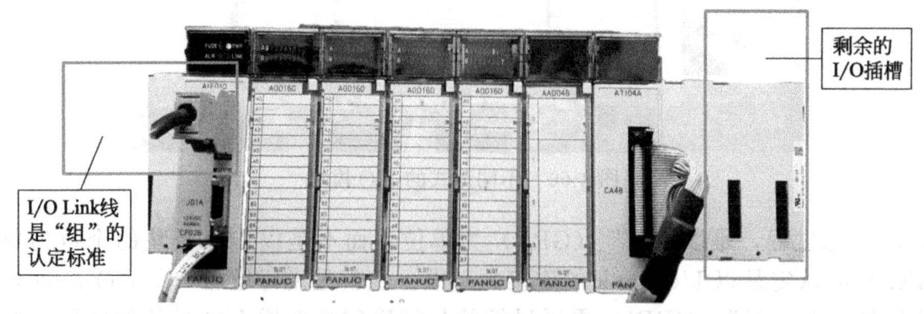

图 4-63　已有“组”中新增 I/O 硬件

PLC 组态过程如下：先定义“组”（新 I/O Link 接线），再在“组”中定义“槽”（I/O 模块），最后在“槽”中定义具体的 I/O 地址（实际 I/O 接线）。

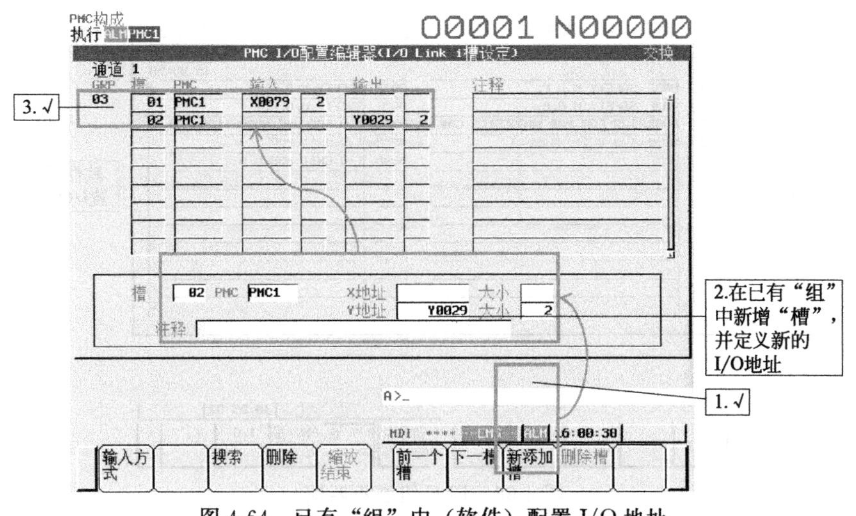

图 4-64　已有“组”中（软件）配置 I/O 地址

4.4.3　组态生效

硬件连接与软件设置都完成后，还需要将其生效。生效的方式与在线修改 PLC 相同，退出编辑，并将其写入 ROM 中即可，见图 4-65。

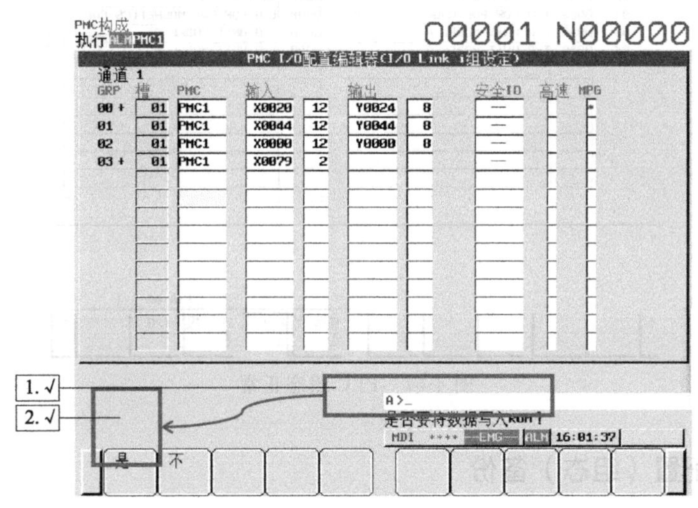

图 4-65　【退出编辑】模式，写入 ROM

4.4.4　PLC 组态诊断

当 PLC 的硬件连接完毕，软件设定生效后，新的 I/O 模块就能使用了。如果此时依然提示错误“ER97 I/O Link FAILURE”。可以在【I/O 设备】进行查看。“I/O 构成（现在）”表示的是实际连接的 I/O 模块硬件，“I/O 构成（登录）”表示的是系统中定义的 I/O 模块软件设置，如图 4-66 所示。

如果 I/O 模块软件设置无误，硬件缺失，那么表示 I/O 模块硬件故障、未进行连接、电源未接通等情况。如果 I/O 模块硬件正常运行，软件设置缺失，那么表示 I/O 模块的软件设置错误。

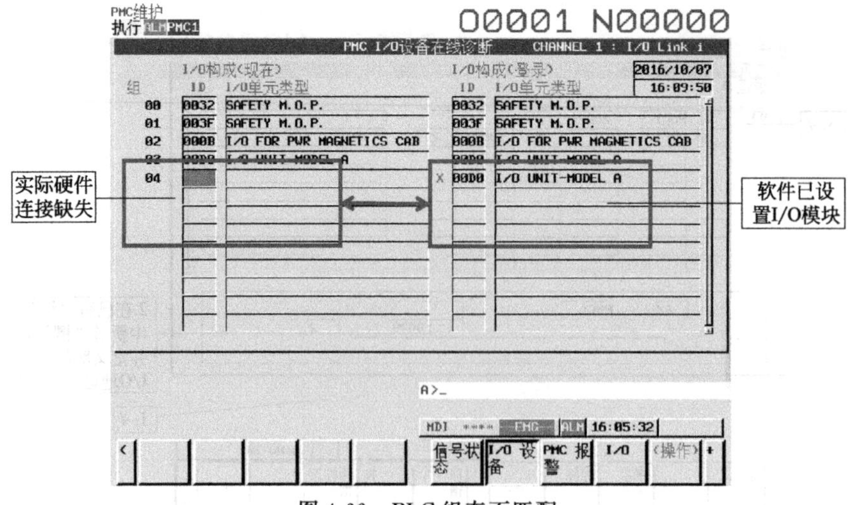

图 4-66 PLC 组态不匹配

当硬件连接与软件设置相匹配后，PLC 组态诊断才会显示正常，见图 4-67。

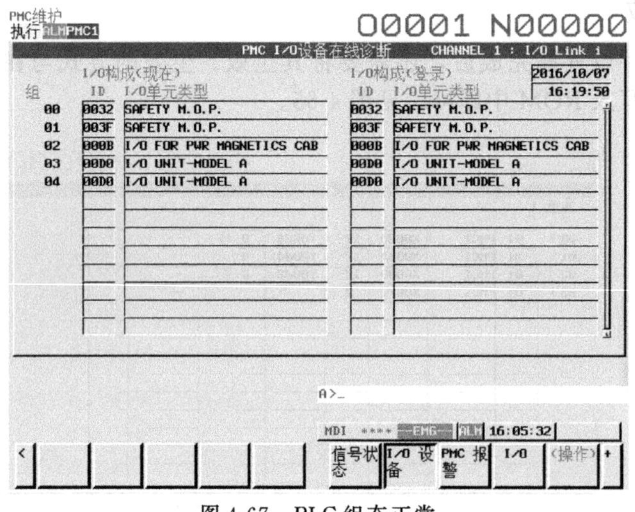

图 4-67 PLC 组态正常

4.4.5 PLC 配置（组态）备份

发那科 0i-F 版本是可以对 PLC 组态设置进行备份和恢复的，而且必须与 PLC 程序相匹配如图 4-68 所示。也就是说，备份 PLC 时不仅要备份 PLC 程序，还要备份 PLC 的组态设置。相同型号的新机床在恢复 PLC 程序时，也需要恢复 PLC 组态设置，两者缺一不可。

PLC 组态配置备份与恢复的过程和方法与 PLC 相同，且在同一个页面下完成。

如果想对已有的 PLC 组态设置进行修改，也可以使用发那科的 PLC 软件 Fladder 打开、编译与保存如图 4-69 所示，其过程与编辑 PLC 过程相同，不再赘述。

注意，恢复 PLC 组态信息是没有文件名尾缀的文件 IOLINKCONFIG，而不是可编辑的.FIL 文件。

4.4.6 PLC 配置（组态）恢复

PLC 组态恢复过程与 PLC 的恢复过程完全一样，这里就不再赘述，见图 4-70 和图 4-71。

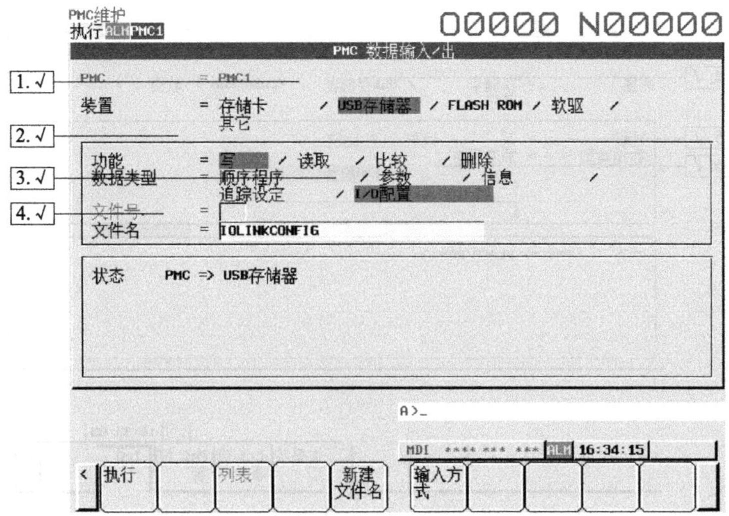

图 4-68　备份 PLC 组态配置到 U 盘

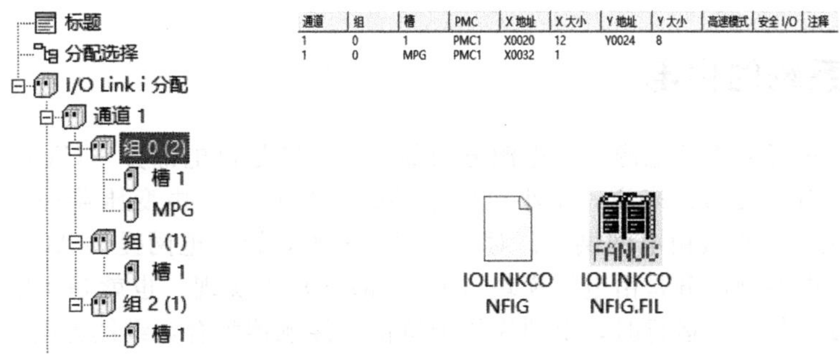

图 4-69　PLC 组态备份文件与可编辑.FIL 文件

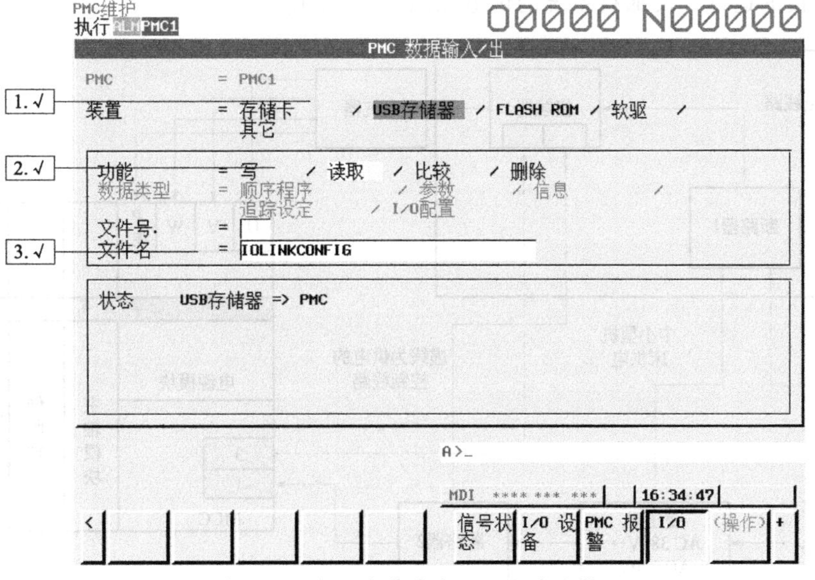

图 4-70　从 U 盘中读取 PLC 组态文件

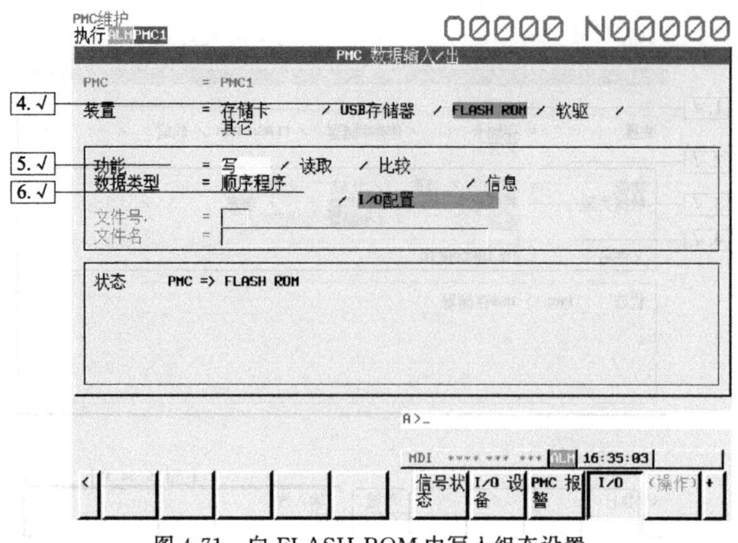

图 4-71 向 FLASH ROM 中写入组态设置

恢复 PLC 组态与恢复 PLC 过程相同，最后也需要手动启动 PLC 方可生效。

4.5 数控系统的供电

数控系统的运行离不开电源，而电源分两部分，分别是供电部分（UVW 三相供电）与供电控制部分。对于发那科来说，中小机床是 AC220V 供电，由变压器提供电源，大型机床是 AC380V 供电，直接由电网供电；对于西门子来说，皆由电网提供 AC380V 供电。

发那科的供电控制部分是由电源模块（MCC 部分）来实现。也就是当电源模块、放大器等硬件正常接线与正常运行时，电源模块维持供电接触器吸合，继续为电源模块供电，再由电源模块通过直流母线为其他放大器供电。如果电源模块、放大器等硬件故障或者接线错误，电源模块在短暂的接通后又切断供电线路的接触器，最终电源模块不能正常供电，进而无法控制各轴的运行。发那科系统的供电如图 4-72 所示。

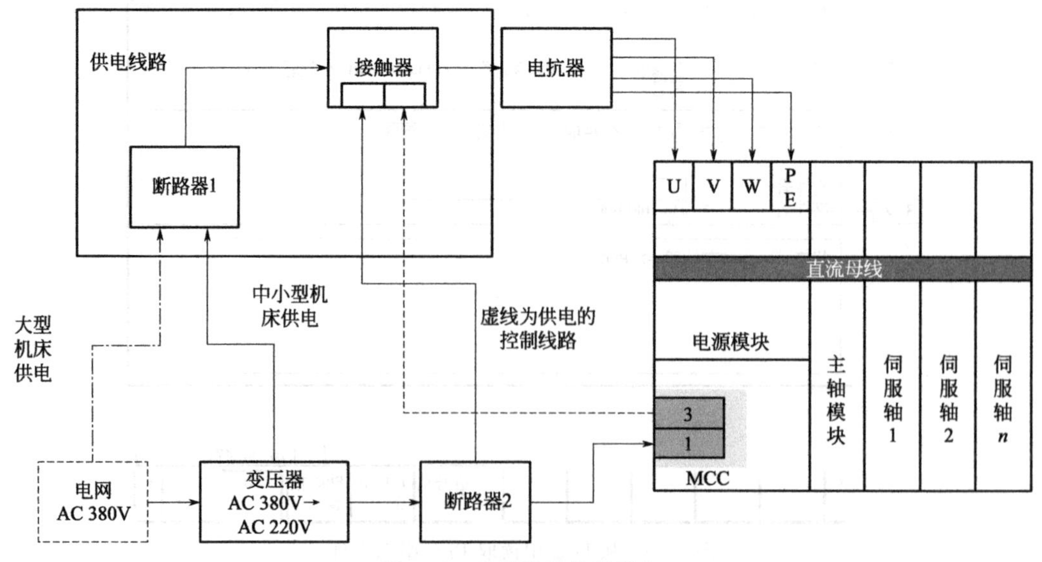

图 4-72 发那科系统的供电

如果电源模块、放大器、供电接触器（老化）存在故障，上述供电的实际体验就是，当数控系统通电启动后，总接触器“啪”的一声吸合了，但过了一两秒后，又“啪”的一声断开。再次复位后，依然是“啪”的一声吸合，然后过了一两秒后又“啪”的一声断开。

如果数控系统不能正常供电运行，可以先从控制线路着手，使用万用表查看 MCC 的 3 脚是否有 AC220V 电压，如果 MCC 有 AC220V 电压，那就再逐一查看断路器、接触器是否正常。如果 MCC 的 3 脚没有 AC220V 电压，那么就是电源模块故障，可能是硬件故障，也可能是电源模块没有正确通电，或者主轴模块、伺服模块故障等。

4.6 西门子（840Dsl）组态

西门子 840Dsl 的总线起点是 NCU 模块。NCU 主要的接口有两组：与驱动器、NX 模块、光栅尺模块连接的 DRIVE-CLIQ 接口；与 PLC 模块连接的 PROFIBUS 接口及 PROFINET 接口，如图 4-73 所示。

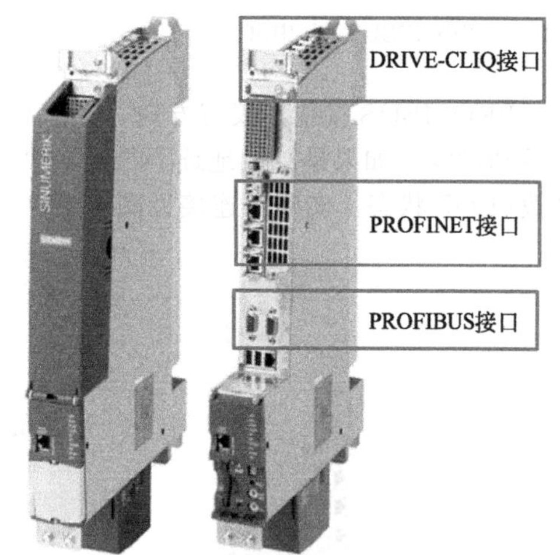

图 4-73　NCU 模块

PROFIBUS 接头是针孔型接头（图 4-74），是电缆；DRIVE-CLIQ 接头（图 4-75）、PROFINET 接头（图 4-76）是与普通网线接口外观相像的接头，但 DRIVE-CLIQ 是包含电源的特殊网线，而 PROFINET 是抗干扰性好的网线。可以用网线临时代替 PROFINET 线，但绝不能临时代替 DRIVE-CLIQ 线。

由于 NCU 拥有两种连接 I/O 模块的接口，因此可以连接不同类型的 I/O 模块，如果 NCU 使用 PROFINET 接口连接 I/O 模块，那么组态时不包含 I/O 模块，但需要设定目标 I/O 模块的 IP 地址（拨码）；如果 NCU 使用 PROFIBUS 接口连接 I/O 模块，那么组态时需要对 I/O 模块进行组态，只有 PROFIBUS 的 X126 接口可连接安全集成和快速 I/O 模块，具备使用 NC 访问 PROFIBUS I/O 的功能。

图 4-74　PROFIBUS 接头

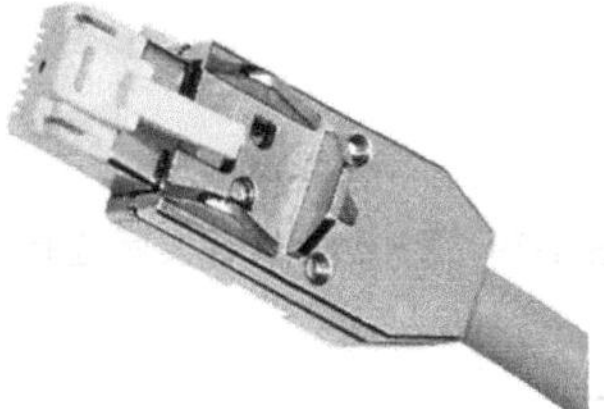
图 4-75　DRIVE-CLIQ 接头

图 4-76　PROFINET 接头

4.6.1 PLC 总线 PROFIBUS

PROFIBUS 的内部也是电缆，当 PROFIBUS 长度过长时，会存在压降，因此对于大型、重型机床或设备，依然需要一个中继的升压设备，如图 4-77 所示。

而 PROFIBUS 总线不同于普通电缆的地方在于，PROFIBUS 是有方向性的。PROFIBUS DP 插头说明如图 4-78 所示。

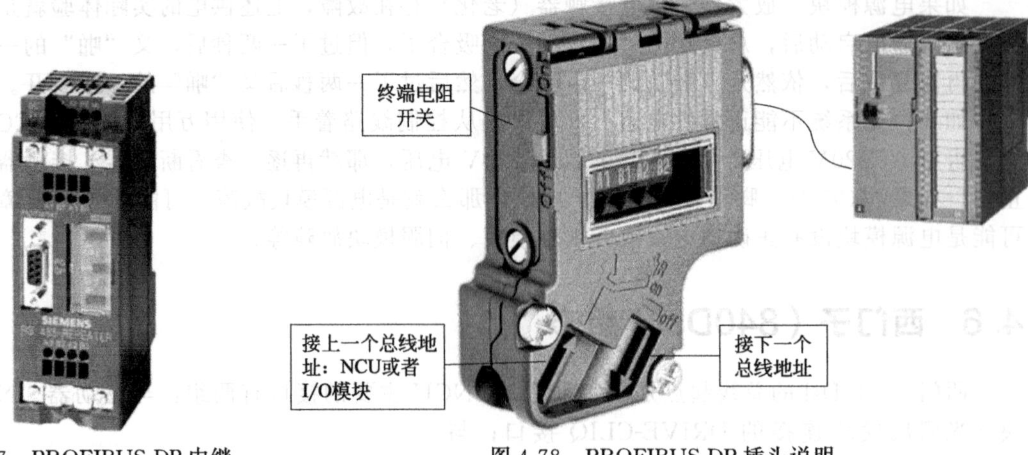

图 4-77　PROFIBUS DP 中继　　　　图 4-78　PROFIBUS DP 插头说明

PROFIBUS 接线不仅有方向，还有终端电阻状态开关，根据接头所在总线中的位置进行手动设定，如果是总线地址上最后一个接头，那么就要将终端电阻状态手动拨成 ON，否则拨成 OF 状态。实际的连接见图 4-79。

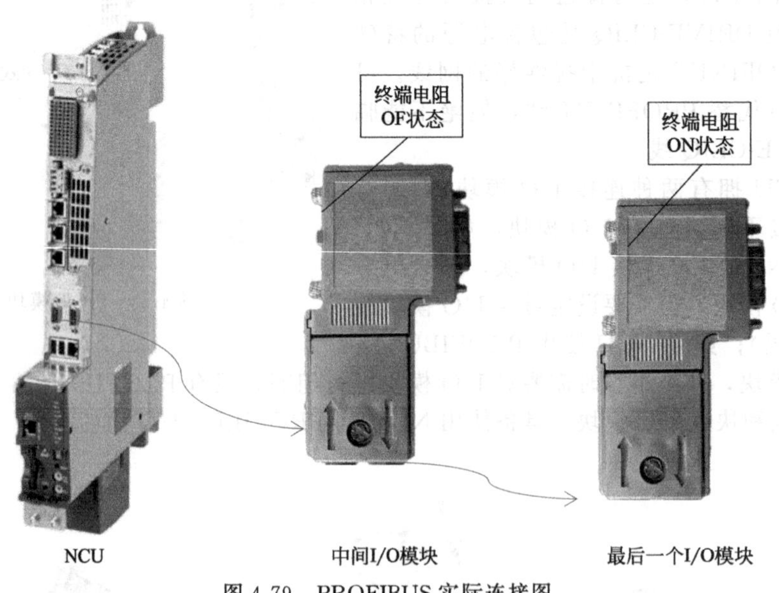

图 4-79　PROFIBUS 实际连接图

4.6.2　PLC 总线 PROFINET

PROFINET 的结构、外观与普通网线类似，如图 4-80 所示。

4.6.3　840Dsl 的 PLC 组态

对于西门子系统来说，大型数控机床会使用 PROFIBUS 作为 I/O 总线连接，小型数控机床会使用 PROFINET 作为 I/O 总线连接。

对于使用 PROFIBUS 作为 I/O 总线连接的，在西门子 840Dsl 系统的 PLC 程序中还要进行组态设定，图 4-81 为西门子 840Dsl 的 PLC 软件 SIMATIC Manager，有关总线的设置包含在 Hardware 中，见图 4-82。

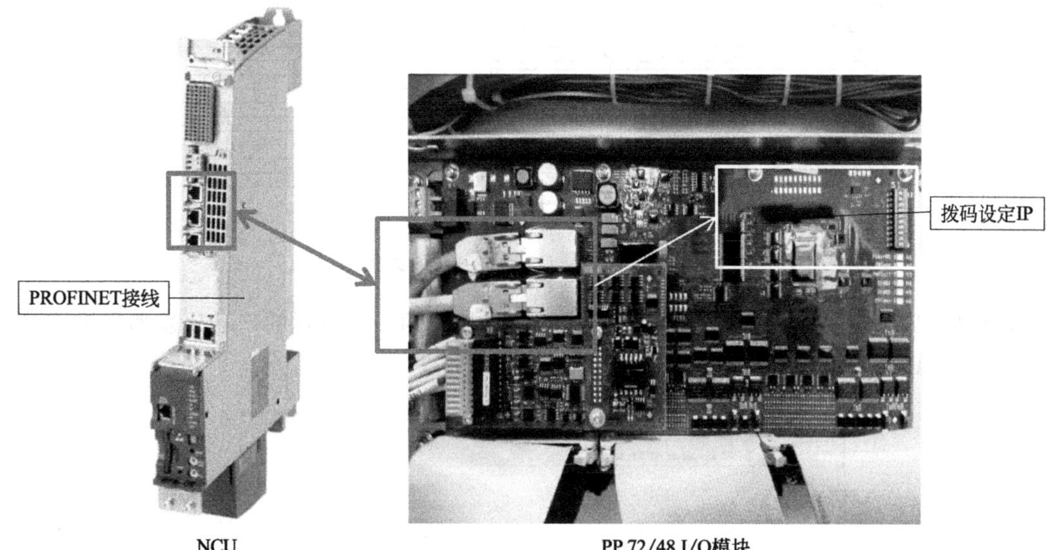

图 4-80　PROFINET 实物图

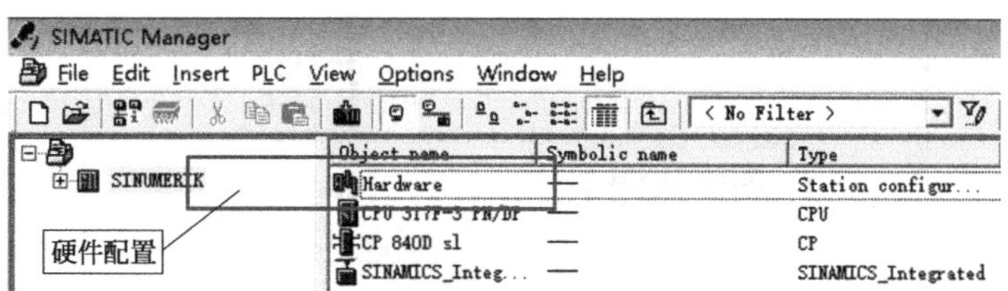

图 4-81　840Dsl PLC 软件 SIMATIC Manager

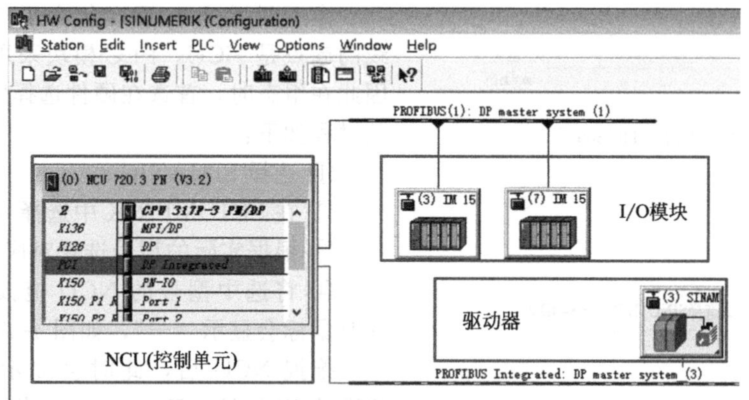

图 4-82　840Dsl 总线结构

双击打开硬件 Hardware 后，可见其更加直观的、图形化的组态信息。

点击不同的硬件可以查看其全部的硬件信息，包含 5 个输入模块（DI32xDC24V）与 3 个输出模块（DO32xDC24V/0.5A），如图 4-83 所示。

4.6.4　拖拽式组态

西门子 840Dsl 的硬件组态页面如图 4-84 所示，包含了三个区域，分别是组态区域、硬

(3) IM 153-1

S...	Module ...	Order Number ...	I Add...	Q Address	Comment
1					
2	IM 153-1	6ES7 153-1AA03-0XB0	8184*		
3					
4	DI32xDC24V	6ES7 321-1BL00-0AA0	32...35		
5	DI32xDC24V	6ES7 321-1BL00-0AA0	36...39		
6	DI32xDC24V	6ES7 321-1BL00-0AA0	40...43		
7	DI32xDC24V	6ES7 321-1BL00-0AA0	44...47		
8	DI32xDC24V	6ES7 321-1BL00-0AA0	48...51		
9	DO32xDC24V/0.5A	6ES7 322-1BL00-0AA0		32...35	
10	DO32xDC24V/0.5A	6ES7 322-1BL00-0AA0		36...39	
11	DO32xDC24V/0.5A	6ES7 322-1BL00-0AA0		40...43	

图 4-83　I/O 模块（IM 153-1）的详细信息

件选择区域以及硬件信息区域。其组态的过程是拖拽式的、图形化的，相比发那科系统而言操作简单、直观。

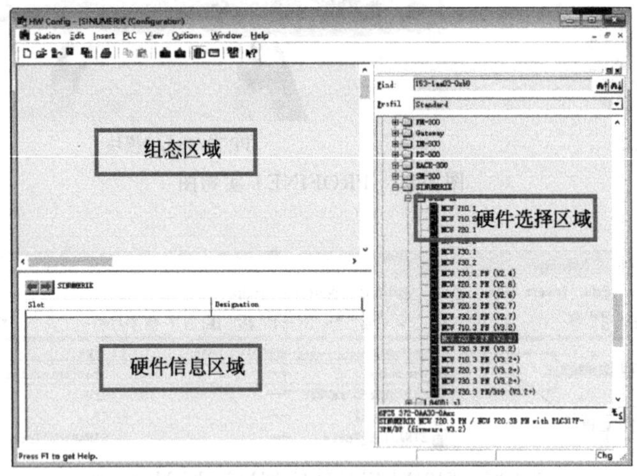

图 4-84　I/O 西门子 840Dsl 的硬件组态页面

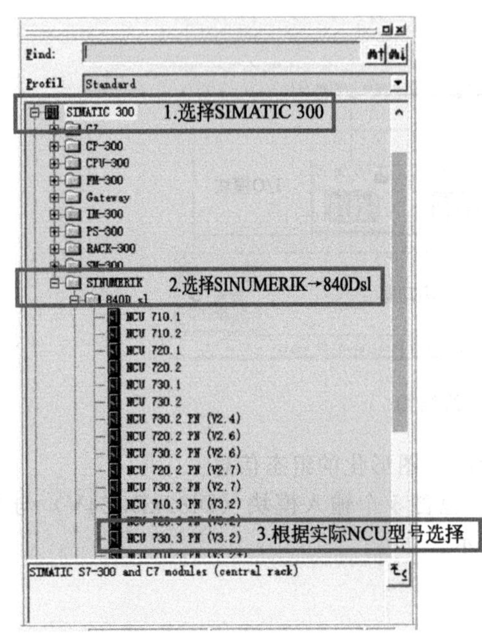

图 4-85　西门子 840Dsl 的 NCU 组态

由于西门子 840Dsl 包含了 NCU，而且总线的起点是 NCU，PLC 模块采用的是 S7-300，因此在组态时，首选在硬件选择区域查找硬件，其过程如下：

① 选择 SIMATIC 300；

② 在 SINUMERIK 中选择 840Dsl；

③ 根据实际的型号选择对应的 NCU；

④ 将选中型号的 NCU 拖拽到组态区域，此时鼠标会显示“+”，如图 4-85 所示。

拖拽 NCU 后，此时会提示相关的设置，将默认 IP 地址（IP address）修改为 192.168.215.1（设定值固定），将子网掩码修改为 255.255.255.224（设定值固定），点击两次“OK”完成设定，如图 4-86 所示。

设定完成后，在组态区域会生成一个 NCU 的图形，见图 4-87。

用鼠标左键选择 NCU 图形，可以对其位置进行拖拽，方便查看，见图 4-88。

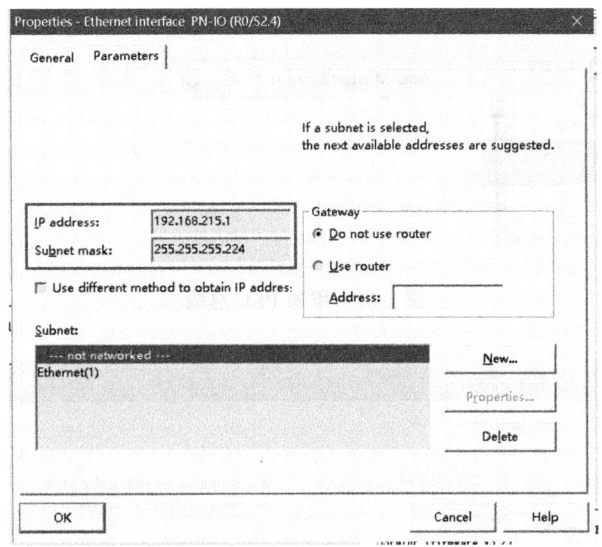

图 4-86　西门子 840Dsl 的 NCU 设置

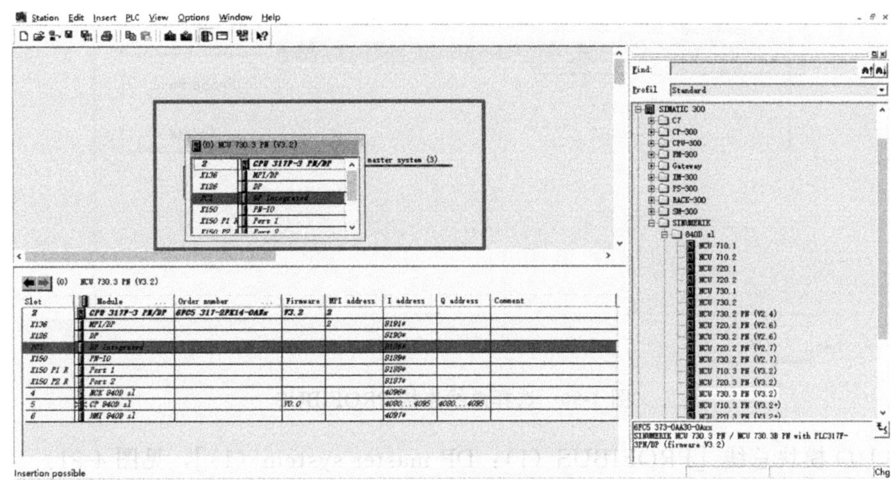

图 4-87　NCU 组态完成

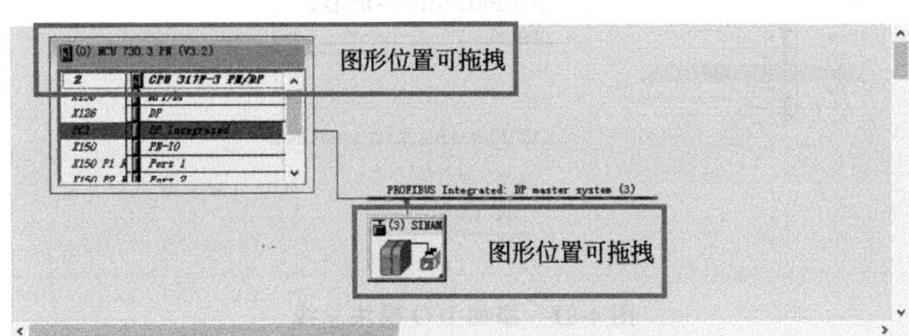

图 4-88　NCU 位置拖拽

NCU 图形的位置拖拽还包含了驱动器的图标。下一步需要组态 I/O 模块与总线。

鼠标右键点击 X126，配置 I/O 模块总线（Add Master System），如图 4-89 所示。

在新弹出的界面，子网（Subnet）选择 PROFIBUS（1），点击“OK”，如图 4-90 所示。

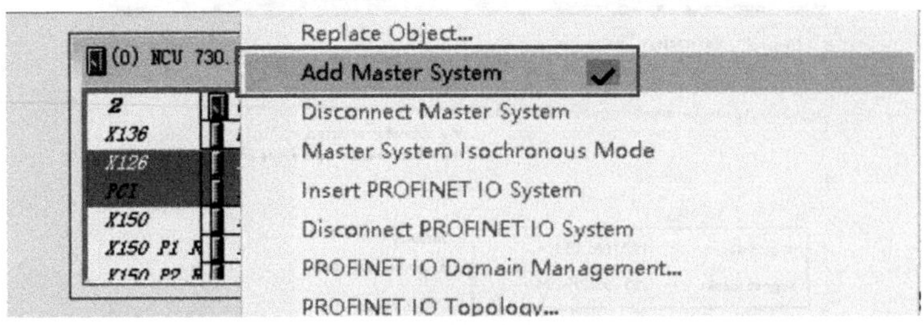

图 4-89　添加 PLC 总线

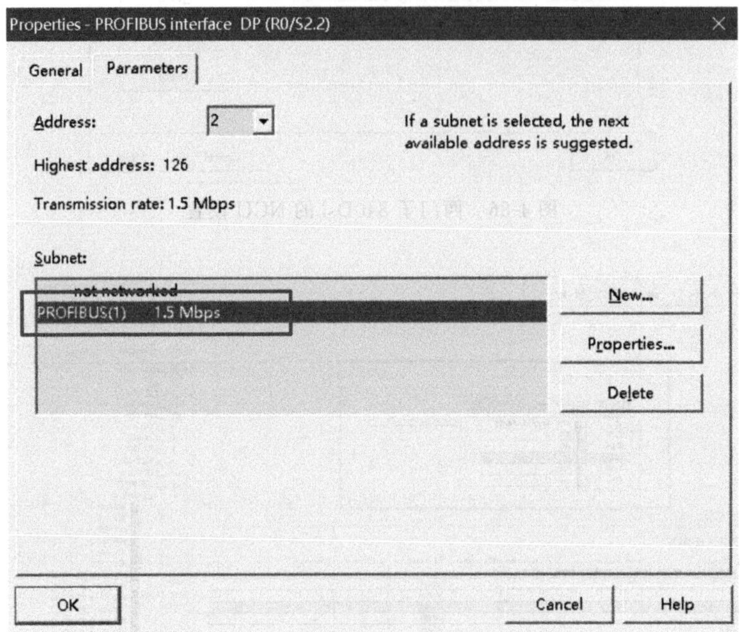

图 4-90　选择总线连接 PROFIBUS

添加 I/O 模块总线［PROFIBUS（1）：DP master system（1）］，见图 4-91。

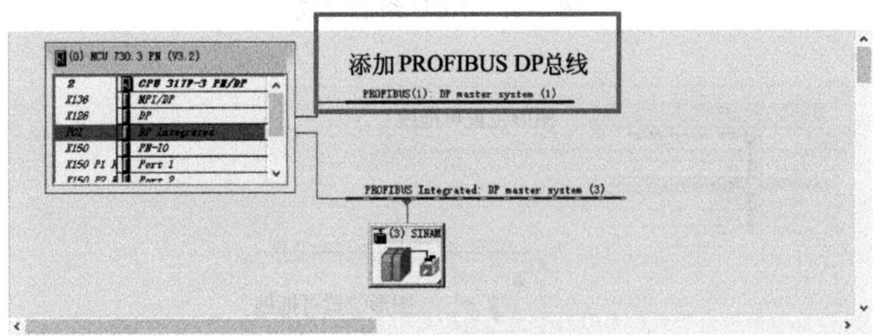

图 4-91　添加 I/O 模块总线

组态 I/O 模块的过程与组态 NCU 的过程相同，也是在硬件选择区域查找实际型号的 I/O 模块，并将其进行拖拽即可。在 Find 右边的对话框中输入型号（不区分大小写）并按回车键进行搜索，见图 4-92。

选中搜索到的 I/O 模块（IM 153-1），将其拖拽到 I/O 模块总线［PROFIBUS（1）］上，此时鼠标会显示“+”，如图 4-93 所示。

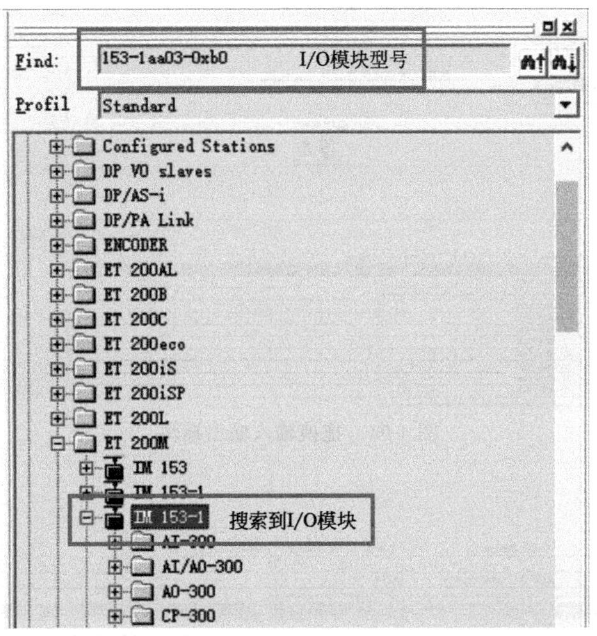

图 4-92　搜索 I/O 模块

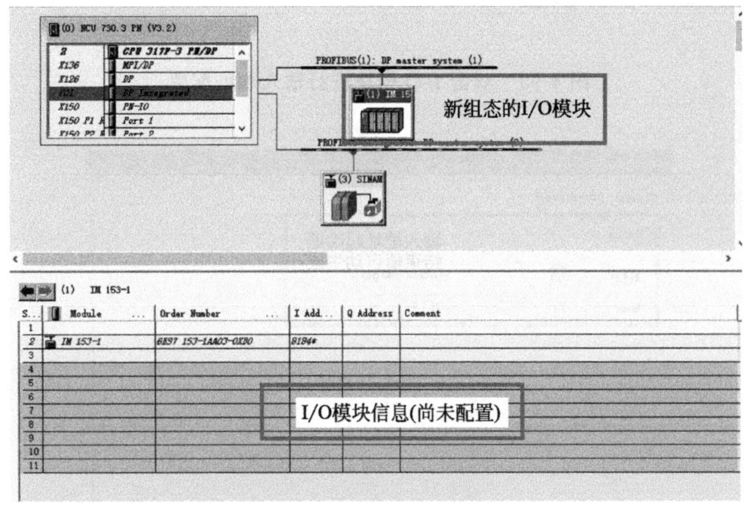

图 4-93　组态 I/O 模块

添加 I/O 模块后，还需要根据实际情况添加 I/O 模块详细硬件——确定输入模块与输出模块的数量与起始地址。

同样，从硬件选择区域找到相应的输入模块与输出模块，根据实际数量进行多次拖拽，如图 4-94 所示。

拖拽输入输出模块后，对应的输入地址（I Address）与输入地址（Q Address）是默认分配的，需要将其与电气原理图中的输入输出地址范围进行匹配，也就是配置 I/O 地址的范围。双击 I/O 硬件信息中的每一个输入模块（DI32xDC24V）图标，进行输入地址信号地址范围配置，如图 4-95 所示。

在地址（Address）页面下进行输入（Inputs）地址范围的设定，如图 4-96 所示。

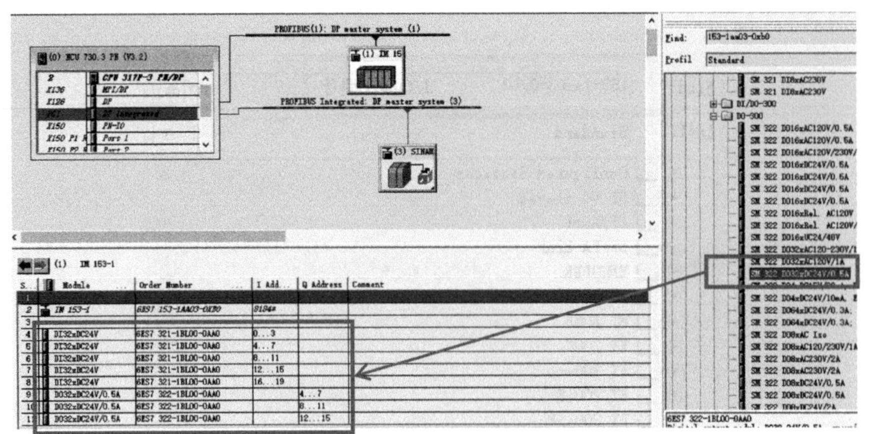

图 4-94　拖拽输入输出模块

(1)　IM 153-1

S...	Module	Order Number	I Add...	Q Address	Comment
1					
2	IM 153-1	6ES7 153-1AA03-0XB0	8184*		
3					
4	DI32xDC24V	6ES7 321-1BL00-0AA0	0...3		
5	DI32xDC24V	6ES7 321-1BL00-0AA0	4...7		
6	DI32xDC24V	6ES7 321-1BL00-0AA0	8...11		
7	DI32xDC24V	6ES7 321-1BL00-0AA0	12...15		
8	DI32xDC24V	6ES7 321-1BL00-0AA0	16...19		
9	DO32xDC24V/0.5A	6ES7 322-1BL00-0AA0		4...7	
10	DO32xDC24V/0.5A	6ES7 322-1BL00-0AA0		8...11	
11	DO32xDC24V/0.5A	6ES7 322-1BL00-0AA0		12...15	

图 4-95　双击 I/O 模块进行输入地址配置

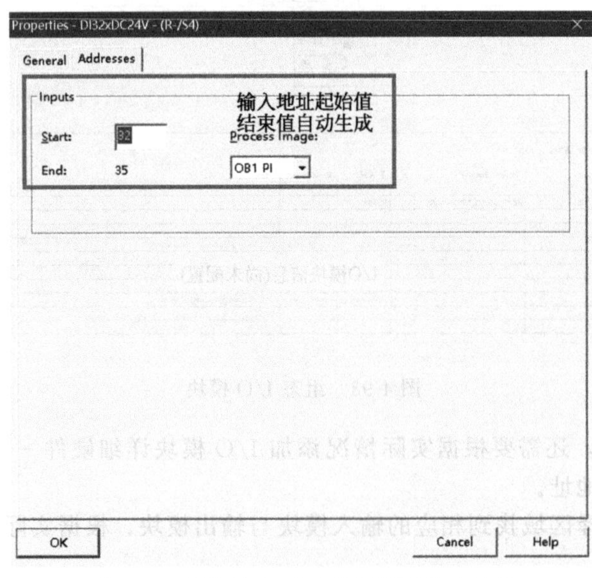

图 4-96　西门子 840Dsl 软件配置输入地址

配置完全部的输入地址后，双击每一个输出模块（DO32xDC24V/0.5A）图标，进行输出信号的地址配置，方法与配置输入地址一样，如图 4-97 所示。

在地址（Address）页面下对输出（Outputs）信号的地址范围进行设定，如图 4-98 所示。

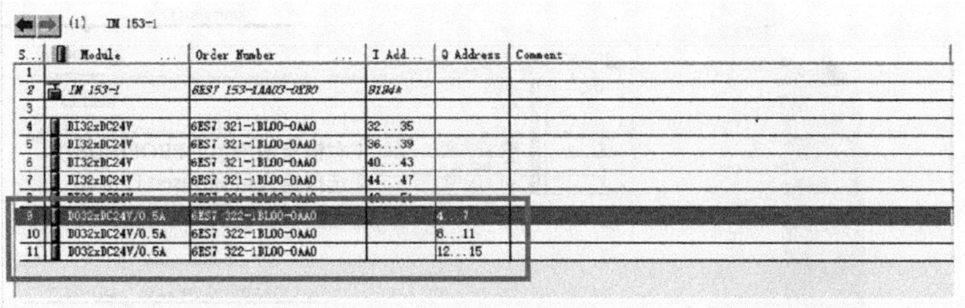

(1) IM 153-1

S...	Module	Order Number	I Add...	Q Address	Comment
1					
2	IM 153-1	6ES7 153-1AA03-0XB0	8184*		
3					
4	DI32xDC24V	6ES7 321-1BL00-0AA0	32...35		
5	DI32xDC24V	6ES7 321-1BL00-0AA0	36...39		
6	DI32xDC24V	6ES7 321-1BL00-0AA0	40...43		
7	DI32xDC24V	6ES7 321-1BL00-0AA0	44...47		
8	DI32xDC24V	6ES7 321-1BL00-0AA0	48...51		
9	DO32xDC24V/0.5A	6ES7 322-1BL00-0AA0		4...7	
10	DO32xDC24V/0.5A	6ES7 322-1BL00-0AA0		8...11	
11	DO32xDC24V/0.5A	6ES7 322-1BL00-0AA0		12...15	

图 4-97　双击 I/O 模块进行输出地址配置

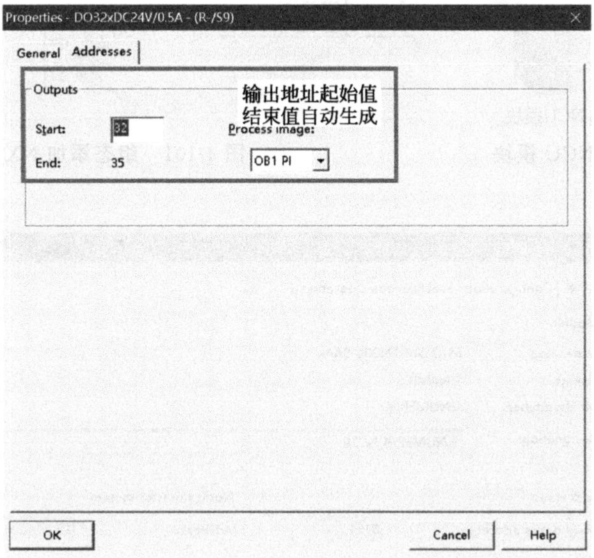

图 4-98　西门子 840Dsl 软件配置输出地址

至此，840Dsl 的 PLC 输入输出地址全部配置完成，如图 4-99 所示。点击最上方的图标，保存并编译硬件配置文件。

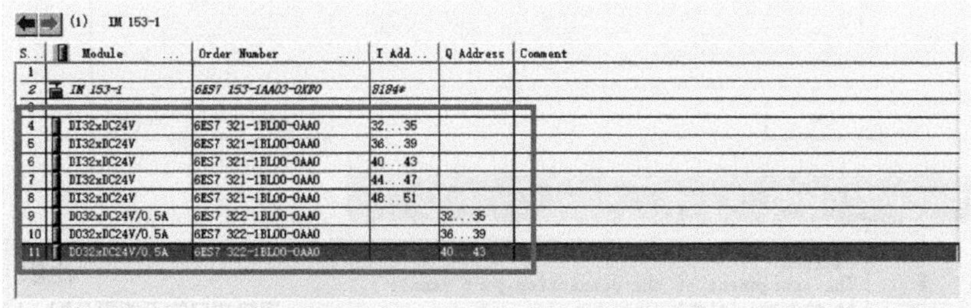

(1) IM 153-1

S...	Module	Order Number	I Add...	Q Address	Comment
1					
2	IM 153-1	6ES7 153-1AA03-0XB0	8184*		
3					
4	DI32xDC24V	6ES7 321-1BL00-0AA0	32...35		
5	DI32xDC24V	6ES7 321-1BL00-0AA0	36...39		
6	DI32xDC24V	6ES7 321-1BL00-0AA0	40...43		
7	DI32xDC24V	6ES7 321-1BL00-0AA0	44...47		
8	DI32xDC24V	6ES7 321-1BL00-0AA0	48...51		
9	DO32xDC24V/0.5A	6ES7 322-1BL00-0AA0		32...35	
10	DO32xDC24V/0.5A	6ES7 322-1BL00-0AA0		36...39	
11	DO32xDC24V/0.5A	6ES7 322-1BL00-0AA0		40...43	

图 4-99　I/O 地址全部配置完成

NCU 模块最大能控制的轴数是六个，对于中低端机床而言是满足控制需求的，但对于高端机床来说，实际控制的轴数会更多。这种情况下，就需要额外的硬件功能——NX 模块。NX 模块与 NCU 模块容易混淆，NX 模块的宽度非常小，如图 4-100 所示。新增 NX 模块后，也需要在 PLC 中对其进行设定，添加过程如图 4-101 所示。

添加 NX 模块后，需要对其进行属性设定，见图 4-102 和图 4-103。

(a) NX模块　　(b) NCU模块

图 4-100　NX 模块与 NCU 模块

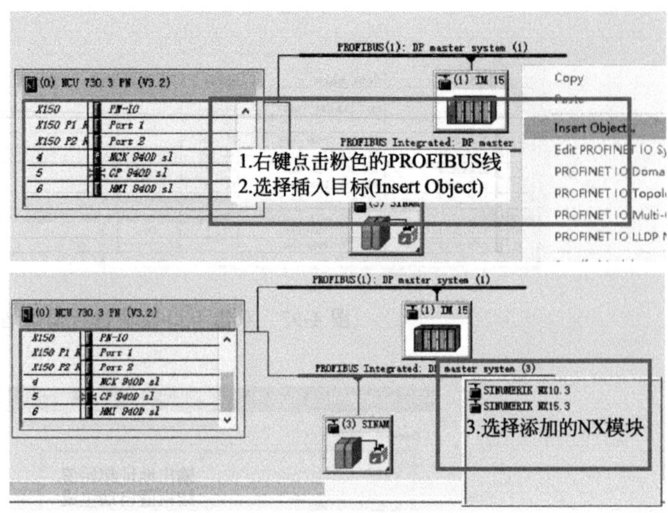

图 4-101　组态添加 NX 模块

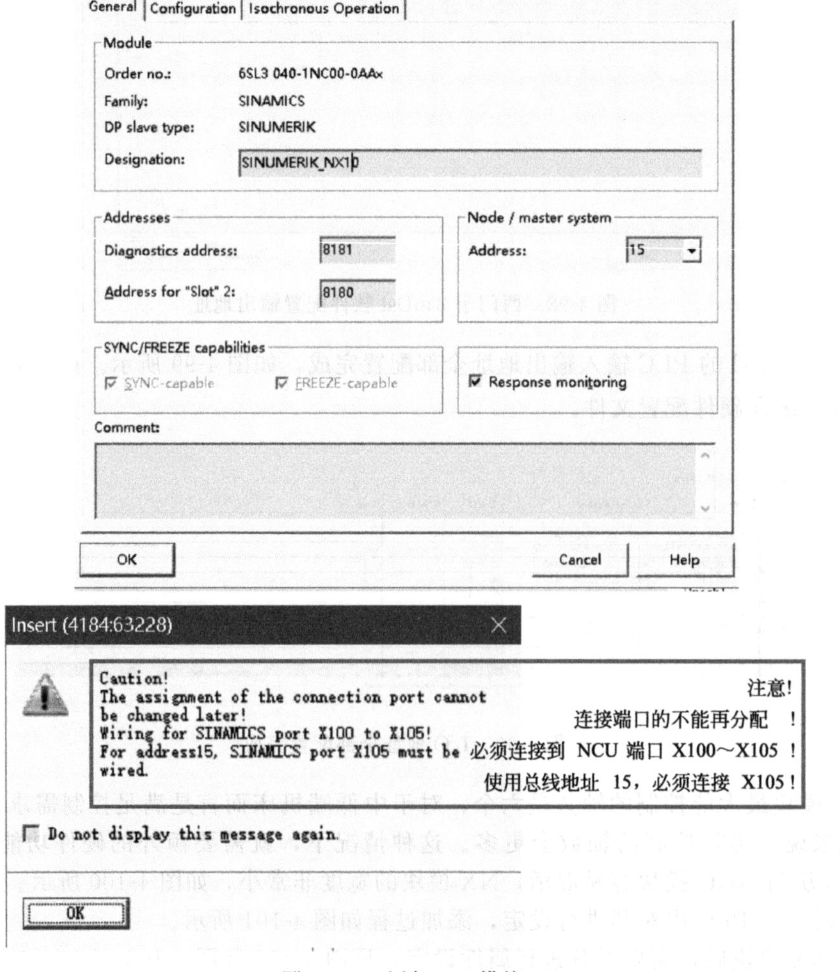

图 4-102　添加 NX 模块

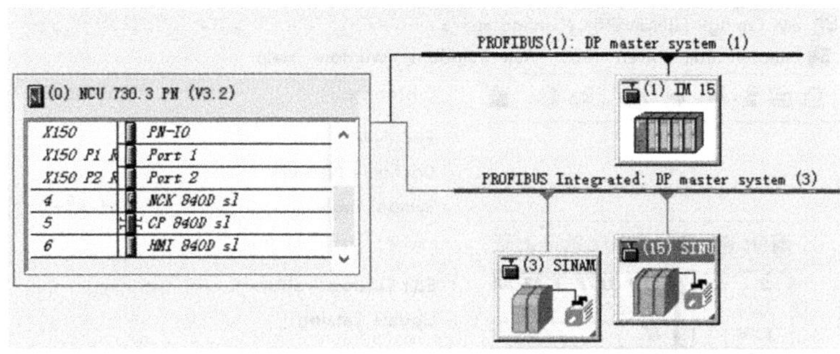

图 4-103　已添加 NX 模块

4.6.5　驱动文件

如果 PLC 软件供应商与硬件供应商不是同一厂家，通常需要安装驱动文件。西门子数控系统的应用领域相比发那科更加广泛，涉及的硬件设备更多，如图 4-104 所示。

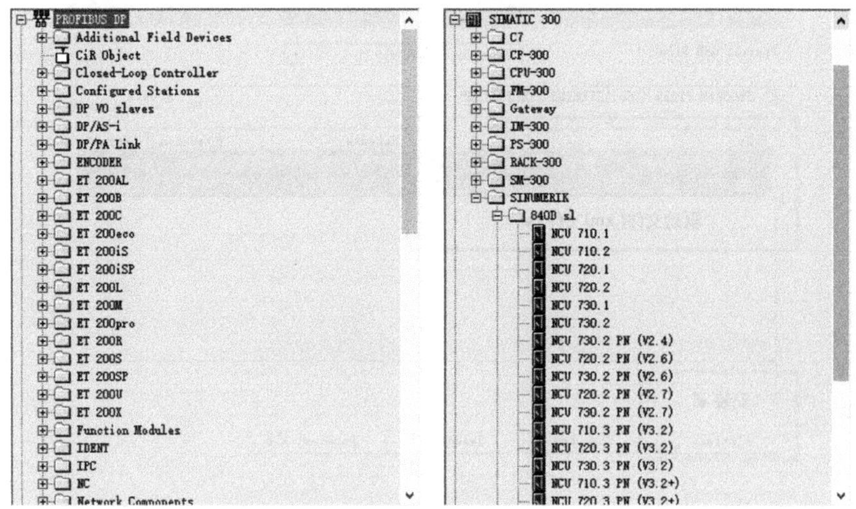

图 4-104　种类众多的西门子硬件

相比之下，发那科更多的是兼容自家的产品，硬件种类相比而言较少。因此发那科系统的各种硬件在连接后，只需要设定型号即可完成正常的通信，而西门子数控系统仅仅是其庞大的工业自动化体系中的一部分。因此西门子应用的硬件既有自家的硬件设备，也有第三方的硬件设备。为此西门子在软件组态过程中，还需要安装驱动文件。注意，驱动文件仅仅在第一次配置时才需要安装，如图 4-105 所示。驱动文件安装页面如图 4-106 所示。

4.6.6　操作面板

西门子数控系统不论是 840Dsl 还是 828D 系统，标准操作面板（官方）（图 4-107）的 I/O 地址是固定的，不允许用户自己定义。但 840Dsl 的操作面板 I/O 地址与 828D 的操作面板 I/O 地址不相同。西门子 840Dsl 与 828D 输入输出地址对比如表 4-6 所示。相比之下，发那科的操作面板的 I/O 地址定义比较随意，但不同型号的操作面板例如 0i 和 31i 的 I/O 地址可以相同定义。对于发那科来说，不同机床制造商、不同型号机床在对操作面板 I/O 地址的定义上都各不相同。

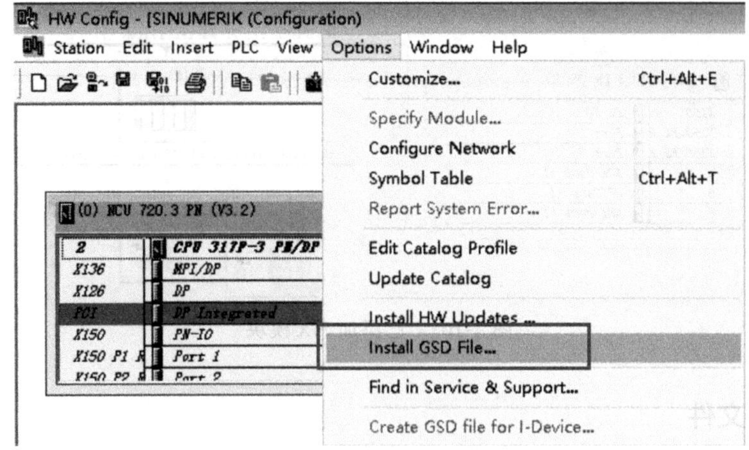

图 4-105 安装硬件驱动文件（GSD）

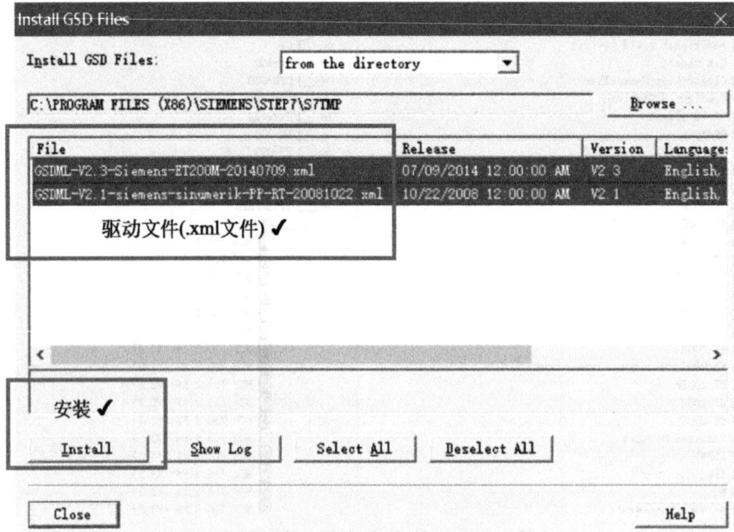

图 4-106 驱动文件安装页面

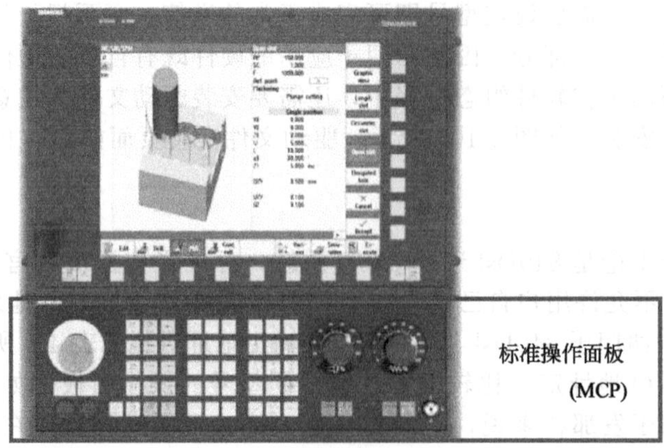

图 4-107 西门子操作面板

表 4-6 西门子 840Dsl 与 828D 输入输出地址对比

	西门子 840Dsl	西门子 828D
输入地址(操作键)	IB0～IB11	IB112～IB125(不包含 IB120、IB121、IB124)
	12 个字节	共计 11 个字节
	I0.0～I11.7	I112.0～I119.7、I122.0～I123.7、I125.0～I125.7
	共计 96 位	共计 88 位
输出地址(按钮灯)	QB0～QB7	QB112～QB119
	8 个字节	8 个字节
	Q0.0～Q7.7	Q112.0～Q119.7
	共计 64 位	共计 64 位

不论是西门子系统还是发那科系统或者其他数控系统，其操作面板的 I/O 地址定义范围与外围的 I/O 模块地址定义区间十分明显。

4.6.7 硬件拓扑

西门子的 NCU、伺服驱动器、光栅尺模块的总线设定过程是图形化的，只要硬件连接正确，通过拓扑功能即可实现自动识别，如图 4-108 所示。

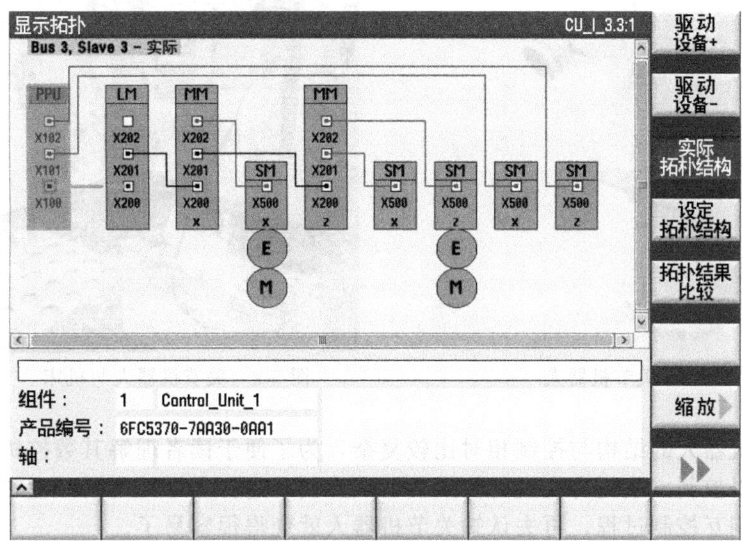

图 4-108 西门子硬件拓扑

4.7 本章节知识点精要

① 数控系统是一个组态系统，不同的数控系统其组态的过程和方法是不同的。

② 组态过程是通过软件参数设定的方式来描述硬件及连接，只要硬件实际连接与软件参数设定一致，数控系统就具备了正常运行的条件。

③ 了解组态，才能完整的认识整个系统的组成及运行。

④ 学会组态的方法，就可以随意地增加或减少系统的软硬件功能。

第5章 自动线介绍与调试

数控机床自动线采用数控机床与机器人相配合的方式，如关节机器人、桁（héng）架机器人等，实现重复性高、相对简单的机械动作，例如自动抓取工件、替换工件等，极大地节省了人工成本及出错成本，如图 5-1 和图 5-2 所示。

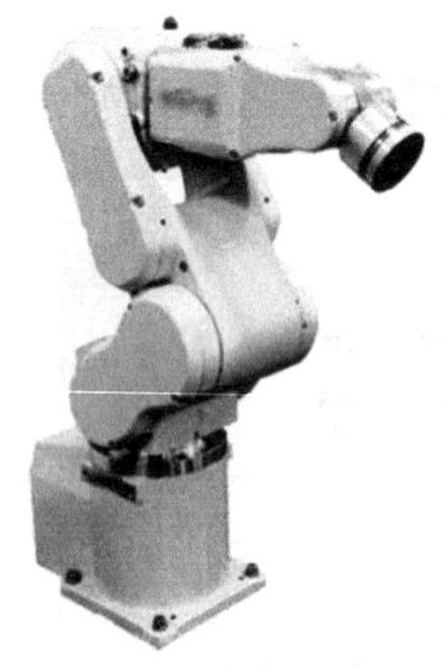

图 5-1　关节机器人

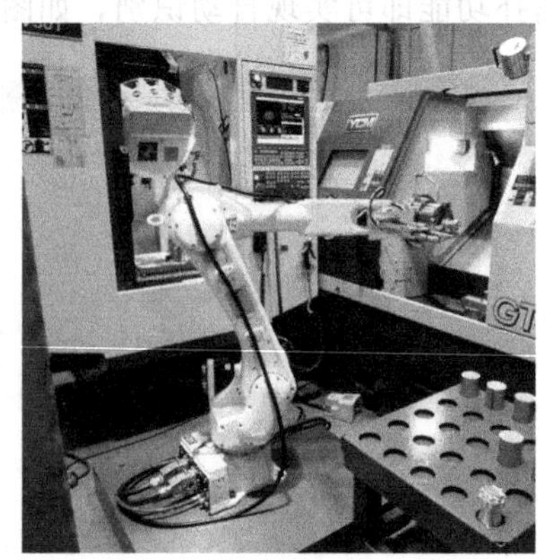

图 5-2　关节机器人与机床

由于关节机器人的结构与控制相对比较复杂，为了便于读者理解其数控机床自动线的控制过程，本章以控制方式更为直观的桁架机器人为例，进行详尽的说明，理解了数控机床与桁架机器人的相互控制过程，再去认知关节机器人就变得很容易了。

5.1　桁架机器人介绍

直角坐标机器人又叫桁架机器人或龙门式机器人，如图 5-3 所示。由多维直线导轨搭建而成，与数控机床的 X 轴、Z 轴、Y 轴传动相同。采用轴承光杠和直线滑动导轨作为运动导轨。运动传动机构采用齿型带、齿条或滚珠丝杠。

直角坐标机器人是工业应用中，能够实现自动控制的、可重复编程、多功能、多自由度、运动自由度间成空间直角关系、多用途的操作机。能够搬运物体、操作工具，以完成各种作业。常见的有机床上下料机器人、码垛机器人、涂胶（点胶）机器人、检测机器人、打磨抛光机器人、装配机器人、医疗机器人等。

使用桁架机器人上下料时，其加工的工件精度要求通常不高，其原因在于机械手

（图 5-4）与数控机床夹具的配合精度通常不是很高。

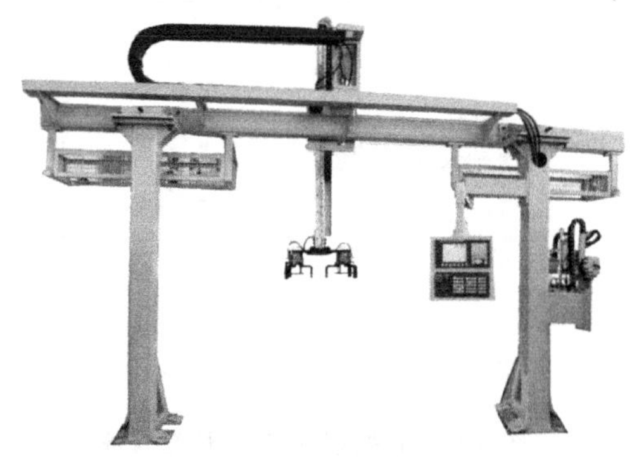
图 5-3 桁架机器人

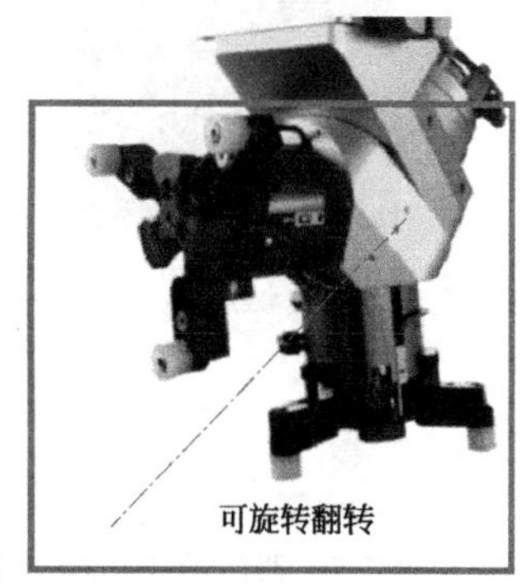

图 5-4 桁架机械手

常见的桁架机器人的作用就是从毛品区自动抓取未加工的零件，替换已加工好的零件，再将加工好的零件放到成品区，这种桁架机器人通常服务一台或者多台数控机床。

如果桁架机器人服务多台数控机床，通常这几台数控机床是相同的，要么都是车床，要么都是铣床，如图 5-5 所示。

还有一种常见的桁架机器人服务两种及以上不同类型的数控机床，自动抓取未加工的零件替换数控机床 1 已加工好的零件，再将数控机床 1 已加工好的零件替换数控机床 2 已加工好的零件，再将数控机床 2 已加工好的零件取出，放到成品区，再去抓取未加工的零件，周而复始，如图 5-6 所示。

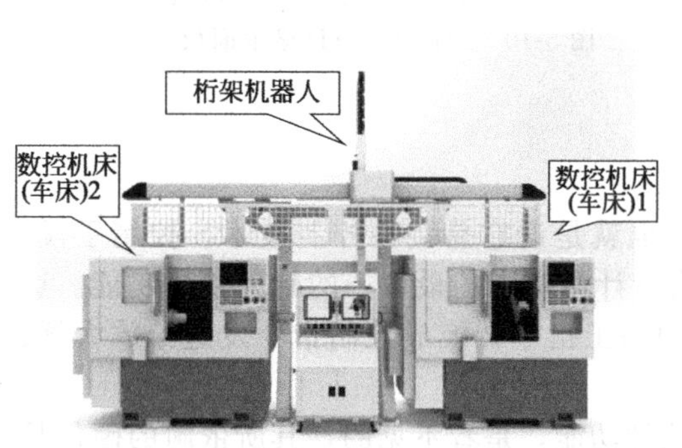

图 5-5 桁架机器人与数控机床 1

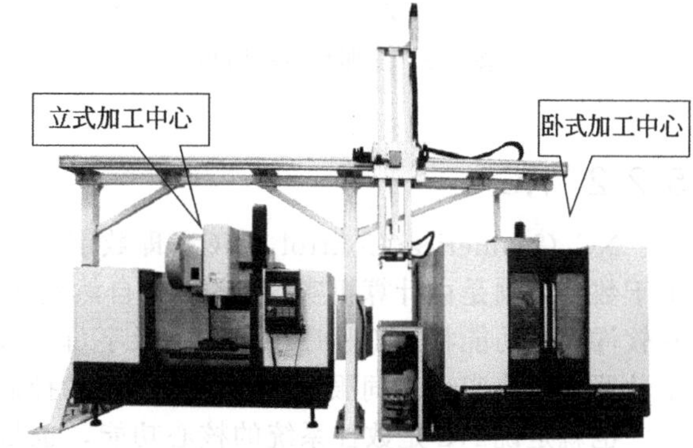

图 5-6 桁架机器人与数控机床 2

5.2 CNC、NC 与 PLC

CNC、NC 与 PLC 不论是职场新人还是工作多年的老师傅都是经常遇到的，但也非常容易混淆，尤其是 NC 与 PLC。

5.2.1 CNC

CNC(Computer Numerical Control，CNC）即计算机数字控制，也就是说“数字控制”是通过计算机来实现的，因此通常 CNC 代指的就是这台计算机。对于西门子 840D 以及 840Dsl 系统来说，其界面（HMI）是基于 Windows 系统开发的，如图 5-7 和图 5-8 所示。

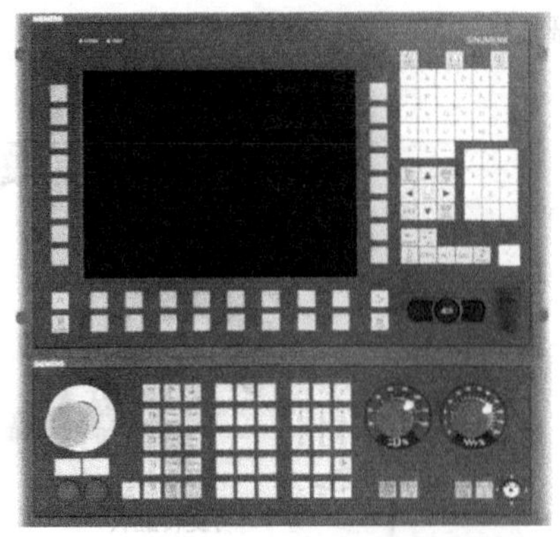

图 5-7 西门子 840Dsl 操作面板

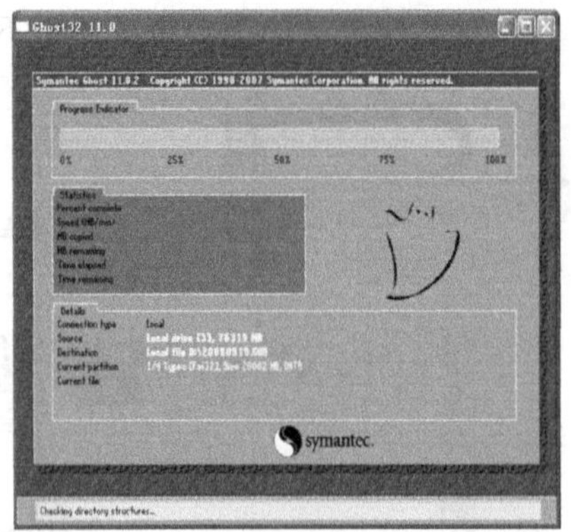

图 5-8 对硬盘数据进行恢复与备份

相比之下，发那科与西门子 828D 是基于 Linux 系统开发的，如图 5-9 和图 5-10 所示。

图 5-9 发那科显示面板

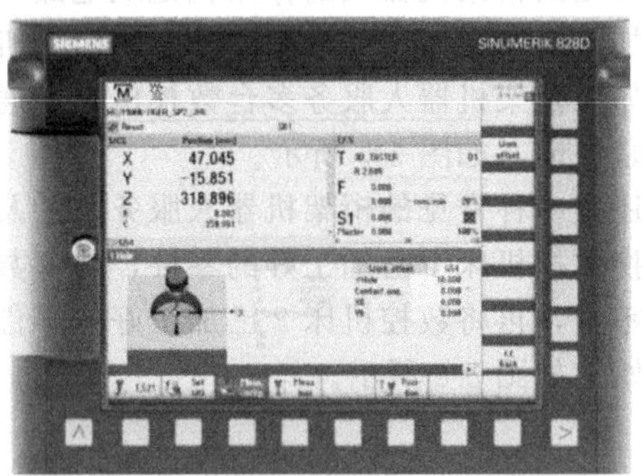

图 5-10 西门子 828D 显示面板

5.2.2 NC

NC（Numerical Control，NC）即数字控制，也就是说它是一种控制技术、控制手段，由于数字控制是由计算机实现的，NC 自然就是代指计算机中的最核心的软件控制功能。这些软件控制功能将加工程序中的数字及字母组成的加工指令转换成控制指令发送给放大器、驱动器，最终实现对伺服电机及主轴电机的控制。

也就是说 NC 是数控系统的核心功能，也是软件功能，是看不见的，其所依附的硬件是放大器、驱动器。发那科和西门子的 HMI 界面如图 5-11 和图 5-12 所示。

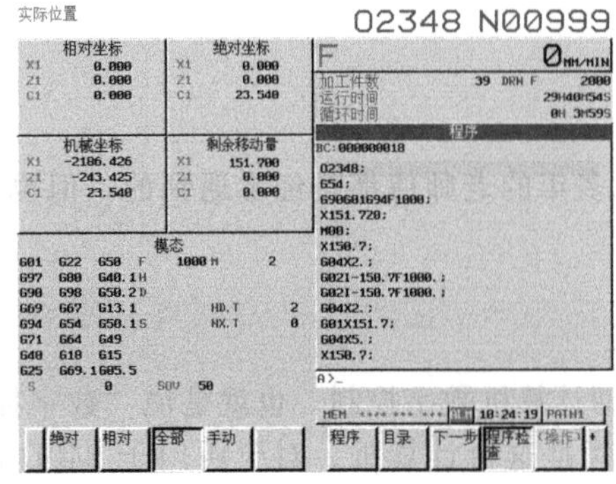

图 5-11 发那科 HMI 界面

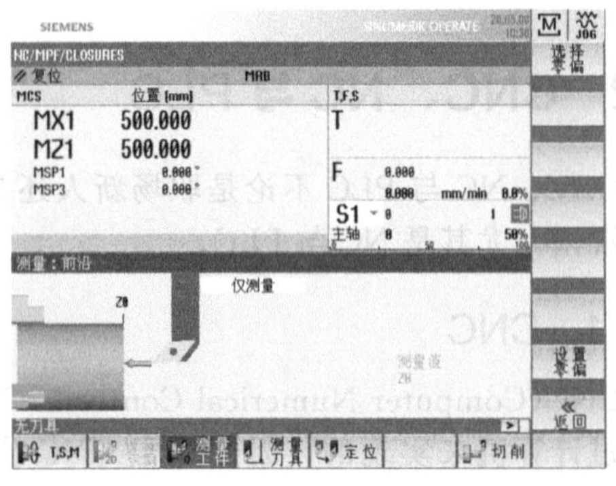

图 5-12 西门子 HMI 界面

发那科称驱动器为放大器，西门子称驱动器为伺服驱动器，其核心功能是控制主轴电机及伺服电机的旋转，驱动器是 NC 的硬件载体，如图 5-13～图 5-16 所示。

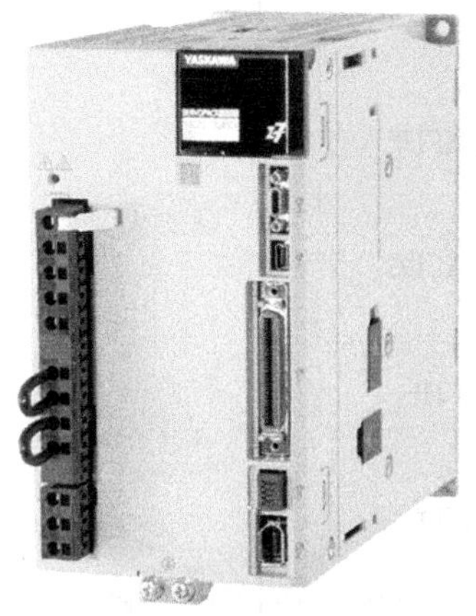

图 5-13　安川（YASKAWA）伺服驱动

图 5-14　华中（HNC）数控伺服驱动

图 5-15　安川（YASKAWA）伺服电机

图 5-16　华中（HNC）主轴电机

5.2.3　PLC

PLC(Programmable Logic Controller，PLC)，发那科系统称之为 PMC。PLC 也是一种控制技术，相比数字控制，PLC 是逻辑控制，由于 NC 是计算机最核心的功能，PLC 自然也就成了辅助的功能，其作用是保护并配合数控机床的运行，完成加工的全部过程，PLC 控制的对象主要是普通电机的运行、电气设备的运行及机械设备的动作，如图 5-17 和图 5-18 所示。

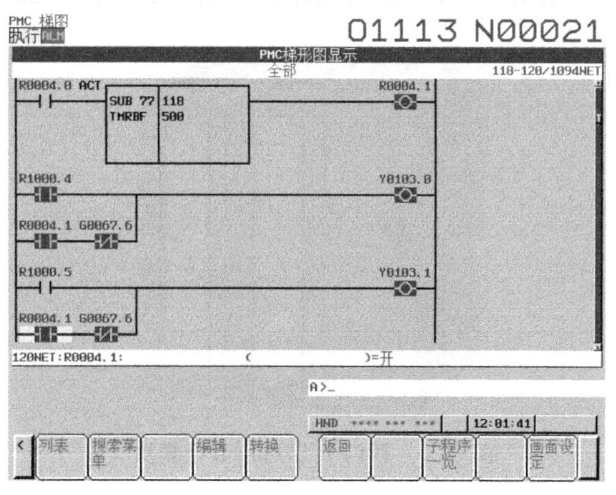

图 5-17　发那科梯形图（LAD）

通过设定 NC 参数 14512［6］.7 的值调用“气动门控制”功能，如图 5-19 所示。

I/O 模块是 PLC 的硬件载体，通过 I/O 模块接收电信号并根据已有的逻辑程序发出相应的电信号，完成全部的自动控制过程，直接控制对象是继电器和电磁阀，最终控制对象是普通电机的运

网络16

MD14512_6_7 —— EN

P_M_AX_7 —— SB_气门开

P_M_AX_8 —— SB_气门关

气动门开到位 —— S_气门开

气动门关到位 —— S_气门关

气动门控制

YV_气门开 —— 气动门开阀

YV_气门关 —— 气动门关阀

LED_气门~ —— M_P_LED_AX_7

LED_气门~ —— M_P_LED_AX_8

图 5-18 功能块（FBD）调用子程序“气动门控制”（西门子 828D）

网络1 网络题目(单行)

SM0.0 —— #S_气门开 —— #S_气门关（常闭） —— 气动门开到位T80：IN TON，W#+200 —— PT

#S_气门关 —— #S_气门开（常闭） —— 气动门关到位T81：IN TON，W#+200 —— PT

气动门关到位T81	T81	
气动门关到位T80	T80	

图 5-19 子程序“气动门控制”内部逻辑

行及液压缸、气压缸的动作，如图 5-20～图 5-23 所示。

图 5-20 西门子 S7-300 I/O 模块

图 5-21 发那科电气柜用 I/O 模块

图 5-22 继电器

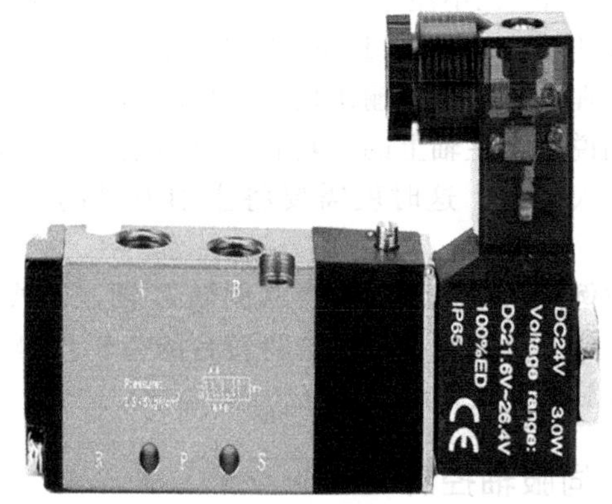

图 5-23 电磁阀

5.2.4 NC 与 PLC 对比说明

NC 是电脑中唯一或者主要运行的软件功能，是数控机床进行加工的核心，主要任务是控制主轴电机和伺服电机。

PLC 是为 NC 服务的，是 NC 的“保镖兼助手”，保证数控机床能安全的工作，例如水冷电机、排屑电机，并通过机械动作的控制，例如自动换刀、自动换台配合，完成全部的加工。通过表 5-1 的简单对比就更容易弄清楚 NC 与 PLC 的区别。

表 5-1 NC 与 PLC 的区别

<table>
<tr><th></th><th>NC</th><th colspan="2">PLC</th></tr>
<tr><td>全称</td><td>数字控制</td><td colspan="2">可编程的逻辑控制器</td></tr>
<tr><td rowspan="2">控制对象</td><td rowspan="2">伺服电机、主轴电机的高精度、快速响应的控制</td><td>机械动作</td><td>夹具的松开夹紧、自动门的打开关闭、机械手的伸出缩回等</td></tr>
<tr><td>普通电机</td><td>水冷电机、排屑电机等正反向转动及停止</td></tr>
<tr><td>控制方法</td><td>通过放大器、驱动器控制</td><td colspan="2">通过继电器、接触器等实现</td></tr>
<tr><td>运行周期</td><td>极快，1ms 甚至更低</td><td colspan="2">较快，8ms 以上，甚至更高</td></tr>
<tr><td>独立性</td><td>由于 PLC 是给 NC 提供“保镖兼助手”服务的，因此 NC 不可以脱离 PLC 独自工作</td><td colspan="2">发那科的 PLC 不能独立运行，西门子的 PLC 都可独立运行，例如西门子的 S7-200/300 等。</td></tr>
</table>

对于数控系统来说，能直接影响伺服轴与主轴运行的就是 NC 功能，NC 功能自然也就包含了相应的参数，控制主轴电机与伺服电机的运行。

5.3 PLC 与 NC 互相影响

对于数控系统来说，PLC 与 NC 是可以相互交换数据的。即便如此，PLC 不能直接控制主轴、伺服电机，NC 也不能直接控制继电器、电磁阀。

PLC 不能直接控制伺服轴/主轴的运行，只能间接地通过数控系统提供的系统 PLC 信号（发那科 PMC 中的 G 信号），对其值进行赋值，再由 NC 根据相应的系统 PLC 信号对伺服电机或主轴电机进行相应的控制。

同理，NC 也不能直接控制输出信号进而控制继电器，只能间接地通过数控系统提供的系统 PLC 信号（发那科 PMC 中的 F 信号），对 PLC 中间变量（R）进行赋值，再由 PLC 对其进行处理最终赋值给输出信号，由输出信号控制继电器、电磁阀等。

举例说明，主轴上的刀具有夹紧与松开功能，当主轴松开时，不允许主轴旋转，以免刀具飞出伤人伤物。这时就需要将主轴刀具的夹紧到位信号作为主轴电机可以旋转的使能信号。

再举例说明，分度盘转台（例如 *B* 轴，卧式加工中心），由于其具有齿轮咬合结构，需要松开到位方可旋转，否则会将转台的齿轮拧碎。这时就需要将转台的松开到位信号，作为转台可以旋转的使能信号。

5.3.1 伺服轴控制

伺服轴有限位信号，当伺服轴运行到限位处，触发限位开关信号（图 5-24），此时禁止伺服轴继续旋转，以免撞坏机床。伺服轴限位的 PLC 编写很简单，将伺服轴的限位开关信号 X 直接赋值给轴限位的系统 PLC 信号，当轴限位的系统 PLC 信号为 1 时，伺服轴可以运行，轴限位的系统 PLC 信号为 0 时，伺服轴不能再继续运行，只能反向运行，而对轴的反向运行的判断都由 NC 来处理，如图 5-25～图 5-27 所示。

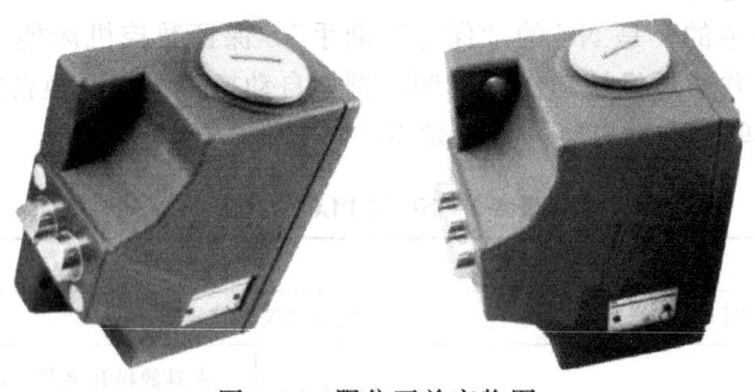

图 5-24　限位开关实物图

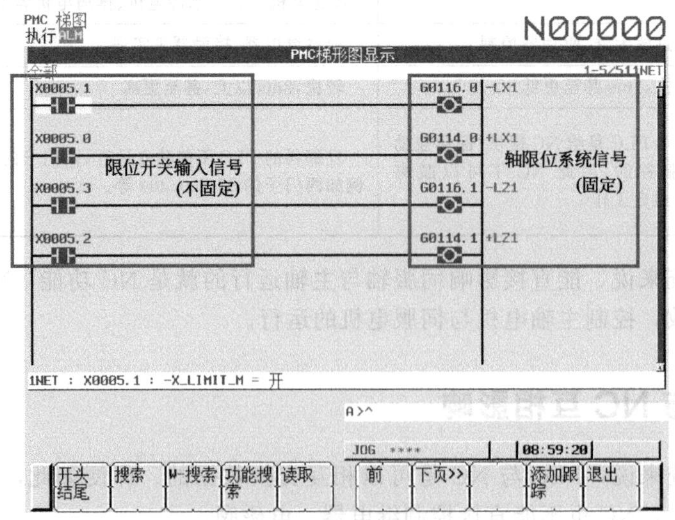

图 5-25　发那科 PMC 中的限位功能

限制轴运行的 PLC 信号还有轴互锁信号 G130，其中 G130.0 是第一轴互锁，G130.1 是第二轴互锁（车床是 *Z* 轴，铣床是 *Y* 轴），以此类推。注意西门子 PLC 将主轴也计入轴数

PMC地址 (Address)	信号名称	符号 (Symbol)
G114	正限位超程	*+L1～*+L4
G114.0	第一轴正限位超程	*+L1
G114.1	第二轴正限位超程	*+L2
G114.2	第三轴正限位超程	*+L3
G114.3	第四轴正限位超程	*+L4
G116	负限位超程	*-L1～*-L4
G116.0	第一轴负限位超程	*-L1
G116.1	第二轴负限位超程	*-L2
G116.2	第三轴负限位超程	*-L3
G116.3	第四轴负限位超程	*-L4

图 5-26　发那科限位 PMC 变量说明

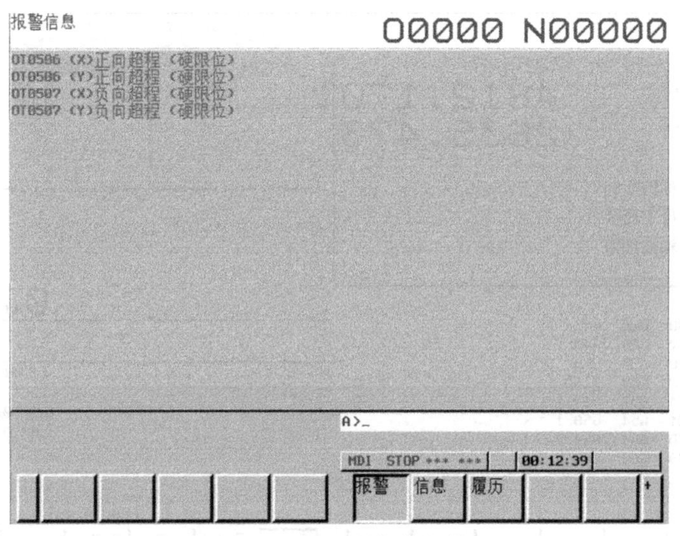

图 5-27　发那科限位报警

中，而发那科系统 PMC 区分伺服轴与主轴。G130 信号为 1 是对应的伺服轴可以移动的前提，如图 5-28～图 5-30 所示。

值得强调的是，限制轴互锁的情况非常多，包括但不局限于这几种情况，主轴松开、转台或夹具松开、门的打开、润滑故障、气源压力不足等。对于中型以上的数控机床来说，液压站未启动、液压站其他故障等都能限制轴的运行。

5.3.2　旋转轴的控制

对于立式加工中心，其第四轴 *A* 轴是最常见的旋转轴如图 5-31 和图 5-32 所示；对于卧式加工中心，其第四轴 *B* 轴是最常见的旋转轴如图 5-33 和图 5-34 所示；对于五轴机床，其 *A* 轴、*C* 轴是最常见的旋转轴如图 5-35 和图 5-36 所示。

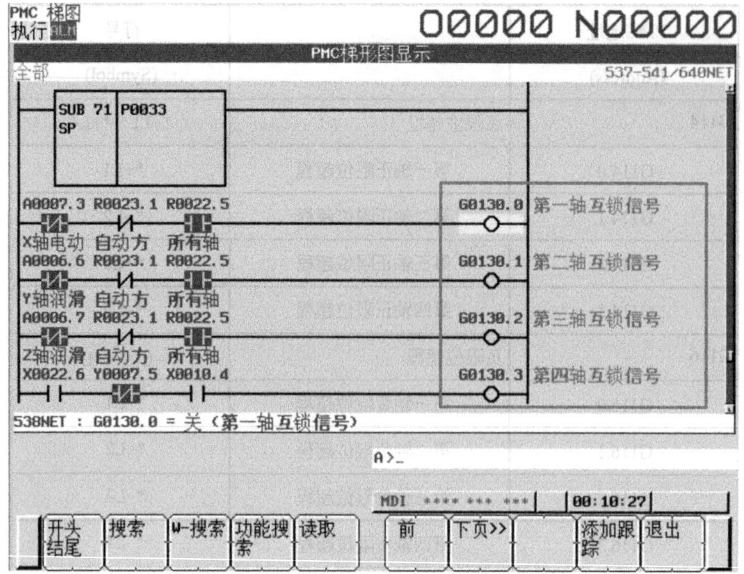

图 5-28 发那科轴锁定的 PMC 程序

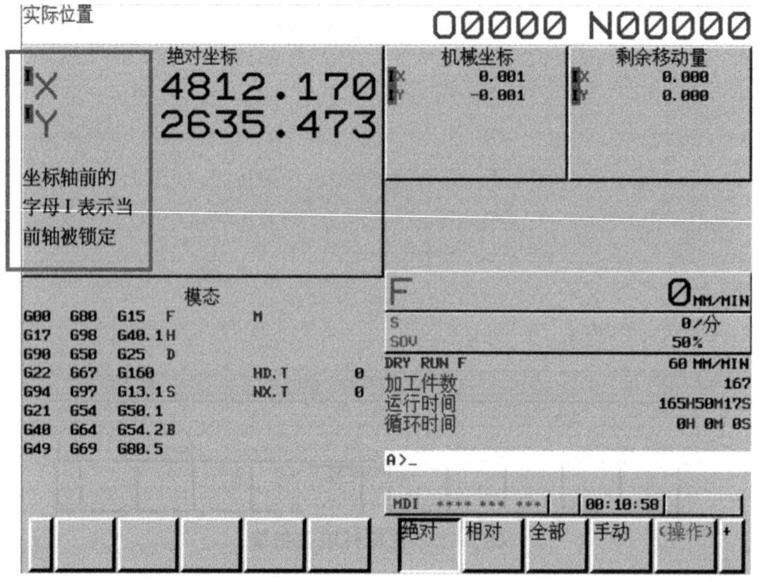

图 5-29 发那科轴锁定 PMC 变量说明

PMC地址 (Address)	信号名称	符号 (Symbol)
G130	各轴互锁信号	–MIT1～–MIT4
G130.0	第一轴互锁信号	–MIT1
G130.1	第二轴互锁信号	–MIT2
G130.2	第三轴互锁信号	–MIT3
G130.3	第四轴互锁信号	–MIT4

图 5-30 轴锁定的 PMC 信号说明

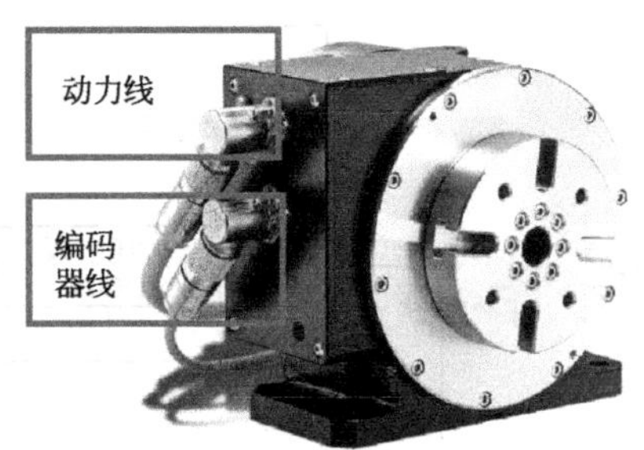

图 5-31　立式加工中心的 A 轴

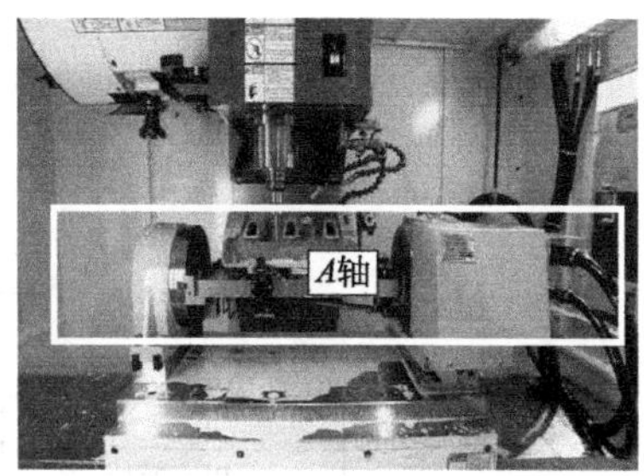

图 5-32　立式加工中心

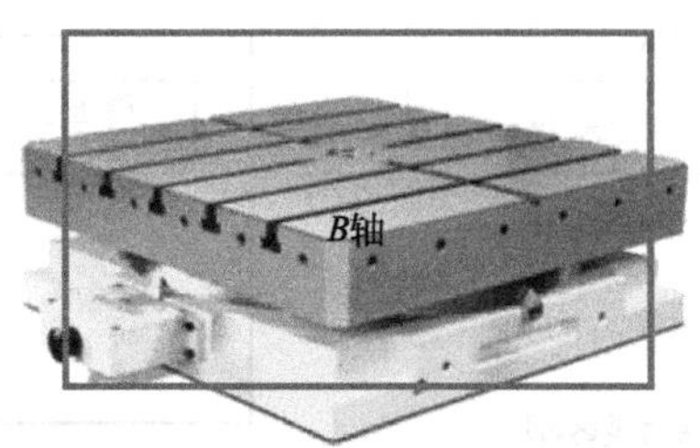

图 5-33　卧式加工中心 B 轴工作台

图 5-34　卧式加工中心

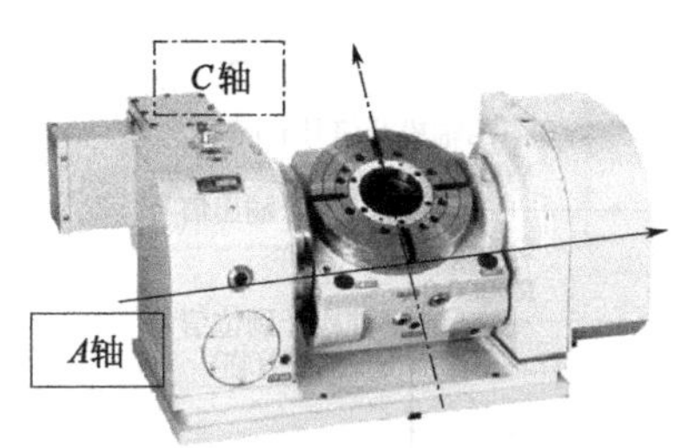

图 5-35　立式五轴加工中心的 A 轴、C 轴

图 5-36　立式五轴加工中心

旋转轴的控制过程如下，涉及的 PLC 信号以发那科为例进行辅助说明（图 5-37）：

① 旋转轴准备旋转时，此时旋转轴启动的系统 PLC 信号 F 信号为 1 生效；

② F 信号为 1 后，由该 F 信号控制旋转轴的松开输出信号 Y（中间过程忽略）；

③ 输出信号 Y 接通电磁阀，启动液压站电磁阀进行旋转轴的松开机械动作；

④ 当旋转轴松开到位后，相应的到位输入信号 X 为 1；

⑤ 再由松开到位的 X 信号，延时返回给旋转轴的使能信号 G；

⑥ 当旋转轴的使能信号 G 为 1 后，NC 就会实现旋转轴的旋转。

旋转轴控制的简易 PLC 程序见图 5-38。

5.3.3 主轴挡位控制

对于卧式加工中心、数控镗床、大型车床等大中型数控机床来说，主轴挡位变换是常见

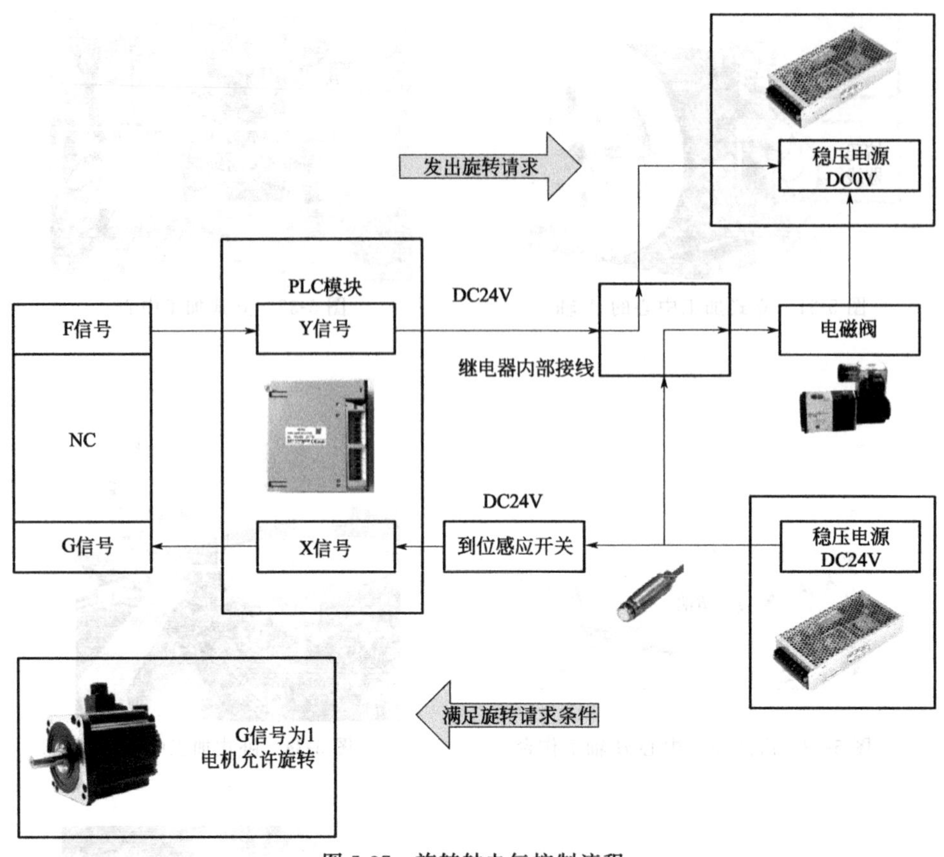

图 5-37 旋转轴电气控制流程

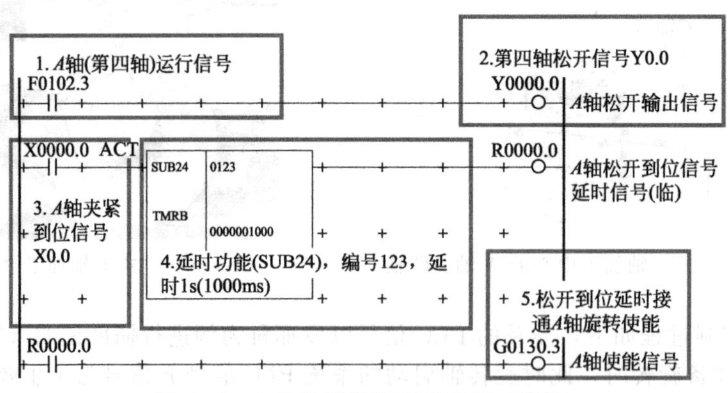

图 5-38 A 轴控制信号 PLC 程序（简易）

的控制过程。当主轴处于高挡位时，可以实现主轴高速运行。当主轴处于低挡位时，可以实现高转矩输出（重切）。主轴箱挡位示意图如图 5-39 所示，主轴与主轴箱实物图如图 5-40 所示。

主轴挡位控制的 PLC 程序（简化）如图 5-41 所示。

如果数控机床的主轴转速设定为 0～999r/min 是低挡转速区间，1000～5000r/min 是高挡转速区间。那么当主轴低挡信号在位时，主轴的最大转速是 999r/min，而与主轴的控制倍率无关。

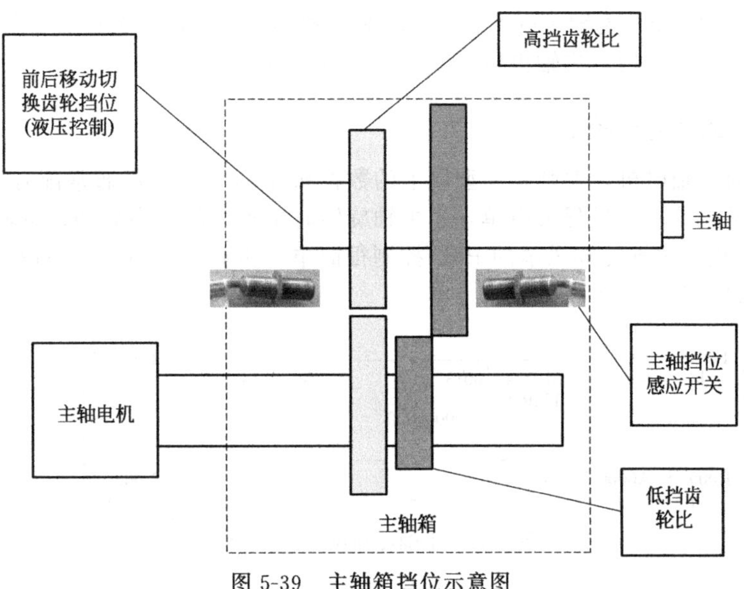

图 5-39　主轴箱挡位示意图

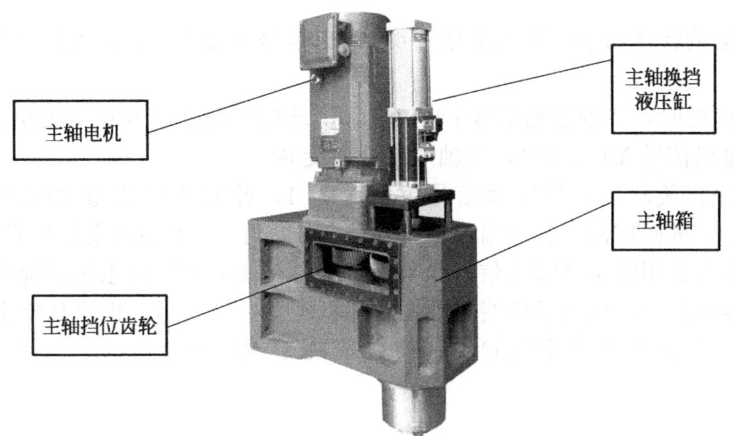

图 5-40　主轴与主轴箱（立式加工中心）实物图

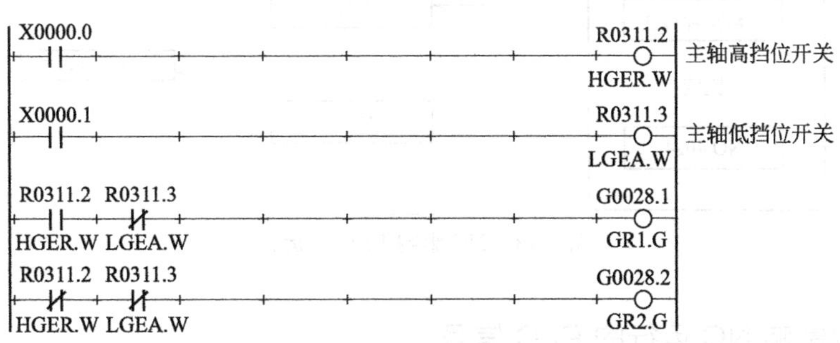

图 5-41　主轴挡位控制的 PLC 程序

例如，执行程序 M3S900，让主轴以 900r/min 进行正转，如果将主轴的转速倍率设为 120%，主轴的实际转速是 999r/min，而不是 900r/min×120%=1080r/min。同理，当执行程序 M3S1000，如果将主轴倍率设定为 50%，主轴实际的转速是 1000r/min，而不是 1000r/min×50%=500r/min。

执行程序 M3S800，主轴 100%倍率，此时再执行 S1200，主轴旋转会停止，停止后进行自动换挡，换挡结束后，主轴再以 1200r/min 进行旋转。

5.3.4 主轴冷却风扇控制

数控机床的主轴电机，尤其是中型以上的数控机床的主轴电机通常配有主轴冷却风扇。对于主轴冷却风扇的控制过程很简单，当主轴旋转时主轴冷却风扇启动，主轴停止后冷却风扇延时 1min 停止，主轴冷却风扇的 PLC 控制很简单，主要应用 NC 状态信号 F45.1——主轴零速信号，如图 5-42 所示。

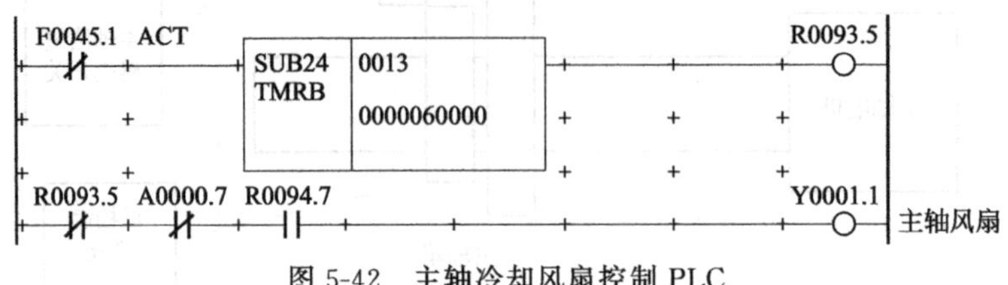

图 5-42 主轴冷却风扇控制 PLC

① 该 PLC 控制过程使用了一个延时接通的定时器功能 SUB24，延时时间是 60000ms，即 60s；

② 延时接通的特性如下：输入信号为 0，输出信号立即为 0，输入信号为 1，输出信号延时为 1；

③ 当主轴旋转时，主轴零速信号 F45.1 为 0，此时中间变量 R93.5 的值也为 0，进而控制主轴风扇的输出信号 Y1.1 为 1，主轴风扇开始旋转；

④ 当主轴停止旋转，主轴零速信号 F45.1 为 1，此时中间变量 R93.5 的值延时 60s（60000ms）为 1，进而控制主轴风扇的输出信号 Y1.1 为 0，主轴风扇停止旋转。

注意，这里所引用的主轴零速信号如果为 1，并不表示实际的主轴转速就是 0，而是数控系统认定的零速信号，也就是说当主轴的转速低于某一转速后，即可认定主轴当前的状态就是零速状态，而这个主轴零速状态的认定取决于 NC 参数 NO.4024 的值，如图 5-43 所示。

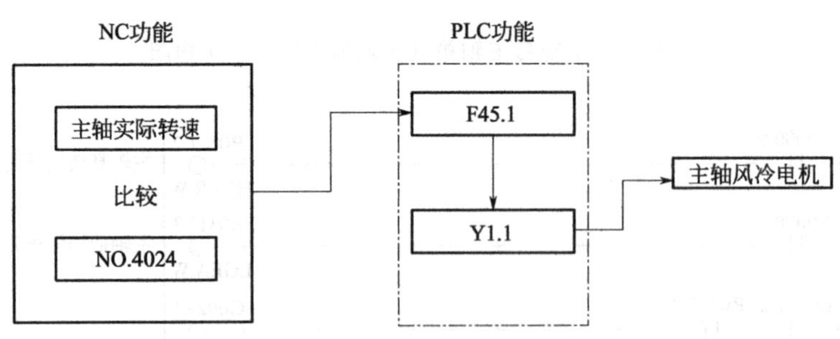

图 5-43 NC 影响 PLC 的运行

5.3.5 其他影响 NC 运行的 PLC 信号

表 5-2 中 T 系列表示的是车床系列数控系统版本，M 系列表示的是铣床系列数控系统版本，○表示该信号在相应的版本中可用，—表示该信号在相应的版本中不可用。

地址中用＃号代替小数点，表示字节与位的关系，例如 X4＃0 对应的变量是 X0.4，F1＃7 对应的变量是 F1.7，G3＃5 对应的变量是 G3.5。

表 5-2 限制轴运行的部分 G 信号

地址 (Address)	信号名称	符号 (Symbol)	T 系列	M 系列
G5#6	辅助功能锁住信号	AFL	○	○
G7#1	启动锁住信号	STLK	○	
G8#0	互锁信号	*IT	○	○
G8#1	切削程序段开始互锁信号	*CSL	○	○
G8#3	程序段开始互锁信号	*BSL	○	○
G8#5	进给暂停信号	*SP	○	○
G44#1	所有轴机床锁住信号	MLK	○	○
G108	各轴机床锁住信号	MLK1～MLK4	○	○
G130	各轴互锁信号	*IT1～*IT4	○	○
G132#0～#3	各轴和方向互锁信号	+MIT1～+MIT4	—	○
G134#0～#3	各轴和方向互锁信号	−MIT1～−MIT4	—	○

5.4 自动线运行流程

区分了 NC、PLC 的控制对象与相互关系，再看自动线的运行过程就十分容易了。不论是数控机床还是桁架机器人，其 PLC 的 I/O 地址，不仅包含了自身的动作控制，还包含了彼此数据交换的 I/O 地址。数控机床通过数据交换 I/O 对机器人发送控制请求并接收请求完成的反馈信号。

数控机床通过 M 代码等方式输出请求信号，使得输出信号为 1，PLC 模块的输出点发出 DC24V 信号，桁架机器人的 PLC 模块接收到该电信号后会根据相应的控制逻辑，对机器人的伺服电机进行位置控制，与此同时再通过桁架机器人的 PLC 实现机械手动作控制。当桁架机器人完成一系列操作后，桁架机器人的 PLC 模块会发出一个输出信号，即 DC24V 信号，传递给数控机床的 PLC 模块输入点，当数控机床完成下一个动作后再发给桁架机器人一个输出电信号，桁架机器人再继续做相应的响应，周而复始，如图 5-44 所示。

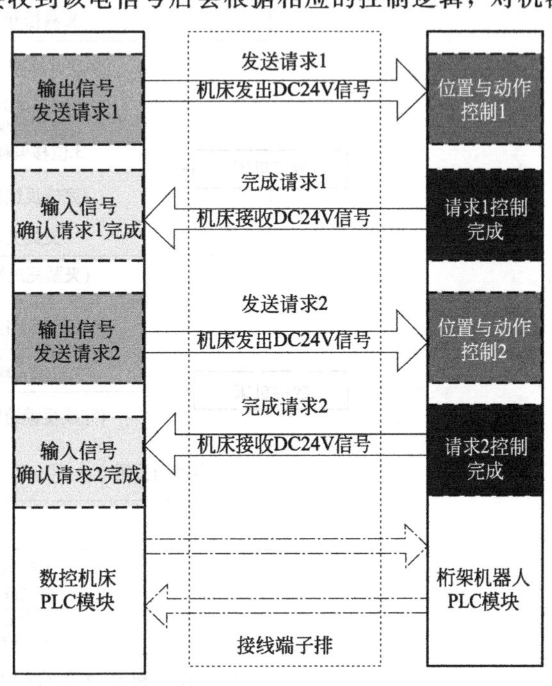

图 5-44 数控机床与桁架机器人电信号通信示意图

5.4.1 自动线运行的宏程序实现

本章节以桁架机器人只服务一台数控机床为例（图 5-45），简化其控制流程，说明完整的运行过程及宏程序实现过程。需要说明的是，下文的宏程序并不是完整的宏程序，仅仅是为了说明其运行流程而简化后的宏程序。数控机床与桁架机器人上料流程如图 5-46 所示。

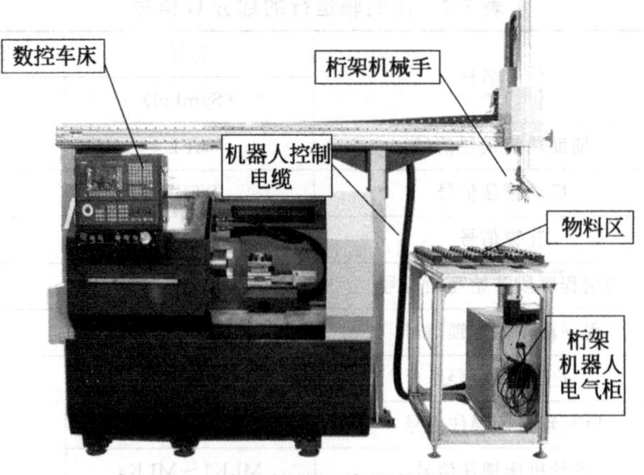

图 5-45　单独数控机床的桁架机器人

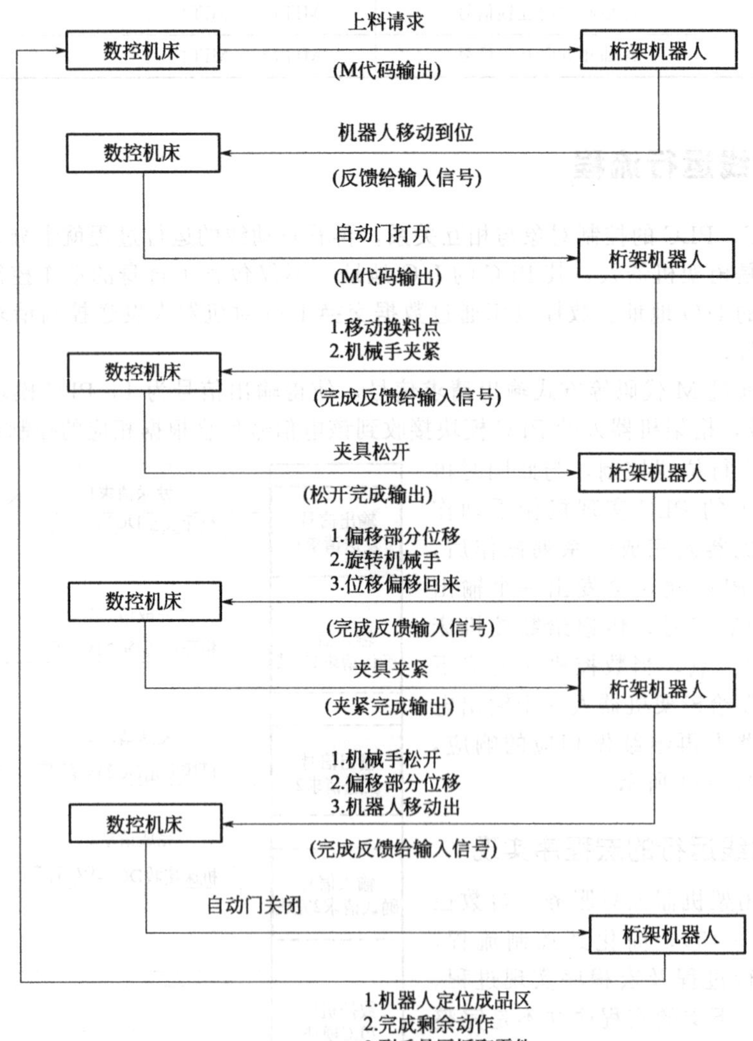

图 5-46　数控机床与桁架机器人上料流程

整个过程如果使用 PLC 编程的话，尤其是用梯形图编程，那么这个过程就极其的繁琐，如果使用宏程序编写，其控制过程就会得到极大的简化。按照上述过程我们编写宏程序如表 5-3 所示，表中的 M 代码 M71 与宏变量 #1000～#1003 的定义都是暂定的，用来辅助认识机器人的上料过程。

表 5-3　宏程序说明

宏程序	说明	控制流程
M71 G0G90Z0 G0G90X500.0 (或 G91G30X0.)	①上料请求 M71 ②*Z* 轴返回正限位避让工作台 ③*X* 轴定位到上料坐标(固化设置) ④*X* 轴定位到第二参考点(NC 参数中自定义)	机床→机器人
IF[#1000EQ1]GOTO20	①机器人完成上料定位 ②完成后反馈给机床 IF[#1000EQ1] ③进行下一步 GOTO20	机床←机器人
N20M74	自动门打开	机床→机器人
IF[#1001EQ1]GOTO30	①机器人移动到换料点 ②夹紧已有零件 ③完成后反馈给机床 IF[#1001EQ1] ④进行下一步 GOTO30	机床←机器人
N30M76	夹具松开	机床→机器人
IF[#1002EQ1]GOTO40	①机械手偏移位置 ②机械手旋转,更换零件 ③机械手偏移回来 ④上述动作完成反馈给数控机床 IF[#1002EQ1] ⑤进行下一步 GOTO40	机床←机器人
N40M75	夹具夹紧	机床→机器人
IF[#1003EQ1]GOTO50	①机械手松开 ②偏移部分位移 ③机器人移出数控机床 ④上述动作完成后反馈给机床 IF[#1003EQ1] ⑤进行下一步 GOTO50	机床←机器人
N50M73	自动门关闭	机床→机器人
M99	①机械手定位成品区 ②机械手完成剩余动作 ③机械手抓取新的毛品,等待下一次上料请求	机床←机器人

数控机床与桁架机器人的信息交换的宏程序流程如图 5-47 所示。

桁架机器人的制造厂家众多，编程与调试方法各不相同，但只要根据数控机床与机器人的控制流程，即便出现故障，也会知道维修的重点，至于具体的手段，例如查看机器人 I/O 地址的方法，修改某一坐标值等都可以咨询制造厂家。但如果不知道维修的重点，不知道到底哪里出了故障，即便知道详细的手段也无济于事。

5.4.2 自动线运行中的 M 代码编程

上述自动线运行流程需要定义 6 个 M 代码，见表 5-4。

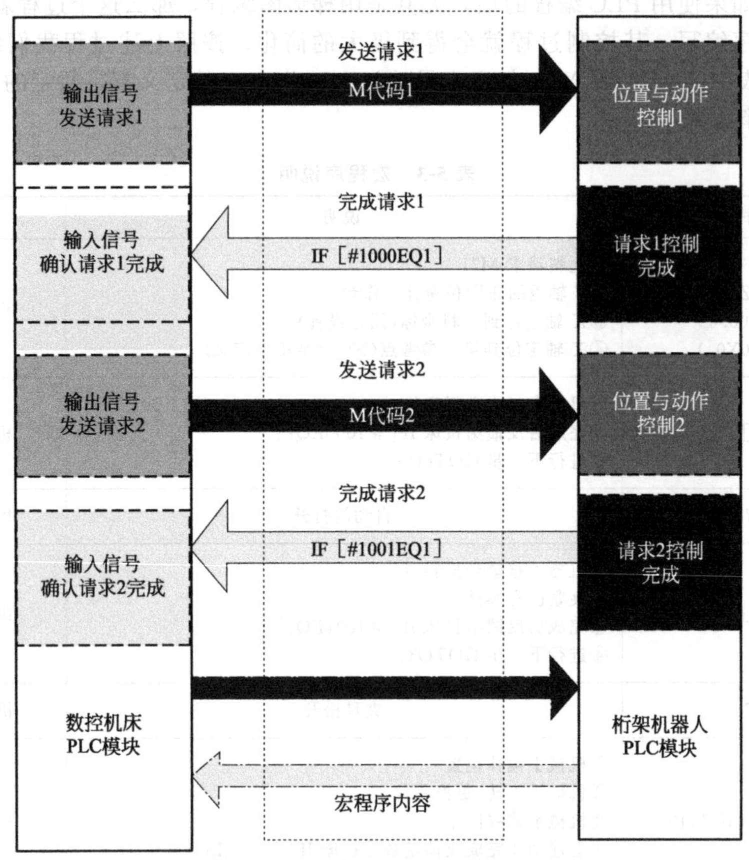

图 5-47　数控机床与桁架机器人数据通信示意图

表 5-4　自动线定义 M 代码

M 代码	用途
M71	上料请求
M72	换料请求
M73	自动门关
M74	自动门开
M75	夹具夹紧
M76	夹具松开

发那科 PLC 在 LEVEL2 中定义 M 代码，涉及如下 PLC 变量，位变量 F7.0（M 代码运行时系统状态信号），字节变量 F10（M 代码的 M 值系统信号），字节 R100（随意选定，不冲突即可），Fladder 工具栏如图 5-48 所示，定义方法如下：

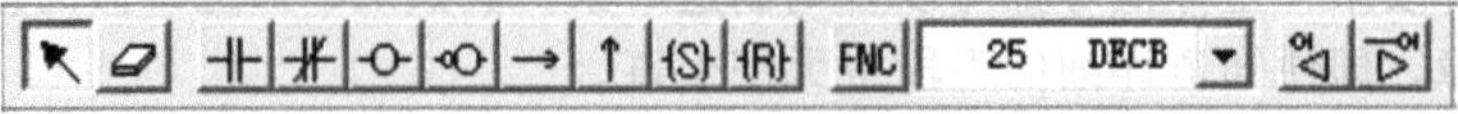

图 5-48　Fladder 工具栏

① 首先点击读取“RD” ⊣⊢，定义 F7.0，启动 M 代码编译功能，见图 5-49。

图 5-49　先定义 F7.0

② 添加 PLC 功能“FNC” FNC，见图 5-50。

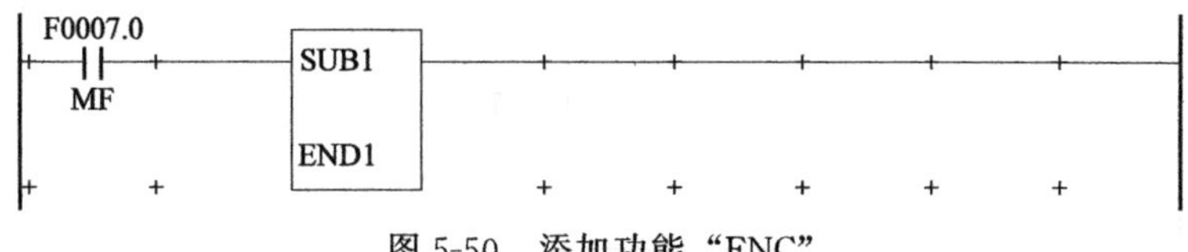

图 5-50　添加功能“FNC”

③ 双击“SUB1”，修改功能的代号，将 SUB1 的数字 1 改为 25，见图 5-51。

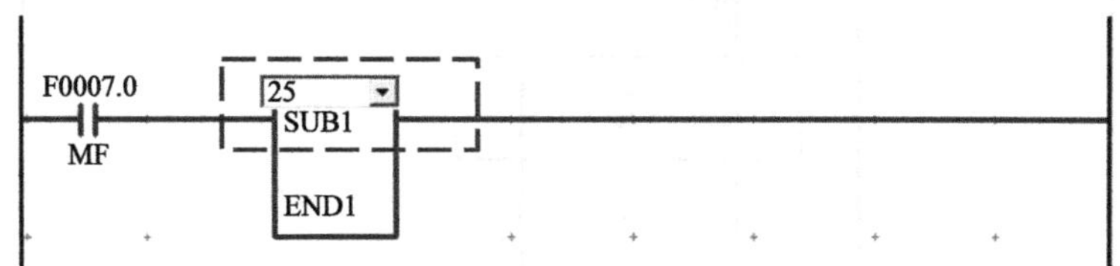

图 5-51　修改功能类型 1

④ 修改功能的数字序号后，功能（Function）的样式也发生了变化，见图 5-52。

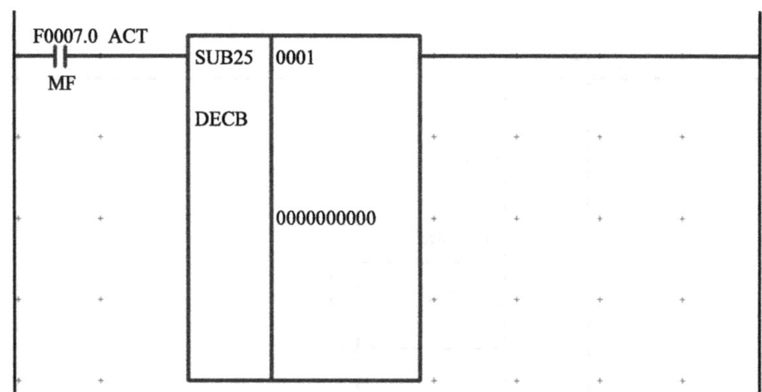

图 5-52　修改功能类型 2

⑤ DECB 是将十进制转换成二进制，将 M 代码的 M 值对应的 F10，通过十进制转二进制的方式分别赋给字节变量 R100 的八个位。在 DECB 右侧双击鼠标左键，输入字节变量 F10（不区分大小写）见图 5-53。

⑥ 在“0000000000”处双击鼠标左键，输入 70，表示此处定义的 M 代码从 M70 开始，到 M77 结束，共计八个见图 5-54。

⑦ 在 SUB25 的中下方，双击鼠标左键，输入字节变量 r100（不区分大小写），见图 5-55。

⑧ 最终，我们得到完整的 M 代码在 PMC 中的定义过程见图 5-56。

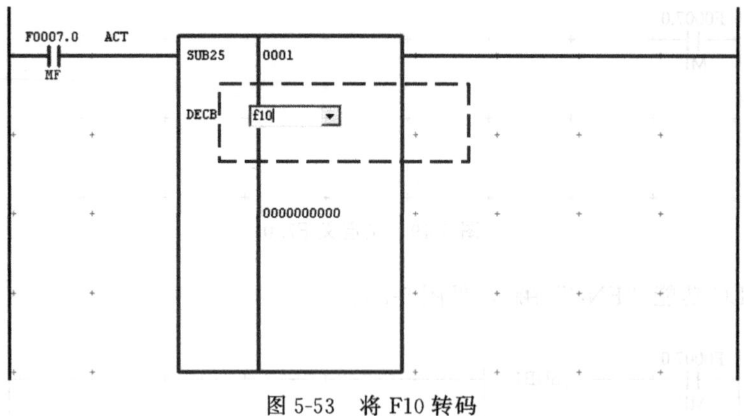

图 5-53　将 F10 转码

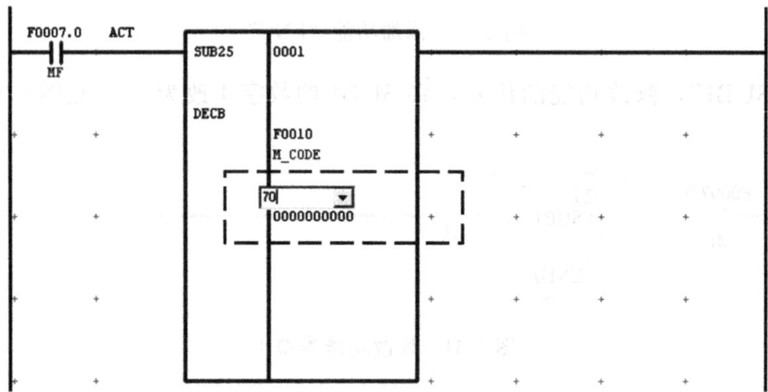

图 5-54　定义 M 代码起始数值

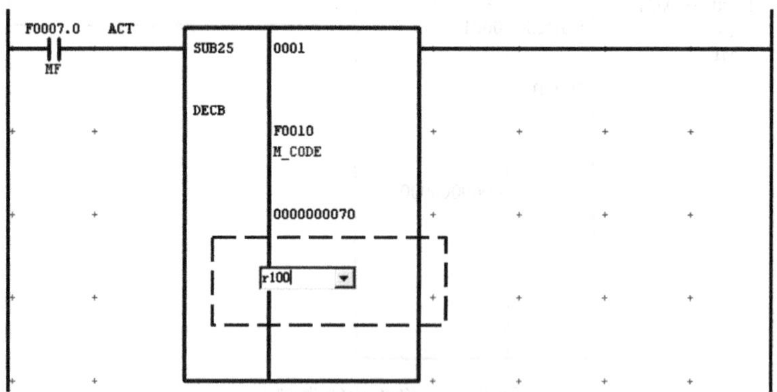

图 5-55　M 代码指向字节 r100

根据 PMC 的编程，得到 M 代码的定义表格（表 5-5）。

表 5-5　定义 M 代码

M 代码	M77	M76	M75	M74	M73	M72	M71	M70
R 变量	R100. 7	R100. 6	R100. 5	R100. 4	R100. 3	R100. 2	R100. 1	R100. 0

当数控系统端执行相应的 M 代码时，对应的 R 变量保持为 1，直到 M 代码运行结束。

例如当数控系统执行 M77 时，R100.7 的值为 1，且保持为 1 直到 M77 结束。

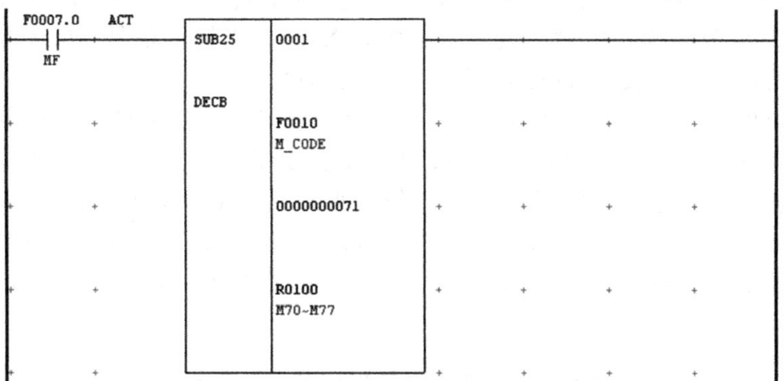

图 5-56　发那科定义 M 代码

前文使用的四个用户宏变量＃1000～＃1003，见表 5-6。

表 5-6　自动线定义 M 代码

宏程序内容	相应内容	信号传递
IF[＃1000EQ1]GOTO20	机器人完成上料定位，完成后反馈给机床，进行下一步	机床←机器人
IF[＃1001EQ1]GOTO30	机器人移动到换料点，夹紧已有零件	机床←机器人
IF[＃1002EQ1]GOTO40	①机械手偏移位置 ②机械手旋转，更换零件 ③机械手偏移回来 ④上述动作完成反馈给数控机床	机床←机器人
IF[＃1003EQ1]GOTO50	①机械手松开 ②偏移部分位移 ③机器人移除数控机床	机床←机器人

这四个用户宏变量也有可能写作＃_UI[0]～＃_UI[3]，＃1000～＃1015 与＃_UI[0]～＃_UI[15]，完整的对应关系如表 5-7 所示。

表 5-7　用户宏变量表对照表

宏变量	宏变量符号	宏变量	宏变量符号
＃1000	＃_UI[0]	＃1008	＃_UI[8]
＃1001	＃_UI[1]	＃1009	＃_UI[9]
＃1002	＃_UI[2]	＃1010	＃_UI[10]
＃1003	＃_UI[3]	＃1011	＃_UI[11]
＃1004	＃_UI[4]	＃1012	＃_UI[12]
＃1005	＃_UI[5]	＃1013	＃_UI[13]
＃1006	＃_UI[6]	＃1014	＃_UI[14]
＃1007	＃_UI[7]	＃1015	＃_UI[15]

值得强调的是，用户宏变量的用途定义是随机的，不同机床制造商的机床是不通用的。这里的四个宏变量＃1000～＃1003，是用来判定桁架机器人对应的四个（组）运行动作

是否完成，也就是说桁架机器人运行到位后，桁架机器人 PLC 模块的相应输出信号为 1，发出 DC24V 信号，暂且命名为“上料完成 1”，“上料完成 1”的电信号会经过接线端子排，传递给数控机床的 PLC 模块的输入信号点，例如 X9.0。当输入信号 X9.0 为 1 后，则表示桁架机器人的动作已经完成，可以继续下一步的宏程序。

宏程序中如果写作 IF [X9.0EQ1]，就很容易理解了，但发那科的宏程序不允许这种语法规则，故而将 X9.0 这个输入信号替换成自定义宏变量（#1000～#1015)，这就需要输入信号 X9.0 与#1000 有一定的对应关系，但发那科的 PMC 是不允许使用宏变量#1000 的，因此发那科定义了用户 PMC 信号 G54.0～G55.7 共 16 个位信号与用户宏变量#1000～#1015 进行数据接口对接，其目的是将 NC 的宏程序与 PMC（PLC）进行数据交换，其对接关系见表 5-8。

表 5-8 用户宏变量与 PMC 变量对应表 1

宏变量	宏变量符号	PMC 变量	宏变量	宏变量符号	PMC 变量
#1000	#_UI[0]	G54.0	#1008	#_UI[8]	G54.8
#1001	#_UI[1]	G54.1	#1009	#_UI[9]	G54.9
#1002	#_UI[2]	G54.2	#1010	#_UI[10]	G54.10
#1003	#_UI[3]	G54.3	#1011	#_UI[11]	G54.11
#1004	#_UI[4]	G54.4	#1012	#_UI[12]	G54.12
#1005	#_UI[5]	G54.5	#1013	#_UI[13]	G54.13
#1006	#_UI[6]	G54.6	#1014	#_UI[14]	G54.14
#1007	#_UI[7]	G54.7	#1015	#_UI[15]	G54.15

其对应的 PMC 程序可以很简单，将 X9.0 直接赋值给 G54.0，如图 5-57 所示。

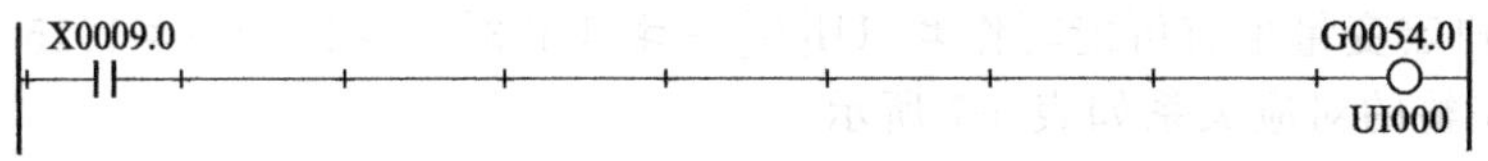

图 5-57 用户 PMC 变量定义

也就是当桁架机器人完成第一个响应动作后，发出一个输出信号传递给数控机床的 X9.0，当 X9.0 为 1 后，数控机床开始进行下一步动作。X9.0 为 1，G54.0 也为 1，相应的宏变量#1000 的值也为 1，当宏程序运行到 IF [#1000EQ1] GOTO10 时，也就是当 X9.0 信号为 1 后，进行下一步的运行控制。

5.5 桁架机器人与数控机床的对比

桁架机器人是由相对简单的伺服系统与 PLC 系统组成的，其控制过程与数控机床一样，是简化版的数控机床。由驱动器控制伺服电机，通过丝杠传动，实现机械手上下左右前后的位置移动；由 PLC 系统控制机械手的正转与反转、机械手的松开与夹紧等动作。桁架机器人的结构如图 5-58 所示，立式加工中心如图 5-59 所示。

宏程序可以使用条件判断的宏变量#1000～#1015，可以从 PMC 读取变量进行判定，自然也就存在从宏程序写入 PMC 信号的宏变量。其对应规则如表 5-9 所示。

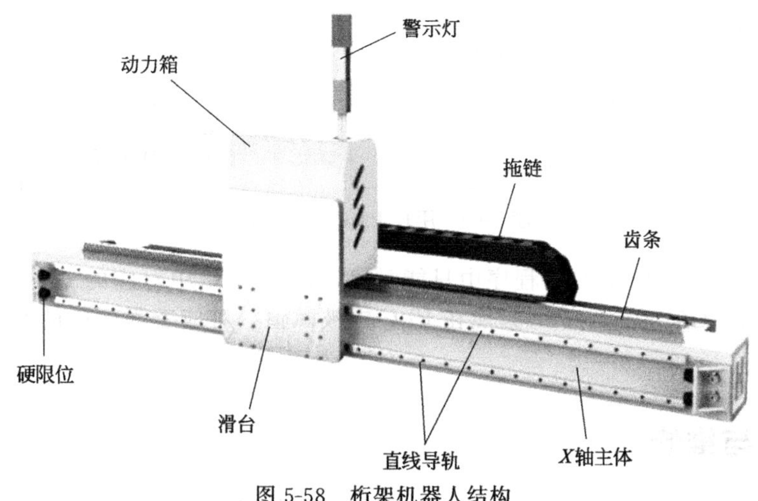

图 5-58　桁架机器人结构

图 5-59　立式加工中心（光机）

表 5-9　用户宏变量与 PMC 变量对应表 2

宏变量	宏变量符号	PMC 变量	宏变量	宏变量符号	PMC 变量
#1100	#_UO[0]	F54.0	#1108	#_UO[8]	F54.8
#1101	#_UO[1]	F54.1	#1109	#_UO[9]	F54.9
#1102	#_UO[2]	F54.2	#1110	#_UO[10]	F54.10
#1103	#_UO[3]	F54.3	#1111	#_UO[11]	F54.11
#1104	#_UO[4]	F54.4	#1112	#_UO[12]	F54.12
#1105	#_UO[5]	F54.5	#1113	#_UO[13]	F54.13
#1106	#_UO[6]	F54.6	#1114	#_UO[14]	F54.14
#1107	#_UO[7]	F54.7	#1115	#_UO[15]	F54.15

其对应的宏程序语法不再是条件判定的 IF 语句，而是赋值的“＝”，例如＃1100＝1，表示的是，由宏程序发给 PMC 的请求信号，PMC 中的 F54.0 的值为 1，进而完成数控机床的控制 Y9.0，当数控机床的控制完成后，到位信号 X9.1 为 1，延时 1000ms 后，通过＃1001 在宏程序中进行控制完成判断，如图 5-60 所示。

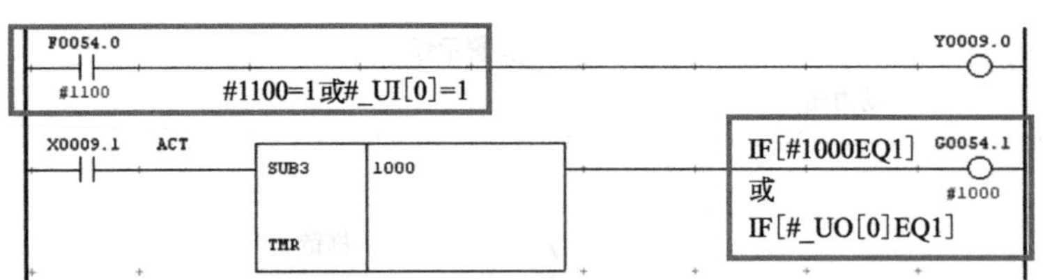

图 5-60　用户 PMC 完整流程

注意，＃1100～＃1115 在宏程序中只能赋值，再由 PLC 中对应的 F54.0～F55.7 继续给其他信号赋值。G54.0～G55.7 只能在 PLC 中被赋值，对应宏程序中的＃1000～＃1015 进行判断。

5.6　调试与维修

应用桁架机器人在调试时，分三大部分进行，分别是数控机床电气柜部分、数控机床与桁架机器人连接的接线端子排部分以及桁架机器人电气柜部分。数控机床与桁架机器人电气结构图如图 5-61 所示。

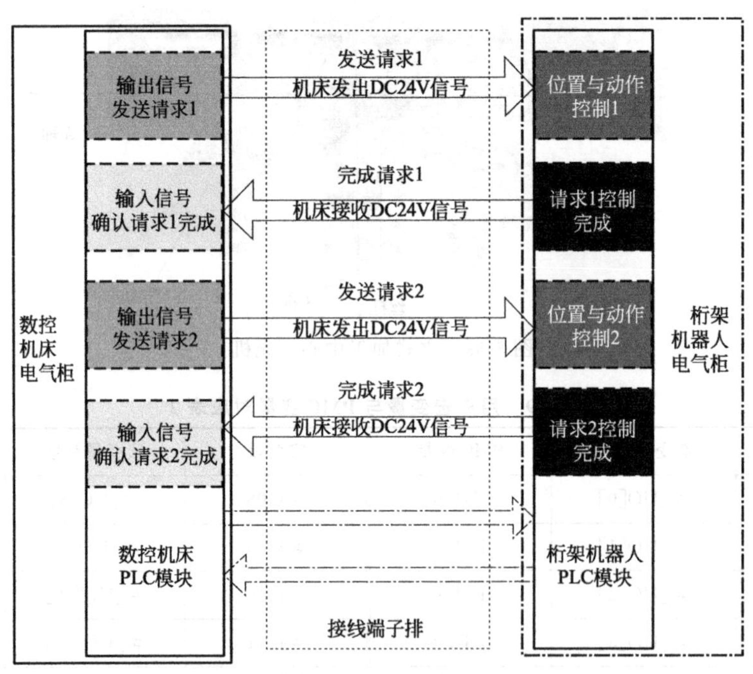

图 5-61　数控机床与桁架机器人电气结构图

数控机床以及桁架机器人的伺服轴移动，是由相应的 NC 通过放大器、驱动器实现的，稳定性极高，除非参数或宏程序被修改导致撞机等极端情况，否则出现故障的概率很低，也就是说 NC 运行的稳定性要远远高于 PLC 运行的稳定性，而 PLC 的不稳定性来自信号开关、机械控制动作的不稳定性以及 PLC 没有对不稳定信号进行延时处理。

5.6.1　数控机床调试与维修重点

应用桁架机器人时，数控机床的调试与维修重点是夹具的松开与夹紧控制（图 5-62）、自动门（换料门）的打开与关闭控制。

夹具的 PMC 信号通常是四个，两个动作输出信号，两个动作到位输入信号；同样自动门的 PMC 信号通常也是四个，两个动作输出信号，两个动作到位输入信号，如表 5-10 所示。

表 5-10 夹具和自动门的输入输出信号

夹具	夹具松开输出信号	Y0.0(假定,下同)
	夹具夹紧输出信号	Y0.1
	松开到位输入信号	X0.0
	夹紧到位输入信号	X0.1
自动门	自动门打开输出信号	Y0.2
	自动门关闭输出信号	Y0.3
	打开到位输入信号	X0.2
	关闭到位输入信号	X0.3
与桁架机械手通信信号	上料请求输出信号	Y0.4
	自动门打开完成信号	Y0.5
	自动门关闭完成信号	Y0.6
	夹具夹紧完成信号	Y0.7
	夹具松开完成信号	Y1.0

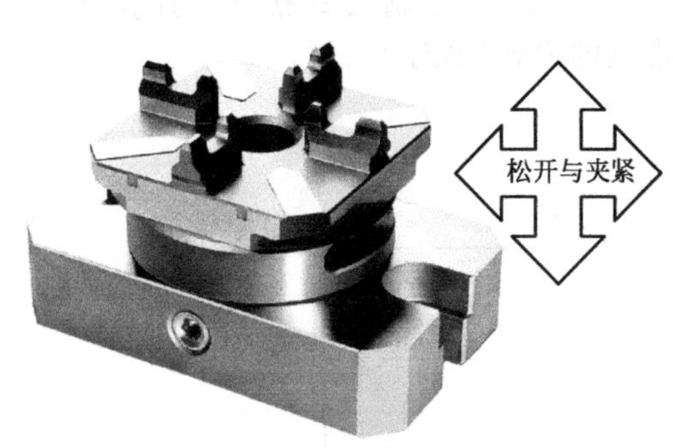

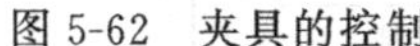
图 5-62 夹具的控制

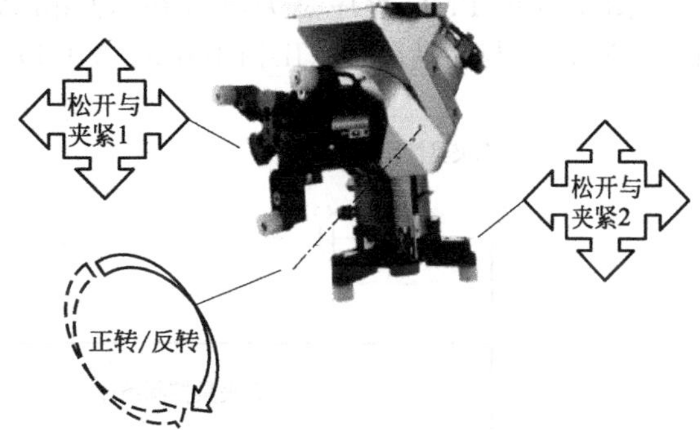

图 5-63 桁架机械手的控制

5.6.2 桁架机械手调试与维修重点

桁架机器人的调试与维修重点是机械手的正转与反转、松开与夹紧以及上料过程中的多个坐标值（图 5-63）。为区分数控机床的 PMC 信号的输入输出信号，桁架机械手使用大写字母 I 标识输入信号，大写字母 Q 标识输出信号。

桁架机械手动作控制 PMC 信号，见表 5-11。

表 5-11 桁架机械手动作控制 PMC 信号

机械手旋转	机械手 0°旋转开输出信号	Q0.0(假定,下同)
	机械手 180°输出信号	Q0.1
	机械手 0°到位输入信号	I0.0
	机械手 180°到位输入信号	I0.1

续表

机械手 1	机械手 1 松开输出信号	Q0.2
	机械手 1 夹紧输出信号	Q0.3
	机械手 1 松开到位输入信号	I0.2
	机械手 1 夹紧到位输入信号	I0.3
机械手 2	机械手 2 松开输出信号	Q0.4
	机械手 2 夹紧输出信号	Q0.5
	机械手 2 松开到位输入信号	I0.4
	机械手 2 夹紧到位输入信号	I0.5
与数控机床通信信号	上料控制 1 完成信号(不可省略)	Q0.6
	上料控制 2 完成信号(不可省略)	Q0.7
	上料控制 3 完成信号(不可省略)	Q1.0
	上料控制 4 完成信号(不可省略)	Q1.1

5.6.3 PMC 程序

夹具的松开与夹紧、自动门的打开与关闭、机械手的正转与反转、机械手的松开与夹紧，这四组的控制过程对于机械控制来说既是相似的，又有一定的区别，但对于电气的控制来说是完全相同的，为双输入双输出的控制过程。

图 5-64 的 PMC 程序是夹具按钮（Jiaju-AnNiu，X10.0）控制夹具松开（Jiaju-SongKai，Y0.0）与夹具夹紧（Jiaju-JiaJin，Y0.1）的常见的 PMC 程序。

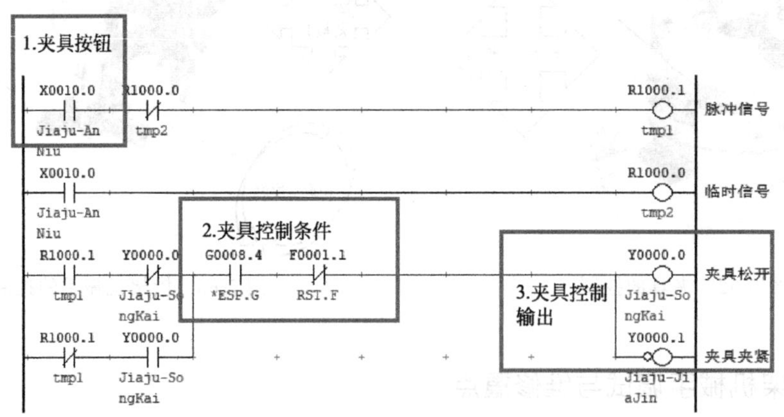

图 5-64 按钮控制夹具的 PMC 程序

按下“夹具按钮”X10.0，发出脉冲信号 R1000.1（tmp1），再由脉冲信号 R1000.1（tmp1）接通 Y0.0，并保持接通 Y0.0，直到第二次按 X10.0 或急停信号 G8.4 或复位信号 F1.1 将 Y0.0 断开。其中 Y0.1（夹具夹紧）的控制与 Y0.0（夹具松开）是逻辑取反，即默认的情况下夹具是夹紧状态的，直到手动使夹具松开。这是一个很简单的按钮控制 PMC，不再赘述。

上文的 PMC 程序中的夹具控制条件只有急停信号（G8.4）与复位信号（F1.1）两个基本的必备限定条件，仅用来说明夹具控制过程，实际工作中控制条件不止两个。

如果夹具控制是由两个按钮分别控制，那么上述案例中的 Y0.1 就不能相对 Y0.0 进行取反，而是按照夹具松开的程序格式再编写一个（临时变量 R 绝对不能重复）。夹具控制条件还要增加一个互锁的条件，如图 5-65 和图 5-66 所示。

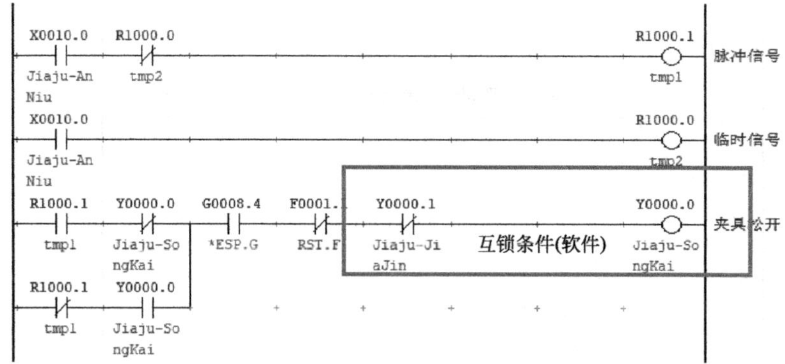

图 5-65　增加互锁的夹具松开 PMC 程序

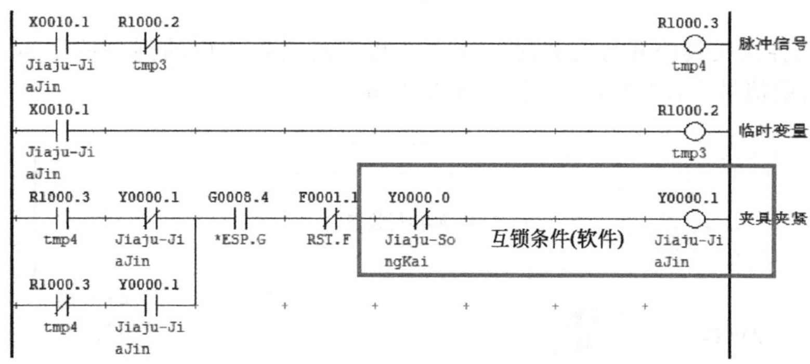

图 5-66　增加互锁的夹具夹紧 PMC 程序

夹具与自动门等双输入双输出的控制，不仅可以通过按钮对其进行控制，还可以通过 M 代码进行共同控制，也就是“或”的“并联”控制。图 5-67 和图 5-68 是添加了 M 代码控制的 PMC 程序。

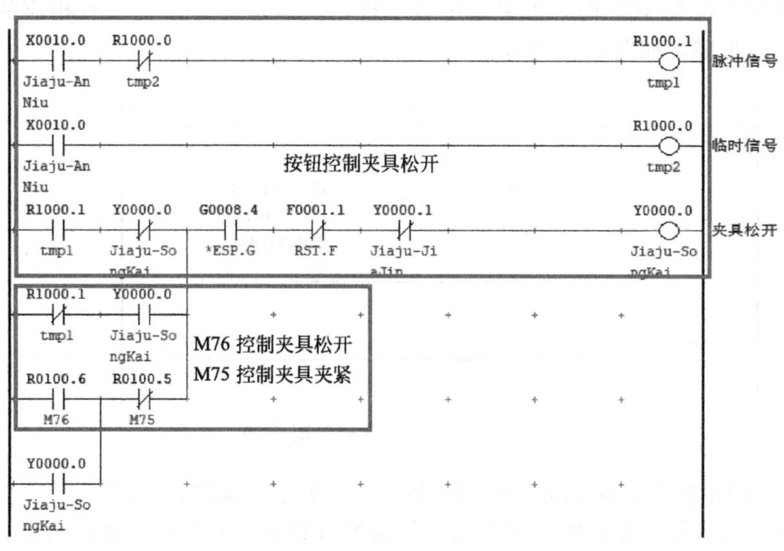

图 5-67　按钮与 M 代码控制夹具的 PMC 程序 1

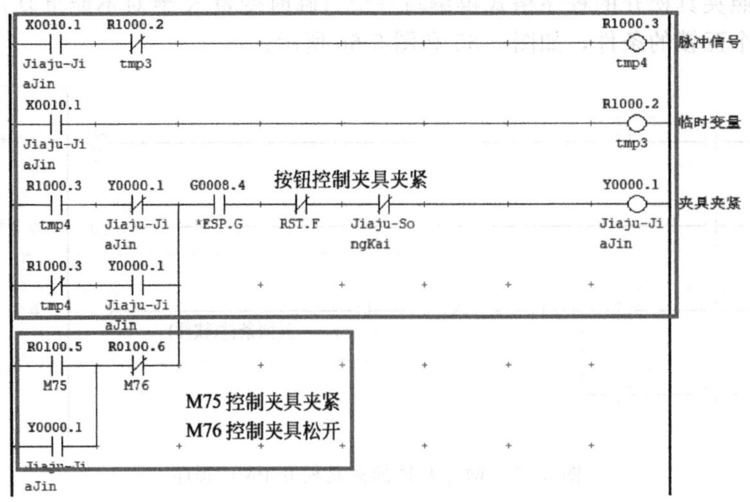

图 5-68 按钮与 M 代码控制夹具的 PMC 程序 2

当 M 代码控制夹具松开与夹紧时，如果在指定时间内对应的到位信号为 1，则需要将 M 代码运行结束信号 G4.3 置为 1，如图 5-69 所示。

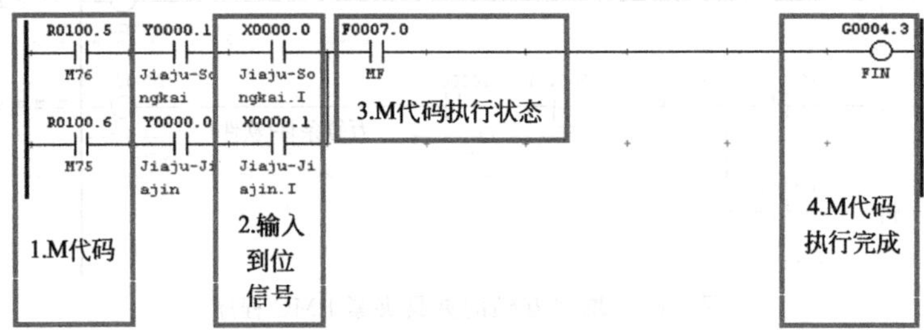

图 5-69 M 代码执行结束

当数控系统执行 M 代码时，F7.0 的值为 1，当 M76 或 M75 运行时，且有输出信号和到位信号，则认为该 M 代码执行结束。

当数控系统执行 M 代码时，如果超过若干秒，例如超过 5s，仍没有相应的到位信号的话，则产生超时报警，如图 5-70 所示。

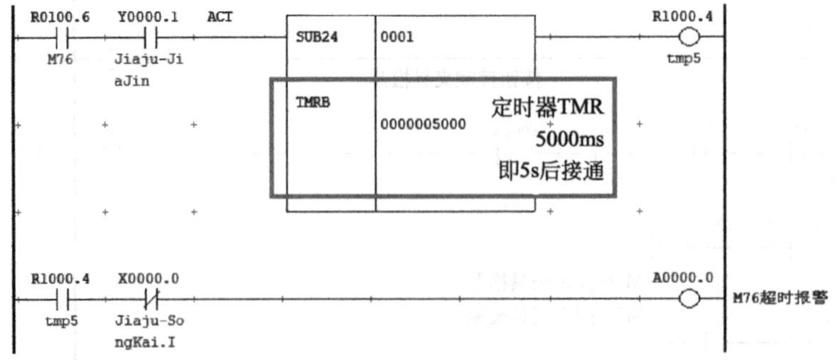

图 5-70 M 代码执行超时报警

报警 A0.0 的报警内容在 Fladder 中的 Message 中定义编辑，PMC 报警内容由报警号及报警内容组成。报警号是必需的，指定是急停报警（数字 1 开头）还是提示信息（数字 2 开头），报警内容可以添加报警变量信息 A0.0，相关的 I/O 地址及报警信息。

报警信息可以是英文或者拼音（A0.1），也可以是中文码（A0.2），见图 5-71。

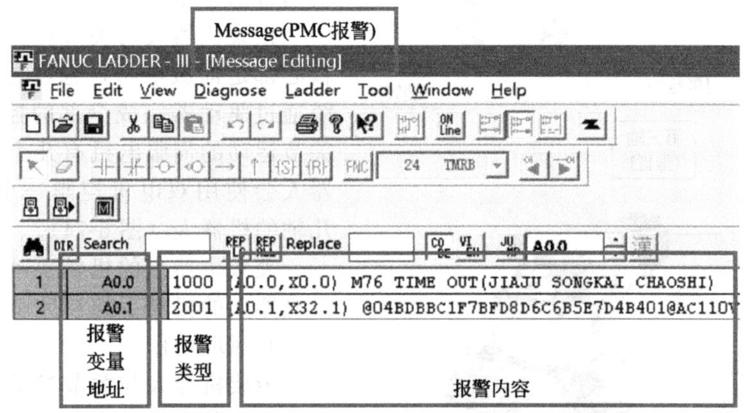

图 5-71　PMC 报警内容

现有的 PMC 编程通常不会直接使用输入地址 X、输出地址 Y 进行编程，而是采用中间变量 R 进行编程。一般而言，R 变量如果作为 X 变量和 Y 变量的中间变量，R 的取值范围通常是固定的，包括 M 代码的中间变量 R 的取值范围也是固定的。例如，定义 R0～R99 作为输入信号 X 的中间变量，R100～R199 作为输出信号 Y 的中间变量，R200～R249 作为 M 代码的中间变量。由于没有严格的限定，因此 R 变量地址范围是不固定的，不同的机床制造商及不同型号的数控机床都不一样。

再次强调，上述按钮控制夹具（动作类控制）是为了简化说明控制过程，在实际的工作中是有安全隐患的，包括但不局限于：没有对按钮进行延时处理、按钮松开时（下降沿）实现控制、动作到位延时处理（延时接通）。具体内容详见《数控机床电气控制入门》[1] 第七章 7.1.3 控制按钮的逻辑控制。

5.6.4　关节机器人

了解了桁架机器人与数控机床的运行原理及通信原理，再看关节机器人就变得十分容易了。桁架机器人机械手的上下左右移动，由伺服电机通过丝杠传动实现。关节机器人机械臂多个关节的旋转运动，由伺服电机通过减速机实现，如图 5-72 和图 5-73 所示。

图 5-72　减速机外观

图 5-73　减速机内部结构

---

[1] 佟冬主编. 数控机床电气控制入门. 北京：化学工业出版社，2020.

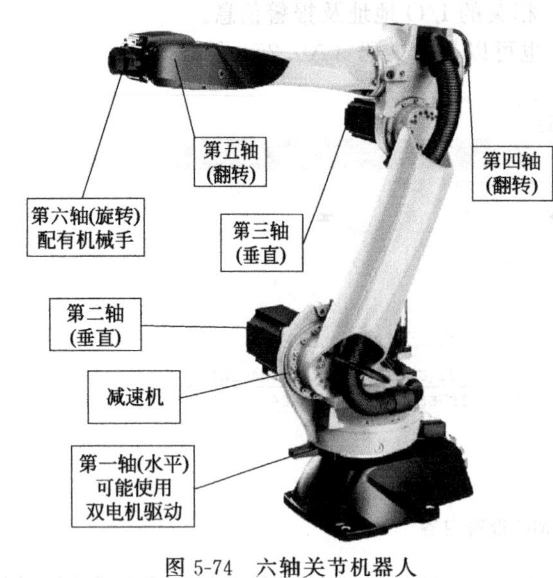

图 5-74　六轴关节机器人

减速机的结构是纯粹的齿轮结构，通过齿轮比降低伺服电机的转速，保证关节机器臂的平稳运行。

桁架机器人与关节机器人运动控制的核心都是伺服电机，也就是相应的 NC 系统通过驱动器完成全部的控制，通常参与关节运动的伺服电机有几个（大型关节机器人会使用双电机控制一个动作），就是几轴的机器人（图 5-74）。

关节机器人的机械手动作控制，与桁架机器人的机械手控制完全一样，由 PLC 控制其抓取动作。

桁架机器人与关节机器人的考核标准有很多，其中最重要的有三个：第一个是快速移动的速度，保证运行效率；第二个是抓取工件的重量；第三个是定位精度。

5.7　通电前的准备工作

数控机床与机器人在第一次通电之前，要进行通电前检查。检查的内容有：

① 检查 DC24V 与 DC0V 是否短路，也就是需要测量稳压电源的 DC24V 与 DC0V 输出点之间的电阻，如果电阻为零，则有短路行为，需要查找短路的原因，如果有十几欧姆的电阻值，说明线路正常。

② 检查两个稳压电源的 DC0V 是否连通，需要使用万用表的蜂鸣器功能进行断电测量，如果两个 DC0V 是连通的，那么蜂鸣器会发声提示。

③ 检查放大器的进线是否可靠连接，检查放大器与电机动力线是否可靠连接，光栅尺、编码器接口是否可靠连接，判断可靠连接的方法很简单，用手稍微用力拉每一根线，如果没有被拉下来，即认为是可靠连接。

5.8　万用表

万用表是电气工程师最基本、最常用的诊断工具，是诊断电气控制线路接线是否正确、判断电气设备是否故障的必要工具。

万用表包含了显示屏，用来显示读取的电压值、电阻值等。还有一个功能选择旋钮，通过旋钮选择不同的测量对象，直流电、交流电、电阻以及测量的范围，如图 5-75～图 5-77 所示。

5.8.1　万用表的选择

在工厂的用电环境中，我们必须选择 CAT Ⅲ安全等级的万用表，也就是说万用表外观上必须标有 CAT Ⅲ如图 5-78 所示。

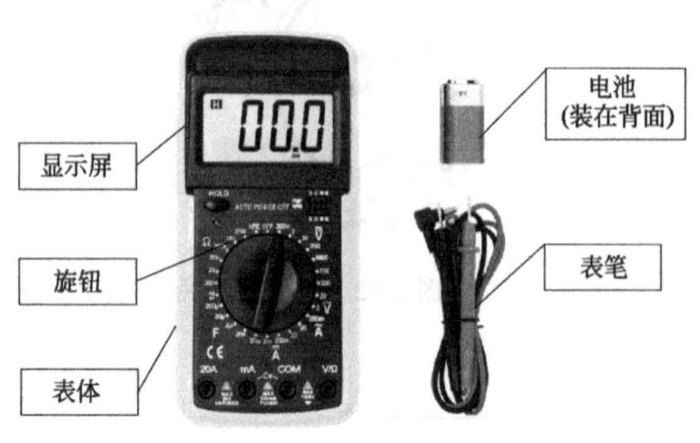

图 5-75　万用表实物图

没有 CAT Ⅲ安全标识的万用表是禁止用来测量工厂中的电源的，如图 5-79 所示。

有关 CAT 等级的详细说明请见附录 1. CAT 等级。

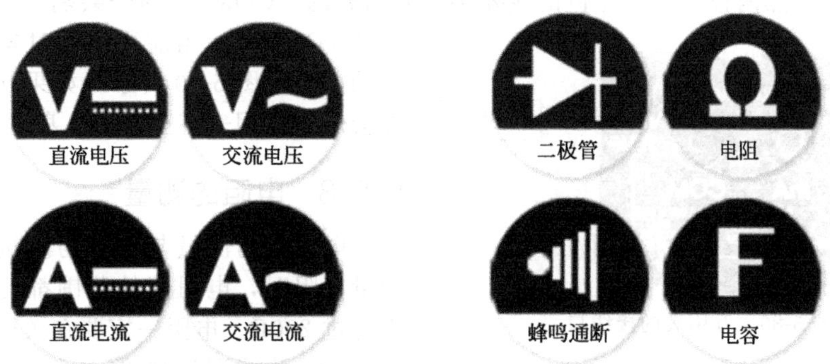

图 5-76　万用表功能说明 1　　图 5-77　万用表功能说明 2

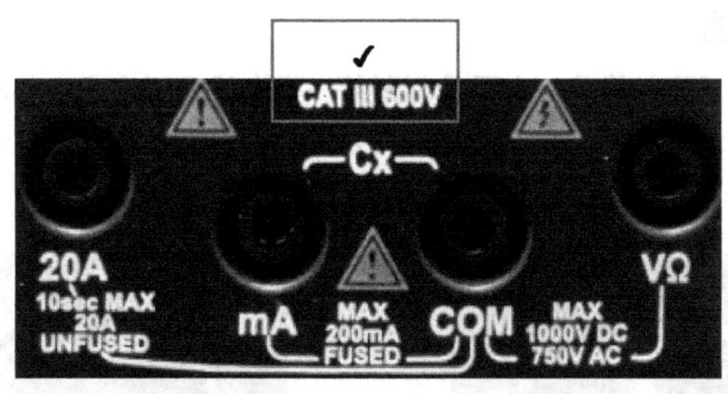

图 5-78　带有 CAT Ⅲ安全标识的万用表

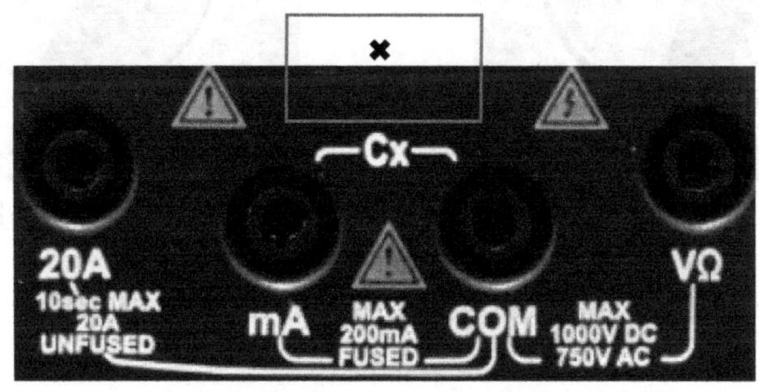

图 5-79　没有带有 CAT Ⅲ安全标识的万用表

市面上万用表的种类和功能都很多，但在数控机床电气调试的应用中，常用到以下几个功能：

① AC380/220V 的测量；

② DC24V 与 DC0V 的测量；

③ 电阻的测量；

④ 线路通断检测功能（蜂鸣器）。

普通的万用表一般都能满足上述技术需求。有些万用表的测量范围是手动调整的，操作上稍微麻烦一些，但价格便宜；有些万用表的测量范围是自动调整的，但价格要贵一些。家用万用表不需要 CAT 安全标识，但不能用于工厂环境测量。

5.8.2 万用表的使用

万用表有红黑两根表笔，黑色的线要接到万用表的“COM”，即公共端，红色的线要接到“VΩ”，表示当前测量的对象是电压和电阻功能，如图 5-80 所示，如果接错的话，可能会烧坏万用表甚至带来人身危险，切记！

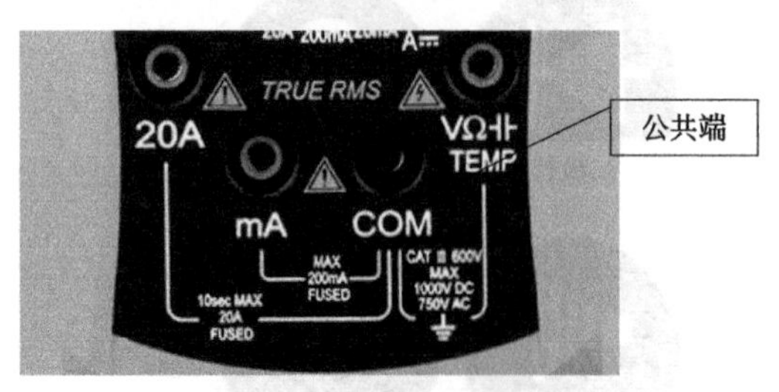

图 5-80 万用表的接线口

5.8.3 电阻的测量

电阻值的测量与电压的测量不同，通常测量电阻时，电阻值的范围都比较小，一般不超过 200Ω。电阻一定要在关闭电源的情况下测量，才能测量准确。万用表电阻测量功能如图 5-81 所示。

5.8.4 蜂鸣器功能

蜂鸣器功能的应用更加简单，主要是判断某一根电线是否出现内部断开或者整体线路断开的情况，如果线路是接通的，则蜂鸣器会一直响，如果电线内部断开，则蜂鸣器不响，如图 5-82 所示。

图 5-81 万用表电阻测量功能

图 5-82 万用表蜂鸣器功能

测量线路内部的通断同样也要关闭电源才能判断准确。

5.9 本章节知识点精要

① 如果分不清楚 NC 与 PLC 的运行机理，随着学习的不断深入，会越来越迷惑。

② PLC 控制所有的逻辑动作，普通电机、液压缸、机械手等动作控制，主要以 DC24V 电信号为载体。

③ 数控机床的 NC 与 PLC 是实时通信、相互影响的。

④ 数控机床组成的生产线由于包含了 NC 在内的数控系统，而不是单纯的 PLC，因此调试与维修过程还要考虑数控系统的因素，相比纯自动生产线要简单但强调综合能力。

⑤ 自动生产线虽然过程复杂，但关注的重点是 PLC，涉及 NC 的比较少，因此由数控机床组成的生产线要比单纯的自动线复杂得多。

⑥ 不同的系统进行数据交换时，如果 NC 不相同，那么通常会使用 PLC 的电信号进行

数据交换，如果 NC 相同，可以使用总线进行数据交换。

⑦ NC 控制主轴电机、伺服轴电机的运行，以总线的光信号为载体。

⑧ NC 的稳定性很高，轻易不会出错，PLC 的稳定性也很高，导致出错的原因是机械动作及感应开关的不稳定或 PLC 的不完善。

⑨ 家用的万用表不能用到工厂环境中，工厂中应用的万用表要有 CAT Ⅲ安全标识。

第6章 液压与气动工作原理

6.1 液压与气压应用

液压传动与气压传动是以有压流体为能源介质，来实现多种机械控制的学科。其中液压传动的能源介质是液压油，气压传动的能源介质是压缩空气。虽然传动介质不同，但液压传动与气压传动的控制过程是相同的。

液压传动与气压传动在数控机床上的应用场合大相径庭，详见表 6-1。

表 6-1　液压传动与气压传动在数控机床上的应用场合

	液压传动	气压传动
传动介质	液压油	压缩空气
提供动力	非常大	较小
稳定性	运动平稳	不如液压传动平稳
灵敏性	速度慢、较笨重	速度快、反应灵敏
实物体积	小到千斤顶，大到火箭运输	体积很小
实物特征	比较重，外观短粗	比较轻，外观细长
传动距离	传动距离短	传动距离长
数控机床	中型机床如卧式加工中心等，重型机床如落地镗床、龙门铣床等	小型机床如雕铣机、高光机、小型自动线、钻攻中心等
应用场合	工作台控制、主轴换挡控制、大型刀库控制、大型夹具控制	伺服刀库移动控制、自动门控制、小型夹具控制等

液压传动实物及应用如图 6-1～图 6-3 所示。气缸在外观上与液压缸没有太大的分别如图 6-4 和图 6-5 所示。

图 6-1　液压缸实物（标识部分可伸缩）

图 6-2　立式加工中心

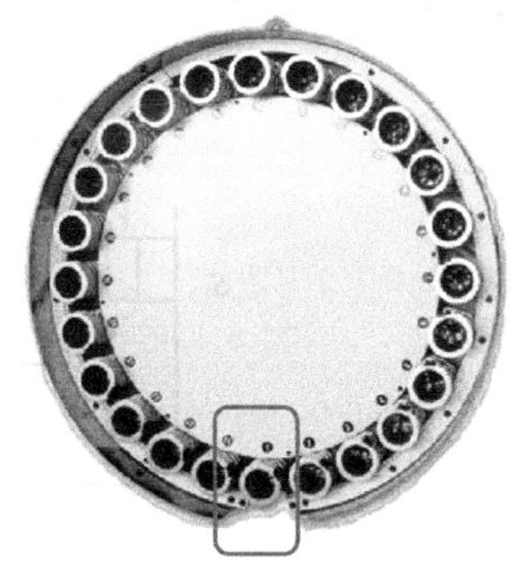

图 6-3　刀套液压控制（立式加工中心）

图 6-4　气缸实物（标识部分可伸缩）

图 6-5　小型刀库移动控制的气动缸

液压控制与气动控制不仅仅可以用来实现前后或者左右的直线运动控制，还可以实现正转反转、松开夹紧等控制，如图 6-6 和图 6-7 所示。

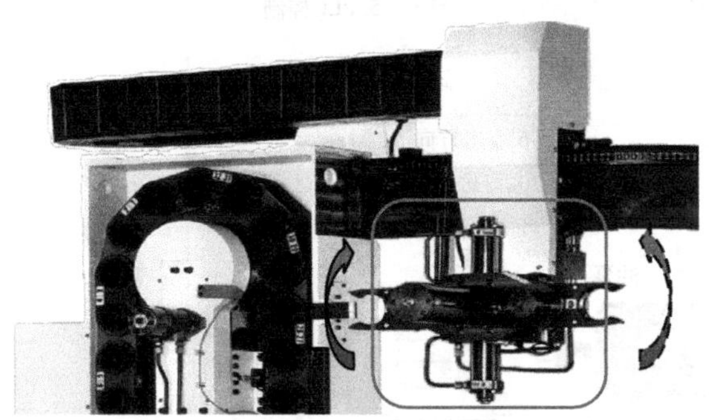

图 6-6　机械手的正转（0°位置）与反转（180°位置）

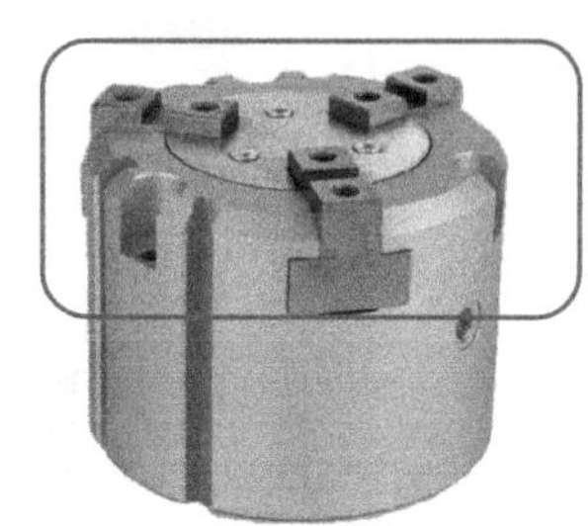

图 6-7　夹具松开与夹紧控制（标识部分）

6.2　液压原理

液压传动基于工程流体力学的帕斯卡定律，主要以液体的压力来传递能量。其核心内容为：盛放在密闭容器内的液体，其外加压强发生变化时，只要液体仍保持其原来的静止状态不变，那么液体中任一点的压强均将发生同样大小的变化。这就是说，在密闭容器内，施加于静止液体上的压强将以等值同时传到各点。

当向密闭容器的 S_1 处施加外力 F_1 时，此时密闭容器中的液体的压力会增大，根据帕斯卡定律，S_1 处的压强与 S_2 处的压强是一致的。但由于压力的大小不仅取决于压强的大小（压力与压强成正比），还取决于受力面积（压力与受力面积成正比），既然 F_1 与 F_2 的压强一致，那么由于 F_2 的受力面积大于 F_1 的受力面积，最终导致 F_2 输出的压力要大于

F_1 输入的压力，即 $F_2=(S_2/S_1)\times F_1$，如图 6-8 所示。

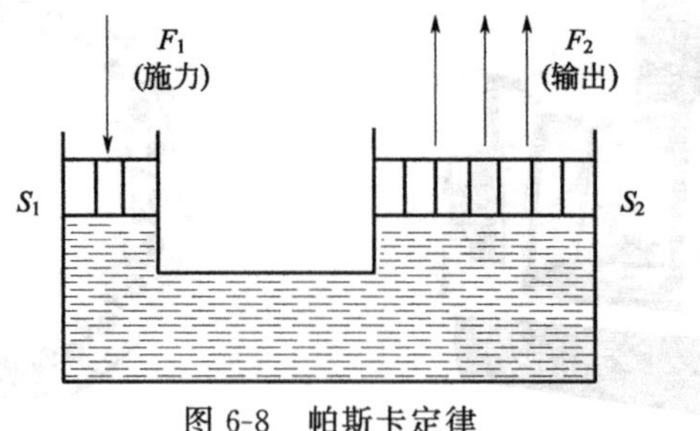

图 6-8　帕斯卡定律

6.3 液压控制流程

液压控制与气压控制过程类似，不同的是液压需要通过液压油进行液压控制，气压控制需要压缩空气进行控制，故此下文以液压控制为例进行讲解。液压控制流程图如图 6-9 所示。

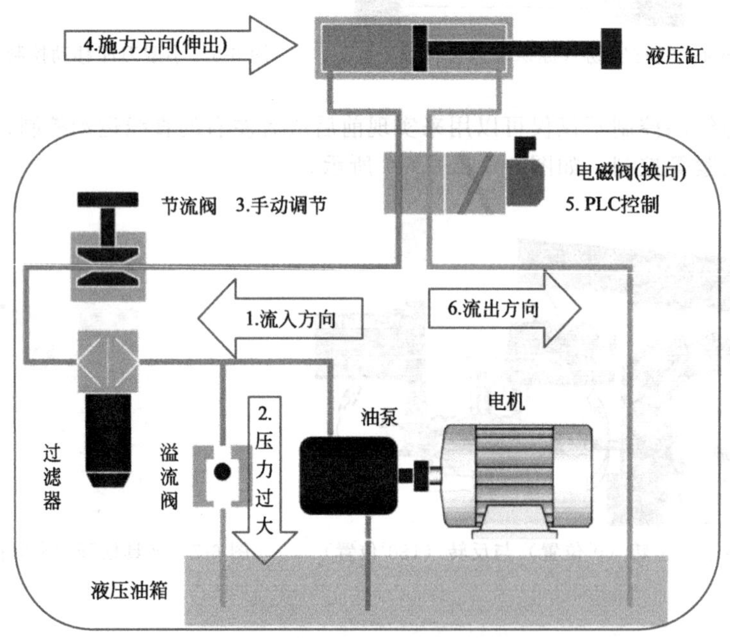

图 6-9　液压控制流程图（框内为液压站部分）

完整的液压控制流程如下：

① 由电机与油泵提供液压传动的初始动力源，PLC 对其进行控制；

② 当提供的液压压力过大时，液压油由溢流阀流出并返回液压油箱，溢流压力手动调整；

③ 提供的液压油要经过过滤，保证液压油没有任何杂质，防止损坏液压缸；

④ 通过节流阀二次调整液压动力的大小，即调整液压站输出的压强，手动调整（控制液压动作快慢）；

⑤ 液压缸通过换向电磁阀实现对液压缸伸出与缩回、夹紧与松开、正转与反转等的控制，电磁换向阀受 PLC 的控制。

6.4 液压泵与空气压缩机

液压与气压的传动需要外部受力，对于液压控制来说，需要液压站提供液压动力，气动控制则需要空气压缩机提供气压动力，如图 6-10 所示。

空气压缩机作为气动控制的动力源并不常见，通常是规模较小的工厂或者临时使用气源时才会使用空气压缩机，而中等规模以上的企业通常会有统一供气的气源。空气压缩机的运行会干扰数控系统的运行，导致加工工件质量较差，因此空气压缩机要远离数控机床。这里重点介绍液压站。液压站通常包含液压电机、冷却风扇、液位开关、电磁阀以及压力表等几部分，如图 6-11 所示。

图 6-10 空气压缩机实物图

液压站核心部件有两个，分别是液压电机与控制阀，两者受 PLC 控制。

① 液压电机，提供液压传动机构的动力源。

② 电磁阀，用来实现何时输出液压动力。

液压站辅助部件通常有三个，分别为冷却风扇、液位开关与压力表。

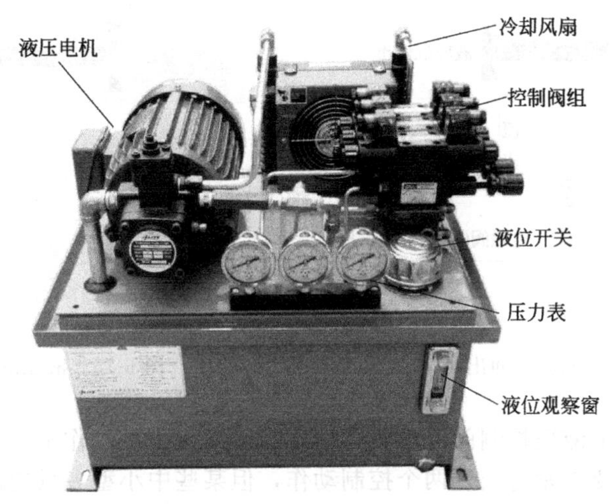

图 6-11 小型液压站实物图

① 由于液压油在加压的过程中会产生大量的热，为了防止液压油过热，需要冷却风扇加速其降温，通常不受 PLC 控制，通电即自动旋转；

② 液位开关是置于液压站之内的，当液压油过低时会停止液压电机的工作，液位开关信号需要 PLC 读取，进而控制液压电机的运行；

③ 有时液压开关会出现故障，通过液位观察窗观察实际的液压油的液位情况；

④ 压力表则是为了观察液压站是否提供充足的压力或者压力过大是否存在工作隐患。

气动控制的介质是空气，当空气压缩机或者工厂压缩气源提供的压力不足时，需要气源压力感应开关对气源压力进行检测。如果气源压力不足，PLC 会读取其压力不足的信号，通过急停报警等方式告知用户气源压力不足，如图 6-12 和图 6-13 所示。

图 6-12　气源压力监测开关实物图 1

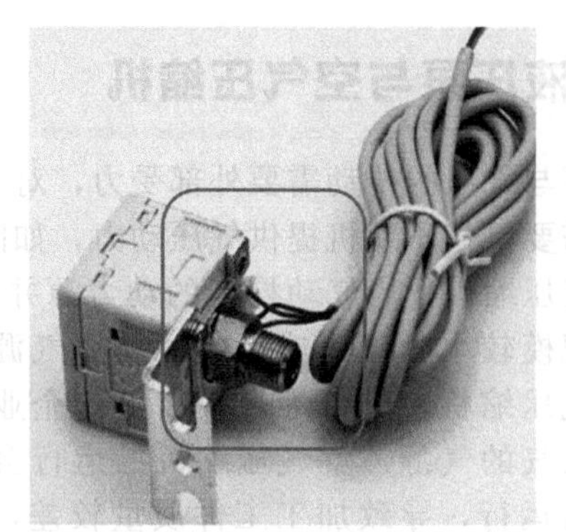
图 6-13　气源压力监测开关实物图 2

6.5　液压缸控制原理

液压控制系统由液压站电机提供动力源，液压缸的动作运行由换向电磁阀实现，而液压开关对液压站电机进行保护控制。那么换向电磁阀是如何实现对液压缸控制的呢？

其奥妙在于换向电磁阀的内部构造，电磁阀包含两个流量通道，可以通过手动外力或者 DC24V（直流 24V 电压，下同）对其进行切换，运行原理见图 6-14 和图 6-15。

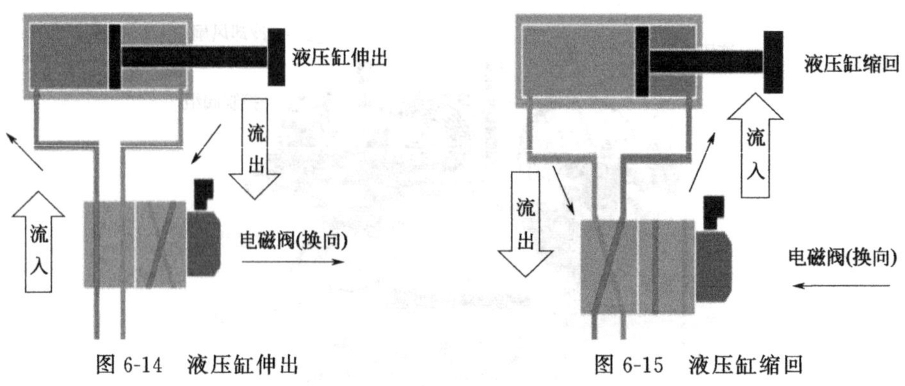

图 6-14　液压缸伸出　　　图 6-15　液压缸缩回

不同机床液压站上液压控制阀的数量不固定，且液压控制动作不一定成双成对。例如夹具功能，通常我们需要夹紧与松开两个控制动作，但某些中小型夹具内部有弹簧等结构，只需要夹紧或松开的单独动作控制。

6.6　液压控制阀

前文中我们讲到，实现液压动作的换向电磁阀既可以通过手动外力实现对液压缸的控制，也可以通过 DC24V 电压进行控制，那么我们如何区分何时使用手动外力与 DC24V 电压控制呢？

液压缸在自动运行时，需要 DC24V 电压控制，由 PLC 提供控制的电压，实现自动控制。当液压缸出现控制故障时，则需要手动对其进行强制的外力控制。最常见的情况，液压油的过滤系统出现了故障，会导致液压油中存在大量的杂质，这些杂质会将电磁阀的内部换向结构堵死。当电磁阀得电后，由于其驱动电压只有 24V，因此会很难推动内部的流量换向机构，导致液压控制故障。这时我们就需要通过扳手等工具强制按压电磁阀的内部换向机构，如果杂质不是很多的话，就可以继续通过 DC24V 电压对其进行控制，液压控制阀如图 6-16 所示。

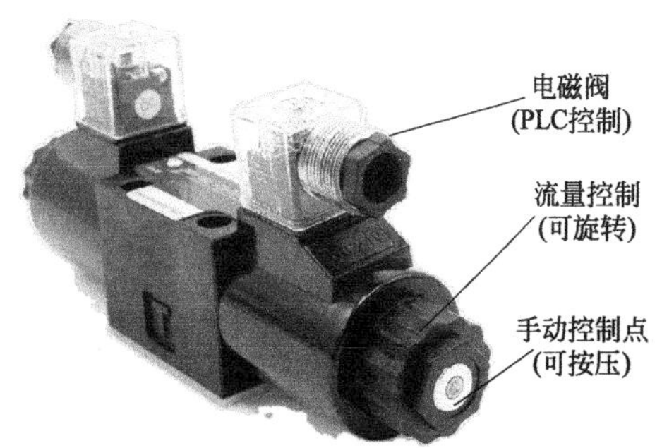

图 6-16　液压控制阀

如果频繁发生液压缸控制故障，那么就需要更换过滤网甚至控制阀。

在液压控制流程中，我们提到了节流阀，其控制为手动控制。节流阀的作用与水龙头的控制阀类似，通过调整节流阀可以控制液压油的流量，进而控制液压缸的压力，再控制液压动作，那么什么时候需要对其进行控制呢？

当我们通过液压控制阀实现液压控制时，由于不同的机床功能对于液压动作控制的速度要求不同，此时就需要通过调整节流阀对其进行流量控制，简单地讲如果液压缸执行动作过快，我们就要将其液压流量调小，当液压缸执行动作过慢，我们就要将其液压流量调大。有的机床液压动作控制比较复杂，液压动作控制的速度不一，因此一个总节流阀无法满足全部的液压动作控制，通常每个液压缸都会配有一个节流阀，方便单独对其进行调整。

6.7　本章节知识点精要

① 液压和气动在机械结构与控制原理上是不同的，但在电气控制上是相同的。

② 液压输出的力量（力矩）非常大，通常在中型以上（卧式加工中心）的数控机床才有应用。大型数控机床一般都会应用液压传动，其适用于工作台的浮起控制、大型刀库的动作控制等。

③ 如果液压站未启动或者发生故障，对于中型以上的数控机床来说会限制伺服轴的运行。

④ 液压控制的稳定性较差，PLC 处理相关的到位信号时一定要有延时。

⑤ 市面上还有一种伺服液压，不同于常规液压的是其动作控制的灵敏性、控制精度很高，不过目前机床行业应用较少。

⑥ 气动输出的力量比较小，但动作灵活，适用于小型夹具控制、各种门的开关控制等。

第7章 力矩电动机

力矩电动机是一种极数较多的特种电动机，在电动机低速甚至堵转（转子无法转动）时仍能持续运转，且不会造成电动机的损坏。而在这种工作模式下，电动机可以提供稳定的力矩给负载，故名为力矩电动机。力矩电动机也可以提供和运转方向相反的力矩（刹车力矩）。力矩电动机的轴不是以恒功率输出动力而是以恒力矩输出动力。

力矩电动机包括：直流力矩电动机、交流力矩电动机和无刷直流力矩电动机。它广泛应用于机械制造、纺织、造纸、橡胶、塑料、金属线材和电线电缆等工业中，不过在数控机床行业中应用较少。数控机床中应用的力矩电动机通常由伺服电机进行辅助控制。

7.1 Tandem 轴

Tandem，其英文本意是双人自行车，见图 7-1。对于数控机床来说，主轴电机或伺服电机的应用形式与双人自行车是相同的。

图 7-1　不同形式的双人自行车

7.2 电动机串联控制

对于力矩电动机的应用最常见的情形是大型铣床或镗床立柱的移动、大型立式车床主轴的控制。原因很简单，需要移动或旋转的目标过大、过重，单独电机无法满足其移动速度与移动转矩需求，故而使用两个以上的伺服电机或主轴电机，如图 7-2 所示。

对于大型立式车床的主轴来说，其旋转的力矩要求更大，单独的主轴电机无法满足其转速及力矩需求，也会使用多个主轴电机协同合作完成对主轴的控制，如图 7-3 所示。

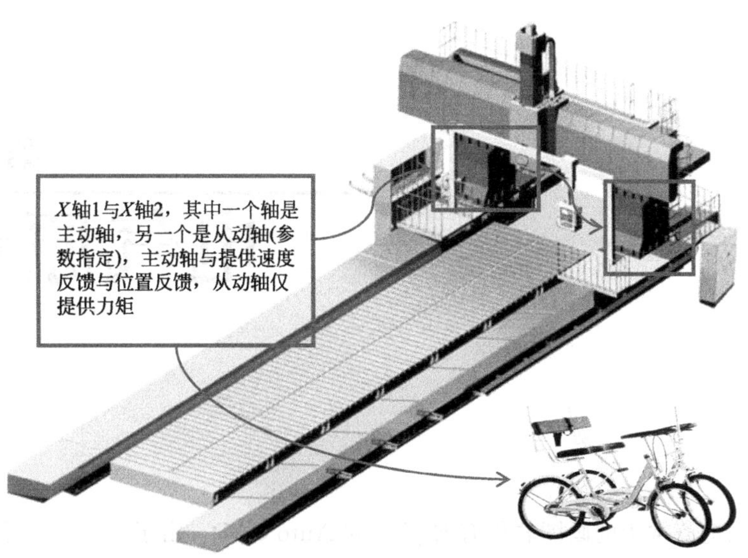

图 7-2 镗床动梁龙门铣床与双人自行车

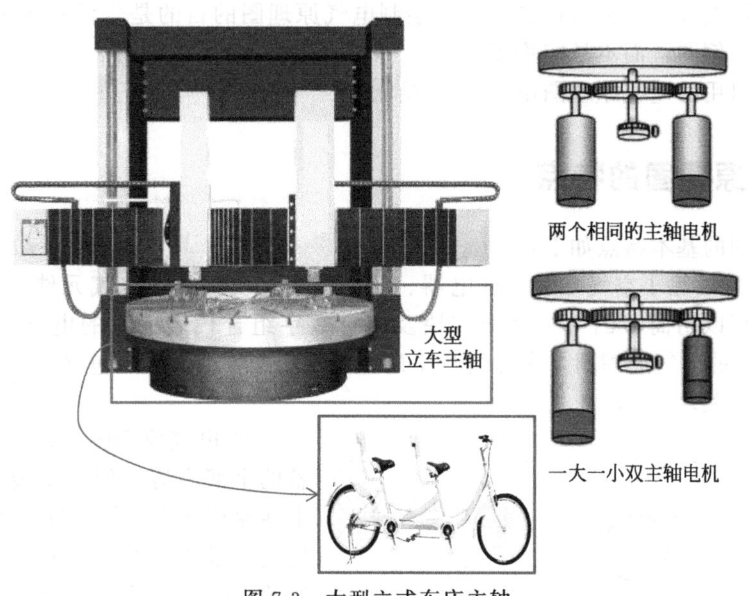

图 7-3 大型立式车床主轴

7.3 本章节知识点精要

① 力矩电机在数控机床中应用比较少。

② 力矩电机的核心功能就是提供足够的力矩输出，即便慢转、堵转。

③ 大型数控机床会使用多个伺服电机或主轴电机提供动力，核心控制（电流控制、速度控制、位置控制）只有一个，其余都是提供额外转矩的。

第8章 电气原理图

国内机床制造商常用的画图软件有E-plan和Auto CAD，由于进行电气原理图制图的过程比较繁琐和复杂，因此本章重点讲解电气原理图的基本组成和一般的识图方法。

事实上，数控机床的电气原理图在绘制的时候，并不需要全部重新绘制，更多的是在现有的基础上进行更改、完善与扩展。因为绘制电气原理图的目的是告诉技术人员如何接线，因此更倾向于示例图，而不是实物图。

本章节所引用的电气原理图由E-plan绘制。

8.1 电气原理图的特点

电气原理图的基本特点如下：

① 电气原理图除了空气开关、继电器、接触器、电机等常用电气元件需要使用电气符号外，其余的可以用简单的一个虚线方块及字母数字组合代表任意的电气设备或者组合。图8-1为液压站的电气原理图，字母组合＋M7为设备序号，图中还包含了一个三相交流电机和一个常开开关。

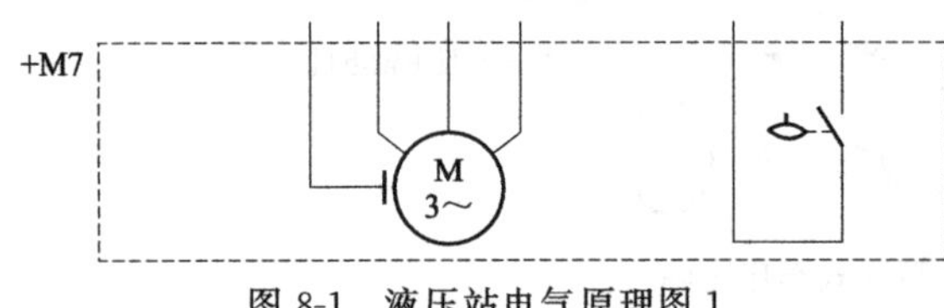

图8-1 液压站电气原理图1

② 电气原理图可以不必画出电气设备的全部内容，但一定要根据设备说明书在原理图中告知电气设备具体的接线、用途以及端子序号。图8-2中，液压站所有的接线都连接到接线端子-XT51上，-XT51的设备号是＋C5，其中-XT51的1、2、3、4用来接液压站电机，-XT51的9和10用来接液位信号。

③ 电气原理图需要标注或告知所使用的电线的横截面积（CAD画图时需要，E-plan在电缆总表中标注）。

④ 由于电气原理图页面尺寸的原因，一个电气设备的所有接线可能不会画在一张图纸上，会将同一个电气设备的电气原理图进行拆分，例如液压站电机和液位信号放在一张原理图上，而液压站的风扇电机会画在第二张原理图上，如图8-3所示，由于同属于一个设备，因此还是需要通过设备号＋M7和虚线方框进行标识，接线也同样是在-XT51上，因此也需要＋C5和虚线框进行标识。

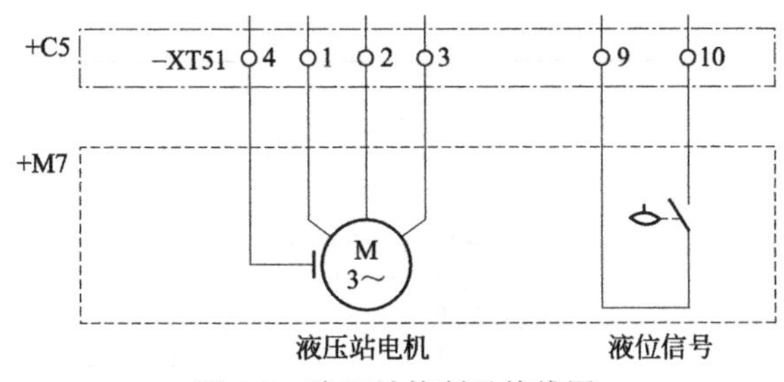

图 8-2　液压站控制及接线图

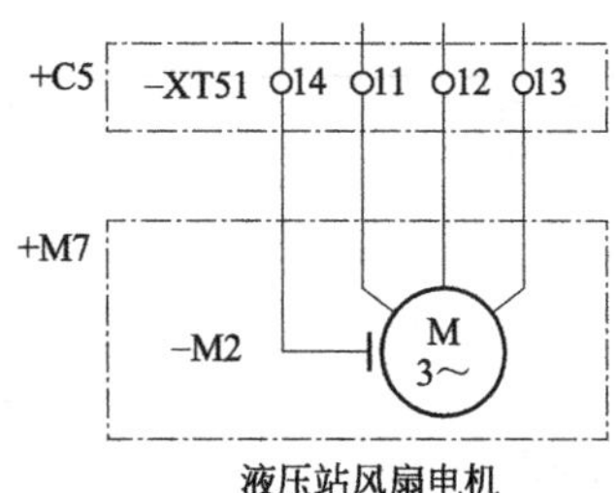

图 8-3　液压站电气原理图 2

8.2　电气识图要点

数控机床中使用频率最高的是三相交流电机的控制、电磁阀的控制。

油（水）冷机，外冷电机、液压站等控制对象主要是三相交流电机。

液压动作控制、气动控制等控制对象主要是电磁阀。

动作控制通常会有反馈信号，由无触点开关、限位开关等组成。

因此只要熟悉了这三部分电气元件的具体应用及控制原理，再去看电气原理图就会变得十分容易。

8.3　三相交流电机控制

三相交流电机的控制包含了接线电缆、端子排、电机保护器、继电器（模组）、接触器以及 PLC 模块的输入与输出地址等，如表 8-1 所示。其控制过程转换成电气原理图（E-plan 制图）如图 8-4 所示。

表 8-1　三相交流电机控制所包含的部件

电气元件	实物图	备注
接线电缆	动力电缆	1. 通常是四芯线，分别为三相交流高压动力接线及地线，交流电电压是 AC220V 或 AC380V 2. 如果超过四芯线，通常是包含了反馈信号线 3. 动力电缆的横截面积很大但不固定，整体电缆看起来很粗 4. 电气符号是带箭头的直线
	信号电缆	1. 通常是单芯线，用来连接继电器、接触器、I/O 模块、接线端子等低压直流电源，通常是 DC24V 2. 信号电缆的横截面积通常是 $0.5\sim1mm^2$，$0.5mm^2$ 横截面积与铅笔芯横截面积相近 3. 电气符号是带箭头的直线

续表

电气元件	实物图	备注
端子排	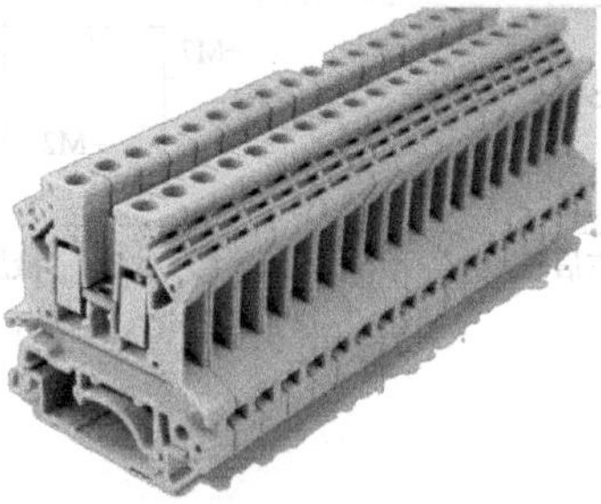	1. 接线电缆中转用 2. 通过短接片形成等电位，即若干个相同电压的接线点 3. 用来连接电气柜内电气元件与电气柜外电气元件 4. 电气符号是“-XT”加数字
电机保护器	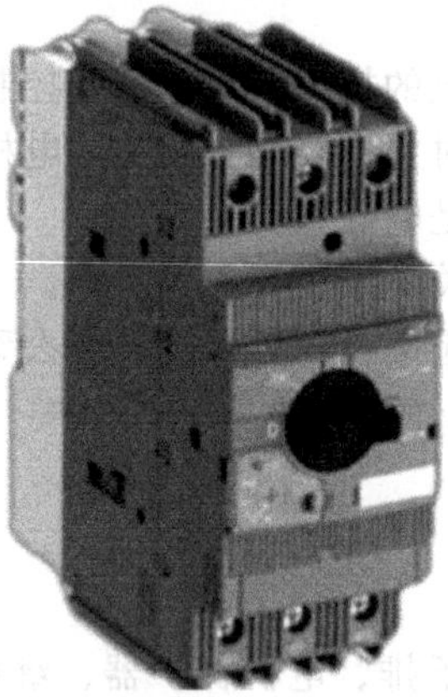	1. 当被保护电机长时间过载时会自动切断电机电源，解除危险后需要手动解除断开状态 2. 电源切断后会通过物理方式断开，由稳压电源经过辅助触点到 I/O 模块输入点的 DC24V 电源 3. 电机的保护通常不用空气开关 4. 电气符号是“-QF”加数字(1、3、5、2、4、6)
辅助触点	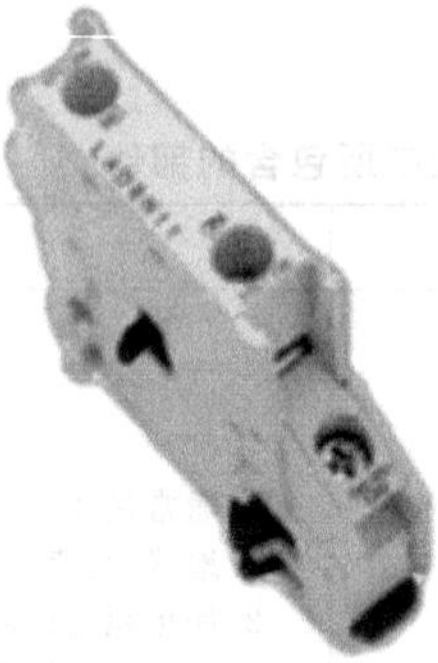	1. 辅助触点，简称辅触，位于电机保护器右侧 2. 结构扁平 3. 电气符号是“-QF”加数字(13、14)
继电器		1. 由 PLC 的 I/O 模块的输出信号控制其接通状态 2. 可以通过继电器控制 DC24V 或 AC220V 电源接通 3. 电气符号是“-KA”加数字

续表

电气元件	实物图	备注
继电器模组	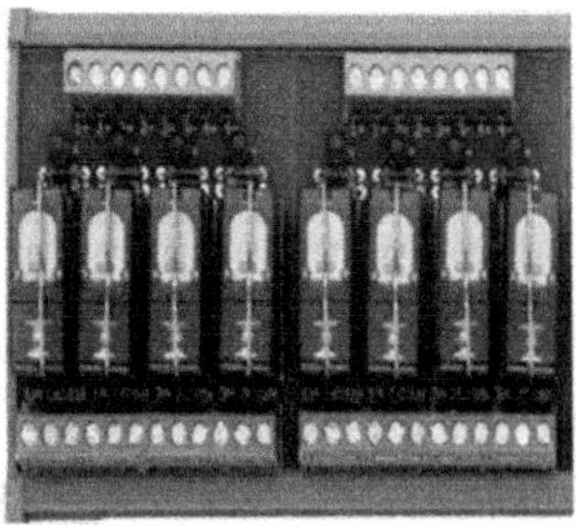	1. 继电器模组是多个继电器的组合体，统一提供工作电源 2. 节省装配空间 3. 价格便宜，一个由10个继电器组成的继电器模组价格大约是10个单独继电器价格总和的一半 4. 其缺点与“连环战船”一样，烧毁一个，其余都有被烧毁的可能，因此重要动作控制需要使用单独继电器 5. 电气符号是“-KA”加数字
接触器	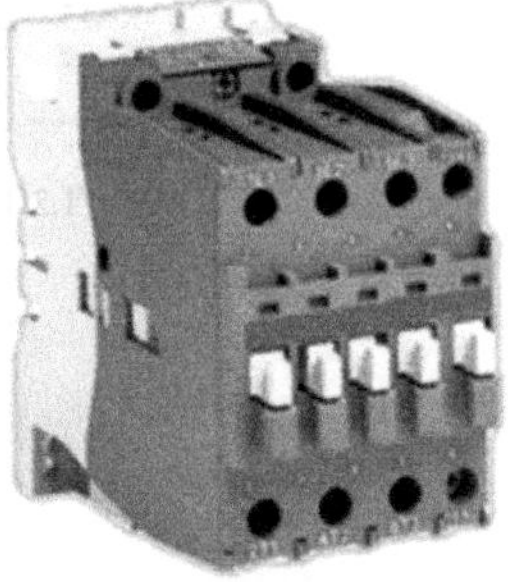	1. 接触器用来接通高压电源与电机 2. 其接触动作由继电器控制，可以是DC24V电信号，也可以是AC110V电信号或AC220V电信号 3. 接触器没有反馈电信号 4. 电气符号是“-KM”加数字
PLC模块		1. 电气柜用I/O单元（发那科） 2. 输入信号（Input）接收电机保护器辅助触点的DC24V电信号 3. 根据输入信号状态，决定是否输出控制继电器的DC24V电信号 4. 输入信号电气符号是“X”（发那科）加小数 5. 输出信号电气符号是“Y”（发那科）加小数
扁平电缆		1. 多芯电缆扁平电缆，50芯 2. 一端接I/O模块，另一端接分线器
分线器	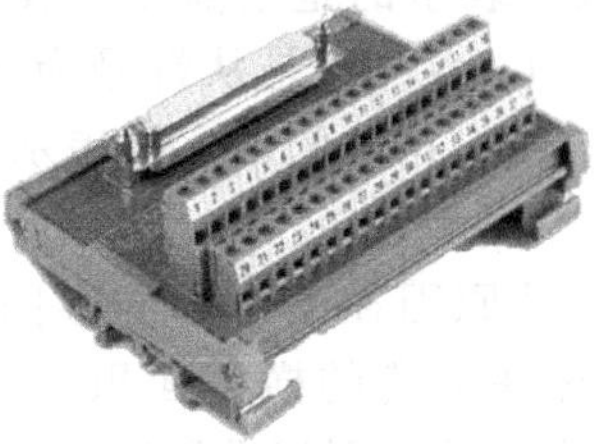	1. 用来连接扁平电缆与其他输入或输出信号，中转作用 2. 如果数控系统的I/O模块不使用扁平电缆，则分线器可能不需要

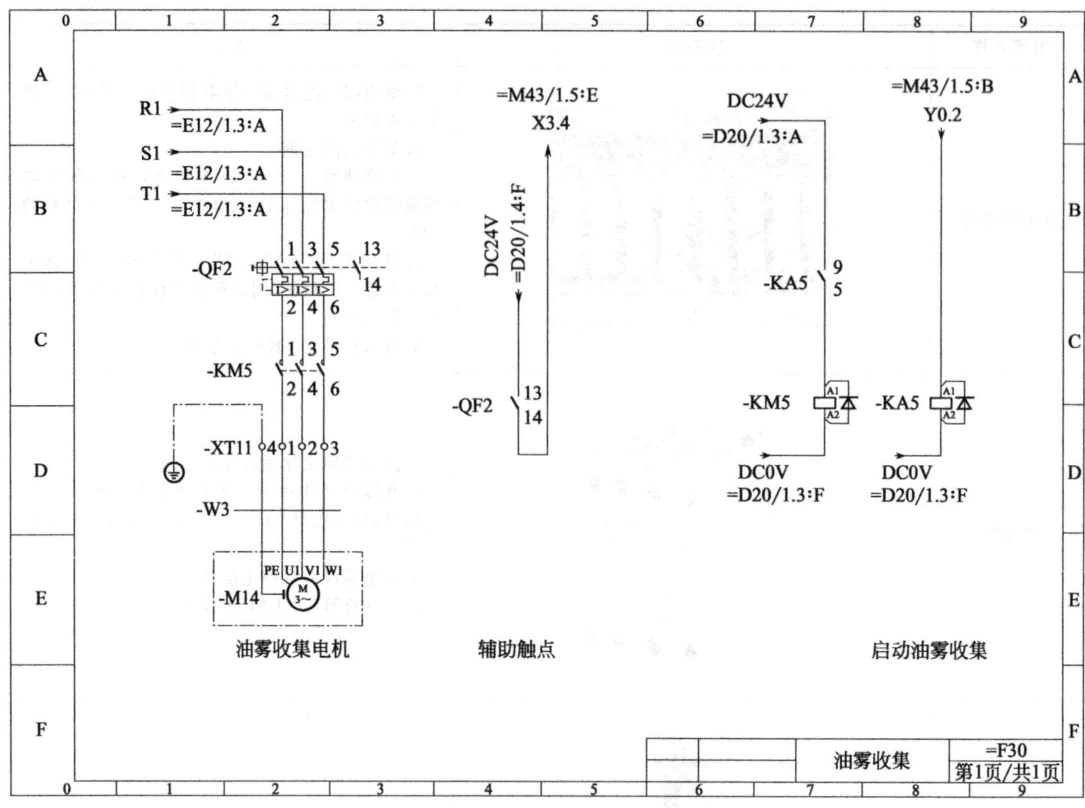

图 8-4　三相交流电机控制的电气原理图

图 8-4 可总体划分为如下几个部分：

① 油雾收集电机部分。油雾收集电机与保护电气元件和启动电气元件的电气符号及接线（图 8-5）：三相电源 R1、S1、T1 接电机保护器-QF2，再由电机保护器-QF2 接接触器-KM5，再由-KM5 接连接器-XT11 的 1 脚、2 脚、3 脚、4 脚，经过电缆-W3 接油雾收集电机。

② 电机保护器-QF2 带有辅助触点，由 DC24V 经过辅助触点接到输入模块地址 X3.4 如图 8-6 所示。

③ 由输出模块地址 Y0.2 发出 DC24V 信号，控制继电器-KA5，再由-KA5 控制接触器-KM5 的吸合与断开，如图 8-7 所示。

④ 电气原理图右下角包含了当前原理图的信息“油雾收集”、符号“＝F30”及页数信息，如图 8-8 所示。

⑤ 电气原理图最上边的数字“1～9”与最右边的字母“A～F”表示的是原理图的坐标系。

⑥ 电气原理图中的“＝”后面的字母与数字表示的是当前接线或者电气元件所在原理图的位置，R1、S1、T1 三相交流电接线“E12/1.3：A”是从符号为“E12”页面下的第 1 页，坐标系是“3：A”引过来的。如果“/”前没有符号的话，则表示对应的电气元件就在当前电气原理图页面。

⑦ 图 8-4 中并没有标注导线的横截面积，其原因在于不同的画图软件标注方法不同，如果是 CAD 画图的话，需要在电气原理图中标注电缆的横截面积，如果是 E-plan 画图的话，则需要在原理图中的电缆部分对使用的电缆的横截面积进行标注。

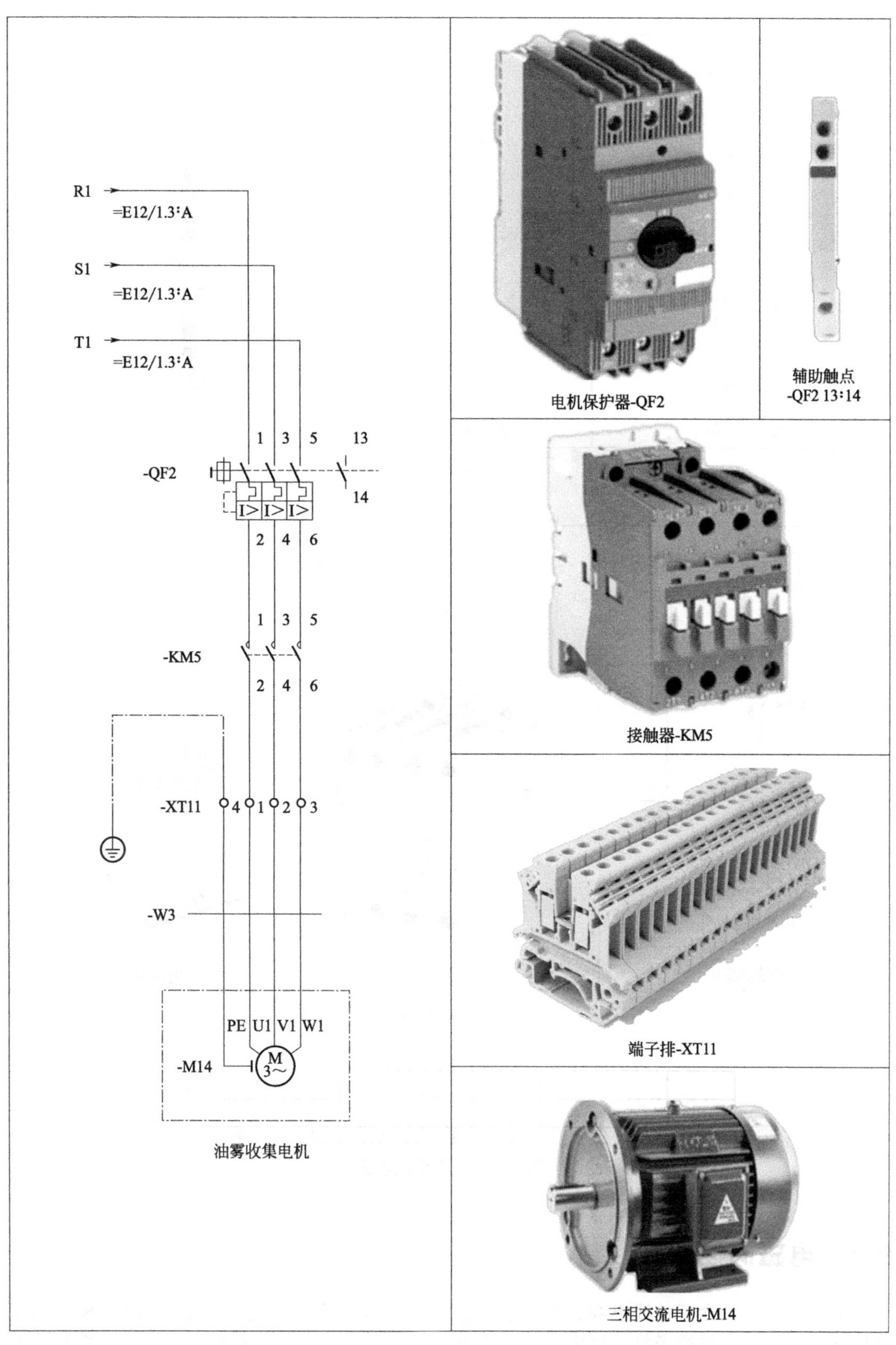

图 8-5　油雾收集电机与保护电气元件和启动电气元件的电气符号及接线

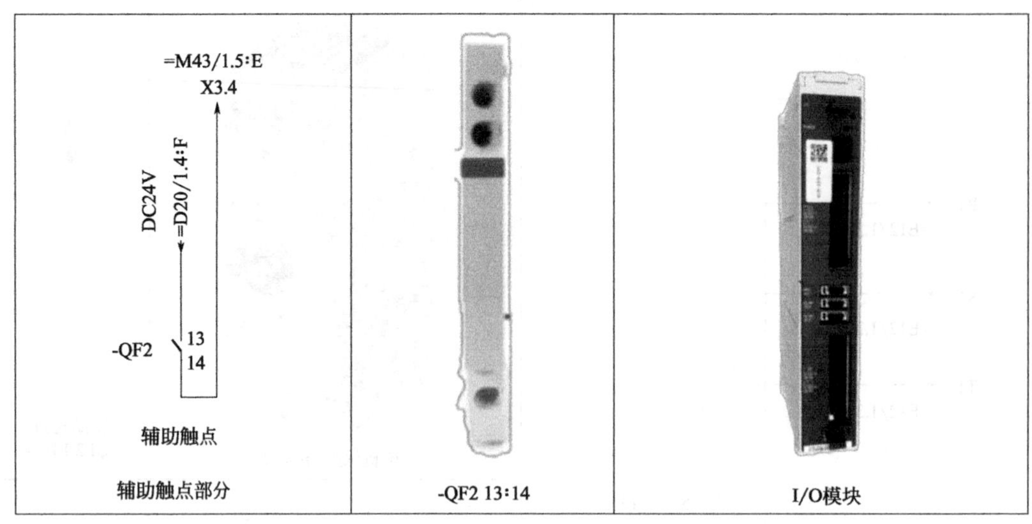

图 8-6　辅助触点部分

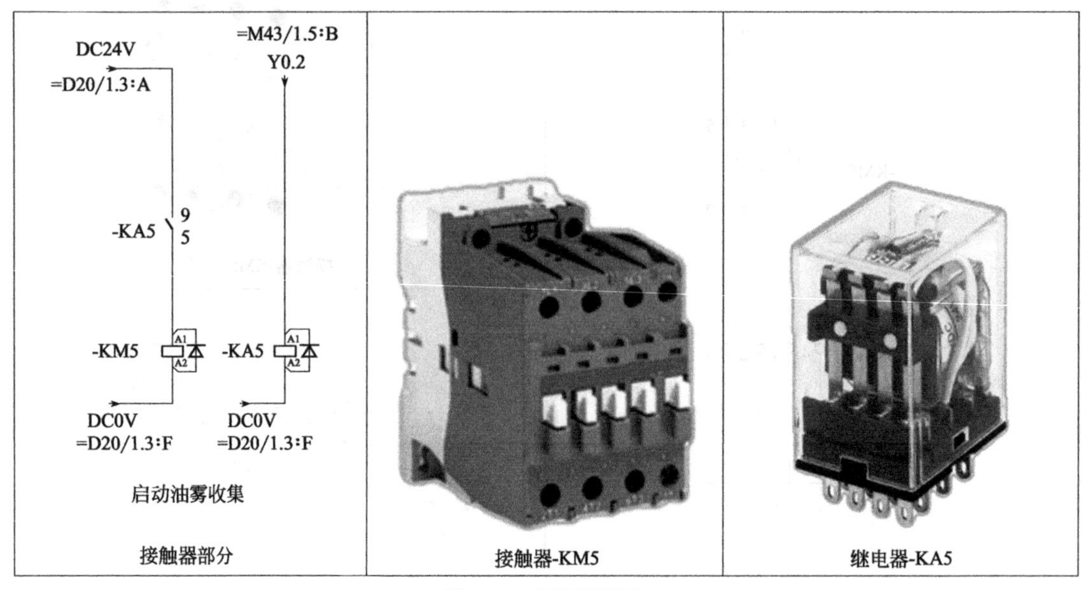

图 8-7　接触器部分

图 8-8　原理图信息栏

8.4　电磁阀控制

电磁阀控制包含了接线电缆、接线端子排、继电器（模组）、电磁阀以及 PLC 模块的输出地址等。其中接线端子排、继电器、继电器模组、扁平电缆、分线器与三相交流电机控制相同，接线电缆、电磁阀和 PLC 模块见表 8-2。

表 8-2　电磁阀控制的接线电缆、电磁阀和 PLC 模块

电气元件	实物图	备注
接线电缆		1. 通常是单芯线，用来连接继电器、接触器、I/O 模块、接线端子等低压直流电源，通常是 DC24V 2. 信号线缆的横截面积通常是 0.5～1mm^2，0.5mm^2 横截面积与铅笔芯横截面积相近 3. 电气符号是带箭头的直线
PLC 模块		1. 西门子 828D I/O 模块 2. 输入信号(Input)接收电机保护器辅助触点的 DC24V 电信号 3. 根据输入信号状态，决定是否输出控制继电器的 DC24V 电信号 4. 输入信号电气符号是“I”(西门子)加小数 5. 输出信号电气符号是“Q”(西门子)加小数
电磁阀		1. 电磁阀可以控制液压缸、气动缸等的动作，但执行控制动作的主体还是液压站与气源 2. 电磁阀也可以控制刀具检测等第三方设备的启动与停止 3. 机械动作控制通常是“成双成对”，用来实现一组的相反动作

相比交流电机的控制，电磁阀的控制就简单很多，如图 8-9 所示，该图可总体划分为两部分，如下：

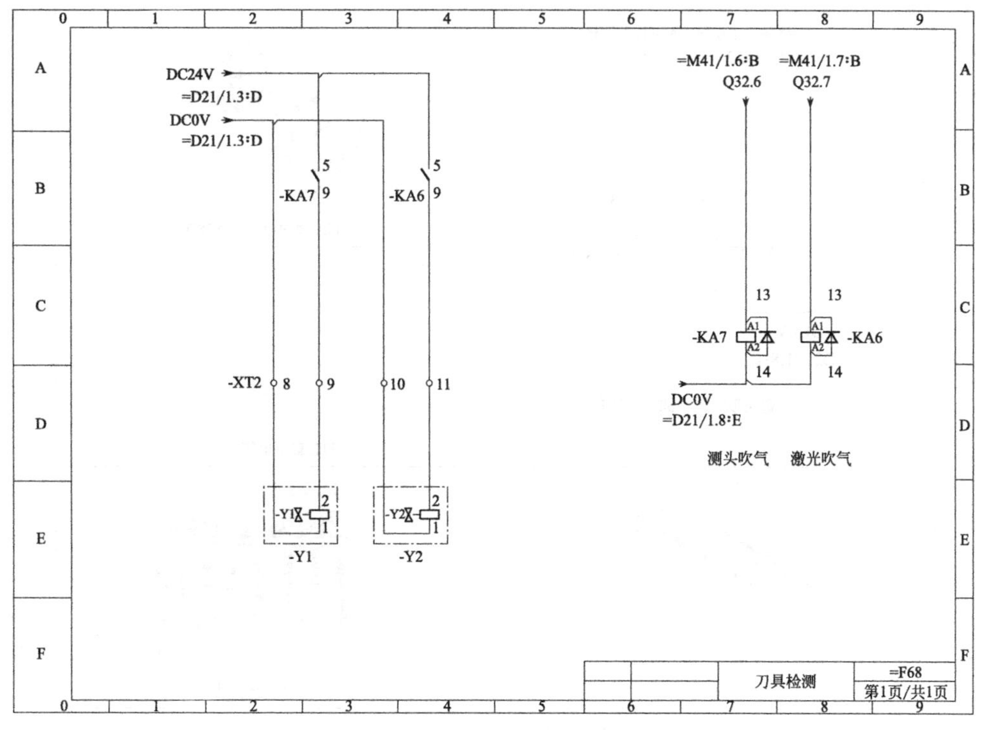

图 8-9　电磁阀控制的电气原理图

① 电磁阀控制线路，DC24V与DC0V经过分别经过继电器-KA6与-KA7（常开的5引脚、9引脚）控制电磁阀-Y1与-Y2，如图8-10所示。

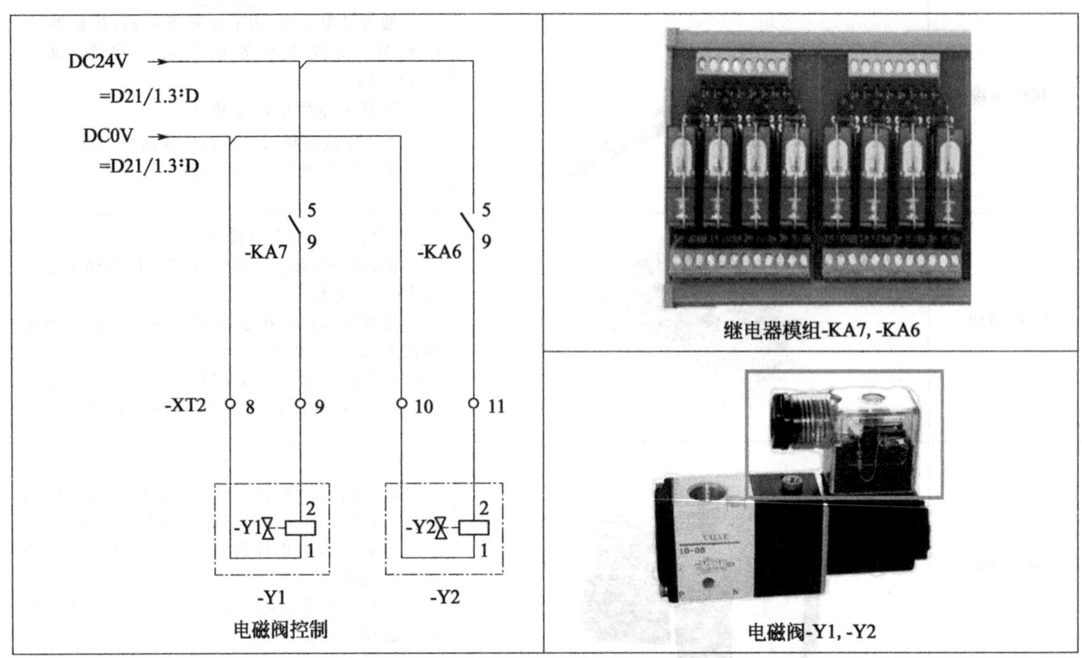

图8-10 电磁阀控制线路

② 继电器-KA6与-KA7的13引脚与14引脚分别由输出信号Q32.6与Q32.7控制（西门子输出信号符号是Qx.x），如图8-11所示。

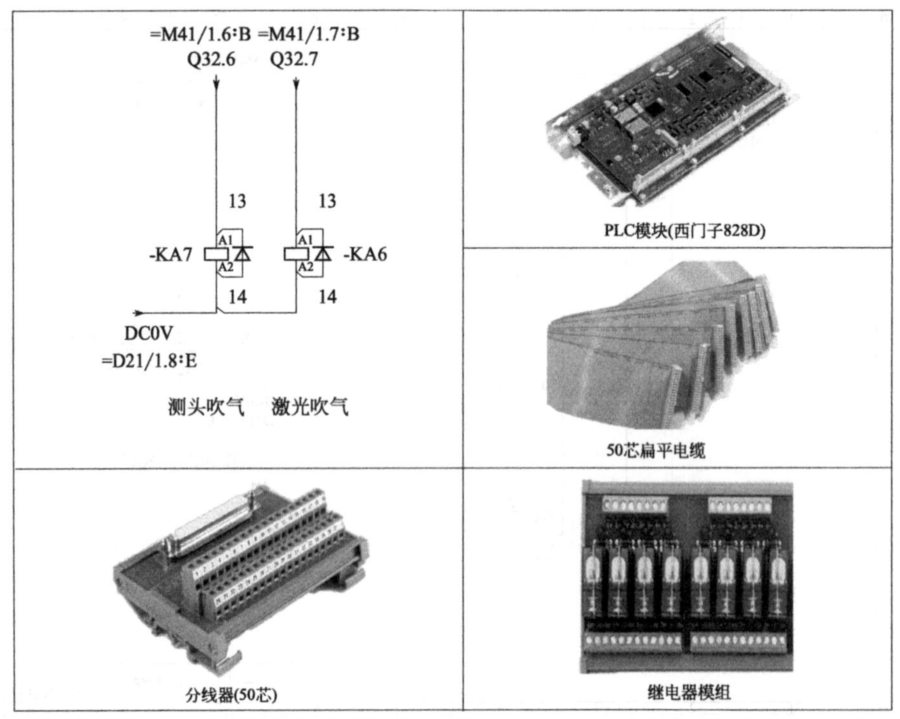

图8-11 继电器的控制

8.5 机械动作控制反馈

机械动作控制反馈包含了接线电缆、端子排、继电器（模组）、电磁阀以及 PLC 模块的输入地址等。其中接线电缆、电磁阀见表 8-2，端子排、继电器模组、断电器、扁平电缆、分线器见表 8-1，PLC 模块、液压站、无触点开关见表 8-3。

表 8-3 机械动作控制反馈的 PLC 模块、液压站和无触点开关

电气元件	实物图	备注
PLC 模块	西门子S7-300 I/O模块	1. 输入信号(Input)接收电机保护器辅助触点的 DC24V 电信号 2. 根据输入信号状态，决定是否输出控制继电器的 DC24V 电信号 3. 输入信号电气符号是"I"(西门子)加小数 4. 输出信号电气符号是"Q"(西门子)加小数
液压站		复杂的机械动作控制也是由一组以上的电磁阀组合实现的动作控制。例如刀库机械手的正转与反转、伸出与缩回等多个动作组合
无触点开关		(夹具、主轴等)到位检测开关，刀库计数开关等
		(自动门等)气动缸、液压缸的位置检测

相比电磁阀控制，机械动作控制反馈则是增加了若干个到位信号作为输入信号连接到 I/O 模块上，如图 8-12 所示。

① 输出信号 Q32.0 直接连接并控制继电器模组的-KA11 如图 8-13 所示。

② 继电器-KA11 接线到端子排-XT12 的 9 脚、10 脚最终连接到电磁阀，控制刀具夹紧与松开，如图 8-14 所示。

③ DC24V 经由松开到位信号与夹紧到位信号经过端子排-XT12 的 11 脚、12 脚、13 脚、14 脚，最终连接到 I/O 模块的输入地址 I32.7 与 I33.0，用来确定机械动作是否到位，如图 8-15 所示。

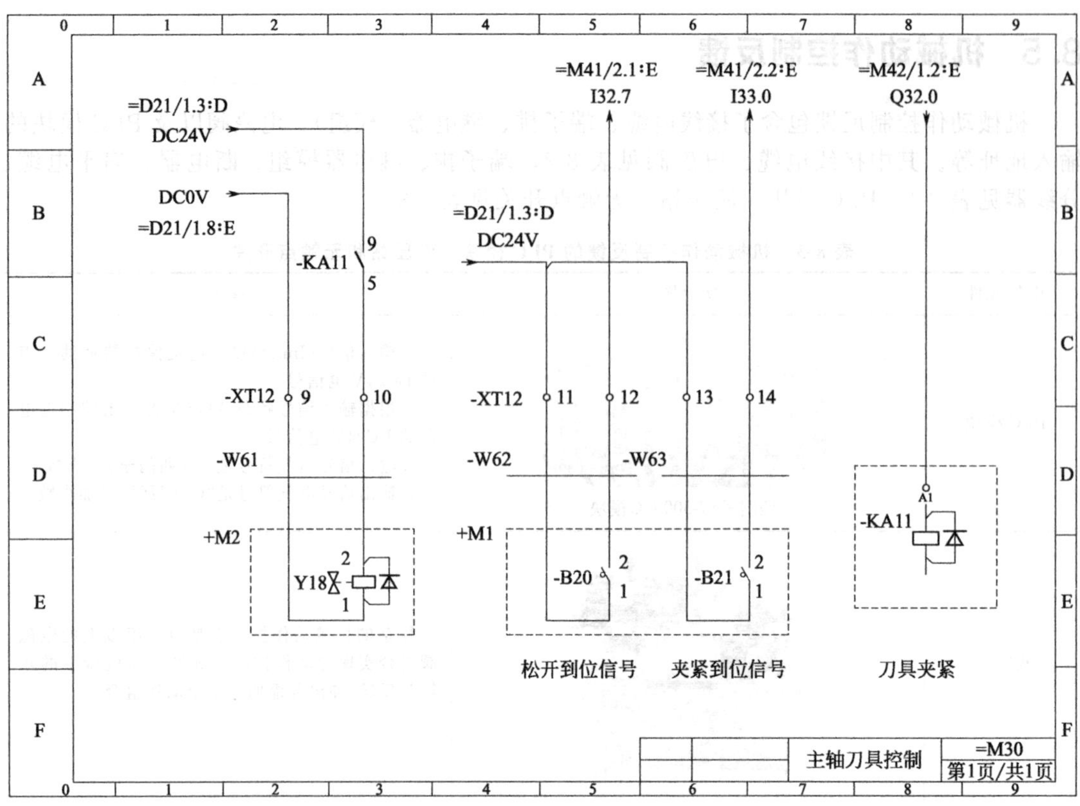

图 8-12 机械动作控制反馈电气原理图

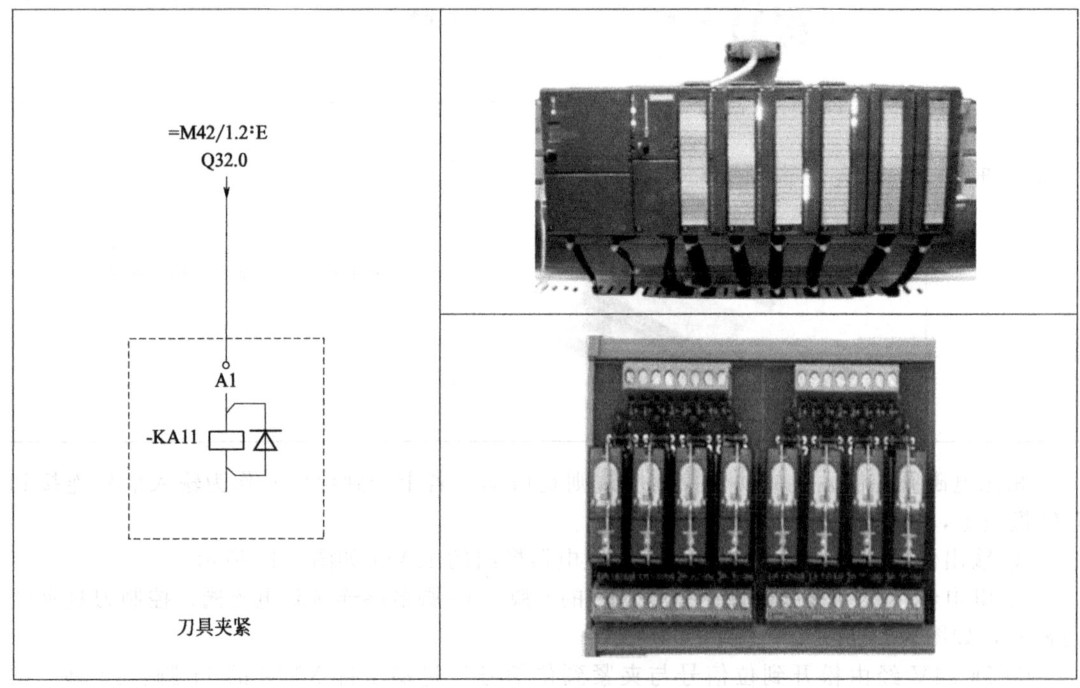

图 8-13 继电器模组的控制

=D21/1.3:D
DC24V
DC0V
=D21/1.8:E
9
-KA11
5
-XT12
9
10
-W61
+M2
2
Y18
1

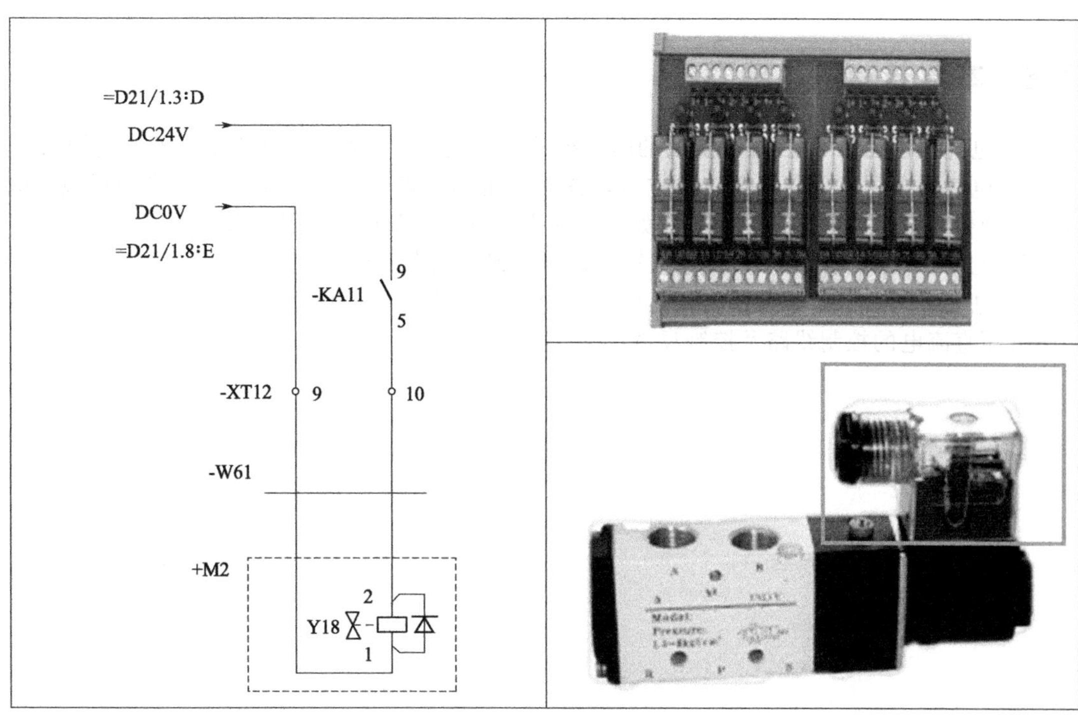

图 8-14 刀具的夹紧与松开

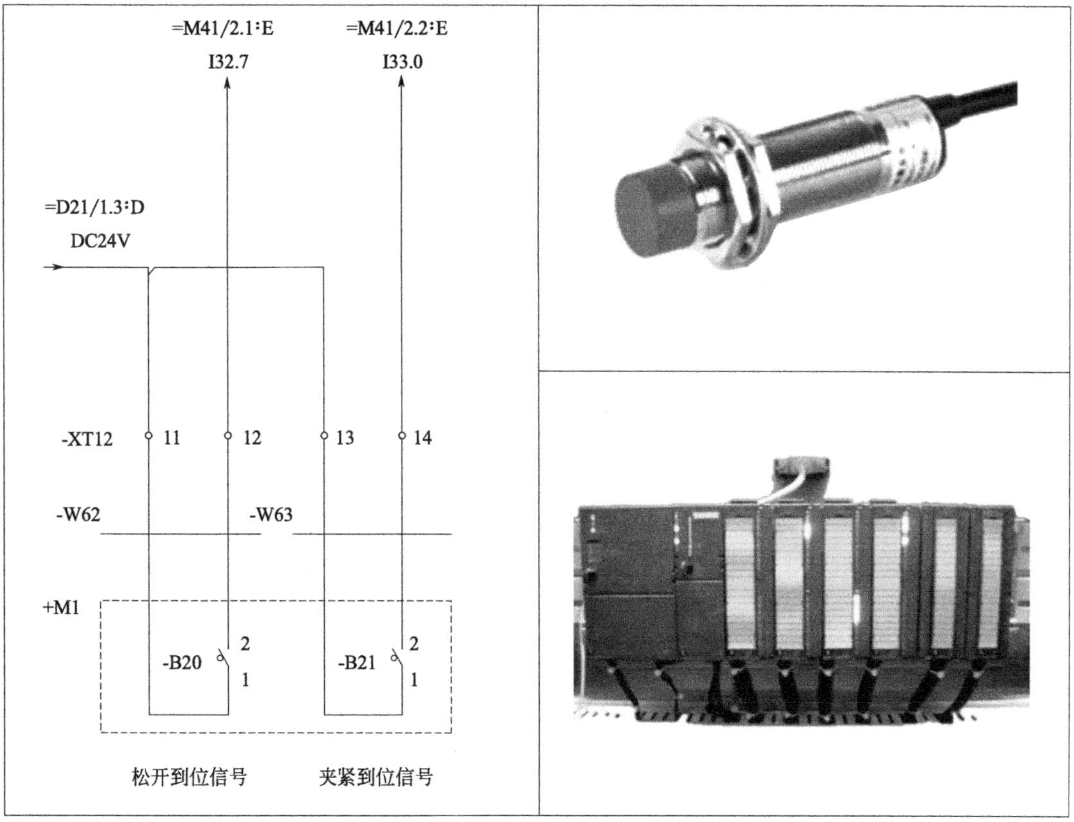

=M41/2.1:E
I32.7
=M41/2.2:E
I33.0
=D21/1.3:D
DC24V
-XT12
11
12
13
14
-W62
-W63
+M1
-B20
2
1
-B21
2
1
松开到位信号
夹紧到位信号

图 8-15 松开到位信号与夹紧到位信号

8.6 本章节知识点精要

① 电气原理图是PLC控制实物的图形描述，电气原理图不需要画出全部的实物结构。

② 电气原理图只需要提供接线方法，并不一定会提供具体的接线地址。换句话说，电气原理图会告知要接哪些线，但具体如何接线得看电气设备厂家提供的接线图。

③ 电气原理图可以辅助查找输入输出信号，但可能会有错误。

④ 电气原理图核心分三部分：高压交流电与低压直流电的供电、高压交流电的传递线路、低压直流电的控制线路及控制反馈线路。

第9章 发那科梯形图

PMC是应用在发那科数控系统上的PLC的别称，又被称为梯形图。所谓PMC（Programmable Machine Controller），就是利用内置在CNC的PC（Programmable Controller）执行机床顺序控制（主轴旋转、换刀、机床操作面板的控制等）的可编程机床控制器。

所谓顺序控制，就是按照事先确定的顺序或逻辑，对控制的每一个阶段依次进行。用来对机床进行顺序控制的程序叫做顺序程序，通常广泛应用基于梯形图语言（Ladder language）的顺序程序。

本章节仅对发那科梯形图做简单的介绍，对于基础的知识点一带而过。不熟悉本章内容的读者可以购买本人编写的《数控机床电气控制入门》，里面会有特别详尽的介绍。

9.1 PMC运行原理及过程

PMC遵循逐级、逐行、自左向右、周而复始的运行原则。

① 逐级。PMC内有应急处理、主程序、功能程序及库程序，不同程序的优先级别不一样，优先级别越高，越优先运行，应急处理级别最高，其次是主程序，再次是功能程序。

② 逐行。同一个程序内，自上而下，一行一行地执行，每一行执行都需要时间。

③ 自左向右。同一个程序内，同一行，先执行左边，再执行右边，不需要时间。

④ 周期运行。全部程序执行后，再重新开始。

9.2 发那科PMC软件

发那科公司提供了专用的PMC编程软件——FANUC LADDER，也就是发那科梯形图。在日常的工作中，有人也会用梯形图的简称梯图来代指发那科的PMC。图9-1为发那科PMC软件打开后的初始界面。

点击按钮，选择打开已有的PMC备份数据，将“FANUC Ladder Files（*.LAD）”更改为“ALL Files（*.*）”，找到备份数据，这里的备份数据名是“PMC”，如图9-2所示。

此时会弹出如图9-3所示的对话框。

点击“确定”，这时会弹出如图9-4所示的对话框。

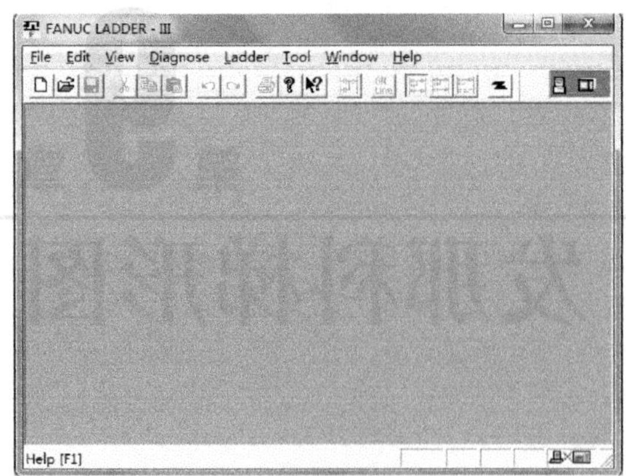

图 9-1 梯形图软件界面

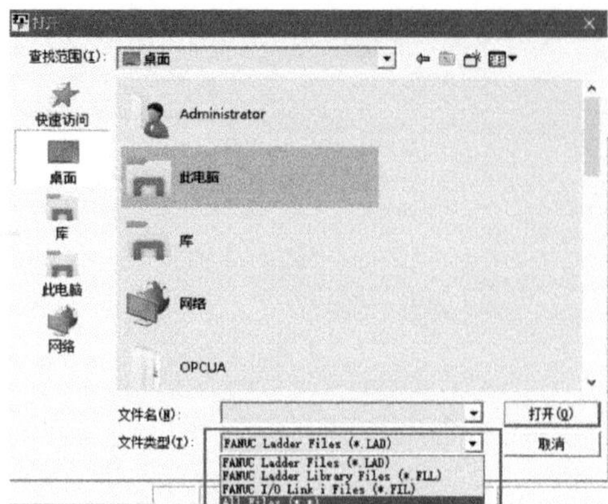

图 9-2 打开备份数据

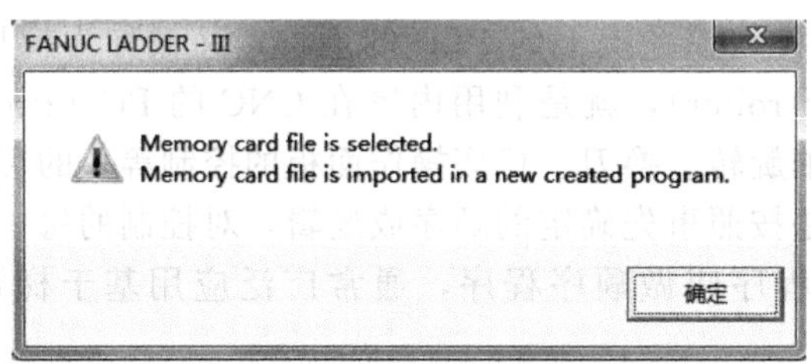

图 9-3 导入 PMC 文件

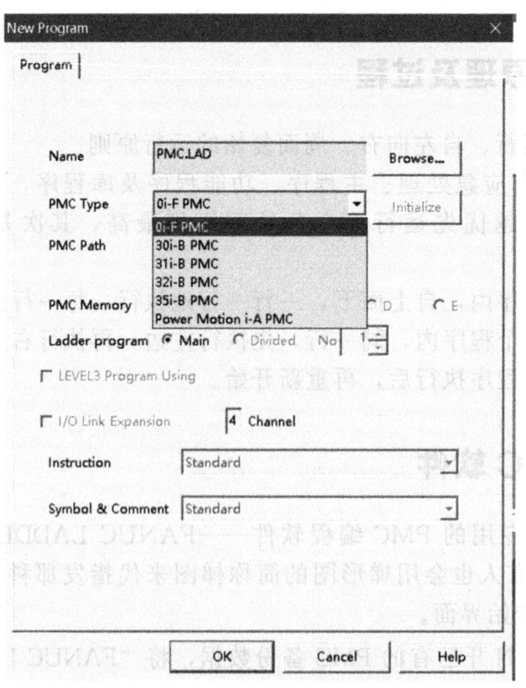

图 9-4 导入 PMC 文件为新增程序

我们先选择“PMC Type”，点击“PMC Type”右侧的空白处，选择“0i-F PMC”，在“Browse...”中选择 PMC 保存的路径，文件名可任意设定，通常设定为机床的型号，这里我们将文件名设定为“PMC”，再点“打开”按钮，如图 9-5 所示。

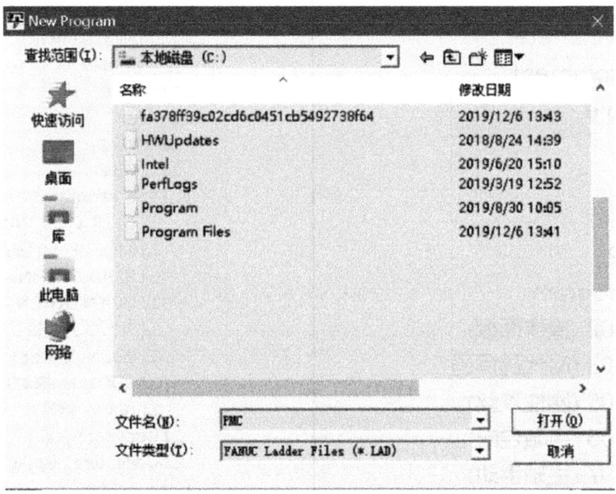

图 9-5　将 PMC 备份数据保存成可编辑 PMC 文件

与 PMC 备份数据不同的是，该文件名的尾缀是“. LAD”，而备份 PMC 数据没有任何尾缀。然后再点击“OK”即可，会有如图 9-6 所示的提示。

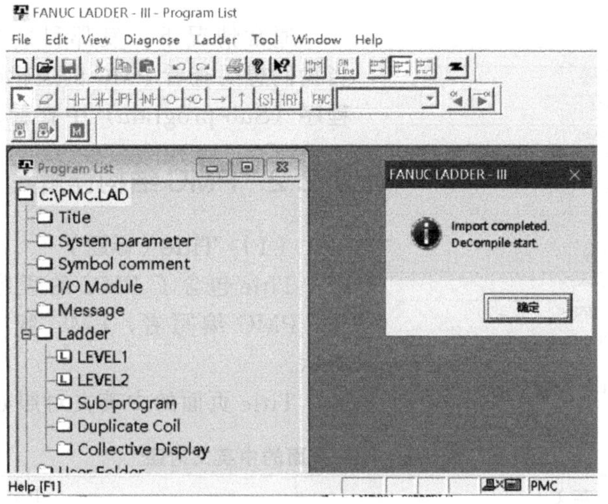

图 9-6　开始解码

这时会提示“Imported completed.”，表示 PMC 文件导入完毕，“DeCompile start”，表示解码开始，也就是将不可编辑的 PMC 文件转换成可视、可编辑的 PMC 程序。点击“确定”按钮，解码结束后我们会获得如图 9-7 所示界面。

9.2.1　PMC 结构

发那科 PMC 中的 Ladder 部分，即为全部的 PMC 逻辑。包含了 LEVEL1 和 LEVEL2 以及若干功能程序 Sub-Program——P00xx，有些 PMC 的子程序是没有后面的中文注释的，同时也可以按 F3 键，切换子程序序号到程序符号状态，如图 9-8 所示。

LEVEL1 主要用来处理急停等信息。LEVEL2 主要用来定义 M 代码，功能程序调用，也就是说功能程序 P00xx 有若干个，但不一定全部被 PLC 使用。

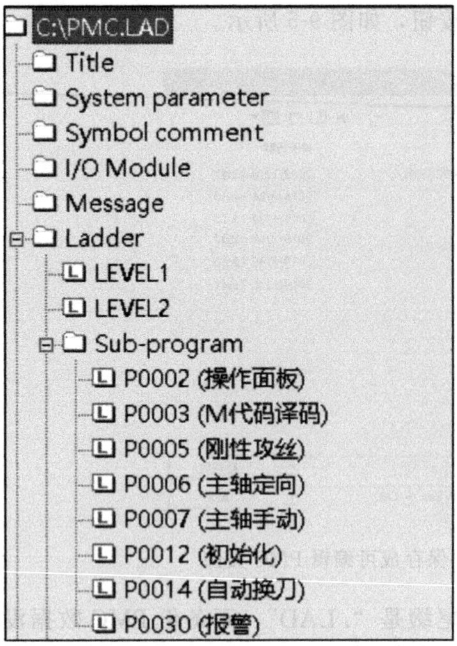

图 9-7　PMC 程序结构

图 9-8　PMC 程序符号状态结构

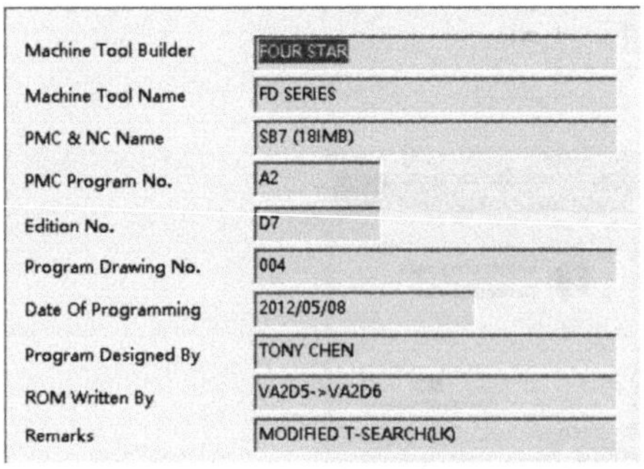

图 9-9　Title 页面信息

通常情况下，发那科的梯形图没有库程序。当我们想要查看 PMC 的逻辑时，需要到相应的子程序（Sub-program）中查看。

9.2.2　PMC 结构详解

（1）Title（标题）

Title 包含了 PMC 的程序信息，例如机床型号，PMC 编写者，PMC 版本等信息，如图 9-9 所示。

Title 页面的中英文对照如表 9-1 所示。

表 9-1　Title 页面的中英文对照

英文	中文
Machine Tool Builder	机床制造商(MTB)信息
Machine Tool Name	机床名称
PMC& NC Name	PMC 与 NC 的名称
PMC Program NO.	PMC 程序编号
Edition NO.	编辑编号
Program Drawing NO.	程序制图号
Date Of Programming	编程日期
Program Designed By	编程设计者
ROM Written By	ROM 编写者
Remarks	标识

Title 中的内容有可能为空，其内容可以在数控系统界面看到，如图 9-10 所示。

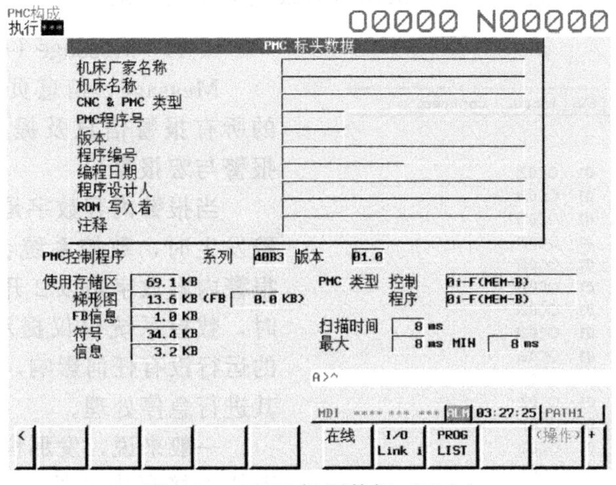

图 9-10　PMC 标题数据（Title）

（2） Symbol comment（符号注释）

Symbol comment 是 PMC 变量的符号信息如图 9-11 所示。

Registered symbol / comment list
Machine signal
NC interface
PMC parameter
etc

No.	Address	Symbol	FirstComment	SecondComment
*1	X0008.0	260501	刀库抽油泵空开监控	
*2	X0008.2		雷尼绍RMP60	
*3	X0008.3		雷尼绍RMP60	
*4	X0008.4	26SB05.6		
*5	X0009.0	21SQ04.5	X轴参考点	
*6	X0009.1	22SQ04.5	Y轴参考点	
*7	X0009.2	23SQ04.4.	Z轴参考点	
*8	X0009.3	24SQ04.5.	X1轴参考点	
*9	X0029.2		手动定向	

图 9-11　PMC 变量的符号信息

Symbol comment 中英文信息对照如表 9-2 所示。

表 9-2　Symbol comment 中英文信息对照

英文	中文
Registered symbol/comment list	已登记符号及注释表
Machine signal	机床信号(输入/输出)
NC interface	NC 接口信号
PMC parameter	PMC 参数(K 参数,D 参数等信号)
etc	其他(中间变量 R 信号、报警变量 A 信号等)
NO.	序号
Address	变量地址
Symbol	PMC 变量符号(代号)
First Comment	第一注释
Second comment	第二注释

（3） I/O MODULE（I/O 模块）

I/O MODULE（I/O 模块）被定义的 I/O 信号地址及 I/O 模块信息，包含输入信号 Input 及输出信号 Output。

发那科 0i-F 系列已经取消了 PMC 程序中 I/O 模块及 I/O 地址的设定，取而代之的是

PMC 的组态设定（详见第 4 章相关内容）。

图 9-12 所示页面通常是机床第一次调试时设定完毕的，通常不需要修改。

Input | Output

Address	Gro...	Base	Sl...	Modu...	Comment
X0018					
X0019					
X0020	0	0	01	OC02I	
X0021	0	0	01	OC02I	
X0022	0	0	01	OC02I	
X0023	0	0	01	OC02I	
X0024	0	0	01	OC02I	
X0025	0	0	01	OC02I	
X0026	0	0	01	OC02I	
X0027	0	0	01	OC02I	
X0028	0	0	01	OC02I	
X0029	0	0	01	OC02I	
X0030	0	0	01	OC02I	
X0031	0	0	01	OC02I	
X0032	0	0	01	OC02I	
X0033	0	0	01	OC02I	
X0034	0	0	01	OC02I	
X0035	0	0	01	OC02I	

图 9-12　PMC 程序中定义的 I/O 模块及 I/O 地址

（4）Message（信息）

Message，信息页面，包含了 PMC 中的所有报警信息及提示信息（不包含 NC 报警与宏报警）。

当报警内容数字是以 1 开头的 PMC 报警发生时，数控系统会进入急停状态，当报警内容数字是以 2 开头的 PMC 报警发生时，数控系统仅仅提示信息，对数控机床的运行没有任何影响，除非 PMC 的逻辑对其进行急停处理。

一般来说，发那科的 PMC 报警内容是不能直接写中文的，支持字母，如果要显示中文内容，则需要输入中文码——GBK 字库，即根据 PMC 报警内容，将中文转成 GBK 码到 PMC 报警内容中，如图 9-13 和图 9-14 所示。

1	A0.0	1000 (A0.0,X32.0) @04BBFAB4B2D5D5C3F7B5E7D4B40
2	A0.1	1001 (A0.1,X32.1) @04BDBBC1F7BFD8D6C6B5E7D4B40
3	A0.2	1002 (A0.2,X32.2) DC24V@04D6B1C1F7B5E7D4B4BCE0
4	A0.3	1003 (A0.3,X32.3) DC24V@04D6B1C1F7CEC8D1B9B5E7
5	A0.4	1004 (A0.4,X32.4) @04BFD5B5F701@1@04B5E7D4B4BC
6	A0.5	1005 (A0.5,X32.5) @04BFD5B5F701@2@04B5E7D4B4BC
7	A0.6	1006 (A0.6,X32.6) @04BFD5B5F701@3@04B5E7D4B4BC
8	A0.7	1007 (A0.7,X32.7) @04BFD5B5F701@4@04B5E7D4B4BC
9	A1.0	1008 (A1.0,X33.0) @04BFD5B5F701@1@04B9CAD5CF01
10	A1.1	1009 (A1.1,X33.1) @04BFD5B5F701@2@04B9CAD5CF01
11	A1.2	1010 (A1.2,X33.2) @04BFD5B5F701@3@04B9CAD5CF01
12	A1.3	1011 (A1.3,X33.3) @04BFD5B5F701@4@04B9CAD5CF01
13	A1.4	1012 (A1.4,X33.4) @04CEACD0DEB5E7D4B4BFD5BFAAB

图 9-13　PMC 中文码报警格式

14	A1.5	1013 (A1.5,X33.5) FUJIAN JIANJINSHI YALIDI
15	A1.6	1014 (A1.6,X33.6) Y ZHOU RUNHUA YALI DIUSHI

图 9-14　PMC 英文或拼音报警格式

PMC 报警信息对应的 CNC 侧报警内容是以 EX 开头的，外加四位数字的报警信息，见图 9-15，“EX1099 越南 ZH5840 的 PMC 报警测试：主轴 1，松刀信号错误（X0.0）”与“EX1098 越南 ZH5840 的 PMC 报警测试：主轴松刀信号错误（X0.0）”。

EX1098 与 EX1099 的中英报警内容对应的中文码报警见图 9-16。

9.2.3　M 代码定义方法

M 代码的定义通常是在 LEVEL2 中完成的。

在编写 M 代码的 PMC 时，一定会用到三个系统变量，分别为位变量 F7.0，字节变量 F10 和位变量 G4.3。同时也会使用到一个字节 R 变量和一个系统功能 SUB25。图 9-17 为标

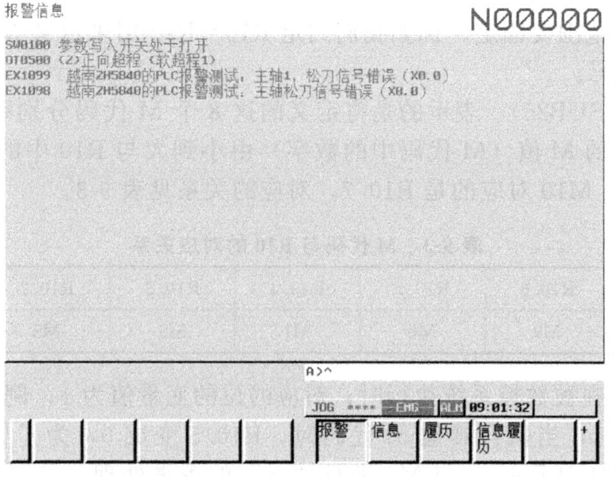

图 9-15　CNC 侧 PMC 报警

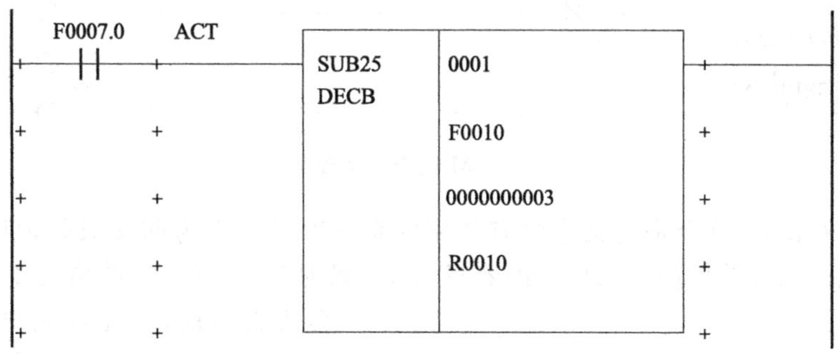

2	A0.1	1001 (X10.2)TABLE HYDRO PRESSURE FAULT
3	A0.2	1002 (X1.0)TAB LIBRUCITE PRESSURE FAULT
4	A0.3	1003 (X1.1)GEAR LIBRUCITE PRESSURE FAULT
5	A0.4	2004 (X1.2)GEAR 1 PRESSURE FAULT
6	A0.5	1005 (X8.1)SF DRIVE UNIT FAULT
7	A0.6	1098 @04D4BDC4CF01@ZH5840@04B5C401@PLC@04B1A8BEAFB2E2CAD4A3BAD6F7D6E1CB(
8	A0.7	1099 @04D4BDC4CF01@ZH5840@04B5C401@PLC@04B1A8BEAFB2E2CAD4A3BAD6F7D6E101(
9	A1.0	1010 (X3.3)GEAR CHANGE PUMPMOTOR OVERLOAD
10	A1.1	1011 (X3.0)SF HYDRO1 PUMP OVERLOAD
11	A1.2	1012 (X3.2)SF LUBRICITE PUMP OVERLOAD

图 9-16　Fladder 中的 PMC 报警信息

准的一组共 8 个 M 代码定义格式，其中 F7.0、SUB25、0001 及 F10 是固定格式，0000000003 和 R10 不是固定的。

F0007.0　ACT

SUB25
DECB

0001

F0010

0000000003

R0010

图 9-17　定义 M 代码

① 位变量 F7.0，当 F7.0 为 1 的时候，表示数控系统正在执行 M 代码，也就是说数控系统在执行 M 代码时，F7.0 才为 1，否则状态为 0。

② 字节变量 F10，当数控系统执行 M 代码时，F10 等于 M 代码中的数字，例如执行 M7 时，F10 的值为 7，执行 M88 时，F10 的值为 88，由于字节的取值范围不超过 255，因此只能定义 M 值不超过 255 的 M 代码。

③ 0000000003 等同于 3，表示的是此组的 M 代码的定义是从 M3 开始，一共定义了 8 个 M 代码，分别为 M3、M4、M5、M6、M7、M8、M9 及 M10。

④ 字节变量 R10，也可以是 R50，没有特定的值，但有两个定义的前提：

a. 选定的 R 变量没有被其他的程序所占用，目的是防止其控制上的误动作；

b. R 变量的选定范围要固定，例如我们约定 R10～R90 用来定义 M 代码，或者 R500～R600 用来定义 M 代码。

⑤ 功能 DECB（SUB25），表示的是将定义的这 8 个 M 代码分别赋值给 R10 中的 8 个位，对应关系是定义的 M 值（M 代码中的数字）由小到大与 R10 中的位由低到高相对应，M3 对应的是 R10. 0，M10 对应的是 R10. 7，对应的关系见表 9-3。

表 9-3　M 代码与 R10 的对应关系

R10	R10. 7	R10. 6	R10. 5	R10. 4	R10. 3	R10. 2	R10. 1	R10. 0
M 代码	M10	M9	M8	M7	M6	M5	M4	M3

⑥ 当 M3～M10 在被数控系统执行时，对应的位的变量值为 1，例如水冷启动 M8 被执行时，R10. 5 的值为 1，当执行其他 M 代码时，R10. 5 变成 0，为了保持水冷启动一直工作，我们将水冷（SHUILENG）与 M8 进行“或”的逻辑处理，见图 9-18 中标出的部分，如果 Y0. 0 为 1，会一直保持水冷启动的状态。

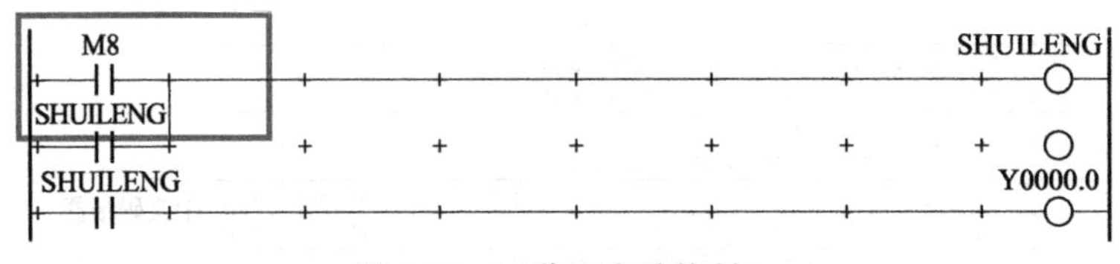

图 9-18　M 代码启动控制 1

⑦ 当我们需要停止水冷功能时，需要执行 M 代码 M9，M9 对应的 R 变量为 R10. 6，数控系统执行 M9 后，R10. 6 为 1，为了能停止水冷功能，PMC 中我们需要将 M9 取反后作为水冷启动的使能，如图 9-19 所示。

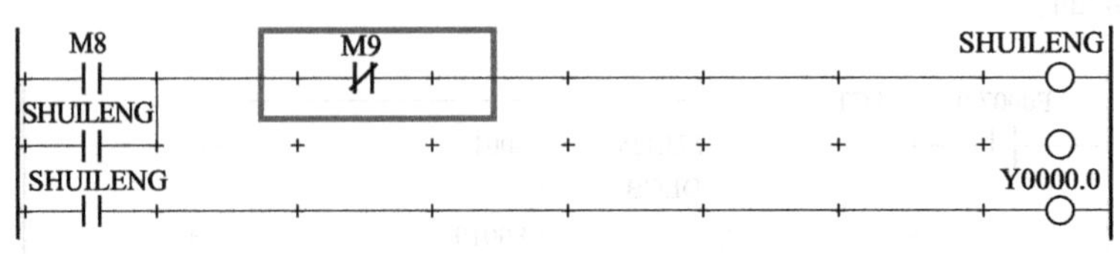

图 9-19　M 代码启动控制 2

⑧ 位变量 G4. 3，这个是前文中没有使用的系统变量，因为前文只是说明如何定义 M 代码。当 M 代码执行的控制完成后，需要将 G4. 3 置为 1。当 G4. 3 的值为 1 后，数控系统会认为当前的 M 代码已经结束运行，方能继续执行下一行程序，否则数控系统会一直处于执行状态，如图 9-20 所示。

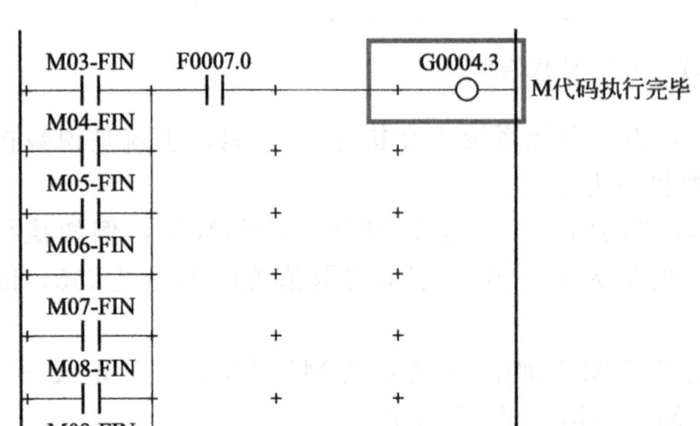

图 9-20　M 代码结束 G4. 3 的处理

9. 2. 4　PMC 报警

发那科的 PMC 报警区分提示信息及急停报警。当提示信息的 PMC 报警发生时，数控机床依然继续运行，会通过警示灯的黄色灯告知操作者，如图 9-21 所示。当急停报警的 PMC 报警发生时，数控机床会进入急停状态，会通过警示灯的红色灯告知操作者，如图 9-22 所示。

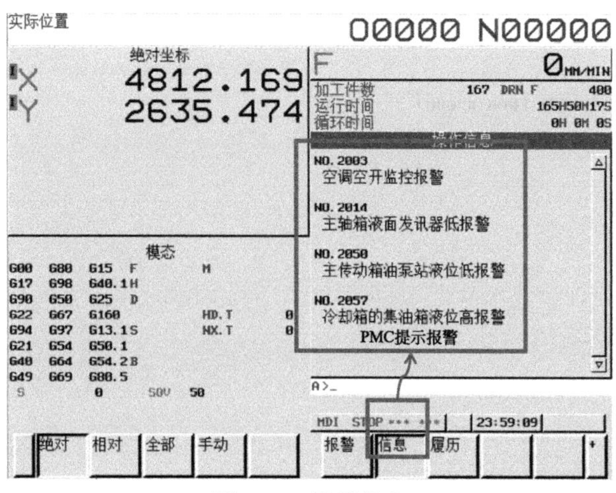

图 9-21 提示信息

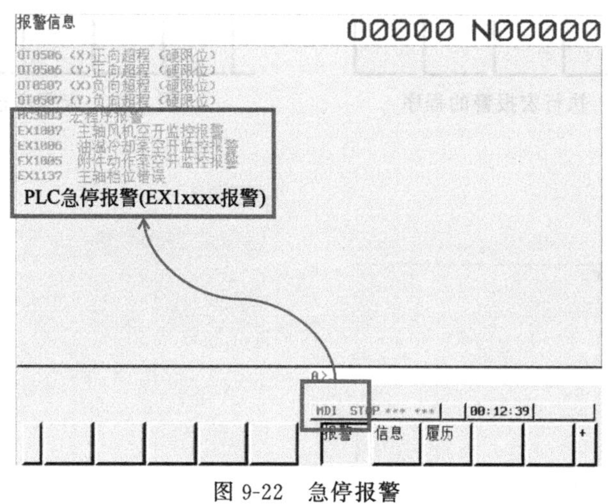

图 9-22 急停报警

9.3 宏报警

宏报警是使用在宏程序中的报警，通过急停的方式终止加工程序或者控制程序的运行，其报警格式为＃3000＝x（英文报警内容），其中“＃3000＝”是固定格式，x 是阿拉伯数字，括号是字母报警内容，可以是英文也可以是拼音，但绝不能是中文，如图 9-23 和图 9-24 所示。

例如：＃3000＝1（GEAR CHANGE ERROR），CNC 侧提示报警内容为“MC3001 GEAR CHANGE ERROR”。

例如：＃3000＝8（HUAN DANG SHI BAI），CNC 侧提示报警内容为“MC3008 HUAN DANG SHIBAI”。

宏报警发生时，CNC 会进入急停状态。宏报警内容不固定，报警号也不固定，因此不同型号、不同厂家的宏报警内容没有参考性。

当然如果宏报警中没有注释报警内容，则 CNC 侧仅仅提示“宏程序报警”，如图 9-25

和图 9-26 所示。

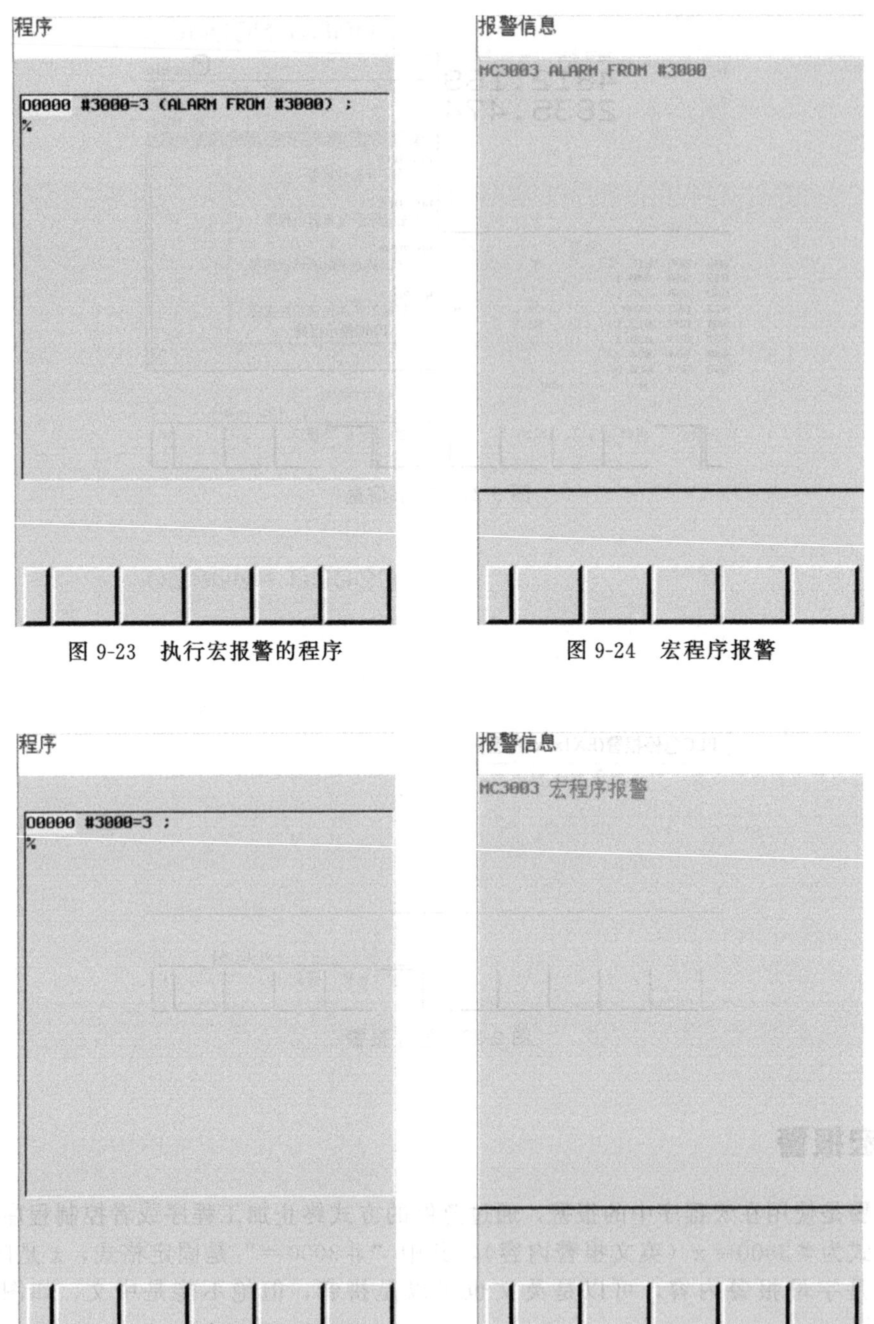

图 9-23 执行宏报警的程序

图 9-24 宏程序报警

图 9-25 执行无报警内容的宏报警程序

图 9-26 无报警内容的宏程序报警信息

值得强调的是宏报警是 NC 报警，并非是 PLC 报警，但可以由 PLC 信号进行触发，见图 9-27。

宏程序（部分）：

IF［# _ UI［2］EQ1］GOTO1

#3000=2（Z NOT REFERENCED）

如果用户宏变量 # _ UI [2] 不等于 1 执行宏报警 3002，# _ UI [2] 对应 PLC 变量 G54.2。

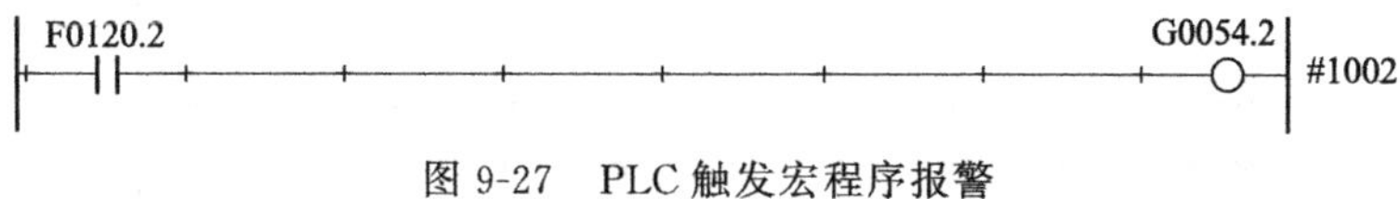

图 9-27 PLC 触发宏程序报警

9.4 PMC 状态查看

发那科支持 PMC 信号在线状态查看，例如，输入信号 X、输出信号 Y、系统状态信号 F、系统使能信号 G 等，可通过【SYSTEM】→【+】（多次）→【PMC 维护】→【信号状态】操作查看。可以输入字节地址进行搜索，例如输入 X7，点击【搜索】，也可以通过位地址进行搜索，例如输入 X7.7，点击【搜索】，如图 9-28 所示。

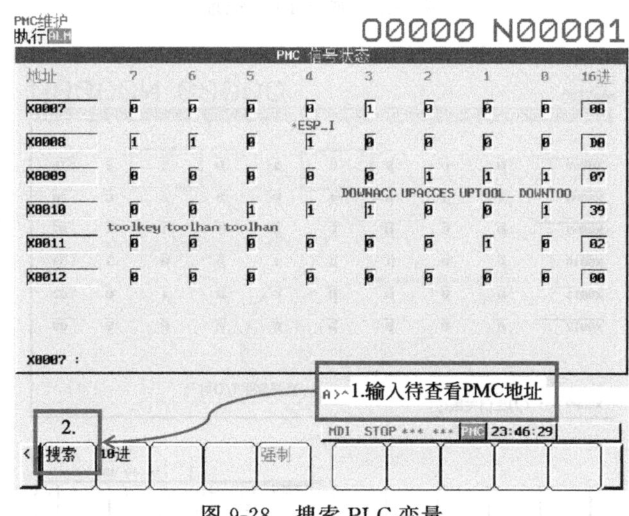

图 9-28 搜索 PLC 变量

9.5 PLC 信号强制

可查看的 PLC 变量有输入信号 X，输出信号 Y，系统状态信号 F，系统使能信号 G，报警信号 A，等等。经常使用的功能是强制功能。

强制 PLC 地址方法：选中需要强制的 PLC 地址，【强制】→【倍率设定】→【开】或【关】。通过强制功能可以临时将某输入信号或输出信号置为 1 或者 0 而不需要硬件的变更。解除强制时，选中相应的 PLC 地址，按【倍率解除】即可，如图 9-29 所示。

PLC 信号强制功能是一个便利的调试功能，同时也是有一定操作风险的功能，如果对数控机床的整体电气控制与机械控制十分熟悉，可以使用该功能，否则 PLC 信号强制，可能造成数控机床的误动作，造成设备的损坏甚至人员的伤亡。

被强制的 I/O 信号在状态值左侧显示“>”符号，按下【强制】键，就可以对 PLC 信号进行强制，如图 9-30 所示。

注意，PLC 的中间变量 R 地址是不能强制的。被强制的 PLC 信号在数控系统重启后会恢复原值。

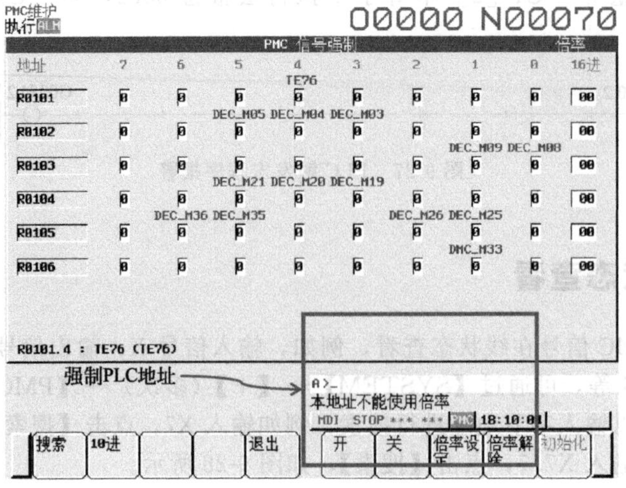

图 9-29 强制 PLC 地址

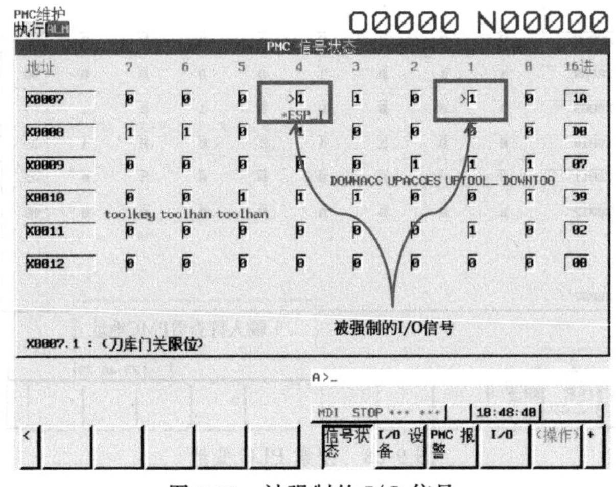

图 9-30 被强制的 I/O 信号

9.6 在线修改 PMC

在线修改 PMC 时要按急停按钮，确保安全。可依次按功能键【SYSTEM】→【+】（多次）→【PMCLAD（梯图）】在线修改 PMC，如图 9-31 所示。

如果我们查找 PMC 信号，需要通过【INPUT】键或【梯形图】进入“全部”的界面才能查找 PMC 信号。

输入待搜索的 PMC 信号，例如报警信号 A0.0，如果想搜索变量的赋值情况，则选择【搜索】→【W-搜索】，如果仅仅是查看调用情况，则选择【搜索】→【搜索】，并可以多次进行【搜索】操作，如图 9-32 所示。

“级 1”（LEVEL1）通常用来处理急停相关信号，“级 2”（LEVEL2）通常用来读写 I/O 地址、调用 PMC 控制功能程序、定义 M 代码，P00nn 为具体的 PMC 控制功能程序，见图 9-33。

通过软键【操作】→【缩放】查看具体 PMC 程序，见图 9-34。

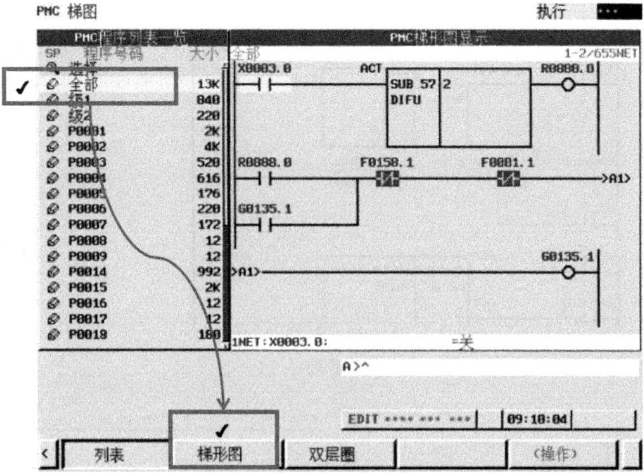

图 9-31 在线修改 PMC

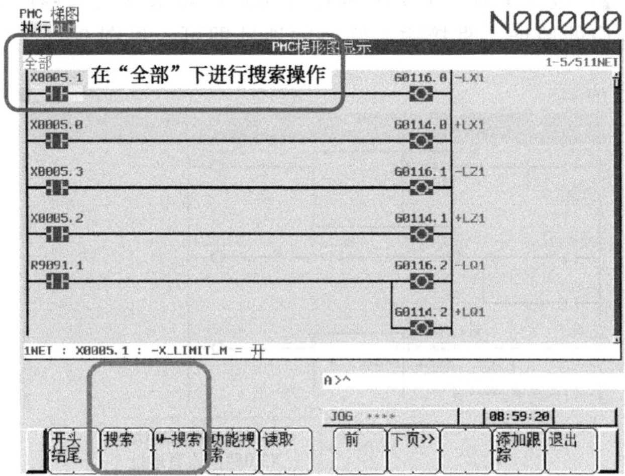

图 9-32 搜索与 W 搜索 PLC 变量

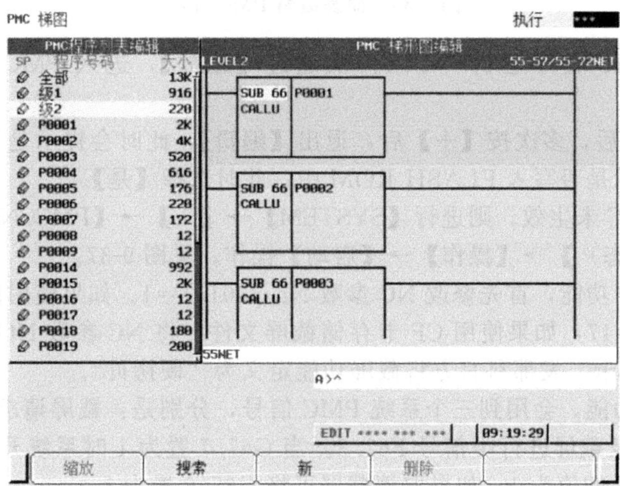

图 9-33 修改变量

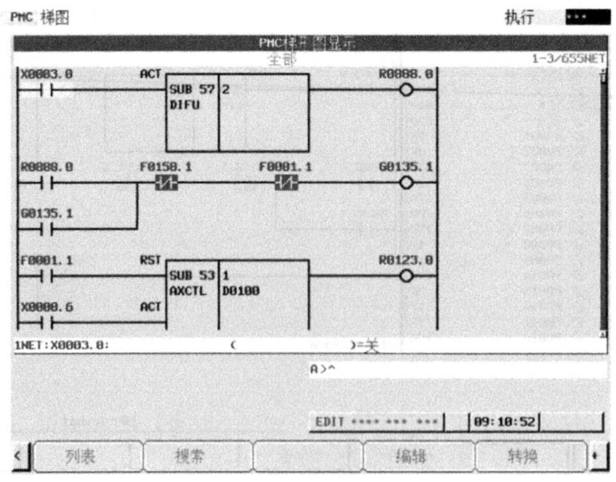

图 9-34　缩放 PMC 程序

可以通过【编辑】，进入 PMC 在线快速修改模式，如果仅用来修改 PMC 信号地址，可以通过方向键选中相应的地址，直接输入修改的地址即可，见图 9-35。

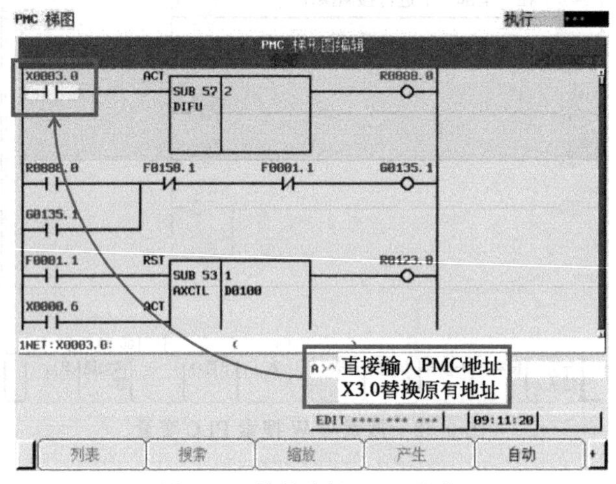

图 9-35　简易编辑 PMC 程序

如果想修改 PMC 程序逻辑，可以再次通过【缩放】，进入 PMC 的逻辑编辑模式，见图 9-36。

修改 PMC 完毕后，多次按【+】后，退出【编辑】，此时会提示是否保存 PMC，选择【是】，此时又会提示是否写入 FLASH ROM 中，此时选择【是】。

如果修改的 PMC 未生效，则进行【SYSTEM】→【+】→【PMCCNF（PMC 配置）】→【PMCST（PMC 状态）】→【操作】→【启动】操作，见图 9-37。

发那科实现截屏功能，首先修改 NC 参数 No. 3301. 7=1。如果使用优盘存储截屏文件，将 NC 参数 No. 20=17，如果使用 CF 卡存储截屏文件，将 NC 参数 NO. 20=4。截屏时必须插入优盘或者 CF 卡。发那科官方将截屏功能定义为“硬拷贝”。

发那科的截屏功能，会用到三个系统 PMC 信号，分别是：截屏请求信号 G67. 7、截屏取消信号 G67. 6 以及截屏进行中信号 F61. 3。当 G67. 7 置为 1 时系统开始截屏，截屏过程中的状态信号 F61. 3 的值为 1，如果取消截屏可将 G67. 6 置为 1。

截屏过程中操作界面会出现短暂的“卡死”现象，因此为了避免误操作，可以选择按键

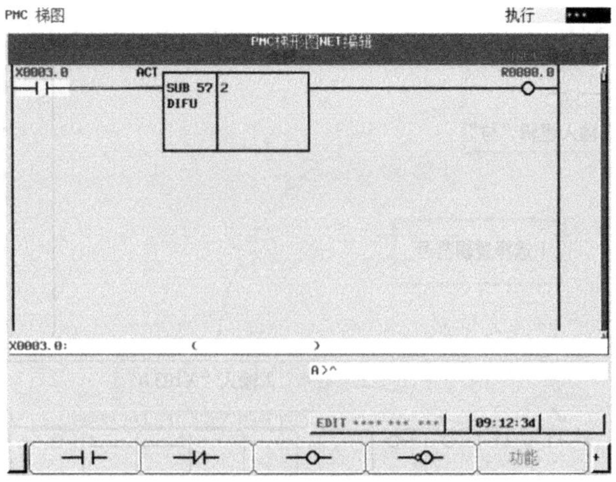

图 9-36　修改 PMC 逻辑

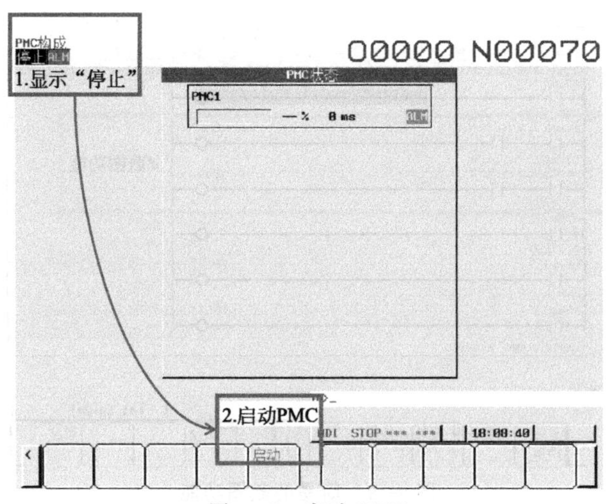

图 9-37　启动 PMC

延时接通进行截屏请求，也可以选定两个日常工作中不会同时按到的按钮进行截屏请求。下文采用两个按键组合实现截屏，选定轴倍率选择【X1】和【X10】，使用【X100】取消截屏。

通过【编辑】→【缩放】，进入 PMC 编辑页面下，可以直接修改 PMC，见图 9-38。

在线编写 PMC 的过程很简单，在此不再赘述其全部过程。其中 X103.0 是当前机床的轴倍率【X1】的输入地址，X103.1 是轴倍率【X10】的输入地址，X103.2 是轴倍率【X100】的输入地址，见图 9-39。

在实际的操作中，同时按下【X1】和【X10】键进行截屏时依然会出错——导致多次截屏，因此需要对截屏功能进行延时操作，必然会用到延时接通功能。

通过【编辑】→【缩放】进入 PMC 编辑页面，通过方向键将黄色光标移动到“X103.1”的右侧，并选择【功能】添加延时接通功能，方法见图 9-40。

选择【功能】后，会看到 PMC 的全部功能列表，见图 9-41。

增加延时功能，需要选择计时器 SUB24（TMRB），可以通过翻页键【Page Down】继续查看也可以通过输入“TMRB”或者功能号“24”进行搜索，见图 9-42。

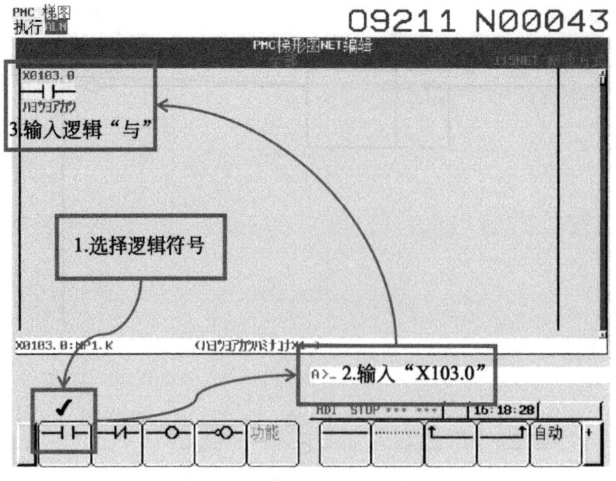

图 9-38 修改 PMC 逻辑 1

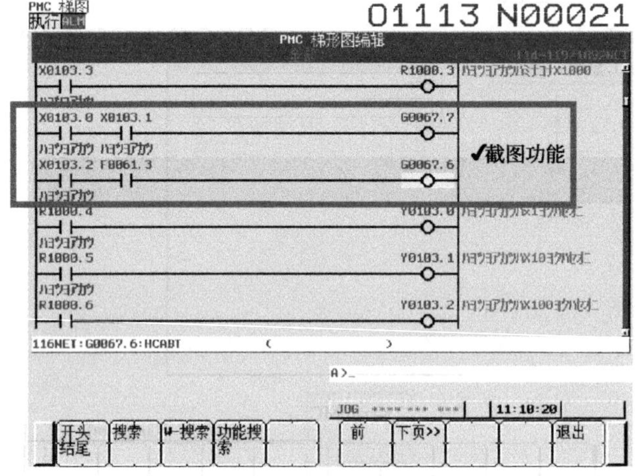

图 9-39 简易的截图功能

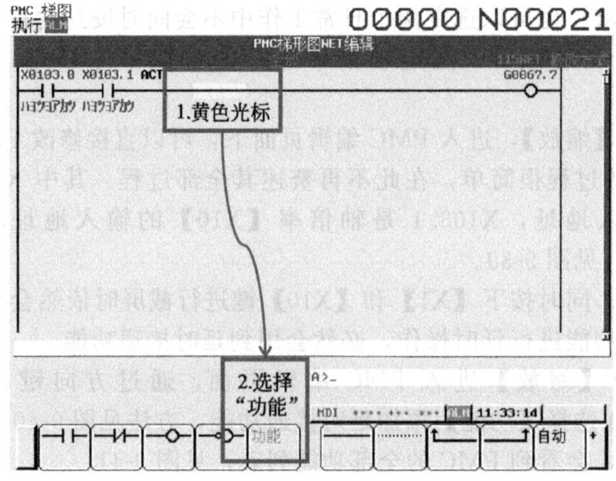

图 9-40 增加 PMC 功能

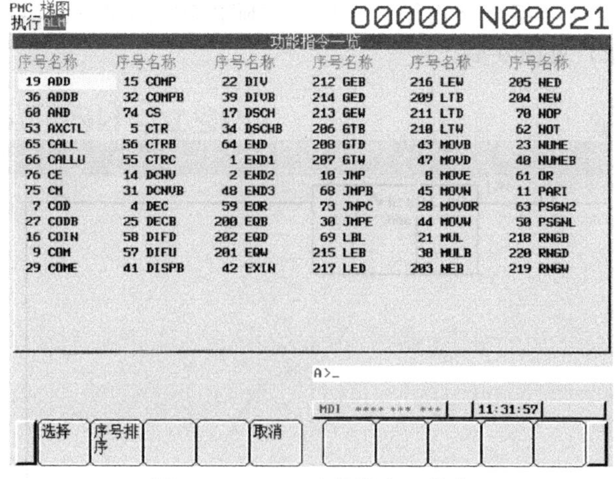

图 9-41　PMC 功能指令一览表

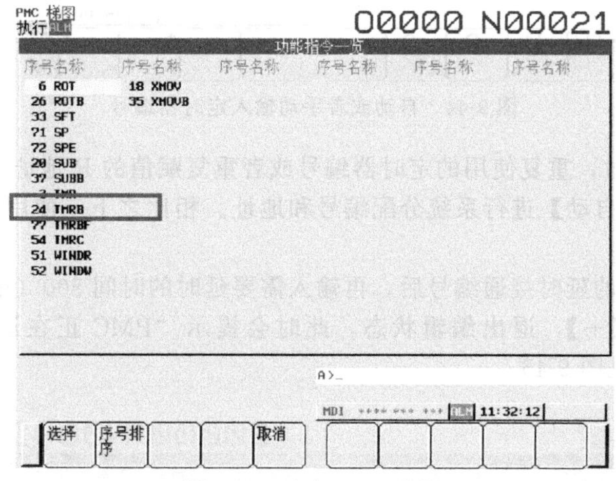

图 9-42　选定 PMC 功能

当添加延时接通功能 TMRB 后，需要指定定时器编号及延时接通的时间。定时器编号是随机定义的，随机输入 113 作为延时接通编号，屏幕右下角有中文或英文提示，见图 9-43。

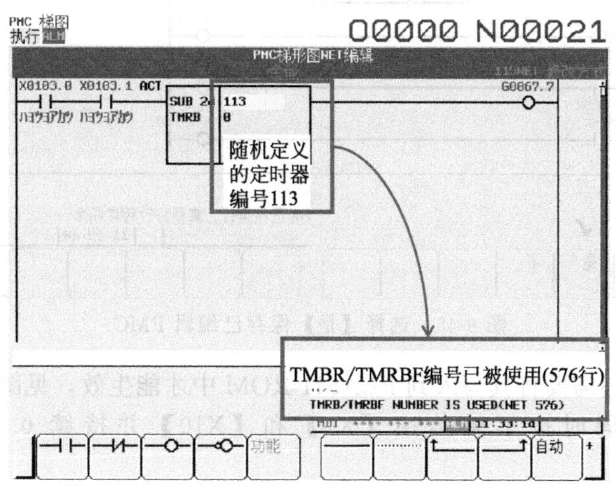

图 9-43　被占用的定时器编号

如果随机输入的定时器编号被占用，可以继续随机输入定时器编号或者选择【自动】进行 PMC 系统自动指派，见图 9-44。

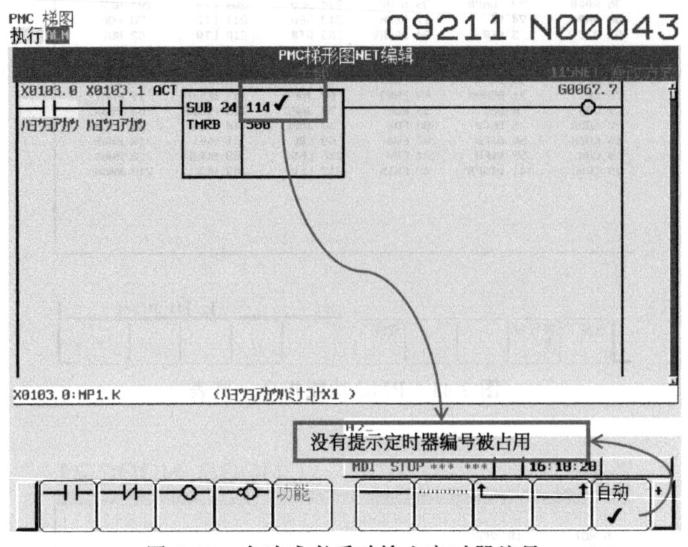

图 9-44　自动或者手动输入定时器编号

在线编写 PMC 时，重复使用的定时器编号或者重复赋值的 R 地址，数控系统都会提示被占用，可以通过【自动】进行系统分配编号和地址。相比之下，使用软件 Fladder 是不会进行重复提示的。

定义了截屏操作的延时接通编号后，再输入需要延时的时间 500（单位 ms）即可。

多次按扩展键【＋】，退出编辑状态，此时会提示“PMC 正在运行，真要修改程序吗?”，选择【是】，见图 9-45。

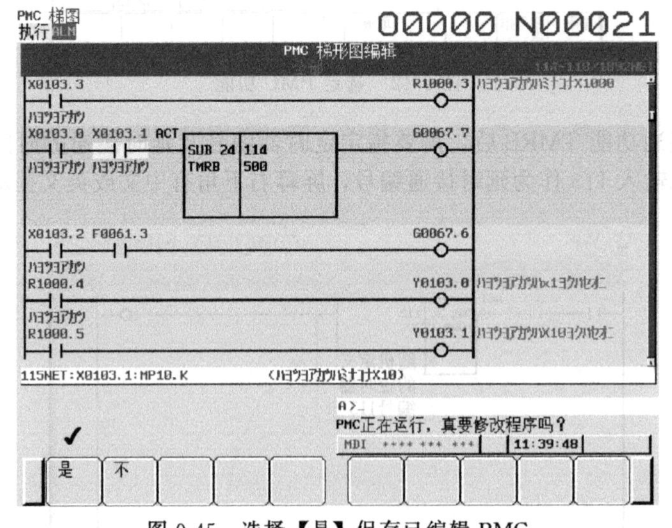

图 9-45　选择【是】保存已编辑 PMC

修改 PMC 后，还需要将其写入到 FLASH ROM 中才能生效，见图 9-46。

PMC 生效后，同时按下轴倍率【X1】和【X10】并持续 0.5s 即可进行截图，见图 9-47。

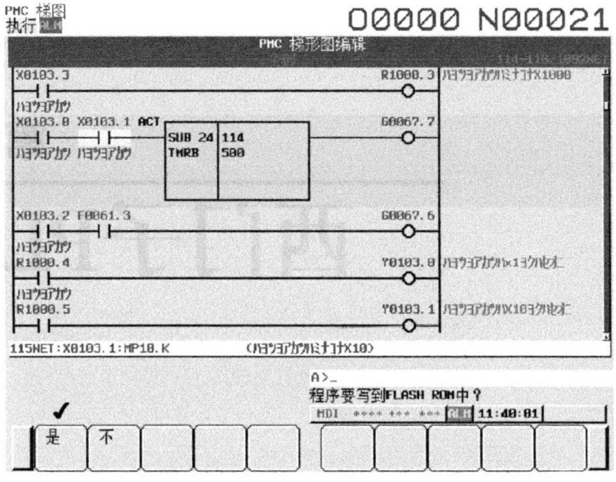

图 9-46　PMC 写入 FLASH ROM 中才生效

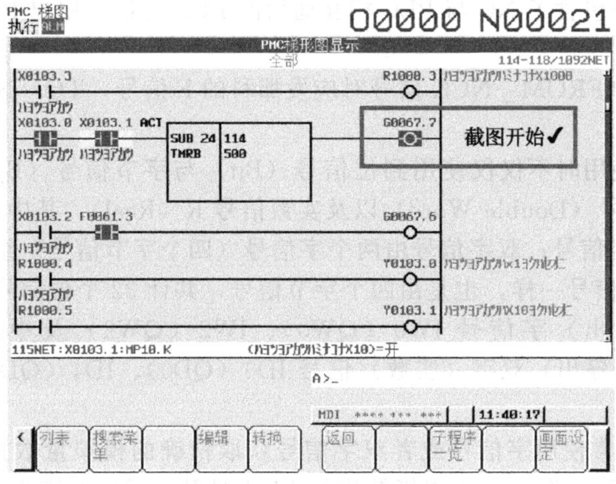

图 9-47　截图功能生效

9.7　本章知识点精要

1. PLC 是数控机床调试与维修最基本的知识技能。
2. 发那科的 PLC 信号可在线查看，对于输入输出信号可强制为 1 或为 0。
3. 发那科 M 代码的查看，重点查看系统变量 F10 与 G4.3。
4. 发那科 PMC 报警是以 EX1 为开头的报警，且是急停报警。
5. 宏报警是 NC 报警，可以由 PLC 触发。
6. 发那科在线修改 PLC 并不难，修改前需要按急停按钮确保安全。

第10章 西门子PLC简介

西门子的 PLC 变量类型与发那科 PLC 变量类型相同，除了输入信号 I、输出信号 Q 和中间变量 M 以外，也包含了 NC 与 PLC 相互通信的 PLC 变量、用户 PLC 变量以及 PLC 选项等。

西门子 PLC 中的 FROM _ NCK 信号对应发那科的 F 信号，TO _ NCK 信号对应发那科的 G 信号。

西门子的 PLC 使用时不仅仅使用到位信号（Bit）与字节信号（Byte），还使用了字信号（Word）、双字信号（Double Word）以及实数信号 R（Real）。其中字信号由两个字节信号组成，共计 16 个位信号；双字信号由两个字信号（四个字节信号）组成，共计 32 个位信号。实数信号与双字信号一样，也是由四个字节信号，共计 32 个位信号组成。

例如，输入（输出）字信号 IW0（QW0）、IW2（QW2）及中间变量信号 MW0、MW2。又如，输入（输出）双字（实数）信号 ID0（QD0）、ID4（QD4）及中间变量信号 MD0、MD4。

注意，PLC 中通常使用字信号或者双字信号获取精确的模拟量数据，例如大型机床的丝杠温度或油膜厚度等。除非是使用指针进行 PLC 编程（国外机床常见），否则 PLC 编程中很少对整个字节信号、字信号、双字信号进行编程处理。

一个字信号是 16 位，与 PLC 的一个 I/O 模块的数量是相同的，因此可以使用字信号的值代表一个 I/O 模块的状态。

西门子数控系统使用数据块 DB（Data Block）来获取 I/O 数据以及 NC 数据，表达格式是 DBnnnn，nnnn 为四位数字。不同数值的 nnnn 代表不同的 PLC 功能。例如，西门子 828D 使用 DB1600 作为 PLC 报警的数据块，使用 DB2500 作为 M 代码的数据块，使用 DB4500 作为 PLC 选项功能（14512）的数据块。不同的 PLC 变量功能使用不同的数据块，而数据块中还包含详细的数据。这些数据同样也以 DB 开头：位地址 DBX，字节地址 DBB，字地址 DBW，双字地址 DBD，实数地址 DBR，等等。西门子 840Dsl、828D 的不同 PLC 变量格式之间的关系如图 10-1 所示。

双字、实数32位(DBD0、DBR0)																															
字信号DBW2																字信号DBW0															
位信号DBB3								位信号DBB2								位信号DBB1								位信号DBB0							
DBX	DBX	DBX	DBX	DBX	DBX	DBX	DBX	DBX	DBX	DBX	DBX	DBX	DBX	DBX	DBX	DBX	DBX	DBX	DBX	DBX	DBX	DBX	DBX	DBX	DBX	DBX	DBX	DBX	DBX	DBX	DBX
3.7	3.6	3.5	3.4	3.3	3.2	3.1	3.0	2.7	2.6	2.5	2.4	2.3	2.2	2.1	2.0	1.7	1.6	1.5	1.4	1.3	1.2	1.1	1.0	0.7	0.6	0.5	0.4	0.3	0.2	0.1	0.0

图 10-1 西门子 840Dsl、828D 的不同 PLC 变量格式之间的关系

因此完整的 PLC 的位地址是 DBnnnn. DBX0. 0，完整的 PLC 的字节地址是 DBnnnn. DBB0，完整的 PLC 的字地址是 DBnnnn. DBW0，完整的 PLC 的双字地址 DBnnnn. DBD0，完整的 PLC 的实数地址是 DBnnnn. DBR0。

例如，西门子 828D 的 PLC 报警 700000 对应的 PLC 变量是 DB1600. DBX0. 0，PLC 报警号 700000～700007 整体对应的 PLC 变量是 DB1600. DBB0，PLC 报警号 700000～700015 整体对应的 PLC 变量是 DB1600. DBW0，PLC 报警号 700000～700031 整体对应的 PLC 变量是 DB1600. DBD0。

本章节重点介绍西门子 828D 相关 PLC 的查看、修改、编译等工作。对于西门子 840Dsl 的 PLC 仅做简单的介绍。西门子 840Dsl 的 PLC 编写语言种类不一，既可以使用指令表又可以使用梯形图，指令表的编写形式也很多，编写与调试过程非常复杂，故而不做深究。

10. 1 西门子 840Dsl

西门子 840Dsl 系统是基于 Windows 开发的数控系统，通常带有硬盘（PCU50）。西门子 840Dsl 系统的 PLC 通常是不支持在线查看的。

10. 1. 1 PLC 硬件模块与编辑软件

西门子的 PLC 模块种类非常多，常见的 PLC 模块见图 10-2。

西门子 840Dsl 在进行 PLC 调试时，更多的是使用个人电脑与 NCU 进行连接，见图 10-3。

与发那科不同，西门子数控系统的 PLC 就称作 PLC。西门子数控系统采用的 PLC 语言种类比较多，既可以采用指令表 IL 和梯形图 LAD 进行编程，又可以使用结构功能图 FBD 进行编程。相比之下，西门子的 PLC 语言结构更接近 VB、C＋＋等高级编程语言结构。

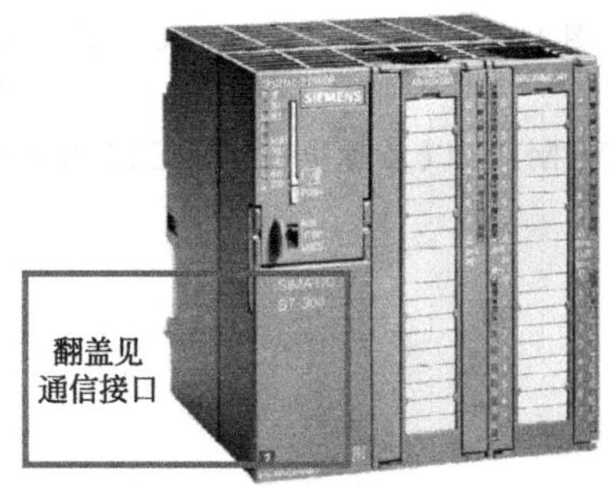

图 10-2 西门子 PLC 模块（S7-300）

西门子 840D 及 840Dsl 采用的 PLC 模块是 S7-300/400，其 PLC 语言结构与发那科相比，相似但不相同。西门子 840Dsl 的 PLC 程序包含主体程序 OB1，进行功能 PLC 的调用，与发那科的 LEVEL2 类似，不同的是，西门子的 M 代码的系统变量是固定的，西门子 840Dsl 的 PLC 中不仅包含 PLC 的控制，还包含了 I/O 模块等硬件的组态信息，见图 10-4。

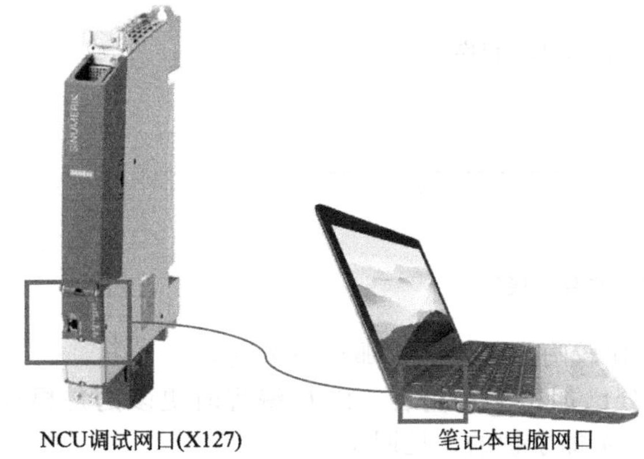

图 10-3 西门子 840Dsl 的 PLC 调试

西门子 840D 与 840Dsl 的 PLC 相比发那科的 PMC，有 FC(Function Call，功能调用）块及 FB(Function Block，功能块）块，即 FBxx、FCxx，其中 xx 是阿拉伯数字。FB 通常是用来实现具体功能的，例如读写 NC 数据，读取伺服轴的坐标值、电流值等数据；FC 通常是调用 FB 功能，将其获取的数据进行处理，形成具体的控制功能，例如主轴松夹刀控制，主轴换挡，刀库机械手动作控制。

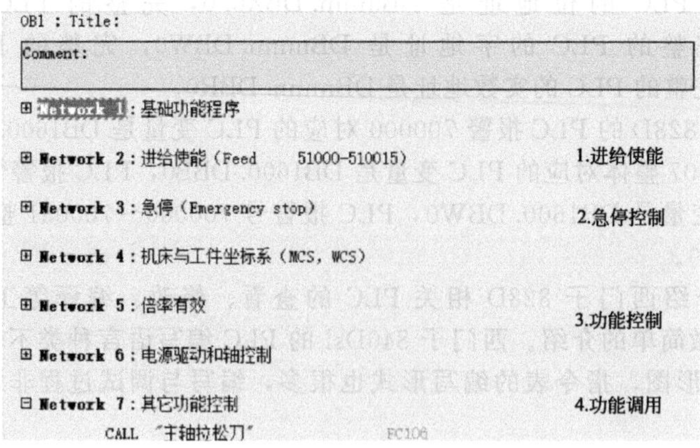

图 10-4　西门子 840Dsl PLC 工具

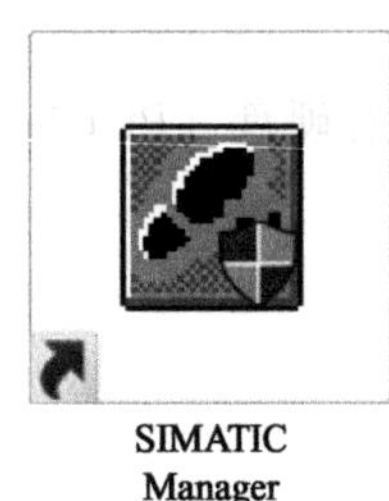

图 10-5　西门子 840Dsl PLC 工具

因此，当西门子 840D（sl）系统的数控机床出现 PLC 报警时，诊断的重点是 FC 功能块，通常来说，FB 出错的概率比较低。

西门子 840D 与 840Dsl 的 PLC 编程工具是 SIMATIC Manager（图 10-5），用 SIMATCI Manager 打开的 PLC 程序见图 10-6。

不论是 FB 功能块，还是 FC 功能调用，都包含了如图 10-7 所示的接口（Interface），输入变量“IN”，输出变量“OUT”，输入输出变量“IN _ OUT”，局部变量“TEMP”以及返回值“RETURN”。

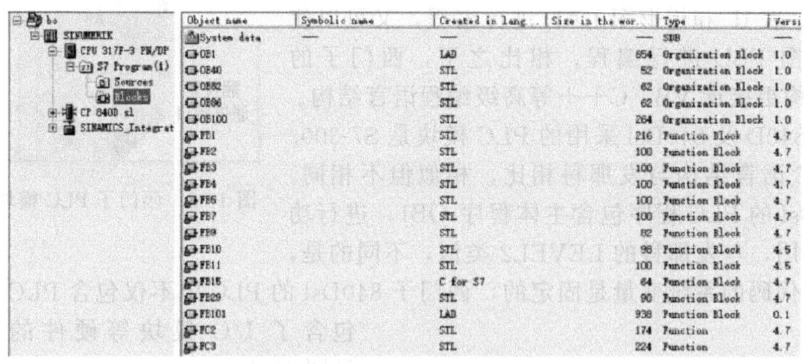

图 10-6　西门子 840Dsl 程序

图 10-7　FC 的数据接口

图 10-8 为用指令表 IL 编写的 FC 功能，比较晦涩，没有发那科那么直观。

很多 FBxx、FCxx 是西门子提供的，部分已加密无法查看，PLC 编程时更多的是根据西门子提供的手册查看其调用的方法，其图标是加了锁的，见图 10-9。

虽然可以打开加密的 FB 功能，但其内容是空的，看不到，见图 10-10。

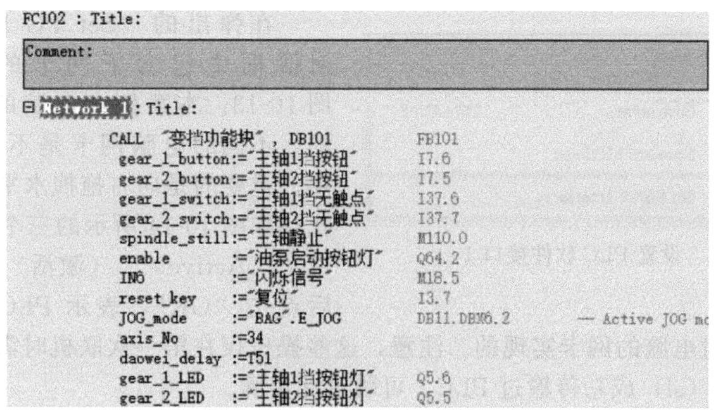

图 10-8　指令表语言

FB1	STL	216
FB2	STL	100
FB3	STL	100
FB4	STL	100
FB5	STL	100
FB7	STL	100
FB9	STL	82
FB10	STL	98
FB11	STL	100
FB15	C for S7	64

图 10-9　被加密的 FB 功能

西门子 840D 与西门子 840Dsl 的 PLC 还包含数据块 DBxx，其中 xx 是阿拉伯数字，用来存储数控系统、机械控制的某一动作的状态与顺序等信息，在编程语言中，是全局变量，可以被其他的功能获取，例如主轴夹紧状态可以写入到 DB 块中，在换刀时可以根据主轴夹紧状态对拔刀与插刀进行判断，在主轴旋转时，可以根据主轴夹紧状态判断是否可以进行旋转，等等。西门子 S7-300 的 DB 块如图 10-11 所示。

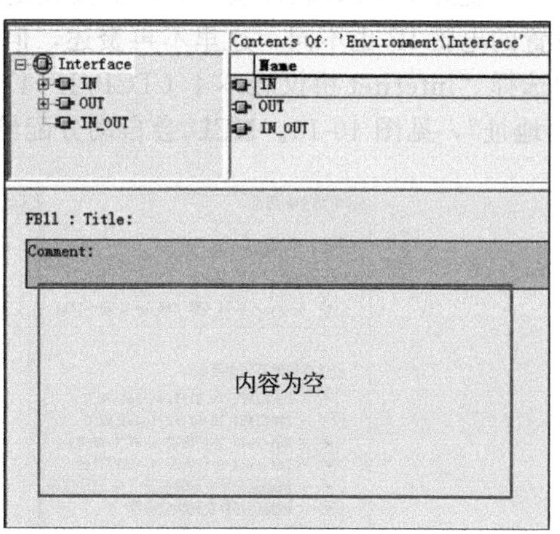

图 10-10　打开已加密的 FB

10.1.2　在线查看 PLC

打开 SIMATIC Manager，选择“Options”，选择“Set PG/PC Interface...”，见图 10-12。

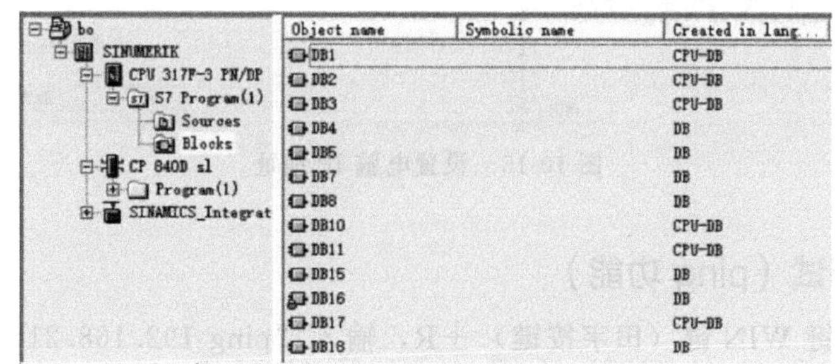

图 10-11　西门子 S7-300 的 DB 块

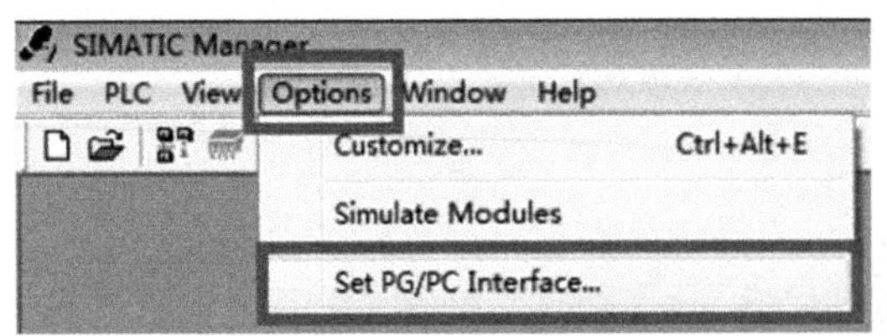

图 10-12 设置 PLC 软件接口 1

在弹出的“Set PG/PC Interface...”对话框中包含了网卡的信息列表，见图 10-13。本案例中电脑的网卡是 Realtek 的，不同的电脑网卡是不一样，这个不重要。重要的是向右拖拽水平条（标识部分），找到如图 10-14 所示的三个网卡信息，选择带“<Active>”（激活）的那个网卡，然后点击“OK”，表示 PLC 软件 SIMATIC 传输的路线是通过电脑的网卡实现的。注意，这些操作仅在第一次联机时需要设定，如果之前与西门子 840D（sl）成功传输过 PLC，可跳过此步骤。

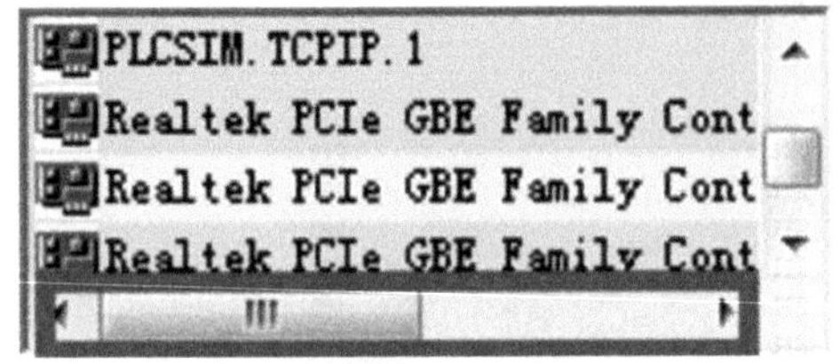

图 10-13 设置 PLC 软件接口 2

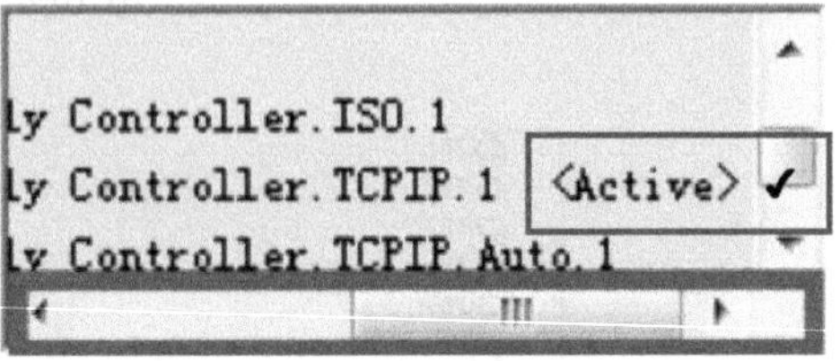

图 10-14 设置 PLC 软件接口 3

10.1.3 设置个人电脑 IP 地址

设置好了 PLC 软件接口后，需要设定电脑的 IP 地址，由于电脑的 Windows 版本不同，设置的电脑 IP 也不同，这里不再赘述，但设置的方法是一样的，那就是在“本地连接属性”中选择“Internet 协议版本 4（TCP/IPv4）”，将电脑的 IP 地址及 DNS 设置为“自动获得 IP 地址”，见图 10-15。NCU 会自动分配给个人电脑一个 IP。

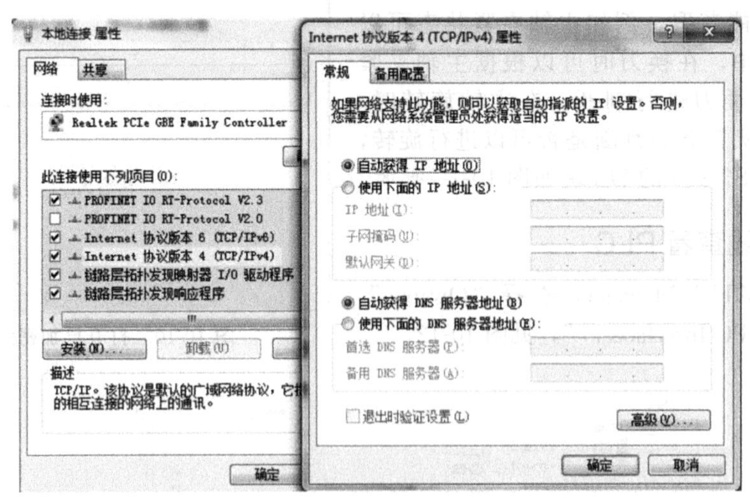

图 10-15 设置电脑 IP 地址

10.1.4 联机测试（ping 功能）

按键盘上组合键 WIN 键（田字按键）＋R，输入“ping 192.168.215.1”，ping 后面有一个空格，测试一下电脑与数控系统的联机情况。如果弹出的对话框内容如图 10-16 所示，

“请求超时”或者“TIMEOUT”，表示电脑与西门子数控系统没有连接上。

常见原因如下：

① 网线硬件故障，此时观察电脑网口的灯是否闪烁，如果不闪烁，表明网线没有插牢或者网线故障；

② 如果电脑网口的灯一直闪烁，那么需要重新启动电脑；

③ 重启电脑后再运行一次“ping 192.168.215.1”，只要出现时间小于某一时间（time＜xxx ms），即表示电脑与数控系统联机成功，见图 10-17。

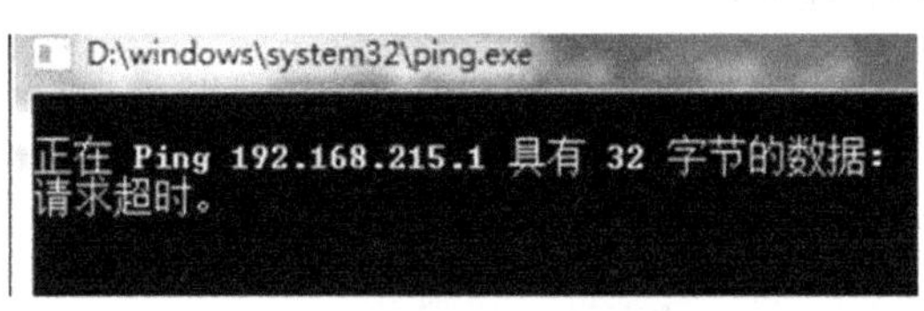

图 10-16 联机测试

正在 192.168.215.1] 具有 32 字节的数据：
Pinging 192.168.215.1 with 32 bytes of data:
Reply from 192.168.215.1: bytes=32 time<10ms TTL=254
Reply from 192.168.215.1: bytes=32 time<10ms TTL=254
Reply from 192.168.215.1: bytes=32 time<10ms TTL=254

图 10-17 联机成功

10.1.5 上载 PLC

上载，即表示将 PLC 从数控系统中传输到电脑中，具体方法如下：

① 在 SIMATIC 软件界面，通过快捷键 Ctrl＋N 或者通过点击最上方的菜单 File→New，新建一个项目（Project），见图 10-18。

图 10-18 新建 PLC 程序

② 在 Name 中输入新建的项目名称数字＋字母，在 Storage location 中选择项目的路径，可以默认，不用理会，点击“OK”。

③ 可以通过快捷键 Alt＋P 再按 N 调出节点设置，或者点击软件最上方的 PLC→Upload Station to PG...，见图 10-19。

④ 在调出的节点设置页面中，我们将 Slot 由 0 设置成 2，Rack 的值默认为 0。点击 View 或者 Update 按钮，将上方的 IP“192.168.214.1”改成“192.168.215.1”，选择

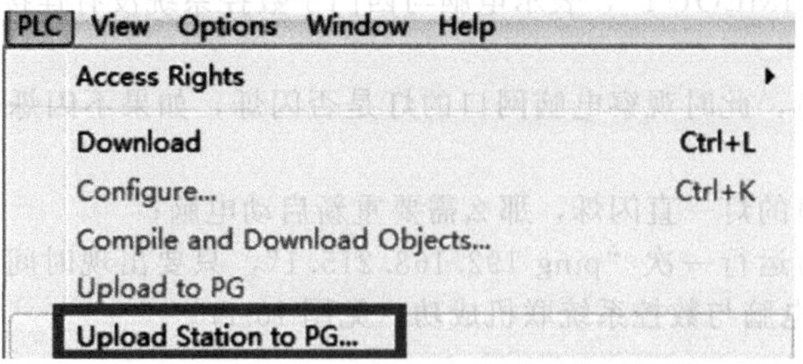

图 10-19 上载 PLC 程序 1

“OK”即可，见图 10-20。

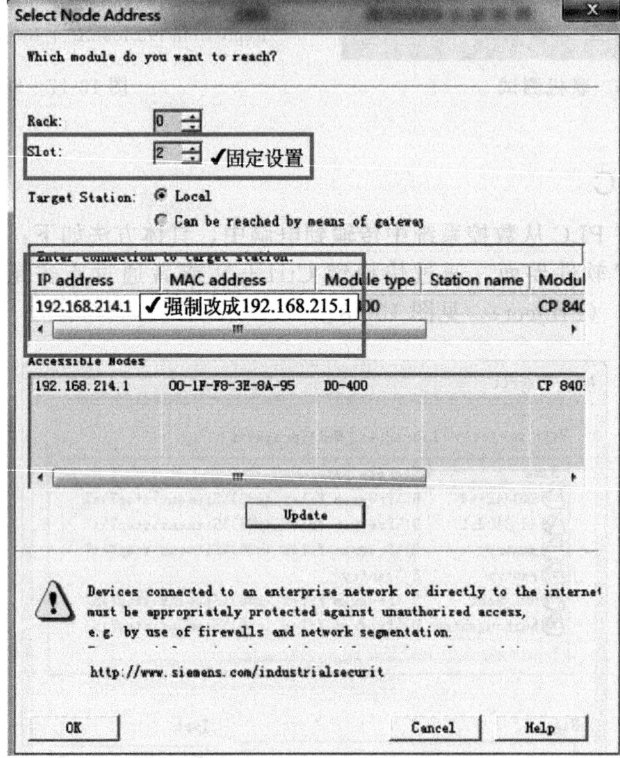

图 10-20 上载 PLC 程序 2

⑤ 这个时候需要一段时间等待 PLC 传输，见图 10-21。

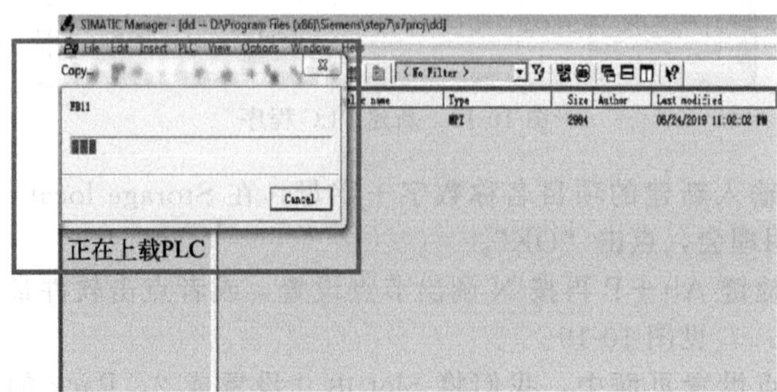

图 10-21 PLC 上载中

⑥ PLC 上载完毕，见图 10-22。

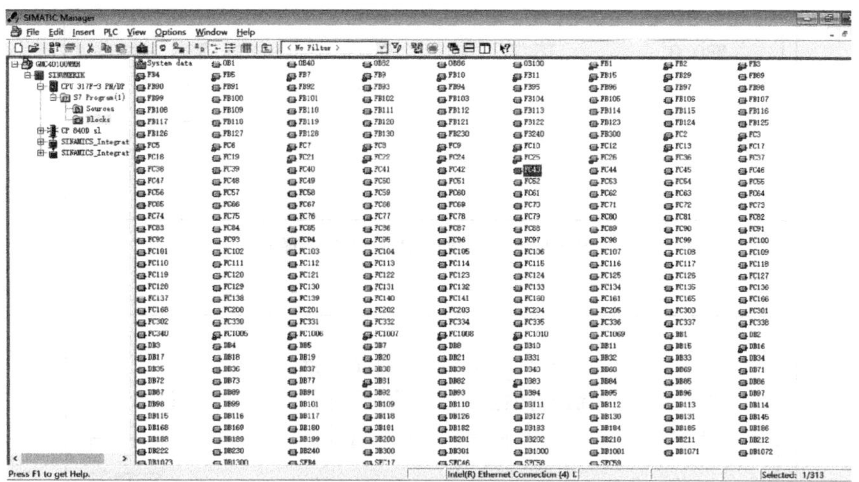

图 10-22　PLC 上载完毕

⑦ 我们可以点击 SIMATIC 软件上方的工具栏，将 PLC 中程序块的图标放大，以便于我们查看，见图 10-23。

图 10-23　PLC 图标放大按钮

⑧ 放大后的效果见图 10-24。

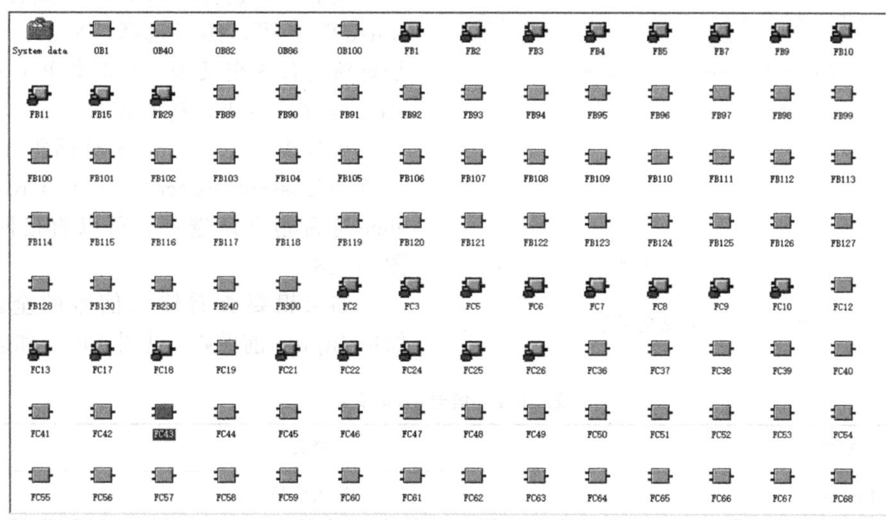

图 10-24　PLC 图标放大后

⑨ 从数控系统上载的 PLC 程序是不包含注释内容的，因此 PLC 的内容会比较晦涩难懂。也就是说只有 PLC 编写者手中的源程序，才包含 PLC 注释。上载的 PLC 视图如图 10-25 所示。

⑩ PLC 编写者源程序的 PLC 视图如图 10-26 所示。

上载与下载是相对数控机床而言的，而不是操作者。PLC 编辑完毕后再传入到数控系统中称之为下载（Download），PLC 从数控系统传输到个人电脑中叫上载（Upload）。

图 10-25　上载的 PLC（无注释）

图 10-26　源程序 PLC（有注释）

10.1.6　交叉表

上载 PLC 后，通过快捷键 Ctrl＋Alt＋R 或者鼠标右键 reference data 调出交叉表，见图 10-27。

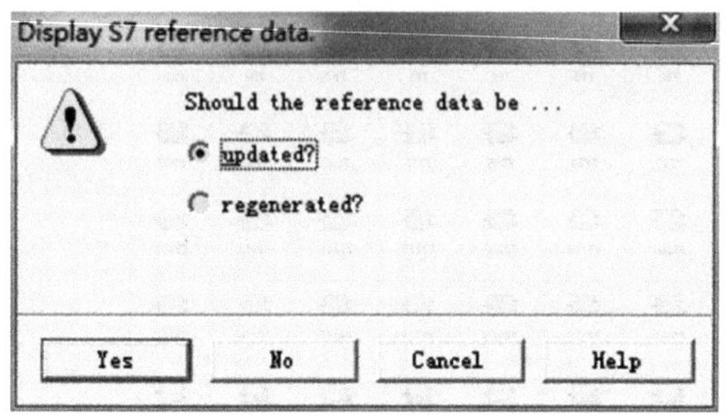

图 10-27　生成交叉表

我们可以选择“update?”或者“regenerated?”皆可，然后选择“Yes”。（Update 是更新已有的交叉表，耗时较短；regenerated 是重新生成，耗时较长）

在弹出的 Customize 对话框中选择第一个 Cross-reference，由于 Cross-reference 通常是默认选项，可以直接回车，见图 10-28。

如果想要查看输入信号的全部信息，保留 Inputs 前的✓，见图 10-29 和表 10-1。

表 10-1　信号名和释义

信号名	释义
Inputs	输入信号
Outputs	输出信号
Bit Memory	内存位(中间变量 M)
Counters	计数器
Timers	定时器
DBs	系统内部信号(报警、M 代码、CNC 状态、使能等)

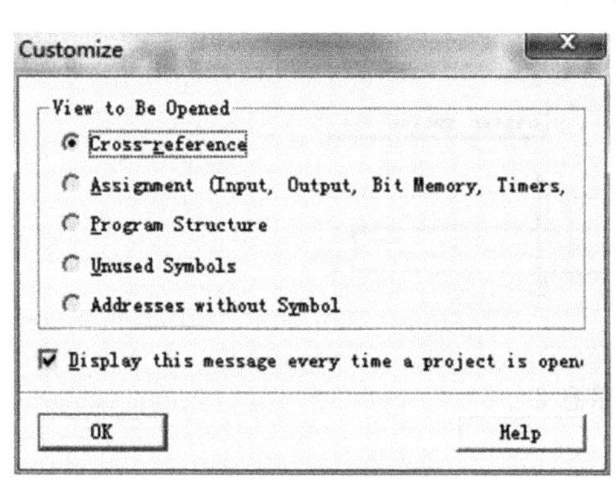

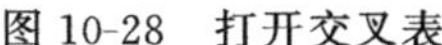
图 10-28 打开交叉表

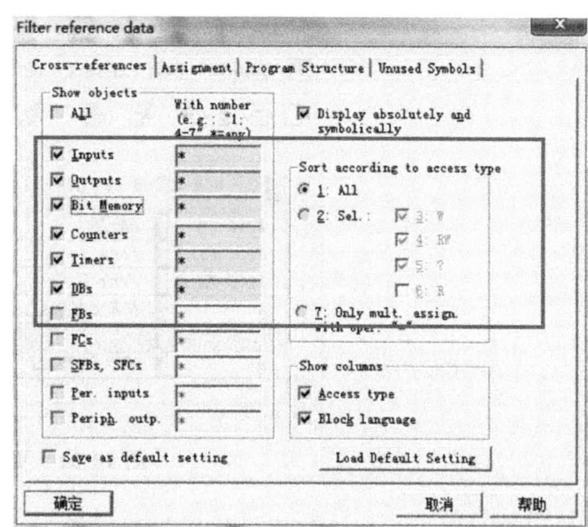

图 10-29 通过交叉表查找相关 PLC 信号

通过交叉表可以查看相关 PLC 信号的调用情况，对于发那科的 PLC 编辑软件 Fladder 而言，可直接通过组合键 Ctrl+J 实现调用。但对于西门子的 PLC 来说，PLC 需要先编译（需要时间）再查看。

（1）下载 PLC 准备工作

日常工作中对于 PLC 的修改仅仅是局部的修改，例如修改 FC168 或者其他。当我们修改某一部分的 PLC 后，需要将其下载到数控系统中使其生效。在此之前，我们需要对 PLC 文件的硬件信息进行修改。

点击已下载的 PLC 程序中的 SINUMERIK，双击右侧的 Hardware，见图 10-30。

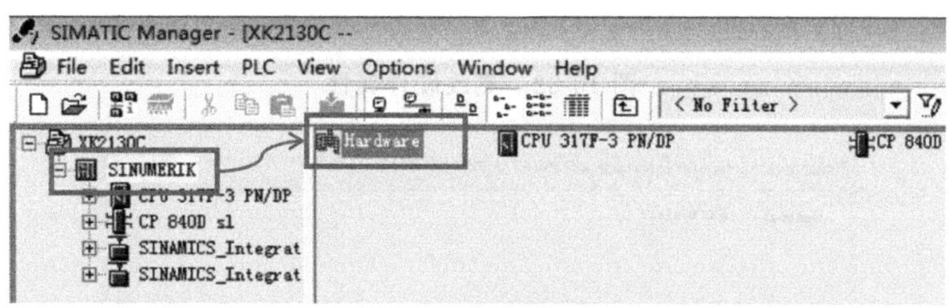

图 10-30 更改硬件信息 1

在弹出的硬件配置页面中找到并双击“CP 840Dsl”，见图 10-31。

在弹出的属性页面中的接口方框中设置 IP 属性，即在 Interface 下点击“Property”，默认的 IP 地址是 192.168.0.1，见图 10-32。

在弹出的 IP 属性对话框中，设置 IP 地址为“192.168.215.1”，将子网掩码（Subnet mask）修改为“255.255.255.224”，见图 10-33，点击“OK”保存退出。

修改硬件的 IP 属性后，需要将其生效，点击带 0110 的软盘图标，见图 10-34。

（2）下载 PLC

修改 PLC 中的硬件 IP 后，就可以将 PLC 下载到数控系统中了。在已经修改的 FCxx 中，点击最上方工具栏中的 PLC→Download 或者快捷键 Ctrl+L 键再回车，下载 PLC。如果通信正常，这时会弹出一个对话框，提示当前的 FCxx 已经存在，是否覆盖，直接选择 Yes 即可。偶尔会出现通信不正常的情况，见图 10-35，这种情况，我们需要重启电脑，重新下载 PLC 即可。

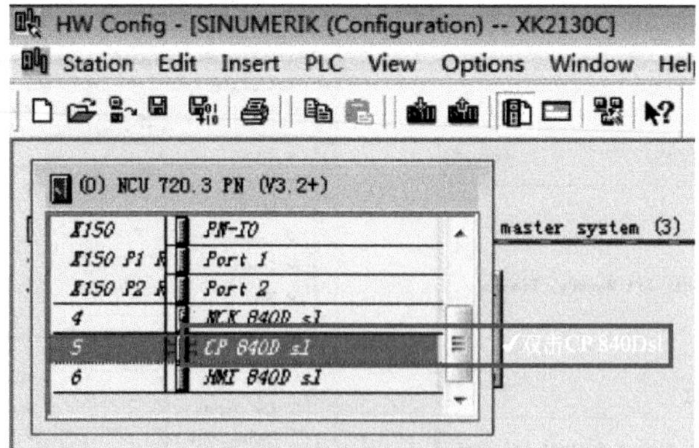

图 10-31　更改硬件信息 2

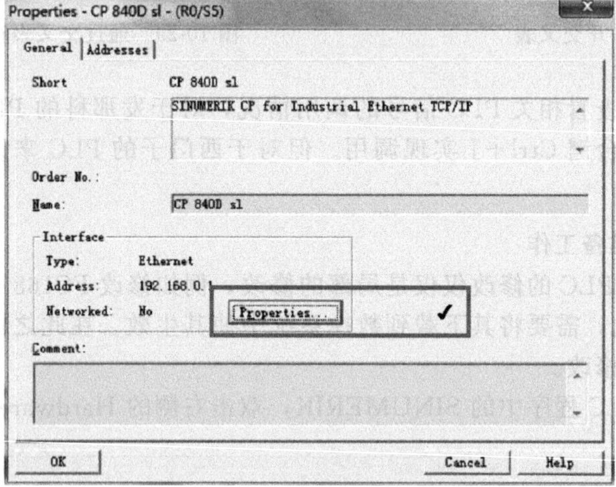

图 10-32　更改硬件属性

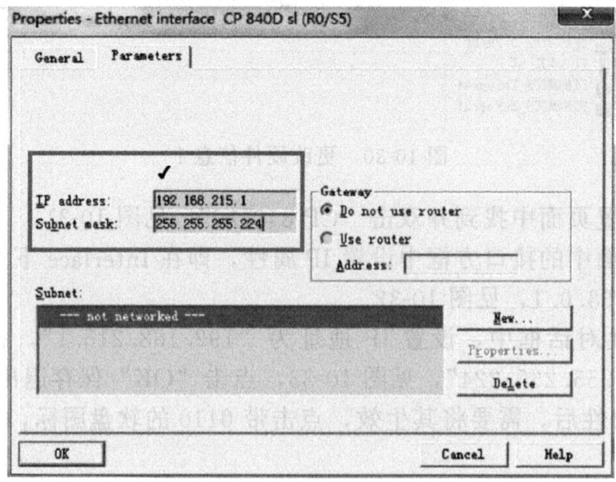

图 10-33　更改硬件 IP 及掩码

图 10-34　生效修改 IP 属性后的硬件

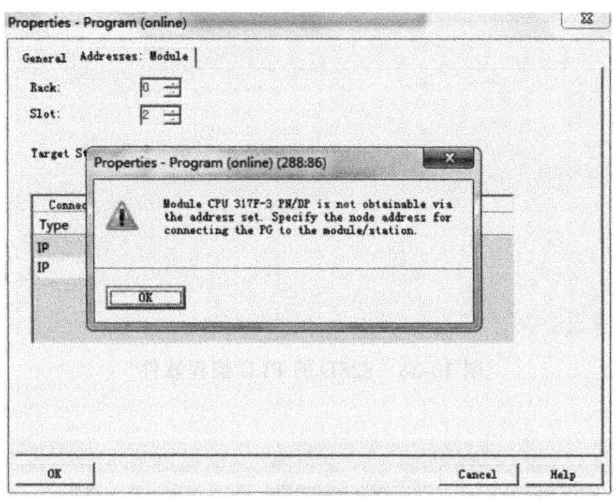

图 10-35　下载 PLC 出错

10.2　西门子 828D

西门子 828D 系统是基于 Linux 系统开发的，配有 CF 卡扩充存储空间，不带硬盘，见图 10-36。

828D 数控系统的 PLC 语言主要采用的是功能块 FBD，PLC 模块采用的是 S7-200。其 PLC 编程工具是 PLC Programming Tool，见图 10-37。

图 10-36　西门子 PP72/48 PLC 模块

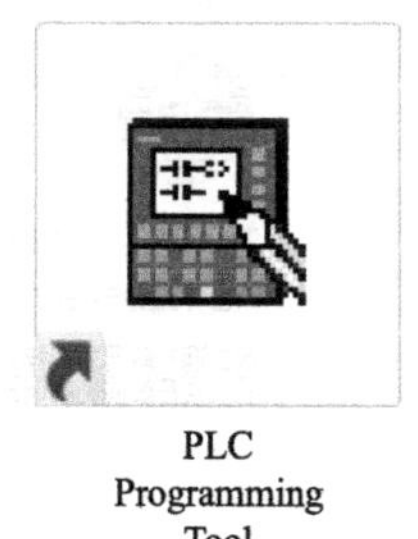

图 10-37　西门子 828D 的 PLC 编程工具

打开 828D 的 PLC 编程软件，见图 10-38。

点击左上角的新建按钮或使用组合键 Ctrl+N，此时弹出对话框见图 10-39。

在新弹出的对话框中，重点需要对“通讯...”进行联机等相关设定。

10.2.1　通信部分

同一台个人电脑，仅在第一次连接时设定通信硬件，如果是打开已有的 PLC 程序，双击 PLC 软件界面左侧的通讯，进入通信设定界面。如果从未进行任何设置，那么默认是 PPI 协议进行 PLC 通信与调试，见图 10-40。

对西门子 828D 进行 PLC 调试时，使用普通网线，而不是 PPI 线缆，见图 10-41。

图 10-38　828D 的 PLC 编程软件

PLC 类型

如果您希望软件按PLC所允许的内存范围检查参数范围，请从PLC选择或读取 PLC 类型。

PLC类型　828D 07.01

读取 PLC　通讯...　确认　取消

图 10-39　新建 PLC

通讯联接

通讯设定

1.修改通讯硬件

None　地址: 0

双击代表 PLC 与之通讯的图标。

双击界面图标，改变通讯参数。

双击调制解调器图标，设定调制解调器参数或拨号开始调制解调器通讯。

双击刷新

通讯参数

远程地址	2
本地地址	
模块	(COM 1)
协议	PPI
传输速率	
模式	11-位

RS232端口

PPI协议

图 10-40　828D 默认 PPI 协议

双击【None 地址：0】，设置个人电脑与西门子 828D 的联机接口，主要是为了选择个人电脑的网卡，过程与西门子 840Dsl 选择网卡的过程类似。列表中的网卡选项非常多且网卡名称又非常长，需要按如下步骤进行：

① 水平移动横向滚动条；

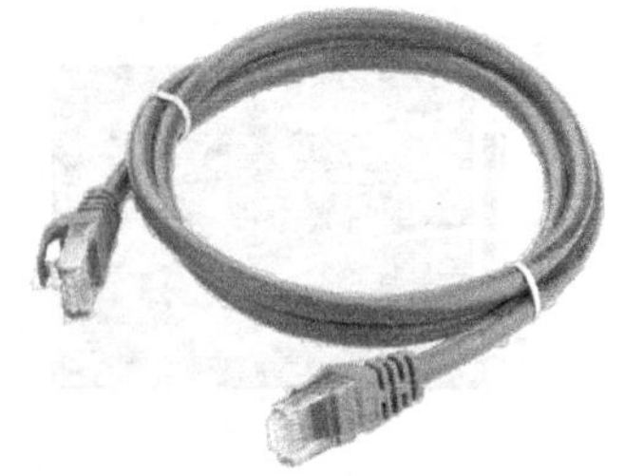

图 10-41 PPI 线缆与普通网线

② 垂直移动纵向滚动条，选择带有 Auto. 1（或激活）的网卡选项，见图 10-42。

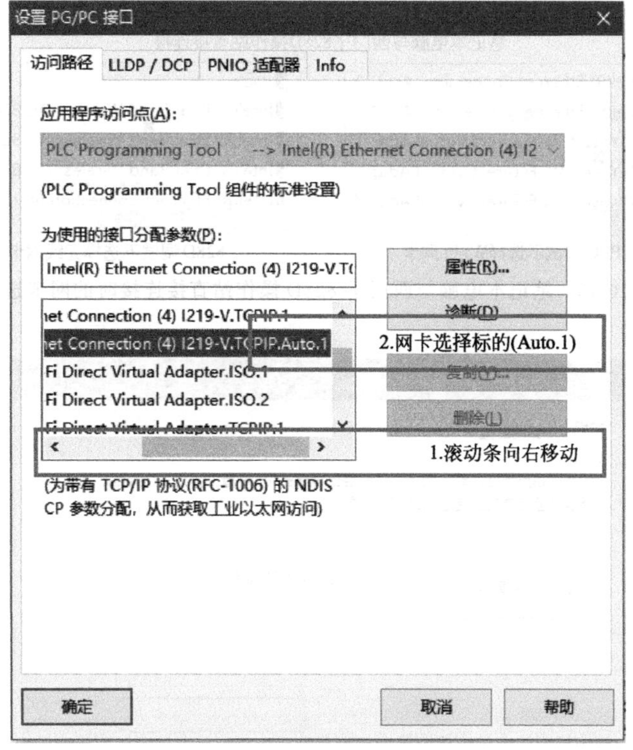

图 10-42 修改 PLC 调试接口

如果使用的是笔记本电脑，网卡列表中还包含了无线网卡，如果用笔记本电脑直接连数控系统，则不要选择“无线网卡. Auto. 1（激活）”，无线网卡的英文标识是 Wi-Fi 或 Wireless，见图 10-43。

如果采用无线路由器代替网线进行 PLC 调试的话，网卡就要选择无线网卡，带有“Wireless”及“. Auto. 1（激活）”的网卡。

当选定网卡后，还需要对个人电脑的 IP 地址进行设定。设定的方法很简单，就是将个人电脑的 IP 地址（TCP/IPv4）设定为自动获取，在个人电脑与 828D 进行联机时，828D 会自动分配给个人电脑一个 IP 地址，见图 10-44。

设定好个人电脑的 IP 后，再对 PLC 软件进行设定，在新增加的 IP 地址设定选项中，输入数控系统端的 IP 地址或者远程网络地址即可，见图 10-45 和图 10-46。

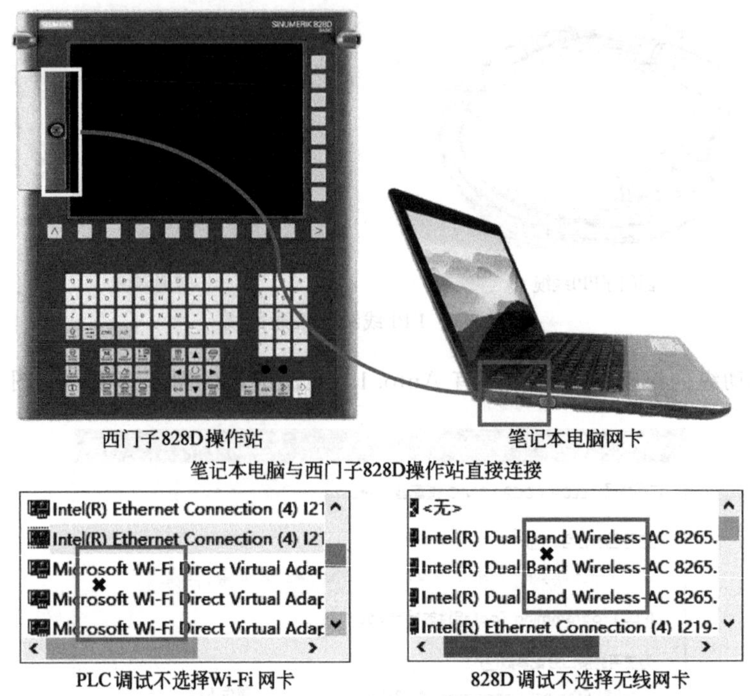

图 10-43　笔记本电脑与西门子 828D 操作站直接连接时的网卡选择

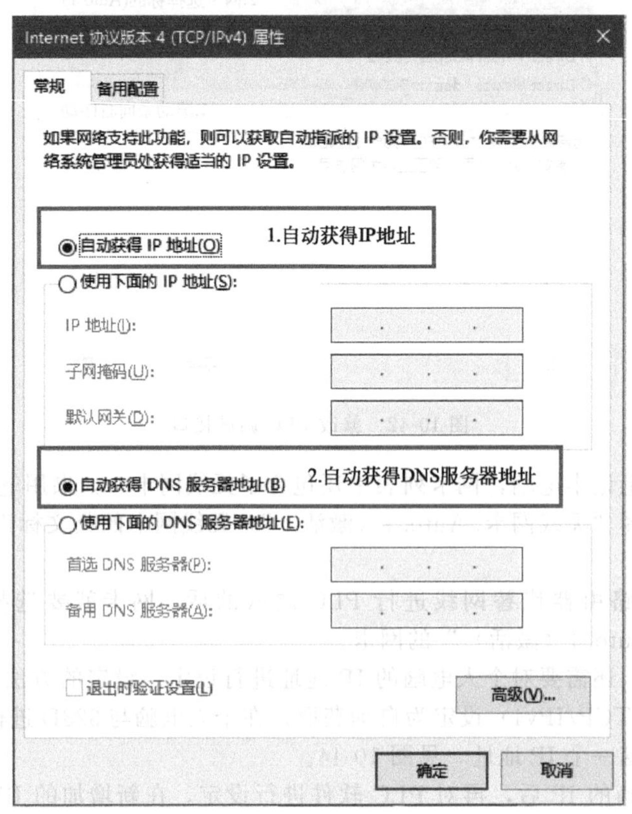

图 10-44　个人电脑与 828D 联机时的 IP 设定

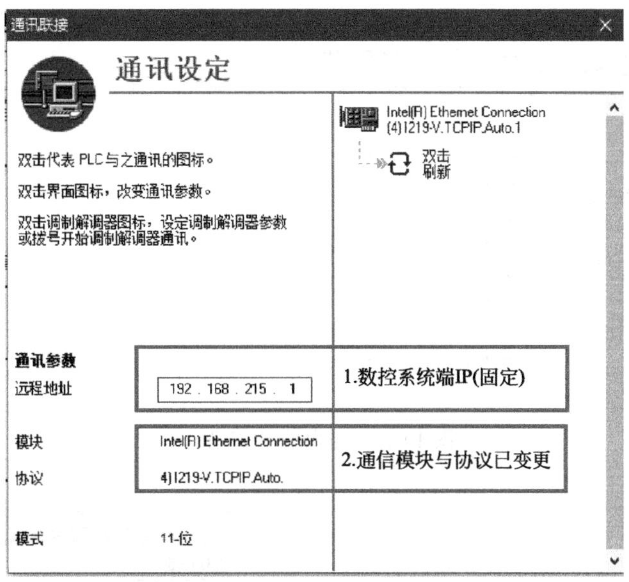

图 10-45　设定 PLC 软件与数控系统通信 IP 地址

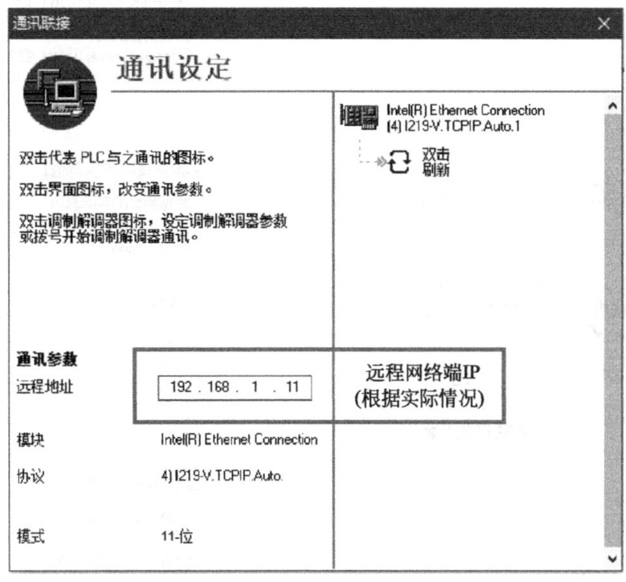

图 10-46　设定 PLC 软件与数控系统远程通信 IP 地址

10.2.2　在线载入 PLC

PLC 编辑软件的“通讯...”设定完成后，PLC 编辑软件创建了一个空白的 PLC 程序，见图 10-47。

此时点击软件界面左侧的 通讯，在弹出的对话框中双击刷新进行 PLC 联机，当双击刷新处变为绿色框的“828D Step 2”时，表示 PLC 联机成功，如果显示“未知”，则表示联机失败，可能是网卡设定问题或 IP 设置问题，需要查看上述设定是否正确，见图 10-48。

当联机成功后，完成 PLC 软件与数控系统的通信设定后，点击工具栏的载入按钮，即可获取数控系统的 PLC 程序，见图 10-49。

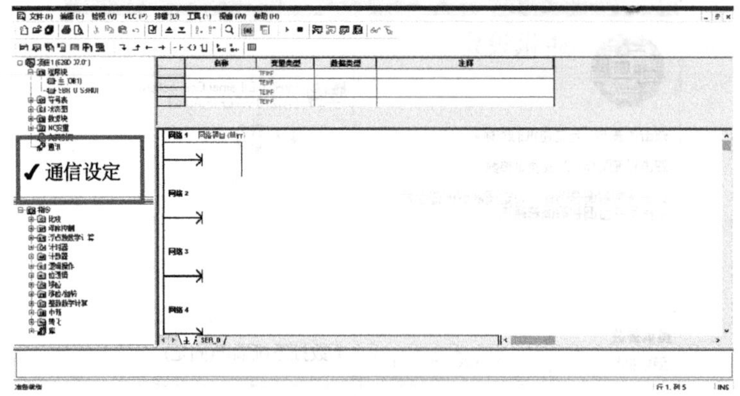

图 10-47　空白的 PLC 程序

图 10-48　PLC 软件在线获取 PLC 程序

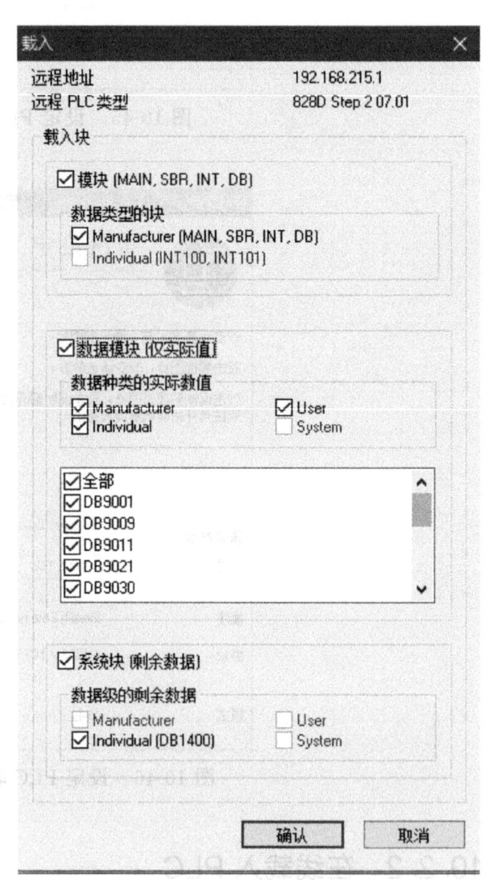

图 10-49　载入 PLC 程序到电脑中

点击确认后，将 828D 的 PLC 载入到个人电脑，可以将其保存到个人电脑的桌面等位置，可以自定义文件名（通常是机床型号），保存的 PLC 文件后缀名为“＊.ptp”，见图 10-50。

10.2.3　软件界面

PLC Programming Tool 的软件界面经常使用的五大部分分别是工具栏、PLC 程序相关

图 10-50 保存新载入的 PLC 程序及文件图标

列表、PLC 变量定义页面、PLC 程序详情页面、编译详情页面，见图 10-51。这五个页面边界都有调整栏，可以用鼠标点住进行拖拽，调整页面大小，也可以通过 Ctrl 键+滚动鼠标中轮调整字体及符号大小。

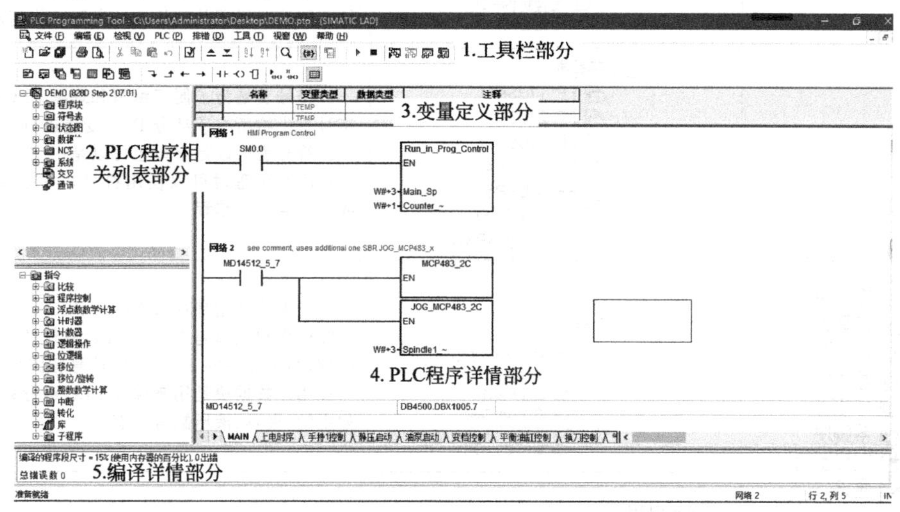

图 10-51 西门子 828D 的 PLC 编辑软件界面

工具栏部分（图 10-52）包含了常用的快捷功能：打开（已有 PLC 程序）、保存（已打开的 PLC 程序）、载入功能、下载功能、编译功能、PLC 运行、PLC 停止、PLC 在线状态。

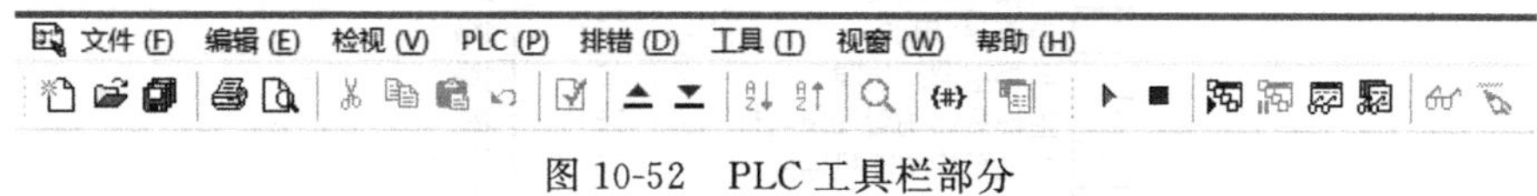

图 10-52 PLC 工具栏部分

载入功能，指的是将数控系统中的 PLC 程序传送到个人电脑的 PLC 编辑软件中，称为上载（Upload）。

下载功能，指的是将个人电脑中 PLC 编辑软件编写完毕的 PLC 程序传送到数控系统中，称为下载（Download），PLC 编辑软件必须包含 PLC 程序，在下载之前必须要对 PLC 程序进行编译。

编译（Compile）功能，指的是 PLC 编写完毕后，PLC 编程软件检查 PLC 的调用情况及语法规则，检查无误后方可进行下载操作，编译功能只能检测 PLC 的语法规则是否正确，至于 PLC 的逻辑是否正确，编译功能无法检测。

PLC 在线状态，指的是使用个人电脑端的 PLC 编辑软件在线查看数控系统端的 PLC 的运行状态，有助于诊断 PLC 故障。

（1） PLC 概览

PLC 软件界面左上角的列表是 PLC 的核心部分，包含了 PLC 的主体程序 OB1、具体控制功能程序 SBRn（n 是数字）以及相关的辅助数据和功能。其各个部分具体的分析详见表 10-2。

表 10-2　PLC 结构概览及说明

<table>
<tr>
<td rowspan="4"> 西门子828dPLC
程序块
符号表
状态图
数据块
NC变量
系统块
交叉引用
通讯</td>
<td> 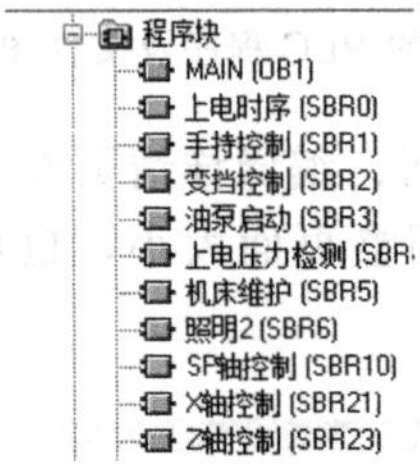程序块
MAIN (OB1)
上电时序 (SBR0)
手持控制 (SBR1)
变挡控制 (SBR2)
油泵启动 (SBR3)
上电压力检测 (SBR
机床维护 (SBR5)
照明2 (SBR6)
SP轴控制 (SBR10)
X轴控制 (SBR21)
Z轴控制 (SBR23)</td>
<td>1. 程序块中包含所有的 PLC 逻辑
2. 主程序是 OB1，名称固定，必须启动（与发那科 LEVEL2 功能类似）
3. 由 OB1 调用各个子功能块 SBRn，由子功能块 SBRn 实现主轴刀具控制、油泵控制、伺服轴控制等具体控制功能
4. 子功能块不一定全部被主程序 OB1 调用，具体调用情况根据数控机床的实际功能而定</td>
</tr>
<tr>
<td> 符号表
PP_1 (USR1)
PP_2 (USR2)
PP_3 (USR3)
PP_4 (USR4)
PP_5 (USR5)
USR1 (USR6)
IS_MCP (USR31)</td>
<td>1. 符号表是为了便于编写和理解 PLC 程序，在符号表中给所有或部分 PLC 变量进行统一命名
2. 符号表可以是字母也可以是中文
3. PLC 编程时可以使用符号表中定义的字母或中文名进行编程</td>
</tr>
<tr>
<td> 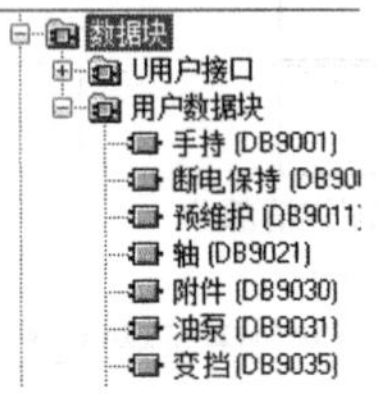数据块
U用户接口
用户数据块
手持 (DB9001)
断电保持 (DB90
预维护 (DB9011
轴 (DB9021)
附件 (DB9030)
油泵 (DB9031)
变挡 (DB9035)</td>
<td>1. 数据块是用来存放 NC 及 PLC 运行数据的
2. U 用户接口是 NC 与 PLC 通信的 PLC 变量区域（与发那科的 F 信号、G 信号相同）
3. 用户数据块是用来保存 PLC 运行数据的，例如主轴、夹具、液压缸等状态</td>
</tr>
<tr>
<td colspan="2">交叉引用 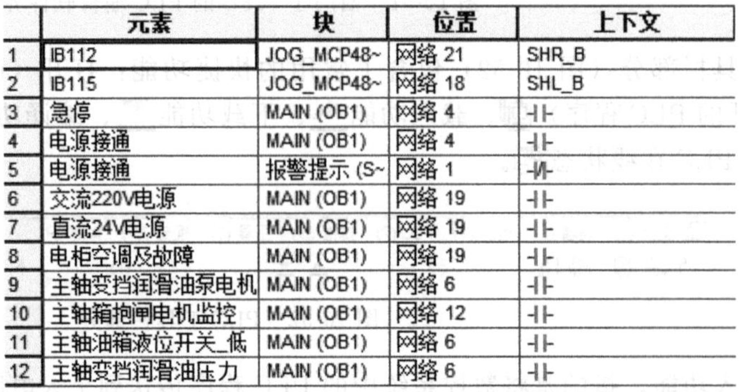
<table>
<tr><th></th><th>元素</th><th>块</th><th>位置</th><th>上下文</th></tr>
<tr><td>1</td><td>IB112</td><td>JOG_MCP48~</td><td>网络 21</td><td>SHR_B</td></tr>
<tr><td>2</td><td>IB115</td><td>JOG_MCP48~</td><td>网络 18</td><td>SHL_B</td></tr>
<tr><td>3</td><td>急停</td><td>MAIN (OB1)</td><td>网络 4</td><td>-||-</td></tr>
<tr><td>4</td><td>电源接通</td><td>MAIN (OB1)</td><td>网络 4</td><td>-||-</td></tr>
<tr><td>5</td><td>电源接通</td><td>报警提示 (S~</td><td>网络 1</td><td>-|/|-</td></tr>
<tr><td>6</td><td>交流220V电源</td><td>MAIN (OB1)</td><td>网络 19</td><td>-||-</td></tr>
<tr><td>7</td><td>直流24V电源</td><td>MAIN (OB1)</td><td>网络 19</td><td>-||-</td></tr>
<tr><td>8</td><td>电柜空调及故障</td><td>MAIN (OB1)</td><td>网络 19</td><td>-||-</td></tr>
<tr><td>9</td><td>主轴变挡润滑油泵电机</td><td>MAIN (OB1)</td><td>网络 6</td><td>-||-</td></tr>
<tr><td>10</td><td>主轴箱抱闸电机监控</td><td>MAIN (OB1)</td><td>网络 12</td><td>-||-</td></tr>
<tr><td>11</td><td>主轴油箱液位开关_低</td><td>MAIN (OB1)</td><td>网络 6</td><td>-||-</td></tr>
<tr><td>12</td><td>主轴变挡润滑油压力</td><td>MAIN (OB1)</td><td>网络 6</td><td>-||-</td></tr>
</table>
交叉引用页面只有对 PLC 编译后方可查看，其功能与发那科的交叉表用途相同，可以查看 PLC 中所有变量的调用情况</td>
</tr>
</table>

西门子 PLC 信号还有一些标准中间变量 M 信号，以 SM 开头，具体说明见表 10-3。

表 10-3　标准 PLC 中间变量 SM

标准 PLC 信号	释义	说明
SM0.0	恒定为 1 的 PLC 信号	经常使用，无条件调用某个功能或某个信号
SM0.1	第一个 PLC 周期的脉冲信号，PLC 运行第一个周期时的值为 1，第二个周期开始信号为 0	仅用作上电检测某些信号用
SM0.2	缓冲数据丢失，只有第一个 PLC 周期有效。值为 0 时表示数据正常，值为 1 时表示数据丢失	不常见
SM0.3	系统再启动，第一个 PLC 周期为 1，随后为 0	不常见
SM0.4	60s 周期信号，30s 为 1，30s 为 0	不常见
SM0.5	1s 周期信号，0.5s 为 1，0.5s 为 0	经常使用，用作灯的闪烁显示
SM0.6	PLC 周期循环（第 n 个周期值为 1，第 $n+1$ 周期值为 0）	不常见

（2） PLC 显示

西门子 828D 的 PLC 编辑软件有多种显示方式可以选择。选择符号寻址，可以显示 PLC 变量的中文（符号），选择符号信息表，可以显示 PLC 变量的地址信息，见图 10-53。

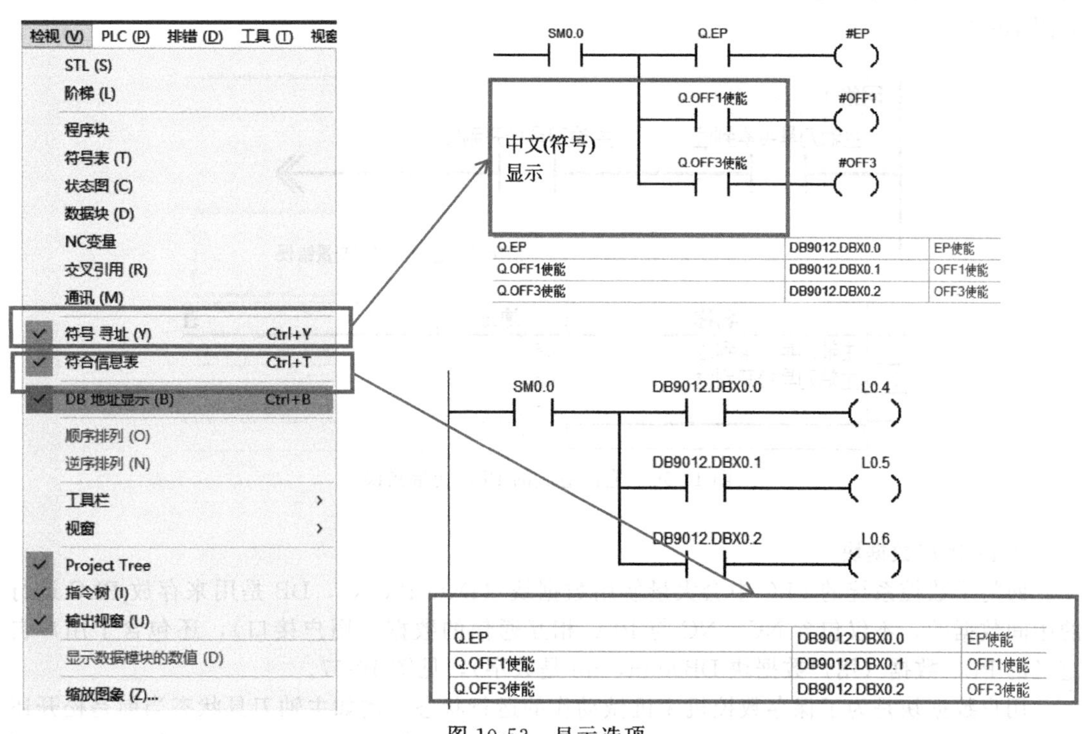

图 10-53　显示选项

（3）符号表

西门子 828D 的 PLC 相关知识比较复杂，因此先介绍容易理解的符号表（图 10-54）等部分。

符号表中的内容很简单，就是 PLC 变量地址集中命名的数据表格，相比之下单纯的

	名称	地址	注释
1	主轴刀具夹紧到位	I36.0	pp5/X111/T3:
2	主轴刀具松开到位	I36.1	pp5/X111/T4:
3		I36.2	pp5/X111/T5:
4		I36.3	pp5/X111/T6:

图 10-54　PLC 符号表

PLC 变量地址不便于记忆与编写 PLC 程序，如果将 PLC 的变量地址符号化，不论是编写 PLC 程序，还是理解 PLC，都是十分方便的。PLC 变量地址与 PLC 变量符号可以通过组合键 Ctrl＋Y 进行切换。

符号表的名称可以使用中文，表示在编写 PLC 的时候，可以直接使用中文进行编程，而不用使用 PLC 地址，这就极大地方便了 PLC 编程，见图 10-55。

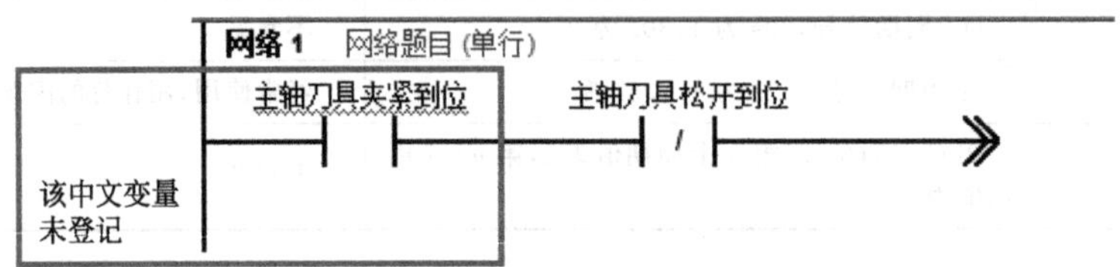

图 10-55　PLC 中文编程

在使用中文变量编写 PLC 的时候，发现输入的中文变量下有草绿色的波浪线，这表示输入的 PLC 中文变量没有在符号表中登记，要么符号表中登记的中文变量错误，见图 10-56。

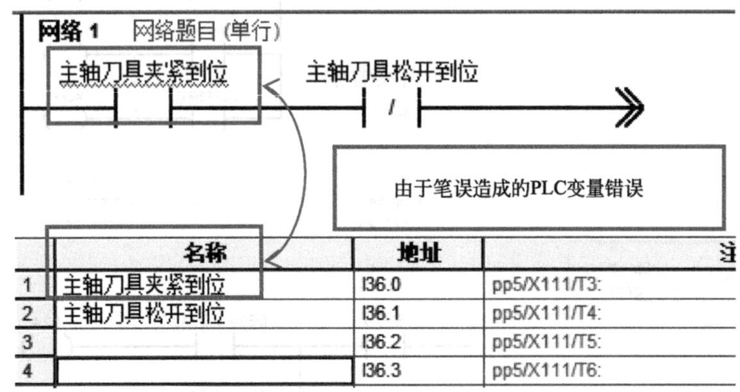

	名称	地址	注
1	主轴刀具夹紧到位	I36.0	pp5/X111/T3:
2	主轴刀具松开到位	I36.1	pp5/X111/T4:
3		I36.2	pp5/X111/T5:
4		I36.3	pp5/X111/T6:

图 10-56　笔误造成的 PLC 变量错误

（4）用户数据块

西门子数控系统的 PLC 中会大量使用数据块（Data Block），DB 是用来存放 PLC 运行的中间数据的，不仅包含 NC、NC 与 PLC 相互通信的数据（用户接口），还包含了用户自定义的 PLC 数据（用户数据块 DB90nn，nn 是数字），见图 10-57。

用户数据块是为了保存数控机床机械动作的运行状态，例如主轴刀具状态当前是松开还是夹紧，主轴刀具状态等可以多次被调用：自动换刀时调用主轴刀具状态，主轴旋转时调用主轴刀具状态，手动换刀时调用主轴刀具状态。编写 PLC 时调用相应的用户数据块中的变量即可，而不需要每次都调用主轴刀具松开或夹紧的输入信号。

用户数据块在数控系统断电后，其保存的数值并不会随之消失，这就有利于保存数控机床断电前的运行状态。对于大型数控机床来说，其机械动作的动力源由液压站提供，当数控

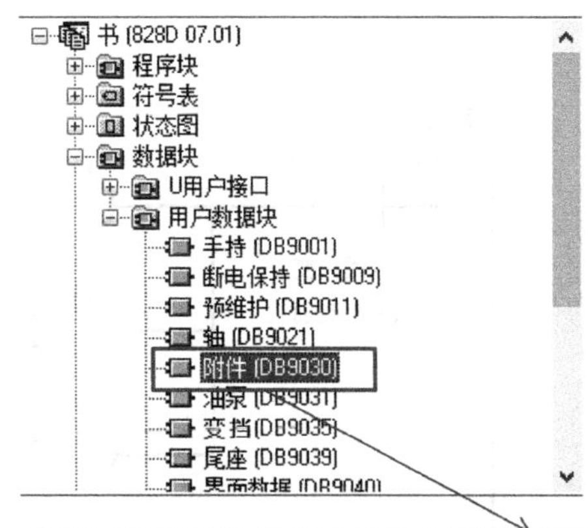

	地址	名称	数据类型	格式	起始值
1	0.0	排屑中间变量1	BOOL	位	OFF
2	0.1	冷却中间变量1	BOOL	位	OFF
3	0.2	抛光中间变量1	BOOL	位	OFF
4	0.3	磨头中间变量1	BOOL	位	OFF
5	0.4	磨头中间变量2	BOOL	位	OFF
6	0.5	磨头中间变量3	BOOL	位	OFF
7	0.6	照明中间变量1	BOOL	位	OFF
8	0.7	排屑器中间变量1	BOOL	位	OFF
9	1.0	排屑器中间变量2	BOOL	位	OFF
10	1.1	冷却中间变量2	BOOL	位	OFF
11	1.2	抛光中间变量2	BOOL	位	OFF
12	1.3	磨头中间变量4	BOOL	位	OFF
13	1.4	磨头中间变量5	BOOL	位	OFF
14	1.5	磨头中间变量6	BOOL	位	OFF
15	1.6	磨头中间变量7	BOOL	位	OFF
16	1.7	磨头中间变量8	BOOL	位	OFF

图 10-57　数据块及用户数据块

机床断电后，失去了液压动力的机械液压缸会产生一定的位置偏移，导致数控机床再次通电后，相应的到位检测开关无法检测到相应的液压缸位置，最终因为液压缸位置不到位而产生报警。此时就需要使用用户数据块记录液压缸的状态，当数控机床再次通电后，恢复断电前的液压缸的位置。用户数据块与 PLC 的关系见图 10-58。

对应发那科系统，大型数控机床也会采用 K 参数来保存液压缸或者主轴刀具等的状态。

至于 PLC 编写者会采用哪些变量来保存数控机床机械动作的运行状态，完全由 PLC 编写者指定，因此不同数控机床的制造商，甚至同一数控机床的制造商不同型号的数控机床都不一定统一。

（5）交叉引用

交叉引用（图 10-59），指的是某一 PLC 变量在 PLC 中被引用的位置与情况。也就是说，这个 PLC 变量在哪个程序块、哪行程序中出现，是以读取的形式出现还是以写入的方式出现。查看交叉引用之前，PLC 程序需要进行编译。当数控机床出现 PLC 报警时，交叉引用有助于查找 PLC 变量的使用情况，快速解决 PLC 报警。

编译后，如果没有提示错误，即可查看 PLC 变量的交叉引用状态，见图 10-60 和图 10-61。

（6） PLC 变量说明

西门子数控系统有自己的 PLC 变量命名方法。使用大写字母 I 作为输入信号的标识符，位地址例如 I0.0、I117.0，字节地址 IB0、IB117。

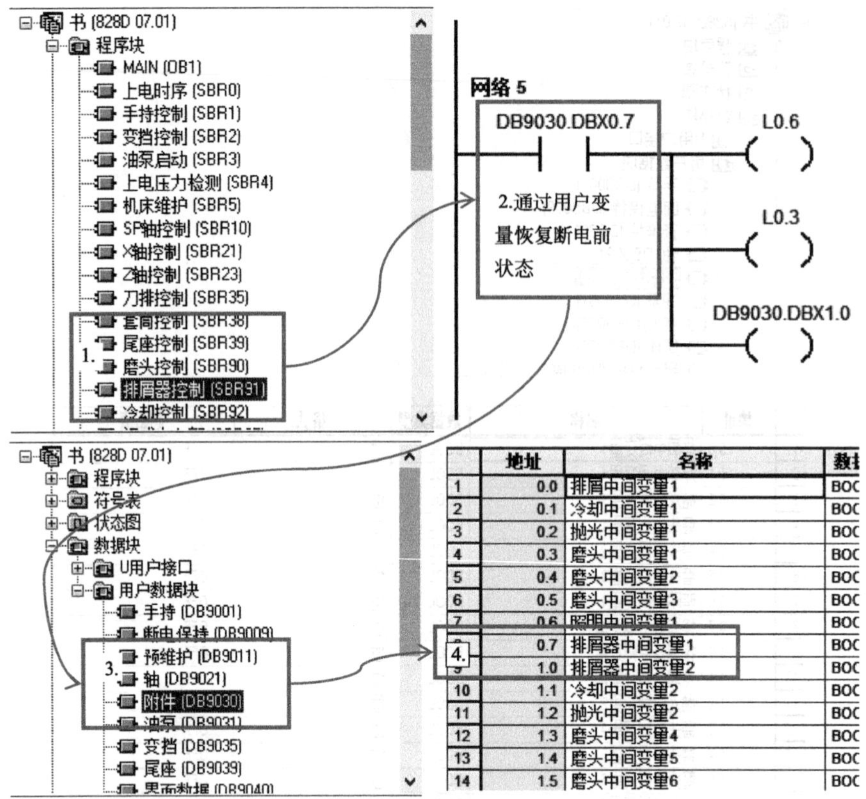

图 10-58　用户数据块与 PLC 的关系

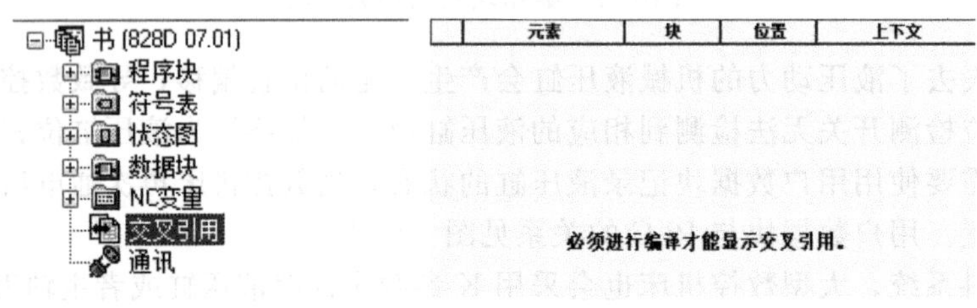

图 10-59　交叉引用

照明 (SBR200)
Prog_Control (SBR234)
MCP483 (SBR235)
JOG_MCP483_M (SBR236)

程序段内包含3351指令，使用了1105符号
编译的程序段尺寸 = 10% (使用内存器的百分比)，0出错

总错误数 0

图 10-60　编译时无错误（总错误数 0）

使用大写字母 Q 作为输出信号的标识符，位地址例如 Q0.0、Q117.0，字节地址 QB0、QB117。

西门子数控系统的 PLC 报警标识通常是 700nnn，共计六位数字，也有数控机床制造商使用 500nnn、600nnn 作为 PLC 报警标识，不同的 PLC 报警范围（报警号 700 开头、600 开头、500 开头）对应的数据块地址是不同的。

	元素	块	位置	上下文
175	I119.5	MAIN (OB1)	网络 17	┤├
176	I119.6	照明 (SBR200)	网络 1	┤├
177	I119.7	MAIN (OB1)	网络 6	┤├
178	I122.0	MAIN (OB1)	网络 20	┤├
179	I122.1	MAIN (OB1)	网络 20	┤├
180	I122.2	MAIN (OB1)	网络 20	┤├
181	I122.3	MAIN (OB1)	网络 20	┤├
182	I122.4	MAIN (OB1)	网络 20	┤├
183	I122.5	MAIN (OB1)	网络 20	┤├
184	I122.6	MAIN (OB1)	网络 20	┤├
185	I122.7	MAIN (OB1)	网络 20	┤├
186	I123.0	MAIN (OB1)	网络 20	┤├
187	Q6.0	MAIN (OB1)	网络 9	-( )
188	Q6.1	MAIN (OB1)	网络 9	-( )
189	Q6.2	MAIN (OB1)	网络 9	-( )
190	Q6.3	MAIN (OB1)	网络 9	-( )
191	Q6.4	MAIN (OB1)	网络 9	-( )
192	Q6.5	MAIN (OB1)	网络 6	油泵启动
193	Q6.6	MAIN (OB1)	网络 12	SP轴控制
194	Q6.7	MAIN (OB1)	网络 6	油泵启动
195	Q7.0	MAIN (OB1)	网络 13	尾座控制
196	Q7.1	MAIN (OB1)	网络 13	尾座控制
197	Q7.2	MAIN (OB1)	网络 13	尾座控制
198	Q7.3	MAIN (OB1)	网络 13	尾座控制

图 10-61 交叉引用（编译后）

西门子系统使用数据块 DB 作为 NC 与 PLC 的数据通信（与发那科的 F 信号、G 信号相同）。不同的数据块保存不同的 NC 数据，例如 PLC 报警数据块，828D 的数据块是 DB1600（图 10-62）；M 代码数据块，828D 的数据块是 DB2500（图 10-63）；14512（对应发那科 K 参数），828D 的数据块是 DB4500（图 10-64）。

ALARM.Act_700000	报警提示 (SBR110)
ALARM.Act_700002	报警提示 (SBR110)
ALARM.Act_700004	报警提示 (SBR110)
ALARM.Act_700005	报警提示 (SBR110)
ALARM.Act_700009	尾座控制 (SBR39)
ALARM.Act_700009	尾座控制 (SBR39)
ALARM.Act_700009	尾座控制 (SBR39)
ALARM.Act_700010	尾座控制 (SBR39)
ALARM.Act_700010	尾座控制 (SBR39)

DB1600.DBX0.0	报警提示 (SBR110)
DB1600.DBX0.2	报警提示 (SBR110)
DB1600.DBX0.4	报警提示 (SBR110)
DB1600.DBX0.5	报警提示 (SBR110)
DB1600.DBX1.1	尾座控制 (SBR39)
DB1600.DBX1.1	尾座控制 (SBR39)
DB1600.DBX1.1	尾座控制 (SBR39)
DB1600.DBX1.2	尾座控制 (SBR39)
DB1600.DBX1.2	尾座控制 (SBR39)

图 10-62 PLC 报警 700000 等及 PLC 报警变量

AUX_CHAN1.MDyn_5	SP轴控制 (SBR10)
AUX_CHAN1.MDyn_7	冷却控制 (SBR92)
AUX_CHAN1.MDyn_9	冷却控制 (SBR92)
AUX_CHAN1.MDyn_75	排屑器控制 (SBR91)
AUX_CHAN1.MDyn_76	排屑器控制 (SBR91)
AUX_CHAN2.MDyn_5	SP轴控制 (SBR10)

DB2500.DBX1000.5	SP轴控制 (SBR10)
DB2500.DBX1000.7	冷却控制 (SBR92)
DB2500.DBX1001.1	冷却控制 (SBR92)
DB2500.DBX1009.3	排屑器控制 (SBR91)
DB2500.DBX1009.4	排屑器控制 (SBR91)
DB2501.DBX1000.5	SP轴控制 (SBR10)

图 10-63 M 代码 M5、M7、M9、M75、M76 以及第二通道 M5

不同的数据块中具体的地址有各不相同的表达方式，DBB 代表的是 PLC 的字节数据（Byte），DBX 代表的是 PLC 的位地址，DBW 代表的是 PLC 字地址（一个字地址包含两个字节地址）。

MD14512_0_0	X1_1	X轴控制 (SBR21)
MD14512_0_0	X1_1	X轴控制 (SBR21)
MD14512_0_1	X1_2	X轴控制 (SBR21)
MD14512_0_1	X1_2	X轴控制 (SBR21)
MD14512_0_2	Z1_1	Z轴控制 (SBR23)
MD14512_0_2	Z1_1	Z轴控制 (SBR23)
MD14512_0_3	Z1_2	Z轴控制 (SBR23)
MD14512_0_3	Z1_2	Z轴控制 (SBR23)
MD14512_0_4	SP_1	SP轴控制 (SBR10)
MD14512_0_4	SP_1	SP轴控制 (SBR10)
MD14512_0_5	SP_2	SP轴控制 (SBR10)
MD14512_0_5	SP_2	SP轴控制 (SBR10)

DB4500.DBX1000.0	X轴控制 (SBR21)
DB4500.DBX1000.0	X轴控制 (SBR21)
DB4500.DBX1000.1	X轴控制 (SBR21)
DB4500.DBX1000.1	X轴控制 (SBR21)
DB4500.DBX1000.2	Z轴控制 (SBR23)
DB4500.DBX1000.2	Z轴控制 (SBR23)
DB4500.DBX1000.3	Z轴控制 (SBR23)
DB4500.DBX1000.3	Z轴控制 (SBR23)
DB4500.DBX1000.4	SP轴控制 (SBR10)
DB4500.DBX1000.4	SP轴控制 (SBR10)
DB4500.DBX1000.5	SP轴控制 (SBR10)
DB4500.DBX1000.5	SP轴控制 (SBR10)

图 10-64　14512（对应发那科 K 参数）

例如，DB1600. DBX0. 0 代表的是 PLC 报警模块第一个字节的第一个位，类似于发那科 PLC 报警信号的 A0. 0，当 PLC 信号 DB1600. DBX0. 0 为 1 时，对应 CNC 侧显示 700000 的 PLC 报警，当 PLC 信号 DB1600. DBX1. 0 为 1 时，对应 CNC 侧显示 700008 的 PLC 报警。当对 DB1600. DB0 整体赋值为 255 时，即 DB1600. DB0 二进制表达方式是 11111111，那么 CNC 侧显示 700000～700007 共计八个 PLC 报警。

西门子的 M 代码的定义格式是固定的，即 PLC 信号 DB2500. DBX0. 0 对应 M 代码 M00，DB2500. DBX1. 0 对应 M 代码 M8，DB2500. DBX1. 1 对应 M 代码 M9。

西门子数控系统在执行 M 代码时，在 M 代码运行期间其对应的 PLC 信号 DB2500. DBXm. n 的值不是一直为 1（ON），而是一个脉冲信号（仅存在一个 PLC 周期），其值是转瞬即逝。因此在线查看时是无法直接观测到的。通过对某一中间变量 M 信号或者用户数据 DB90nn 的值进行 Set 置位（S），可获取 M 代码的运行状态。通过对中间变量进行 Reset 复位（R），终止相关 M 代码的控制。西门子 828D 的 M 代码控制过程见图 10-65。

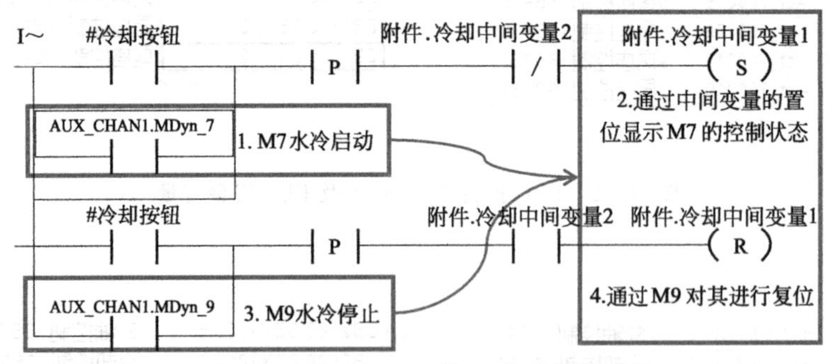

图 10-65　西门子 828D 的 M 代码控制过程

10.2.4　程序块

828D 的 PLC 结构与 840Dsl 类似，主程序是 OB1，主要用来调用相应的控制程序，又与发那科的类似，编程语言包含了梯形图语言。

功能块 FBD 编程语言，调用的子程序的数据结构清晰，包含了输入变量和输出变量，同时内部的 PLC 编程采用梯形图语言，也就是说具备了梯形图的直观性。

由图 10-66 可知，FBD 编写的 PLC 程序不仅直观，而且方便使用。而功能块中的功能，是可以自己随意定义的。

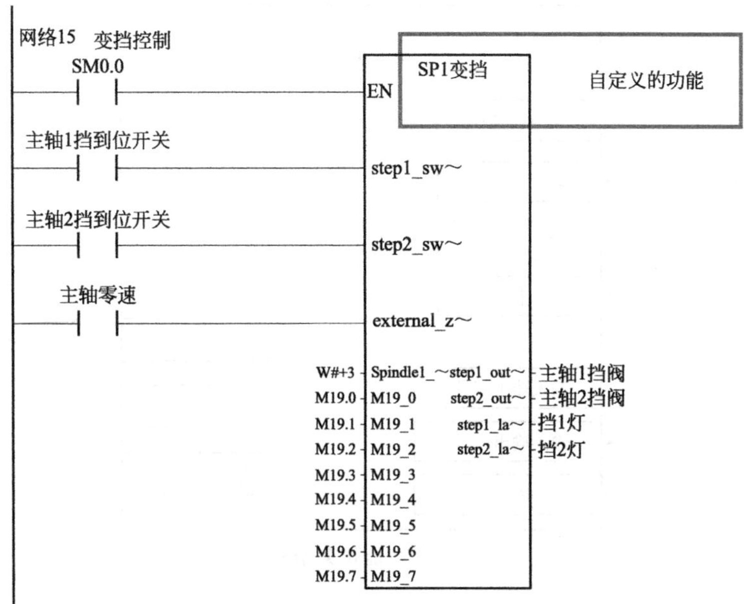

图 10-66 调用“打包”的主轴（SP1）变挡功能

西门子数控系统的 PLC 中间变量地址是 M 变量（发那科是 R 变量），例如 Mm. n。标准 M 变量是 SM，其中 SM0. 0 为常 1 信号，符号通常是“ONE”或者数字“1”，如果直接指向功能块的使能（EN），表示在 PLC 启动后即调用该功能块，见图 10-67。

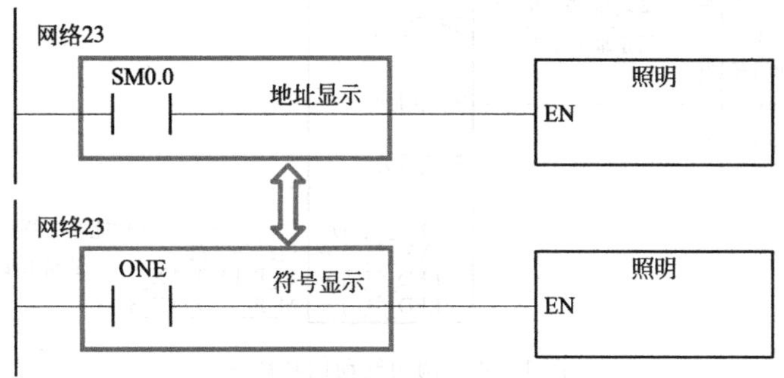

图 10-67 PLC 启动后即调用照明功能

（1）功能块与梯形图

功能块相比梯形图，整体的结构更加清晰，引用了哪些功能（功能块名称）以及引用的功能都有哪些数据接口。功能块左侧变量是功能块的输入变量（地址）及输入输出变量（地址），功能块右侧的变量是功能块的输出变量（地址），PLC 功能的整体结构一目了然，见图 10-68。

功能块除了使能的名称固定为 EN 以外，其余的输入信号与输出信号，不论是数量还是名称都是 PLC 编程者自定义的，有关详情在后文会进行详解。

功能块 PLC 语言还包含了一种特殊的信号地址——输入输出信号（INOUT）。输入输出信号，顾名思义，既可以是输入信号，也可以是输出信号，通常作为控制请求，换言之可以使用该信号实现功能控制（输入信号），也可以使用该信号实现状态显示（输出信号）见图 10-69。

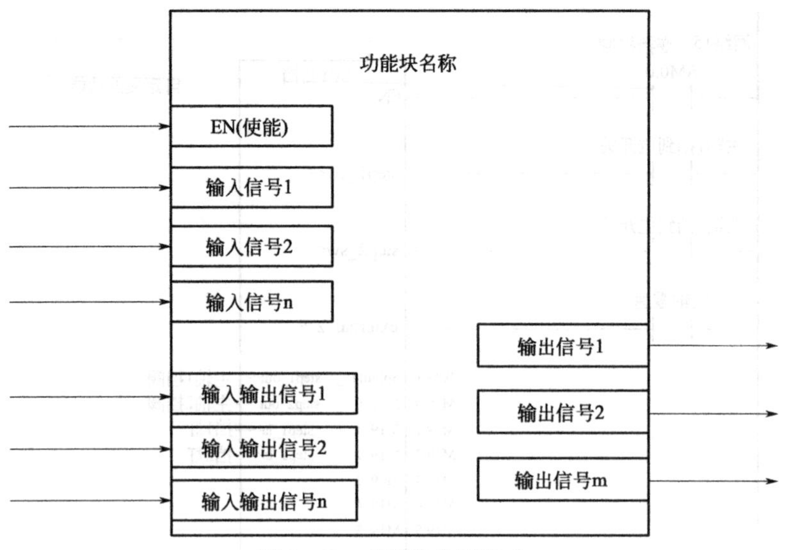

图 10-68　功能块典型样式

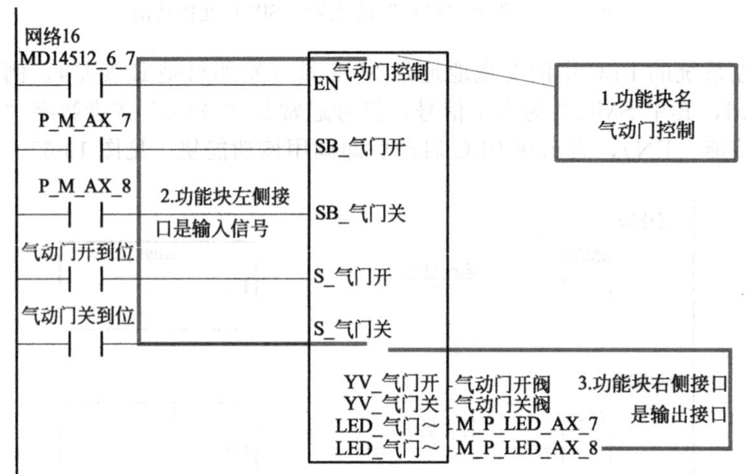

图 10-69　调用气动门功能块

使用功能块进行 PLC 编程，如果程序编写得比较严谨，同时调试手册说明比较详细的话，如果出现 PLC 故障，调试的过程还是非常容易的，因为功能块作为 PLC 程序的一个整体出现，具体的内部逻辑是不需要关心的。但是，如果 PLC 的编程者经验不足，导致实际的功能块漏洞百出，出现故障时，还需要了解功能块内部的逻辑。

（2）功能块结构

功能块的内部结构包含固定的使能信号接口（EN），不固定的输入信号接口（IN），输出信号接口（OUT），请求信号接口（IN _ OUT），以及局部变量（TEMP）（局部变量又被称为临时变量）等几部分。

输入信号接口、输出信号接口及请求信号接口都占据功能块的实际数据接口，占据的数据地址的顺序由上至下自动排列，数据的接口地址与字节地址 L 相匹配，从 L0 开始：L0. 0、L0. 1…L0. 7，L1. 0、L1. 1…L1. 7，按照 PLC 中定义接口的顺序自动分配。

上述所有的地址都可以在 828D 的 PLC 程序详情页面的上方观察到。现以简单的排屑器控制功能为例，说明输入信号、输出信号与数据接口 L 的对应关系，见图 10-70。

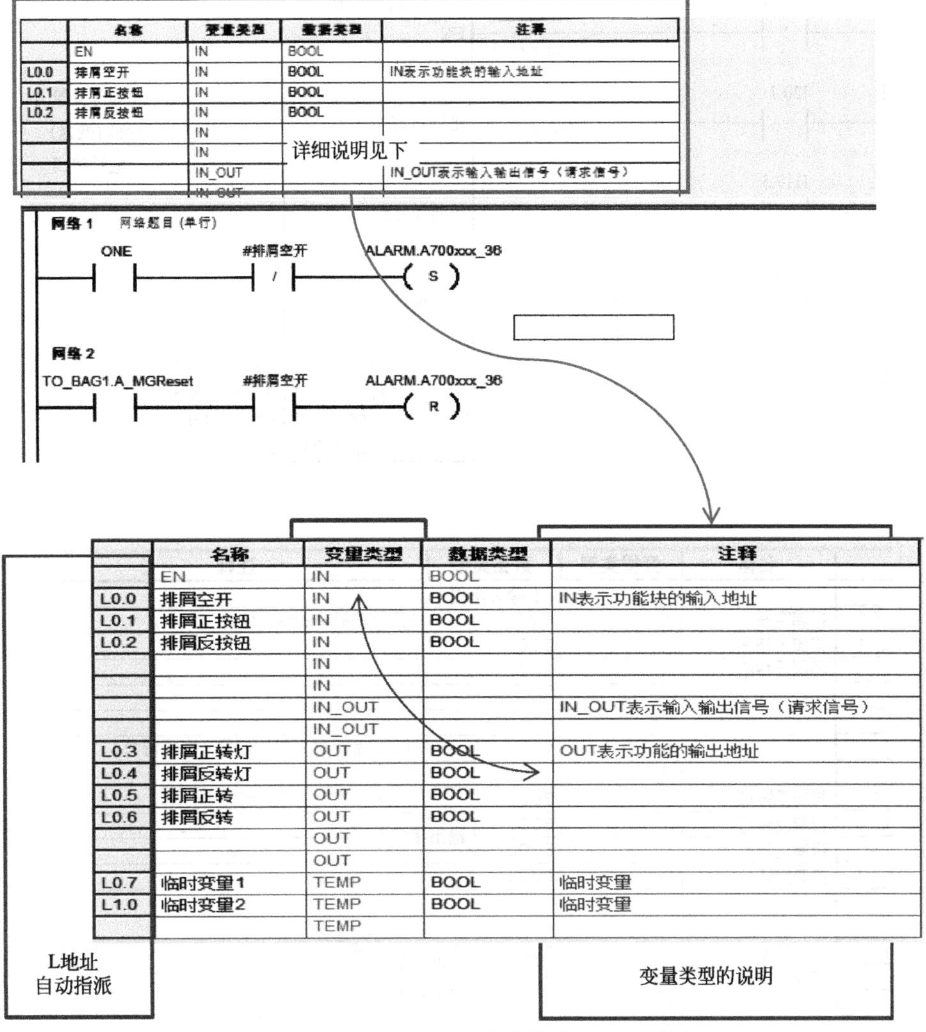

	名称	变量类型	数据类型	注释
	EN	IN	BOOL	
L0.0	排屑空开	IN	BOOL	IN表示功能块的输入地址
L0.1	排屑正按钮	IN	BOOL	
L0.2	排屑反按钮	IN	BOOL	
		IN		
		IN		
		IN_OUT		IN_OUT表示输入输出信号（请求信号）
		IN_OUT		
L0.3	排屑正转灯	OUT	BOOL	OUT表示功能的输出地址
L0.4	排屑反转灯	OUT	BOOL	
L0.5	排屑正转	OUT	BOOL	
L0.6	排屑反转	OUT	BOOL	
		OUT		
		OUT		
L0.7	临时变量1	TEMP	BOOL	临时变量
L1.0	临时变量2	TEMP	BOOL	临时变量
		TEMP		

图 10-70 西门子 828D 功能块内部地址详解

注意，局部变量（TEMP）虽然占据功能块的 L 地址，但不占据功能块的接口地址，详情见图 10-71。

编写 828D 的功能块时，可以直接使用 L 地址进行编程，也可以使用“#”加中文名称进行编程。

（3）功能块的修改

功能块编写的 PLC 应用于复杂控制的数控机床上有其便利性，但如果将已定义的功能块进行功能扩展，例如增加一个输入地址，则整个 PLC 的调整工作就变得异常麻烦。依然以排屑器控制为例，增加一个输入按钮控制地址，此时新增按钮控制的 L 地址被 PLC 软件自动指定为 L0.3，而后续的输出地址以及临时变量的 L 地址增加了 1 位，见图 10-72。

前文中讲过，功能块的接口地址与 L 地址是对应的，新增一个输入地址接口，就会导致后面所有的接口地址错位。查看主程序 OB1 时，PLC 软件会提示错误，见图 10-73。

查看被调用的功能块时发现接口地址显示红色，表示接口地址错误，见图 10-74。

为此只能将被调用的功能块删除，调用新功能块，见图 10-75。

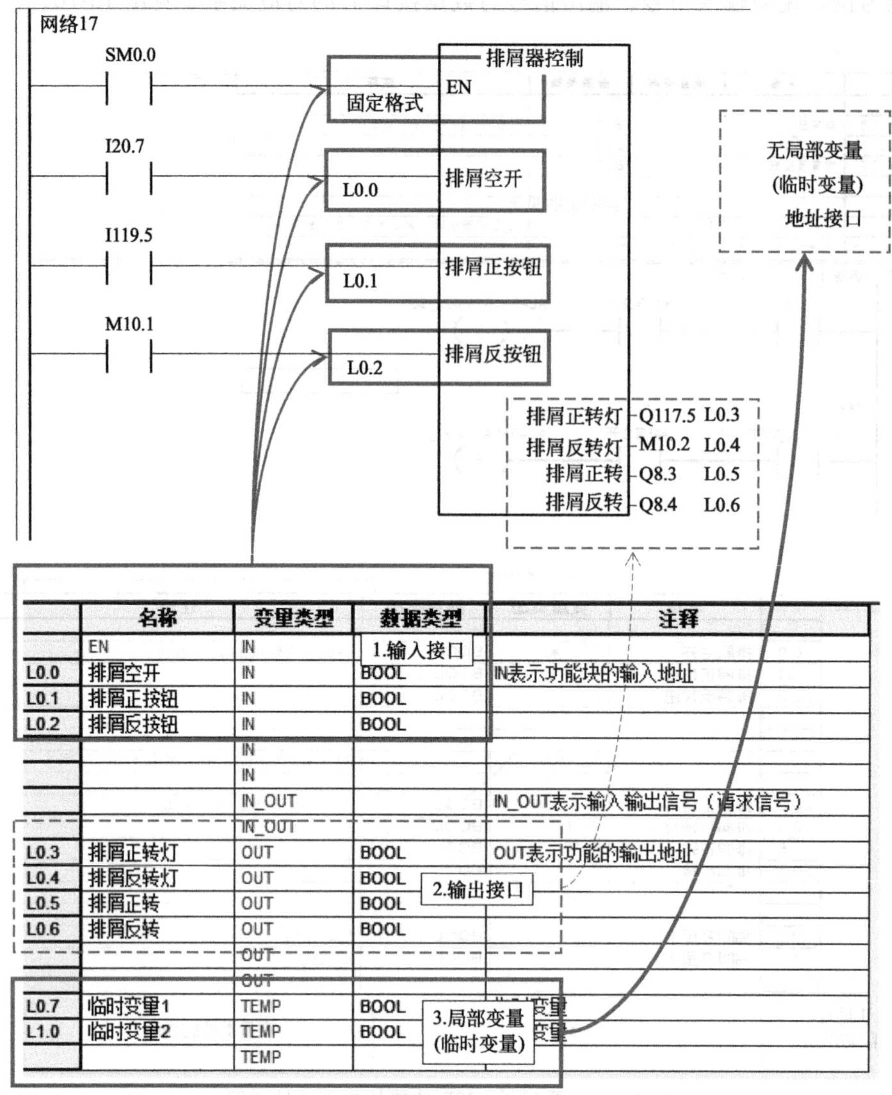

	名称	变量类型	数据类型	注释
	EN	IN	1.输入接口	
L0.0	排屑空开	IN	BOOL	IN表示功能块的输入地址
L0.1	排屑正按钮	IN	BOOL	
L0.2	排屑反按钮	IN	BOOL	
		IN		
		IN		
		IN_OUT		IN_OUT表示输入输出信号（请求信号）
		IN_OUT		
L0.3	排屑正转灯	OUT	BOOL	OUT表示功能的输出地址
L0.4	排屑反转灯	OUT	BOOL	2.输出接口
L0.5	排屑正转	OUT	BOOL	
L0.6	排屑反转	OUT	BOOL	
		OUT		
		OUT		
L0.7	临时变量1	TEMP	BOOL	
L1.0	临时变量2	TEMP	BOOL	
		TEMP		

图 10-71　西门子 828D 功能块地址定义与功能块接口对应关系

	名称	变量类型	数据类型	注释
	EN	IN	BOOL	
L0.0	排屑空开	IN	BOOL	IN表示功能块的输入地址
L0.1	排屑正按钮	IN	BOOL	
L0.2	排屑反按钮	IN	BOOL	
L0.3	新增按钮地址	IN	BOOL	1.新增一个输入地址
		IN		
		IN_OUT		IN_OUT表示输入输出信号（请求信号）
		IN_OUT		
L0.4	排屑正转灯	OUT	BOOL	原地址L0.3
L0.5	排屑反转灯	OUT	BOOL	原地址L0.4
L0.6	排屑正转	OUT	BOOL	原地址L0.5
L0.7	排屑反转	OUT	BOOL	原地址L0.6
		OUT		
		OUT		2.输出地址及临时变量地址增加1位
L1.0	临时变量1	TEMP	BOOL	原地址L0.7
L1.1	临时变量2	TEMP	BOOL	原地址L1.0

图 10-72　功能块新增输入接口地址

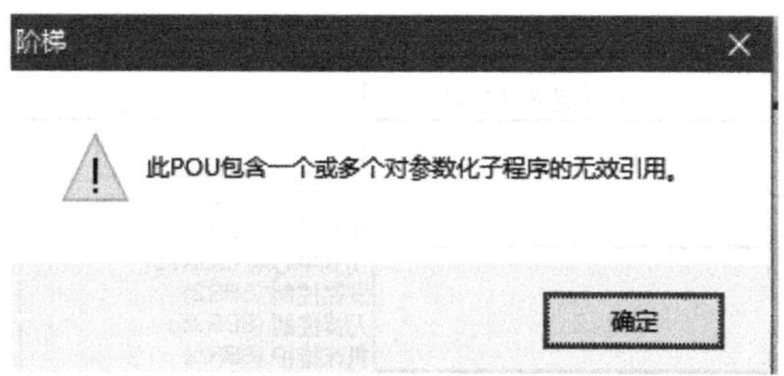

图 10-73　新增功能块接口地址后主程序错误

网络17
SM0.0
I20.7
I119.5
M10.1
排屑器控制
EN
排屑空开
排屑正按钮
排屑反按钮
红色字体表示错误
排屑正转灯 Q117.5
排屑反转灯 M10.2
排屑正转 Q8.3
排屑反转 Q8.4

图 10-74　功能块接口地址错乱

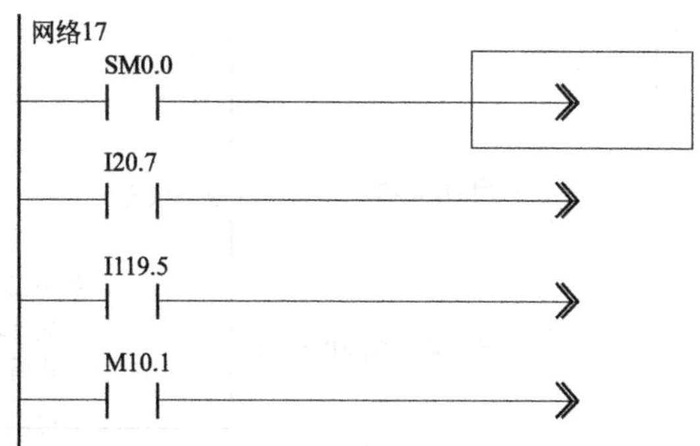

图 10-75　删除排屑器控制功能

删除原排屑器功能后，按 F9 键，重新选择排屑器功能，见图 10-76。

由于新排屑器功能增加了一个接口地址，因此相应的功能块图形也多一个接口，见图 10-77。

新增按钮功能必须由相应的 PLC 地址进行指向，否则依然会出错，见图 10-78。

此时，编译 PLC 时，系统会提示错误，见图 10-79。

双击编译提示的错误行，PLC 软件会自动跳转到错误所在的位置，即上文中定义了功能块的地址却没有进行 PLC 地址指向处。如果对于新增的输入信号接口还没想好具体怎么处理，索性就对其进行临时的 0 的赋值，见图 10-80。

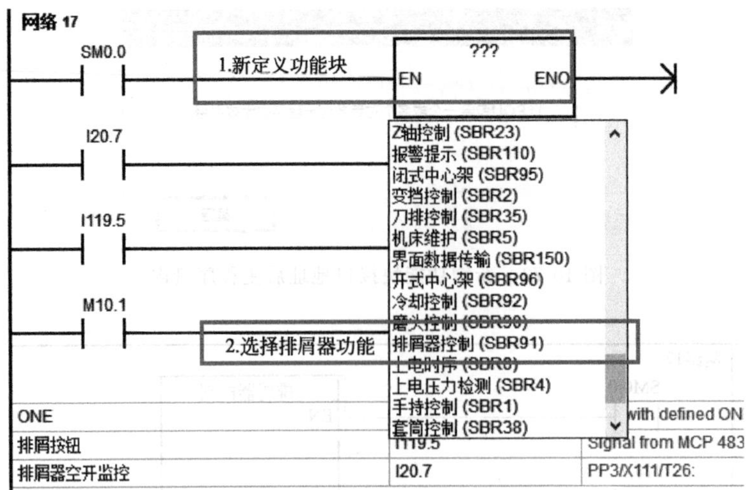

图 10-76　重新选择排屑器功能

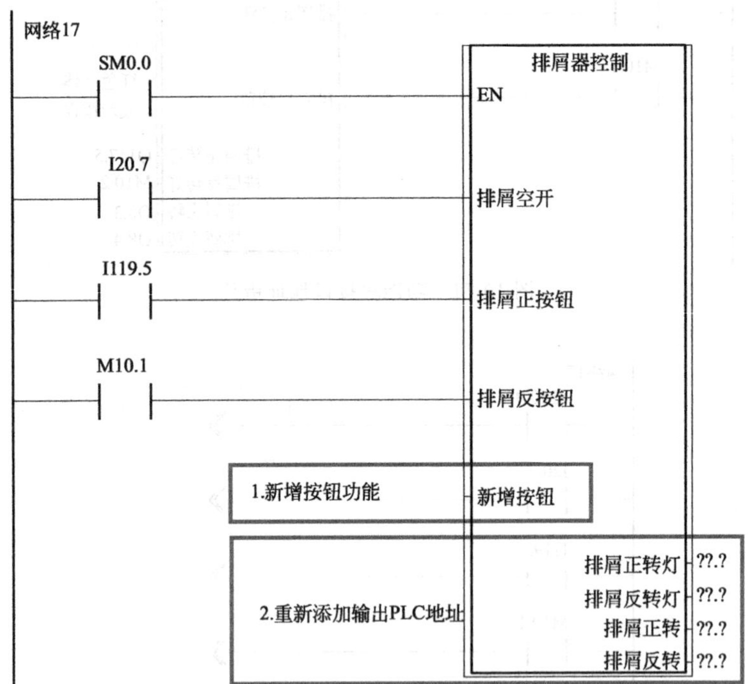

图 10-77　新排屑器功能调用

此时编译 PLC 后，依然可能会出现如图 10-81 所示的错误。

双击编译错误行，PLC 软件会跳转到错误处，此时发现“新增按钮控制”下方出现了波浪线，表示该变量调用时出错，其原因是定义的新增按钮地址是输入接口地址，而在子程序中却被赋值“-( )”，变成了输出接口地址，两者冲突，故而导致 PLC 编译错误，见图 10-82。

造成这一错误的原因在于新增的输入接口地址被 PLC 软件自动定义成 L0.3，造成了后续的所有接口地址向后错了一位，原 L0.3 对应的排屑正转灯变成了 L0.4。原本是输出信号的排屑正转灯变成了新增的按钮地址，见图 10-83。

网络17

SM0.0

I20.7

I119.5

M10.1

排屑器控制

EN

排屑空开

排屑正按钮

排屑反按钮

没有PLC地址指向新接口

新增按钮

排屑正转灯 Q117.5

排屑反转灯 M10.2

排屑正转 Q8.3

排屑反转 Q8.4

图 10-78　定义了功能块地址却没有使用

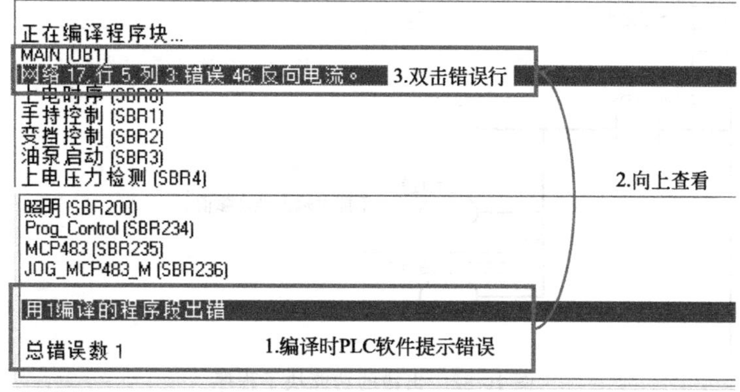

图 10-79　PLC 编译错误

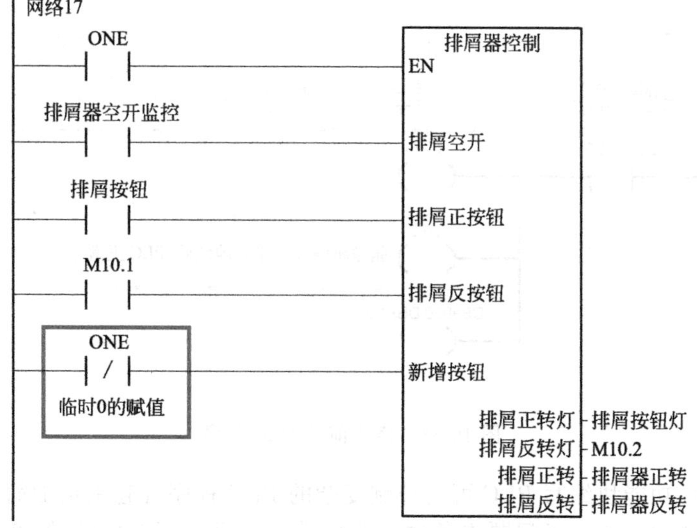

图 10-80　临时赋值以确保程序正确

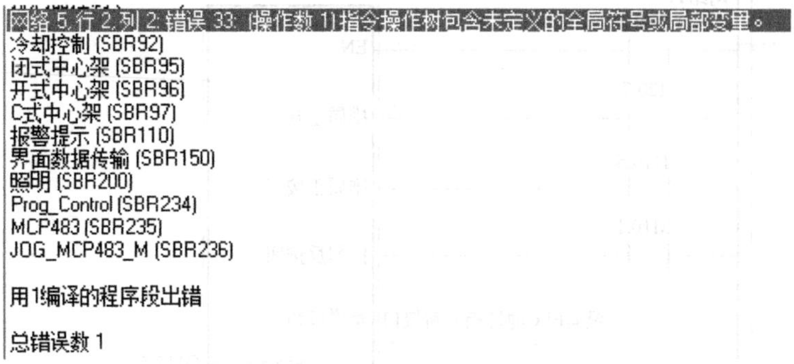

网络 5, 行 2, 列 2: 错误 33: (操作数 1)指令操作树包含未定义的全局符号或局部变量。
冷却控制 (SBR92)
闭式中心架 (SBR95)
开式中心架 (SBR96)
C式中心架 (SBR97)
报警提示 (SBR110)
界面数据传输 (SBR150)
照明 (SBR200)
Prog_Control (SBR234)
MCP483 (SBR235)
JOG_MCP483_M (SBR236)

用1编译的程序段出错

总错误数 1

图 10-81 编译 PLC 出错

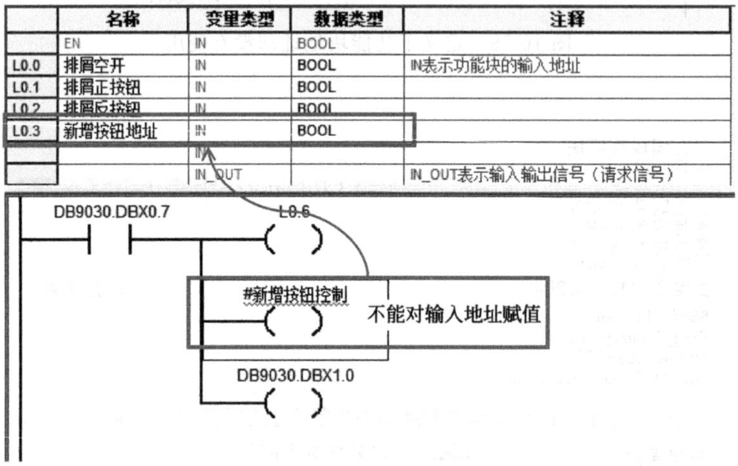

	名称	变量类型	数据类型	注释
	EN	IN	BOOL	
L0.0	排屑空开	IN	BOOL	IN表示功能块的输入地址
L0.1	排屑正按钮	IN	BOOL	
L0.2	排屑反按钮	IN	BOOL	
L0.3	新增按钮地址	IN	BOOL	
		IN		
		IN_OUT		IN_OUT表示输入输出信号（请求信号）

DB9030.DBX0.7
L0.6
#新增按钮控制
不能对输入地址赋值
DB9030.DBX1.0

图 10-82 出错的功能块子程序

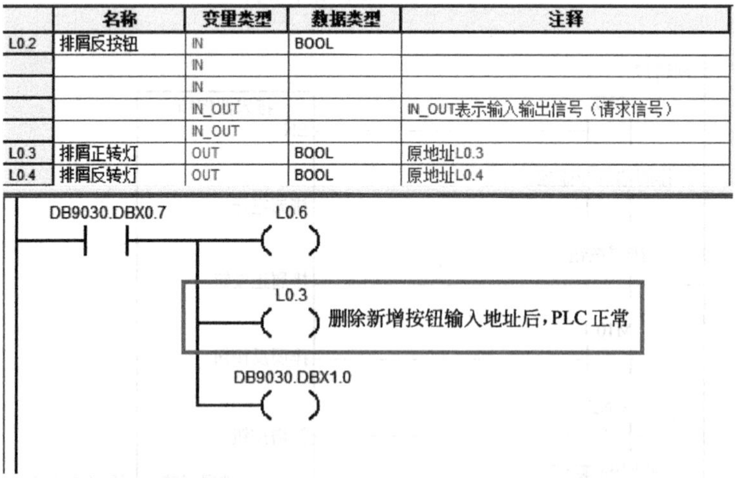

	名称	变量类型	数据类型	注释
L0.2	排屑反按钮	IN	BOOL	
		IN		
		IN		
		IN_OUT		IN_OUT表示输入输出信号（请求信号）
		IN_OUT		
L0.3	排屑正转灯	OUT	BOOL	原地址L0.3
L0.4	排屑反转灯	OUT	BOOL	原地址L0.4

DB9030.DBX0.7
L0.6
L0.3
删除新增按钮输入地址后，PLC 正常
DB9030.DBX1.0

图 10-83 修改前的 PLC 程序

由此可见，用功能块编写 PLC 可使控制复杂的 PLC 程序看起来更加简洁，结构更加清晰，但如果调用的功能块出了问题或者对功能块进行改进，那么后续的 PLC 调整工作也会更加麻烦。

（4）手动控制与自动控制

手动控制指的是通过按钮实现控制功能，自动控制通常是指通过 M 代码实现控制功能，通常来说一个控制功能的实现既需要手动控制，又需要自动控制。如果使用功能块作为 PLC 语言来编程的话，可以将两者同时作为控制功能的输入信号。但出于某些目的，会将功能块的部分输入信号“隐藏起来”，即通过功能块的内部逻辑来实现，而并非通过功能块的外部输入信号接口来实现，不同的功能块 PLC 语言的编写习惯如图 10-84 所示。以外冷控制为例进行简单的说明，见图 10-85。

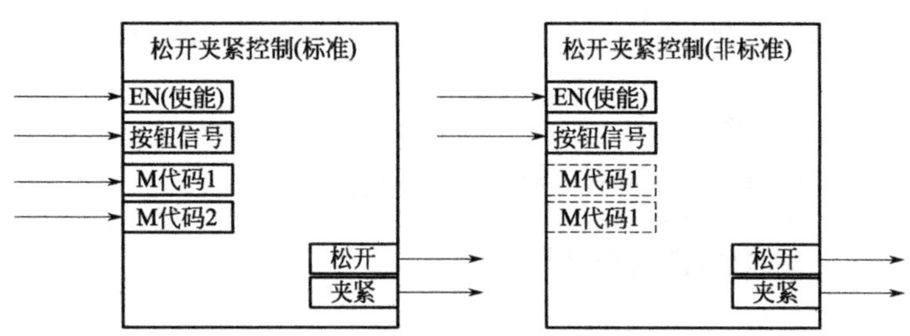

图 10-84　不同的功能块 PLC 语言的编写习惯

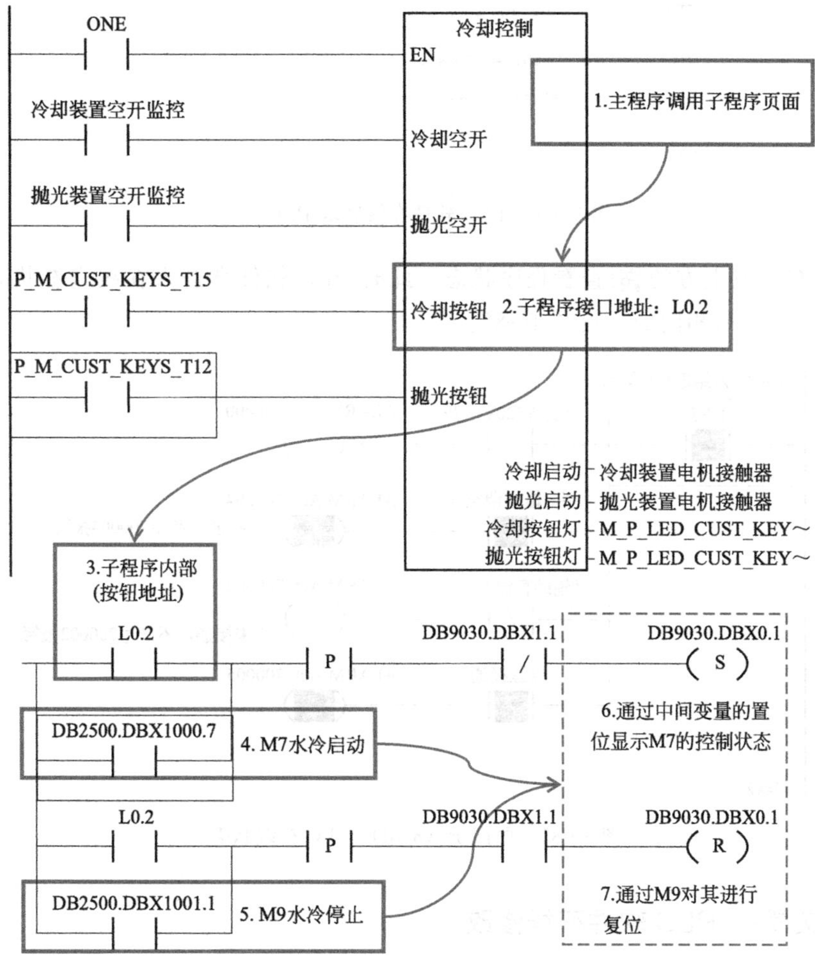

图 10-85　手动控制与自动控制

由图 10-85 可知，并没有将 M 代码 M7 对应的 DB2500.DBX1000.7、M9 对应的 DB2500.DBX1001.1 作为 L0.4 和 L0.5 子程序接口进行间接调用，而是直接编到功能块中使用。

10.2.5 在线查看 828D PLC

点击 PLC 软件上方的工具图标或者软件界面左侧的通讯，对其进行通信设定，见图 10-86。

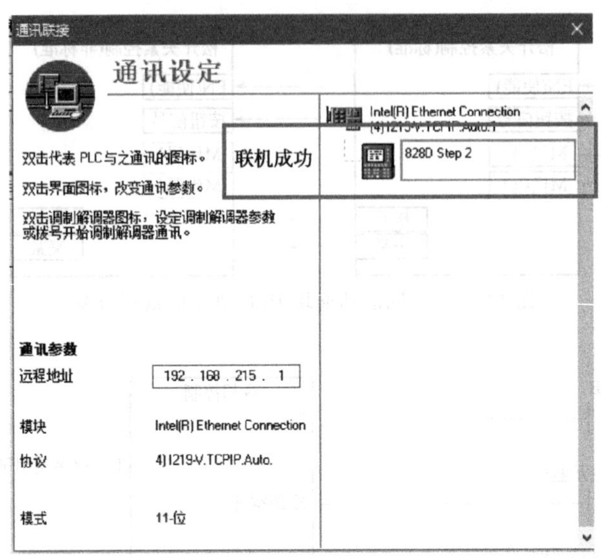

图 10-86　PLC 软件在线获取 PLC 程序

点击 PLC 工具上方的查看程序状态，此时 PLC 软件会进入在线查看状态，其效果与发那科的梯形图是相同的，见图 10-87。

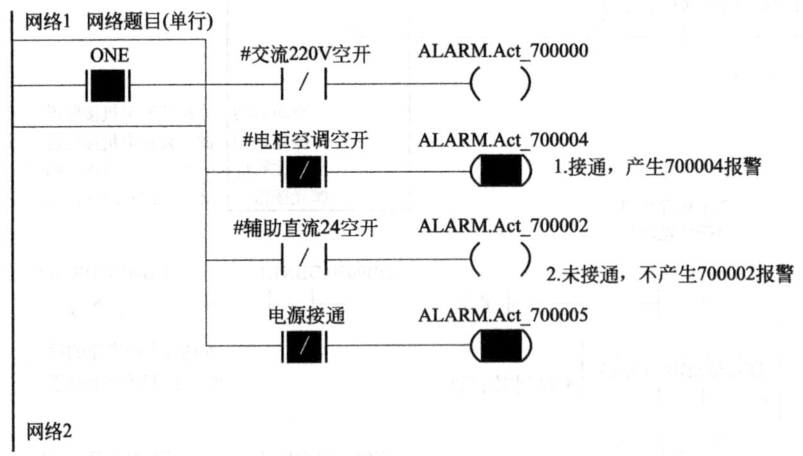

图 10-87　西门子（828D）PLC 在线状态

10.2.6 实战：PLC 软件在线修改

当数控机床（西门子 828D 系统）发生 PLC 报警 700004（图 10-88），如何通过 PLC 编辑软件临时屏蔽这个报警。

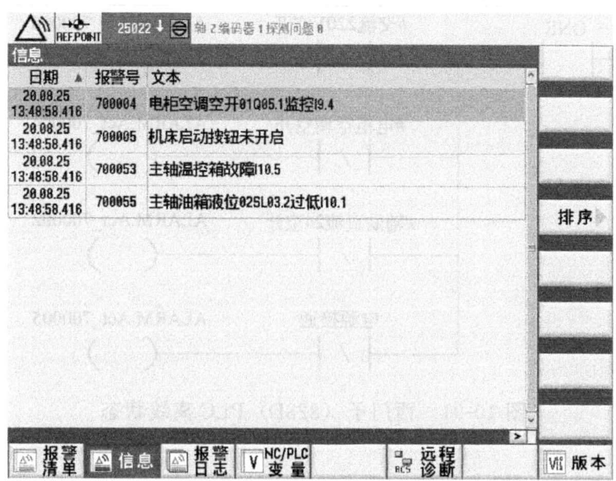

图 10-88　PLC 报警 700004

打开交叉数据页面，通过组合键 Ctrl＋Y，显示 PLC 变量符号，再搜索 700004，见图 10-89 和图 10-90。

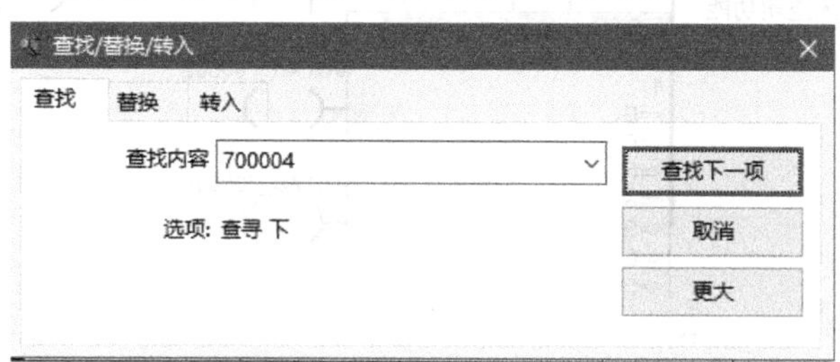

图 10-89　在交叉数据页面中搜索报警号

	元素	块	位置	上下文
553	ALARM.Act_700004	报警提示 (SBR110) ✓	网络 1	-( )
554	ALARM.Act_700005	报警提示 (SBR110)	网络 1	-( )
555	ALARM.Act_700009	尾座控制 (SBR39)	网络 33	-|/|-
556	ALARM.Act_700009	尾座控制 (SBR39)	网络 39	-(S)
557	ALARM.Act_700009	尾座控制 (SBR39)	网络 40	-(R)
558	ALARM.Act_700010	尾座控制 (SBR39)	网络 33	-|/|-
559	ALARM.Act_700010	尾座控制 (SBR39)	网络 34	-|/|-

图 10-90　搜索到 700004 报警

双击对应的 PLC 变量，PLC 软件自动定位到该变量的调用处。如果临时屏蔽 700004 报警则需要修改 PLC 程序，再次点击[图标]，断开 PLC 在线状态，见图 10-91。

选中“＃电柜空调空开”，按 F4 键，新建一个连接点，可以根据需要选择相应的逻辑功能，当前任务是临时屏蔽 700004 报警，选择逻辑“与”功能，见图 10-92。

在“??.?”处输入“＃电柜空调空开”，这样“一正一反”即可屏蔽 700004 报警，见图 10-93。

编辑结束后，点击软件界面上方工具栏的编译按钮[图标]，此时 PLC 编辑软件会对修改的 PLC 程序自动保存并进行编译，编译结果如图 10-94 所示。

此时，点击工具栏上的下载按钮[图标]，将修改过的 PLC 下载到数控系统中，下载前会进行两次提示，第一次提示见图 10-95。

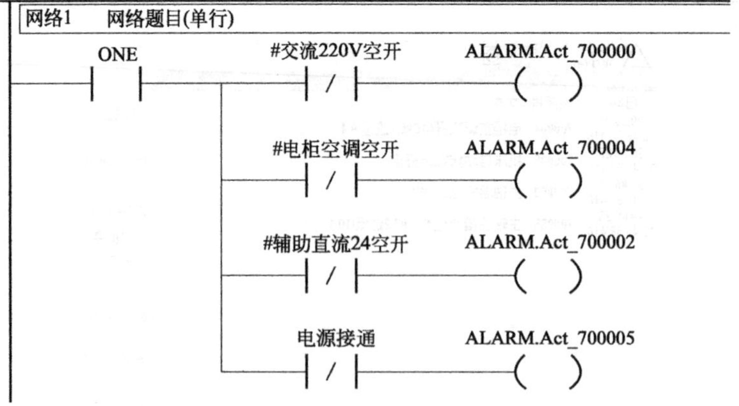

图 10-91　西门子（828D）PLC 离线状态

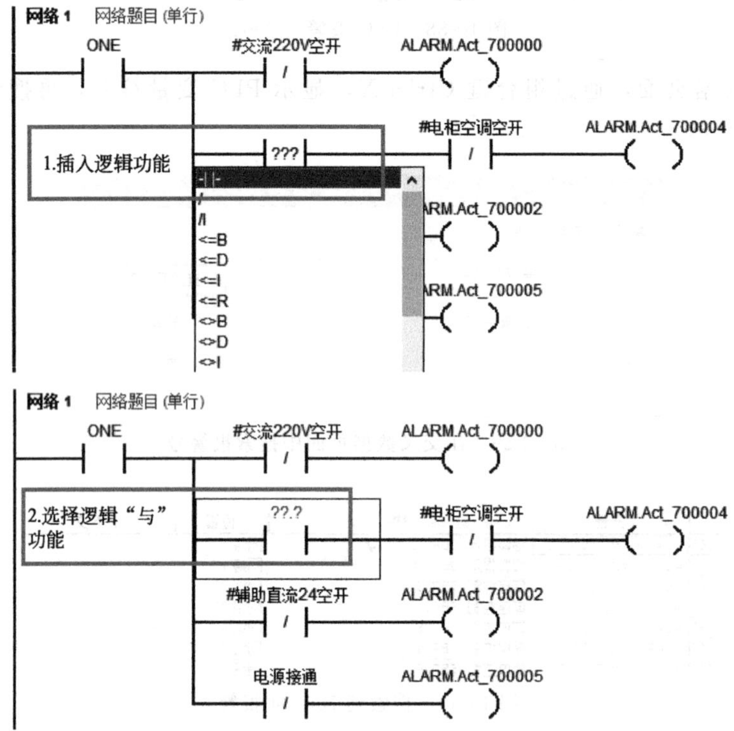

图 10-92　选择逻辑“与”功能

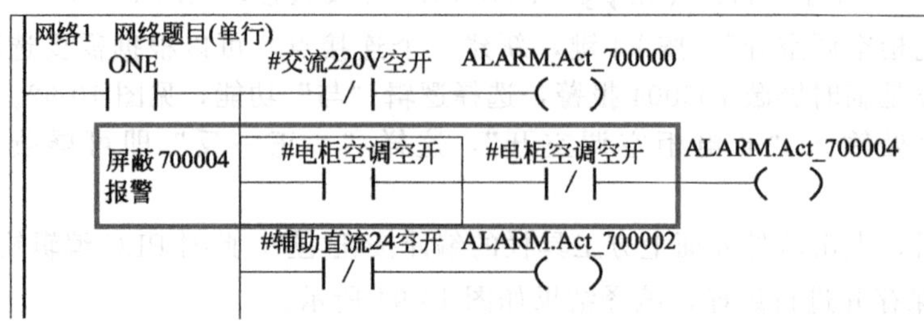

图 10-93　屏蔽 700004 报警

报警提示 (SBR110)
界面数据传输 (SBR150)
照明 (SBR200)
Prog_Control (SBR234)
MCP483 (SBR235)
JOG_MCP483_M (SBR236)

程序段内包含3352指令，使用了1105符号
编译的程序段尺寸 = 10% (使用内存器的百分比)，0出错

正在编译系统块...
编译块具有 0 错误，0 警告

总错误数 0　　编译正确

图 10-94　PLC 编译正确

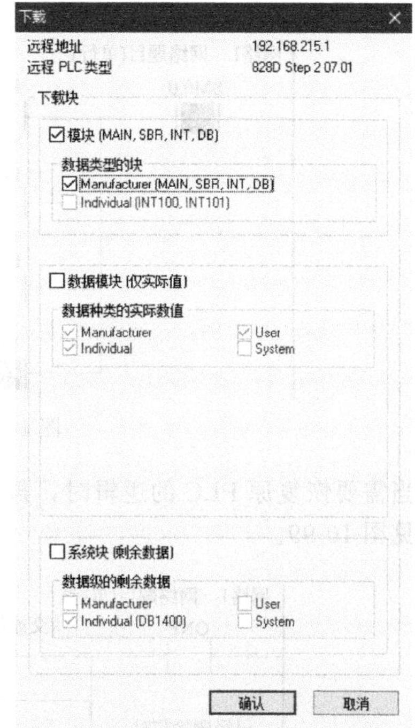

图 10-95　PLC 下载提示 1

点击确认后，会进行第二次提示，选择“在 RUN 模式下下载”，指的是在 PLC 运行状态下下载 PLC，下载后 PLC 立即生效，如果选择“将 PLC 调至 STOP 模式”，那么 828D 的 PLC 需要重新启动，耗时较多，见图 10-96。

图 10-96　PLC 下载提示 2

下载完成后，会弹出对话框提示下载是否成功，见图 10-97。

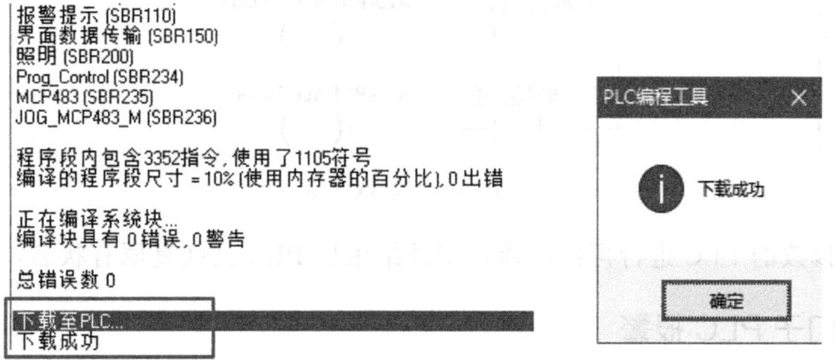

图 10-97　PLC 下载成功

再次在线后，此时 PLC 报警 700004 对应的 PLC 地址 DB1600.DBX0.4 不再接通，

见图 10-98。

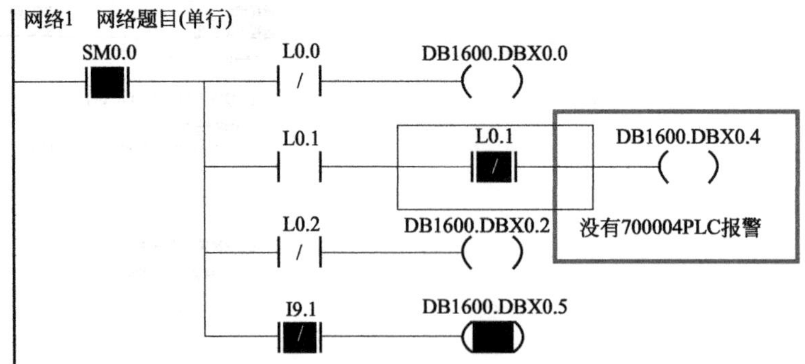

图 10-98 已屏蔽 700004 报警

当需要恢复原 PLC 的逻辑时，再次取消在线状态，将新增的 PLC 逻辑信号用删除键删除，见图 10-99。

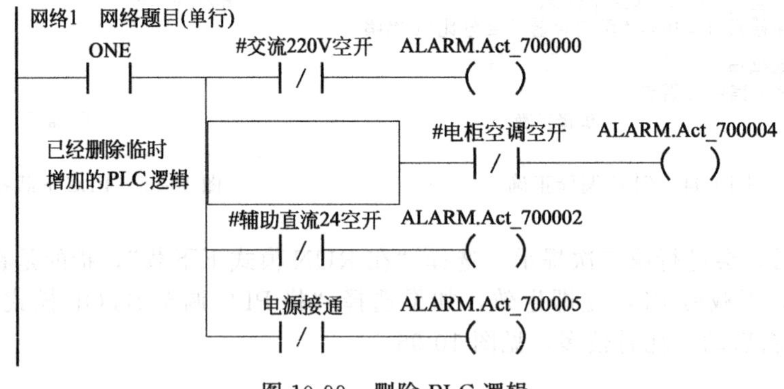

图 10-99 删除 PLC 逻辑

通过工具栏中的向右箭头→将空白处进行连接，见图 10-100。

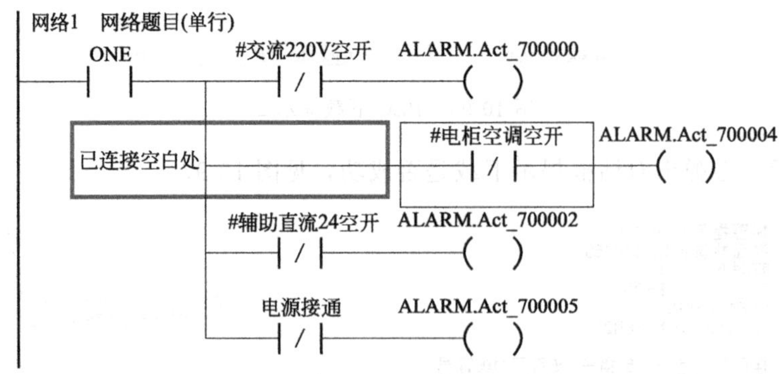

图 10-100 修改 PLC

此时对已修改的 PLC 进行再次编译，编译结束后 PLC 又恢复原有状态，见图 10-101。

10.2.7 西门子 PLC 报警

西门子 828D 提供 248 个用户定义 PLC 报警，西门子 840Dsl 提供 2464 个用户定义 PLC 报警。

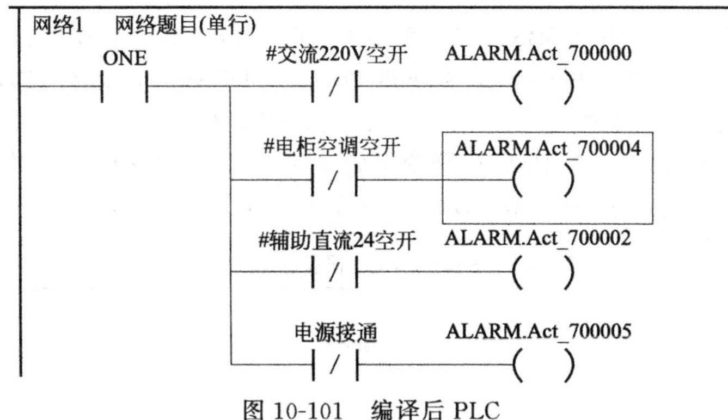

图 10-101 编译后 PLC

西门子数控系统的 PLC 报警变量与发那科不同，发那科的 PMC（PLC）报警变量是固定的，其格式是 Ax. x，可以在 PMC 编辑软件 Fladder 的 Message 中进行查看，同时报警号与 PMC 变量 Ax. x 没有严格的对应关系，例如 PMC 报警 EX1000 通常对应的是 A0. 0，PMC 报警 NO. 2000 对应 A0. 0，但并不是绝对的对应关系，发那科 PMC 报警号与 PMC 变量见图 10-102。

1	A0.0	1000 (A0.0,X32.0) @04BBFAB4B2D5D5C3F7B5E7D4B40
2	A0.1	1001 (A0.1,X32.1) @04BDBBC1F7BFD8D6C6B5E7D4B40
3	A0.2	1002 (A0.2,X32.2) DC24V@04D6B1C1F7B5E7D4B4BCE0
4	A0.3	1003 (A0.3,X32.3) DC24V@04D6B1C1F7CEC8D1B9B5E7
5	A0.4	1004 (A0.4,X32.4) @04BFD5B5F701@1@04B5E7D4B4BC
6	A0.5	1005 (A0.5,X32.5) @04BFD5B5F701@2@04B5E7D4B4BC
7	A0.6	1006 (A0.6,X32.6) @04BFD5B5F701@3@04B5E7D4B4BC
8	A0.7	1007 (A0.7,X32.7) @04BFD5B5F701@4@04B5E7D4B4BC
9	A1.0	1008 (A1.0,X33.0) @04BFD5B5F701@1@04B9CAD5CF01
10	A1.1	1009 (A1.1,X33.1) @04BFD5B5F701@2@04B9CAD5CF01
11	A1.2	1010 (A1.2,X33.2) @04BFD5B5F701@3@04B9CAD5CF01
12	A1.3	1011 (A1.3,X33.3) @04BFD5B5F701@4@04B9CAD5CF01
13	A1.4	1012 (A1.4,X33.4) @04CEACD0DEB5E7D4B4BFD5BFAAB

图 10-102 发那科 PMC 报警号与 PMC 变量

相比之下，西门子的 PLC 报警号与报警变量是严格对应的，且报警号统一以数字 7 开头，共计六位数字，例如 700000～700127，但西门子 840Dsl 的 PLC 报警变量与 828D 的 PLC 报警变量不相同，840Dsl 的 PLC 报警变量地址是 DB2，828D 的 PLC 报警变量地址是 DB1600。西门子 828D 的 PLC 报警号与 PLC 变量见表 10-4

表 10-4 828D 的 PLC 报警接口与 PLC 变量（部分）

DB1600 BYTE	BIT7	BIT6	BIT5	BIT4	BIT3	BIT2	BIT1	BIT0
0000	700007	700006	700005	700004	700003	700002	700001	700000
0001	700015	700014	700013	700012	700011	700010	700009	700008
0002	700023	700022	700021	700020	700019	700018	700017	700016
0003	700031	700030	700029	700028	700027	700026	700025	700024
0004	700039	700038	700037	700036	700035	700034	700033	700032

如果数控系统出现报警号“700000　　xxxx 报警”，根据表 10-4 查得对应的 PLC 变量 DB1600.DBX0.0 为 1，其中“DBX0.0”表示的字节（BYTE）是 0，“DBX0.0”表示的位（BIT）是 0，那么查看 PLC 程序就是要搜索 DB1600.DBX0.0，查看它的逻辑情况。再例如，如果数控系统出现报警号“700014　　xxxx 报警”，根据表 10-4 查得，对应的 PLC 报警变量是 DB1600.DBX1.6，当 PLC 报警变量为 1 时，CNC 触发相应的报警号提示报警。

840Dsl 的 PLC 报警变量地址是 DB2，但字节起始地址是 180，见表 10-5。

表 10-5　840Dsl PLC 报警接口（部分）

DB2 BYTE	BIT7	BIT6	BIT5	BIT4	BIT3	BIT2	BIT1	BIT0
180	700007	700006	700005	700004	700003	700002	700001	700000
181	700015	700014	700013	700012	700011	700010	700009	700008
182	700023	700022	700021	700020	700019	700018	700017	700016
183	700031	700030	700029	700028	700027	700026	700025	700024
184	700039	700038	700037	700036	700035	700034	700033	700032

与 828D 相同，当出现报警号“700000　　xxxx 报警”，根据表 10-5 查得，对应的 PLC 变量 DB2.DBX180.0 的值为 1，当出现报警号“700014　　xxxx 报警时”，对应的 PLC 变量 DB2.DBX181.6 的值为 1。

对于西门子 840Dsl 来说，当数控系统发生 PLC 报警时，需要在 PLC 中指定如何影响 CNC 状态，对于该报警是急停处理，还是进给保持处理，等等。而对于 828D 来说，可以在参数 14516 中定义发生 PLC 报警时数控系统的状态，不需要额外编写 PLC 程序，参数 14516 包括启动禁止、读入禁止、进给保持、急停、PLC 停止、报警清除条件等。

NC 参数 14516 [x] 中 x 的对应关系与 PLC 报警 700xxx 是相同的。因此在 PLC 中定义一个 700xxx 报警，还需要在 NC 参数 14516 中对相应的 PLC 报警进行报警处理，见图 10-103 和图 10-104。

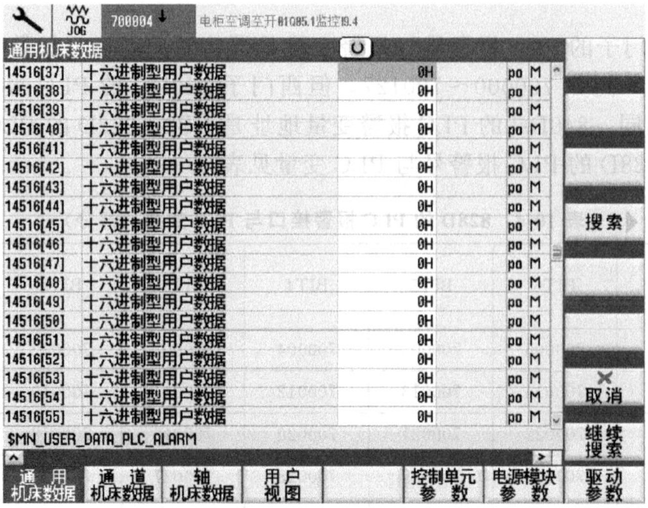

图 10-103　搜索 NC 参数——14516

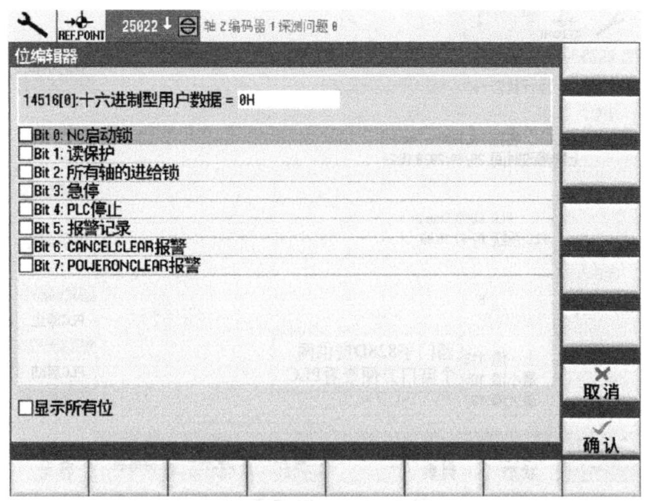

图 10-104　通过修改参数实现 PLC 报警处理

10.2.8　实战：数控系统端 PLC 在线修改

当数控机床（西门子 828D 系统）发生 PLC 报警 700004，如何在数控系统端屏蔽这个报警。

西门子 828D 提供在线修改 PLC 功能，通过【Menu Select】（菜单选择）→【调试】→【PLC】在线查看 PLC 程序，见图 10-105。

图 10-105　在线查看 PLC

在【PLC】页面下，后续的步骤与在 PLC 编辑软件的操作流程是相同的，点击【交叉参考】，见图 10-106 和图 10-107。

在【交叉参考】页面搜索 700004 的 PLC 变量 DB1600. DBX0. 4，见图 10-108。

搜索到 PLC 报警 700004 的 PLC 变量后选择屏幕右侧的【在窗口 2 打开】，打开后见图 10-109。

由于显示屏尺寸的原因，PLC 变量的部分名称被省略了，通过屏幕右侧的【缩放＋】进一步放大确认是否是所要搜索的 PLC 变量，见图 10-110。

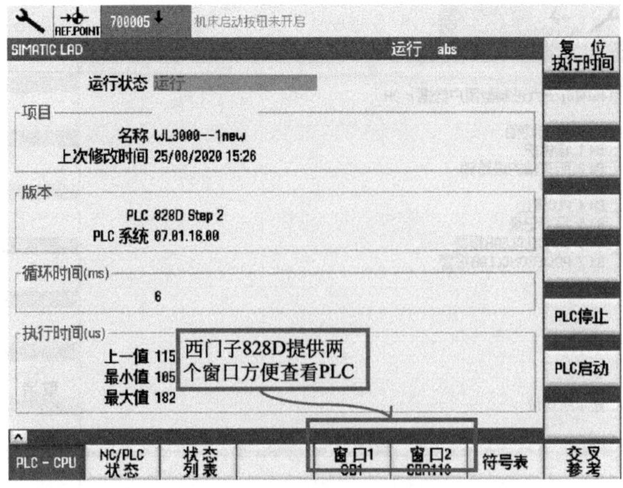

图 10-106 PLC 页面

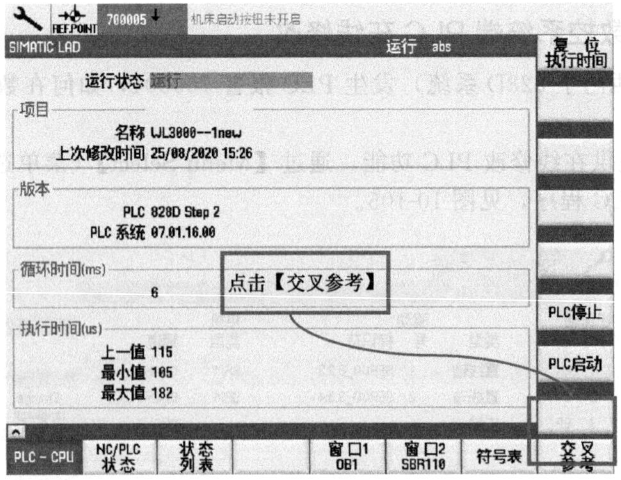

图 10-107 点击【交叉参考】

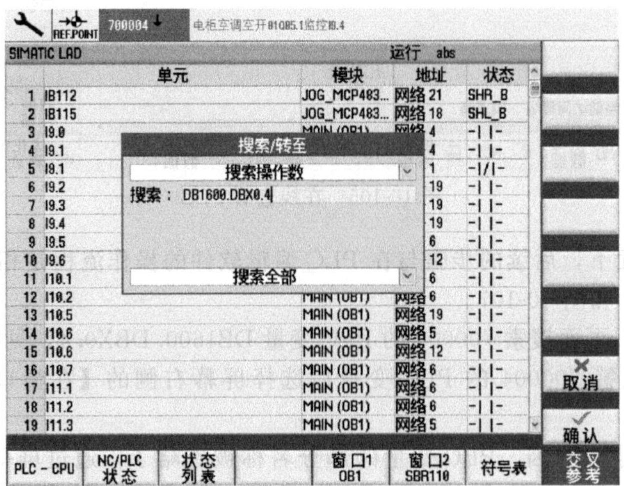

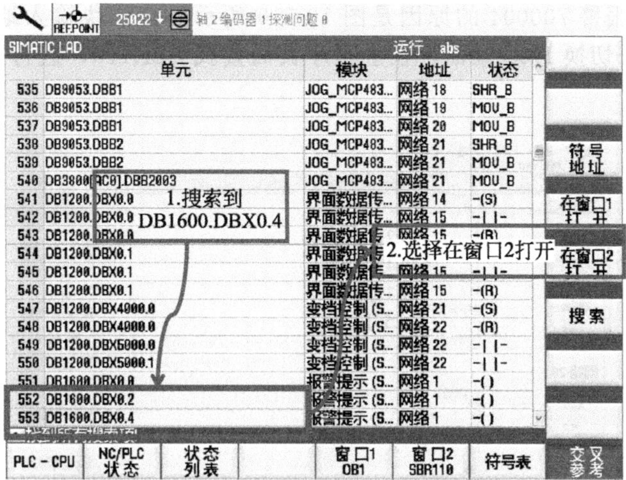

图 10-108　搜索 PLC 报警对应的 PLC 变量

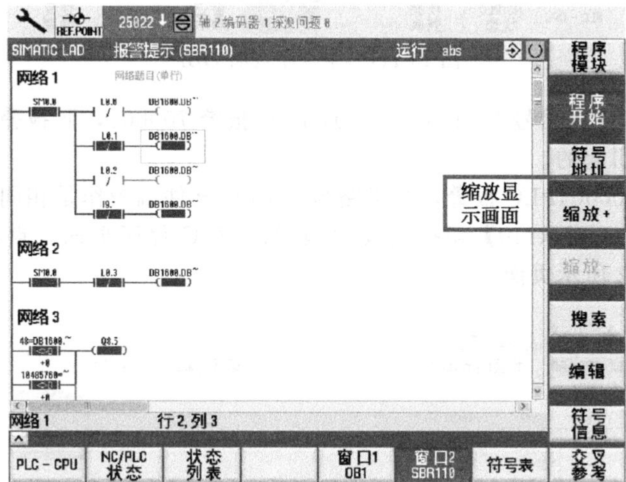

图 10-109　搜索到 PLC 变量

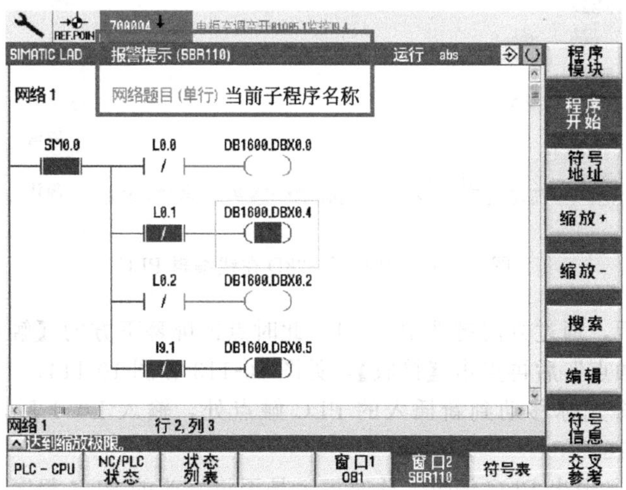

图 10-110　放大 PLC 显示画面

导致发生 PLC 报警 700004 的原因是图 10-110 所示的功能块输入地址 L0.1 的值为 0，通过【窗口 1 OB1】切换 PLC 画面，在主程序页面查找 SBR110，进行查看并进一步确认，见图 10-111。

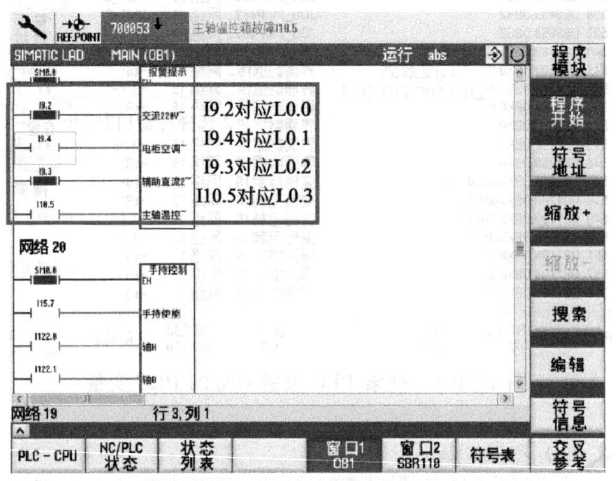

图 10-111　主程序页面 OB1

经过再次确认，输入信号 I9.4 为 0，导致 PLC 报警 700004，而报警内容也提示该报警是由输入信号 I9.4 引起的。

接下来是屏蔽 700004PLC 报警，其思路与在 PLC 软件端操作是相同的，只不过方法略有不同。通过【窗口 2 SBR110】切换到发生报警的 PLC 程序页面，点击屏幕右侧的【编辑】出现如图 10-112 所示页面。

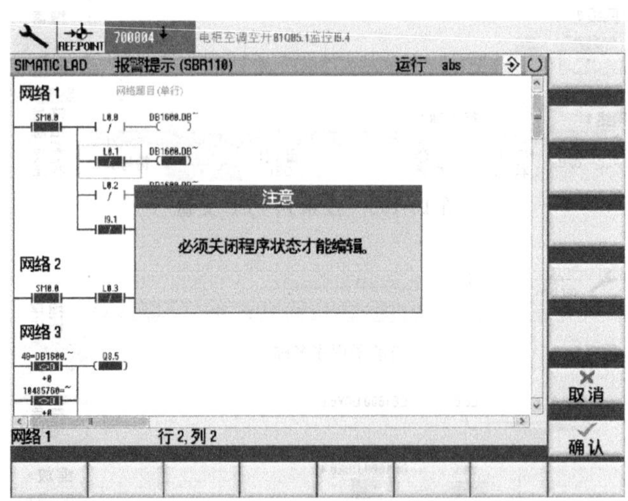

图 10-112　西门子 828D 在线编辑 PLC

点击【确认】后，通过方向键选中 L0.1，此时点击屏幕下方的【触点】，在弹出的操作页面下选择“常开触点”后再点击【接收】，见图 10-113 和图 10-114。

再通过方向键将光标移动到新插入的 PLC 触点处，输入 L0.1 后，选择【接收】，见图 10-115 和图 10-116。

按扩展键【<】，退出 PLC 编辑，此时提示是否将修改的 PLC 程序载入到数控系统中，点击【取消】则 PLC 程序未做任何修改，这里选择【确认】，见图 10-117 和图 10-118。

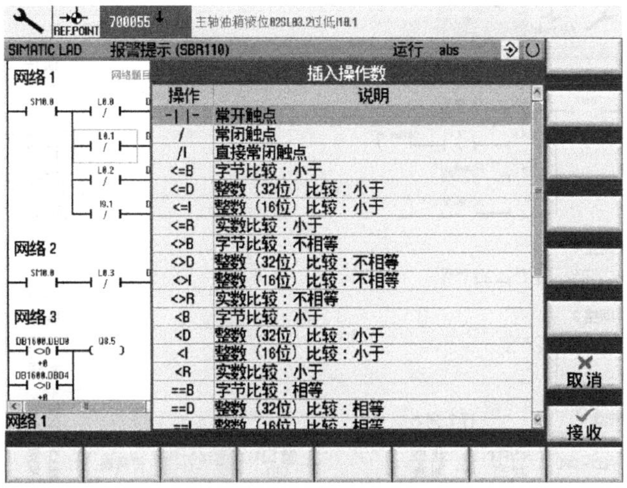

图 10-113 插入常开触点即逻辑“与”

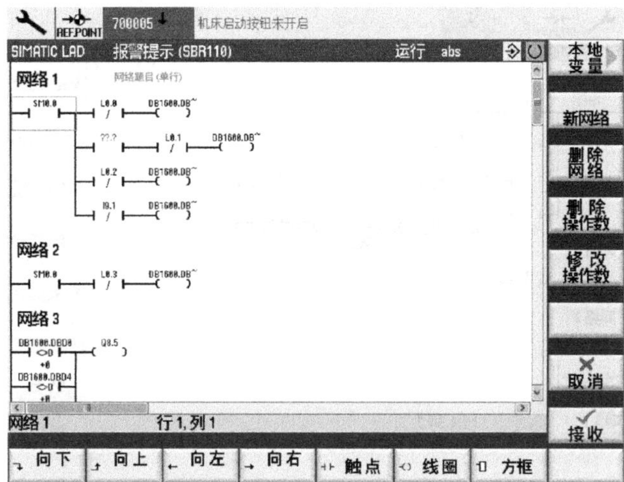

图 10-114 插入 PLC 触点

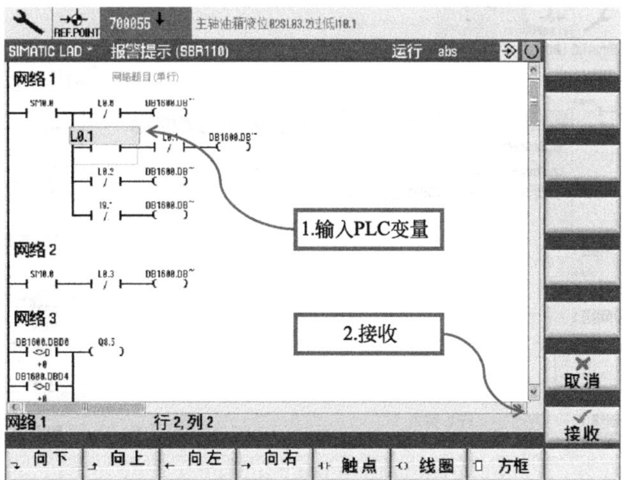

图 10-115 在线编写 PLC

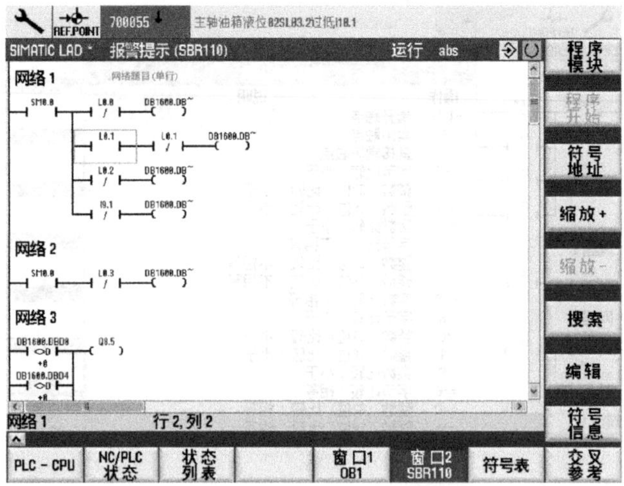

图 10-116　完成 PLC 在线编辑

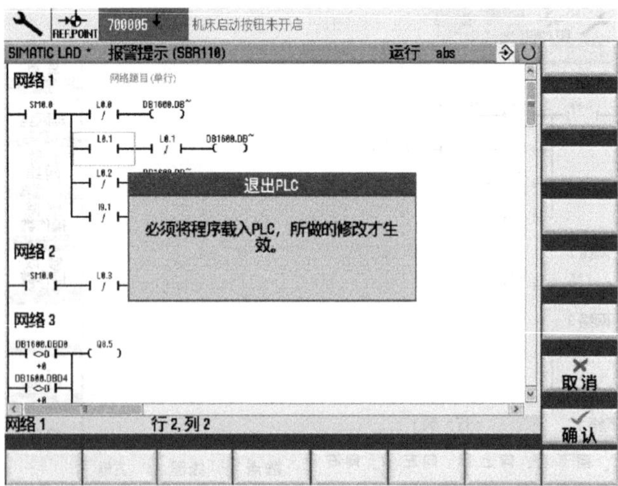

图 10-117　提示是否载入已修改的 PLC 程序

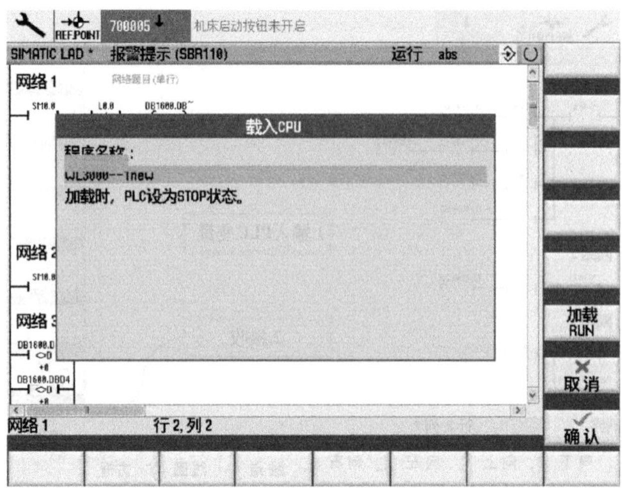

图 10-118　确认载入已修改的 PLC 程序

如果选择【加载 RUN】，则 PLC 程序不需要重新启动，修改的 PLC 直接生效。如果点击【确认】，则 PLC 需要重新启动，此时操作面板的操作灯全部开始闪烁，等待若干分钟后，PLC 重启完成，见图 10-119 和图 10-120。

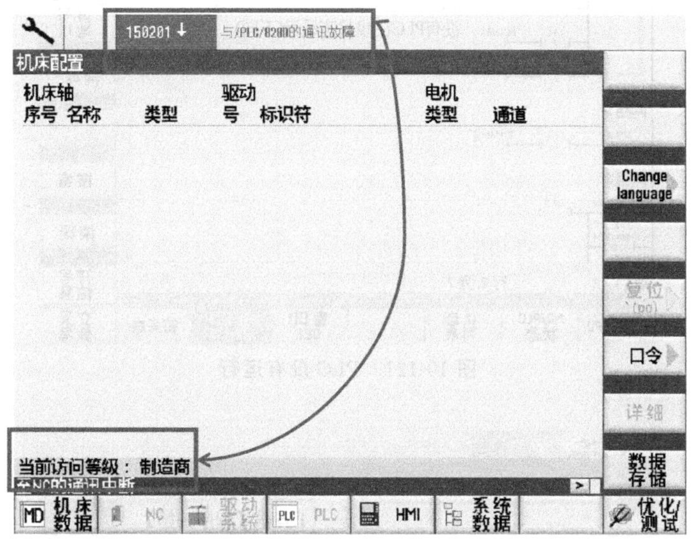

图 10-119　PLC 重启中

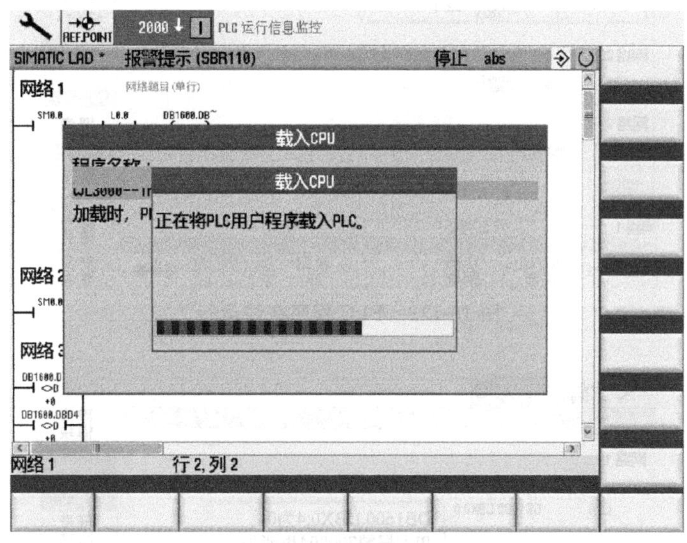

图 10-120　正在载入 PLC

重启 PLC 后，还需要点击屏幕右侧的【程序开始】，否则 PLC 不运行，无法查看运行状态，见图 10-121。

点击屏幕右侧的【程序开始】后 PLC 开始运行并实现在线查看，见图 10-122。

再次通过【缩放＋】查看 PLC 报警 700004 对应的 PLC 变量 DB1600.DBX0.4，见图 10-123。

西门子 828D 在线删除 PLC 的过程与在 PLC 编辑软件端的思路与方法相同，这里不再赘述，见图 10-124 和图 10-125。删除后再退出 PLC 程序，重新启动 PLC，完成对 PLC 的修改。

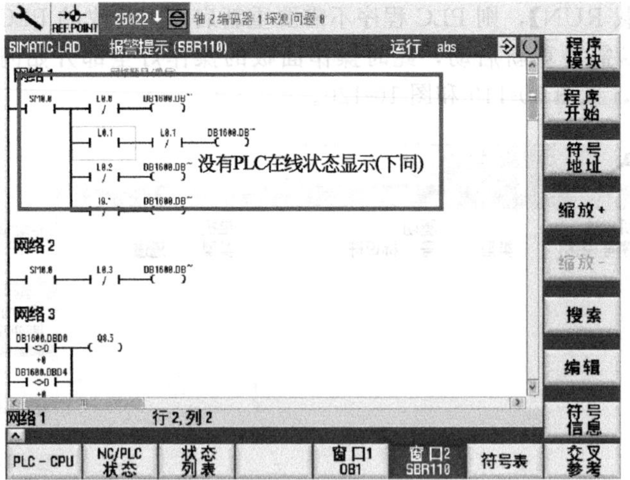

图 10-121　PLC 没有运行

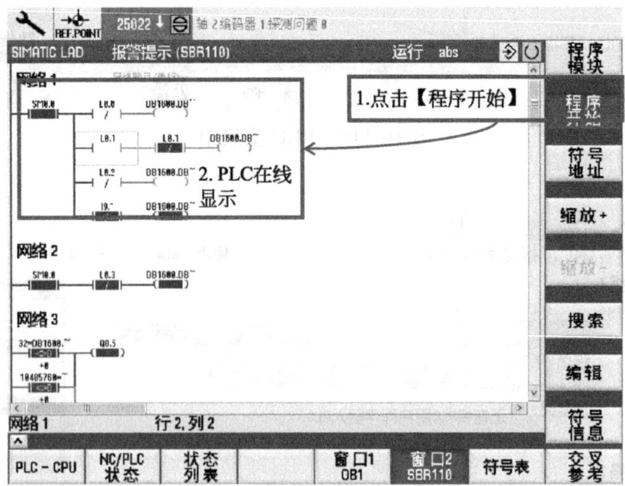

图 10-122　PLC 程序在线运行

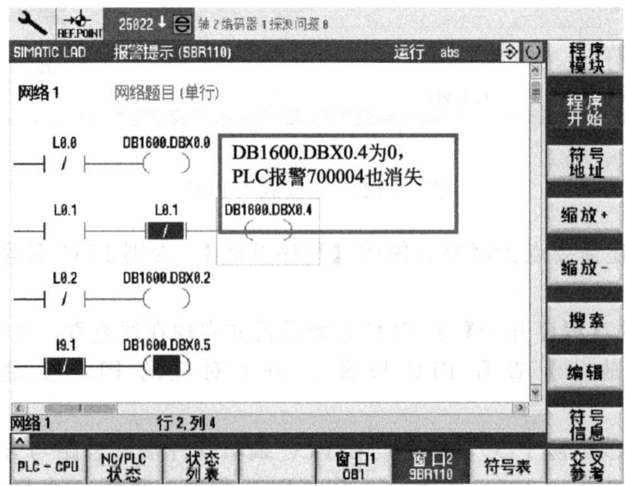

图 10-123　PLC 程序开始运行

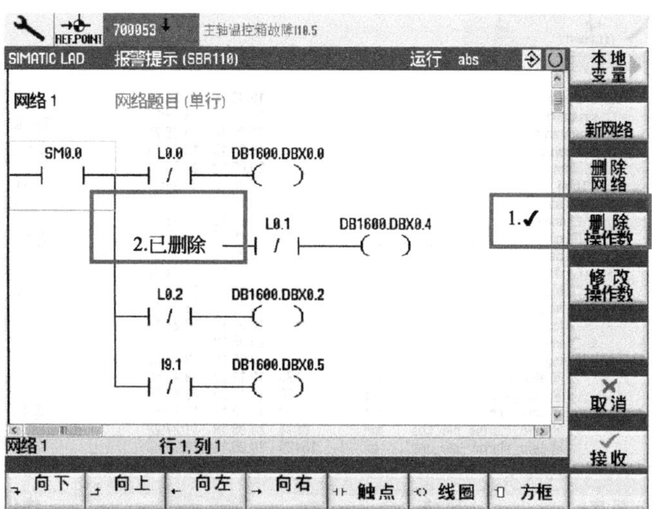

图 10-124　通过删除键删除相应的 PLC 变量

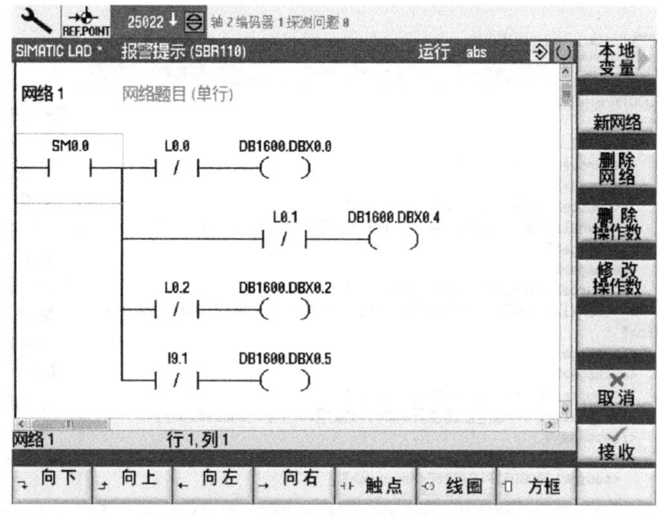

图 10-125　通过【向右】键进行连接

10.2.9 PLC 报警文本

西门子数控系统的 PLC 报警文本是独立于 PLC 程序的文本文件，其存放在数控系统（828D）中的路径为系统 CF 卡/oem/SINUMERIK/HMI/lng，文件名是 oem _ alarms _ plc _ xxx. ts，其中 xxx 代表的是 PLC 报警语言，chs 代表的是简体中文，cht 代表的是繁体中文，eng 代表的是英文，deu 代表的是德文。与 PLC 报警文本名称相同的“. qm”文件是数控系统实际读取的报警文本文件，由“. ts”文件自动生成，见图 10-126 和图 10-127。

报警文本也可以在个人电脑上使用记事本打开，见图 10-128。

如果新增 PLC 报警信息，需要将一组“<message>”与“</message>”进行复制粘贴，再对其进行修改，见图 10-129。

将修改的 PLC 报警文本文件重新拷贝到数控系统中，在数控系统界面（HMI）打开该 PLC 报警文本后，数控系统会自动生成“. qm”文件，见图 10-130。

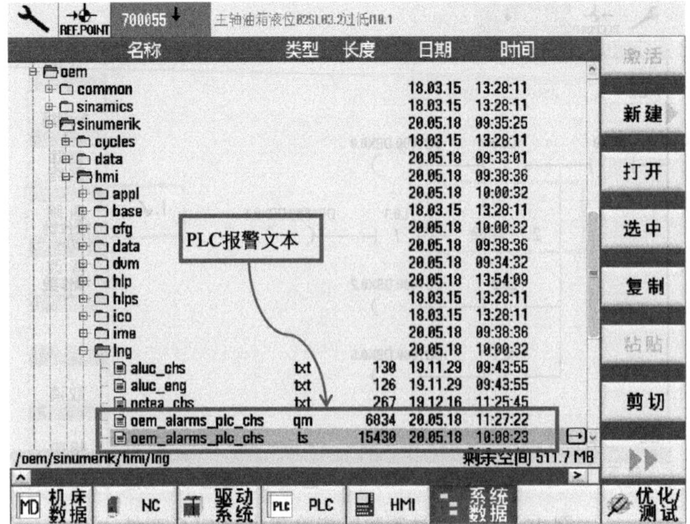

图 10-126　西门子 828D 报警文本存放位置

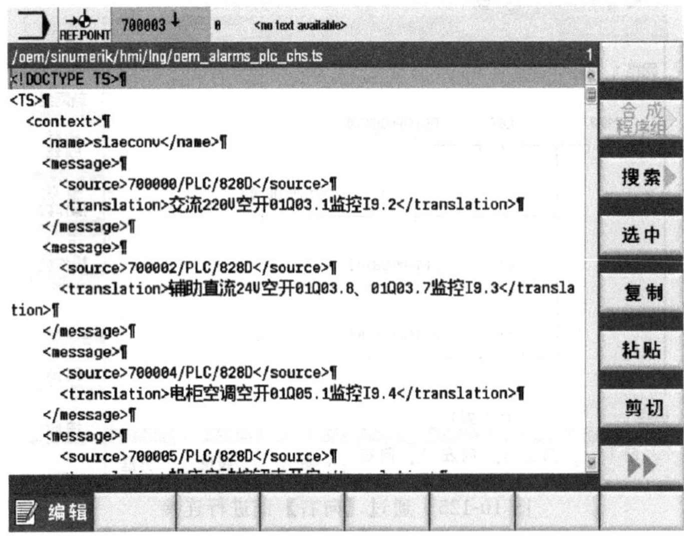

图 10-127　在操作界面（HMI）打开 PLC 报警文本

<!DOCTYPE TS>
<TS>
<context>
<name>slaeconv</name>

1.固定格式

<message>
<source>700000/PLC/828D</source>
<translation>交流220V空开01Q03.1监控I9.2</tı
</message>

2. message是固定格式
3.报警号“source”
4.报警内容“translation”

<message>
<source>700002/PLC/828D</source>
<translation>辅助直流24V空开01Q03.8、01Q03.7监控I9.3</translation>
</message>

图 10-128　西门子 828D 报警文本内容

```
<message>
  <source>700213/PLC/828D</source>
  <translation>刀架油箱液位03SL02.6过低I11.1</translation>
</message>
<message>
  <source>700213/PLC/828D</source>
  <translation>刀架油箱液位03SL02.6过低I11.1</translation>
</message>|
</context>
</TS>
```

复制并粘贴PLC报警文本，并对其进行修改

图 10-129　新增 PLC 报警

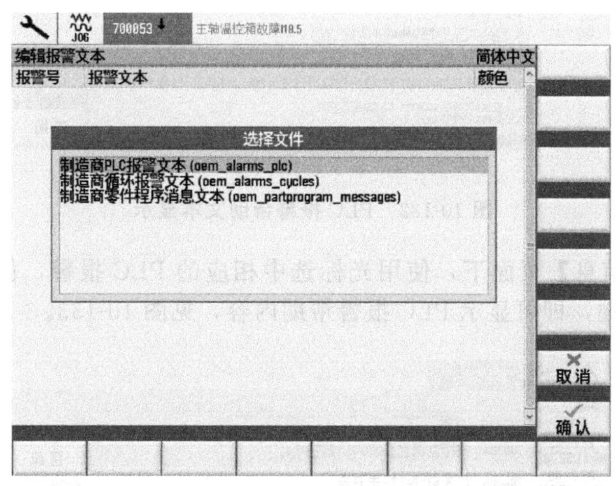

图 10-130　将新导入的 PLC 报警文本生效

10.2.10　PLC 报警帮助文本

西门子数控系统还提供 PLC 报警帮助文本，数控机床制造商可以根据 PLC 报警内容，提供相应的帮助文件，文件格式是“.html”的网页格式，保存路径见图 10-131。注意，不是所有的数控机床制造商都提供 PLC 报警帮助文本。

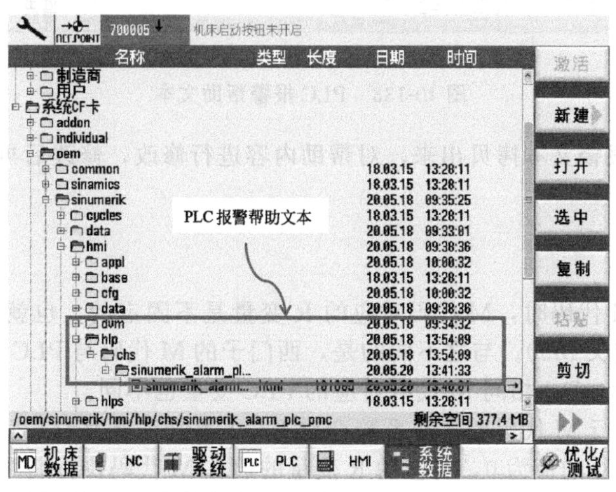

图 10-131　PLC 报警帮助文本存放路径

文件路径 hlp 代表的是帮助 Help，chs 代表的是中文简体，存放的文件夹是 sinumerik _ alarm _ plc _ pmc，PLC 报警帮助文本文件名是 sinumerik _ alarm _ oem _ plc _ pmc. html，见图 10-132。

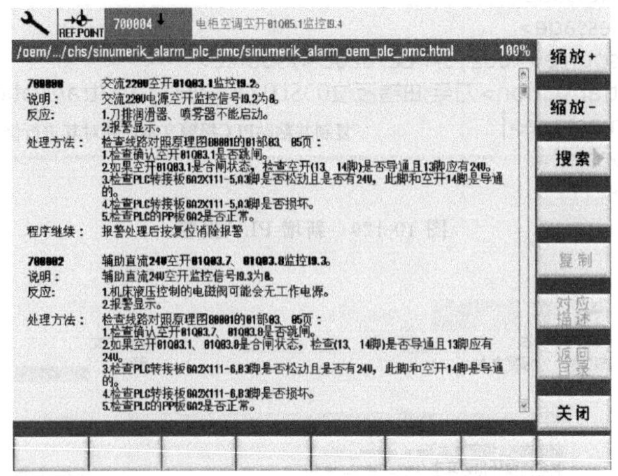

图 10-132　PLC 报警帮助文本显示

当在 HMI 的【信息】页面下，使用光标选中相应的 PLC 报警，例如 700004，按操作键盘上的【HELP】键，即可显示 PLC 报警帮助内容，见图 10-133。

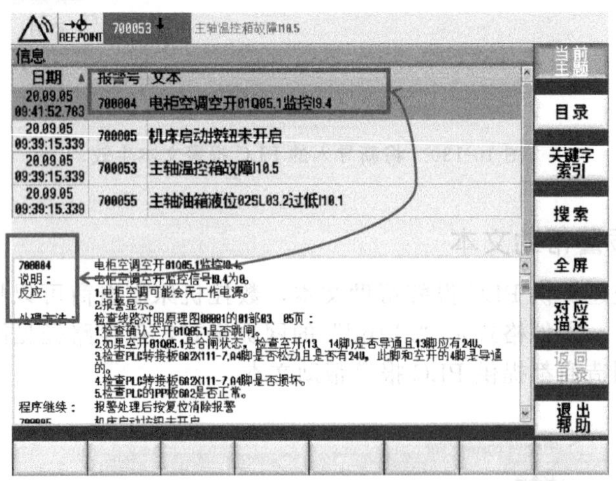

图 10-133　PLC 报警帮助文本

也可以将 PLC 报警文本拷贝出来，对帮助内容进行修改，修改后再复制到数控系统中。

10.3　M 代码

发那科在定义 M 代码时，M 代码对应的 R 变量是不固定的，也就是说 R0.0 可以用来定义 M10，也可以定义 M30。与之不同的是，西门子的 M 代码与 PLC 变量是严格的对应关系，同样，828D 与 840Dsl 相同 M 代码对应的 PLC 变量也不同。

发那科系统在执行 M 代码时，其系统变量 F7.0 的值一直为 1，直到 M 代码执行结束，即 G4.3 为 1 时，F7.0 的值为 0，对应的 R 变量的值在 M 代码执行期间也一直为 1。而西门子系统在执行 M 代码时，对应的 PLC 变量是一个脉冲信号，其值瞬间为 1。以西门子 828D

为例，当数控系统执行 M7 时，对应的 DB2500. DBX1000. 7 的值瞬间为 1，随后恢复为 0。又如数控系统执行 M12 时，对应的 DB2500. DBX1001. 4 的值瞬间为 1，然后恢复为 0。西门子 828D 的 M 代码变量如表 10-6 所示。

表 10-6　西门子 828D 的 M 代码变量

DB2500 BYTE	BIT7	BIT6	BIT5	BIT4	BIT3	BIT2	BIT1	BIT0
1000	M7	M6	M5	M4	M3	M2	M1	M0
1001	M15	M14	M13	M12	M11	M10	M9	M8
1002	M23	M22	M21	M20	M19	M18	M17	M16
1003	M31	M30	M29	M28	M27	M26	M25	M24
1004	M39	M38	M37	M36	M35	M34	M33	M32
1005	M47	M46	M45	M44	M43	M42	M41	M40
1006	M55	M54	M53	M52	M51	M50	M49	M48
1007	M63	M62	M61	M60	M59	M58	M57	M56
1008	M71	M70	M69	M68	M67	M66	M65	M64
1009	M79	M78	M77	M76	M75	M74	M73	M72
1010	M87	M86	M85	M84	M83	M82	M81	M80
1011	M95	M94	M93	M92	M91	M90	M89	M88
1012					M99	M98	M97	M96

西门子 840Dsl 的 M 代码变量如表 10-7 所示。

表 10-7　西门子 840Dsl 的 M 代码变量

DB21-30 BYTE	BIT7	BIT6	BIT5	BIT4	BIT3	BIT2	BIT1	BIT0
194	M7	M6	M5	M4	M3	M2	M1	M0
195	M15	M14	M13	M12	M11	M10	M9	M8
196	M23	M22	M21	M20	M19	M18	M17	M16
197	M31	M30	M29	M28	M27	M26	M25	M24
198	M39	M38	M37	M36	M35	M34	M33	M32
199	M47	M46	M45	M44	M43	M42	M41	M40
200	M55	M54	M53	M52	M51	M50	M49	M48
201	M63	M62	M61	M60	M59	M58	M57	M56
202	M71	M70	M69	M68	M67	M66	M65	M64
203	M79	M78	M77	M76	M75	M74	M73	M72
204	M87	M86	M85	M84	M83	M82	M81	M80
205	M95	M94	M93	M92	M91	M90	M89	M88
206					M99	M98	M97	M96

10.4 PLC报警快速查找

当数控机床发生 PLC 报警时，发那科是以 EX 开头加四位数字的报警信息，而西门子 828D 是以数字 7 开头的六位数字的报警信息。

由于发那科与西门子 828D 的 PLC 语言相似，因此以发那科为例说明当数控机床发生 PLC 报警时，如何快速查找问题。发那科与西门子在发生 PLC 报警时的诊断方法是相同的，不同的是 PLC 报警时对应的 PLC 变量，发那科搜索的对象是 Ax. x，西门子搜索的是 DB1600. DBx. x（828D）。

发那科出现 PMC（PLC）报警 EX1160 X-AXIS NOT REFERENCED，见图 10-134 可以通过发那科的 PMC 软件和在线查找两种方式确定其报警原因。

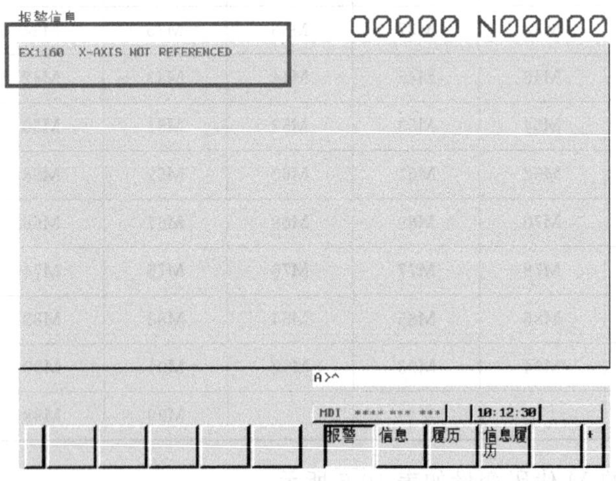

图 10-134 发那科 PMC 报警 1160

（1） Fladder查找方法

如果通过 PMC 软件 Fladder，可以在 Message 中查看该报警对应的 PMC 变量 A 的地址，见图 10-135。

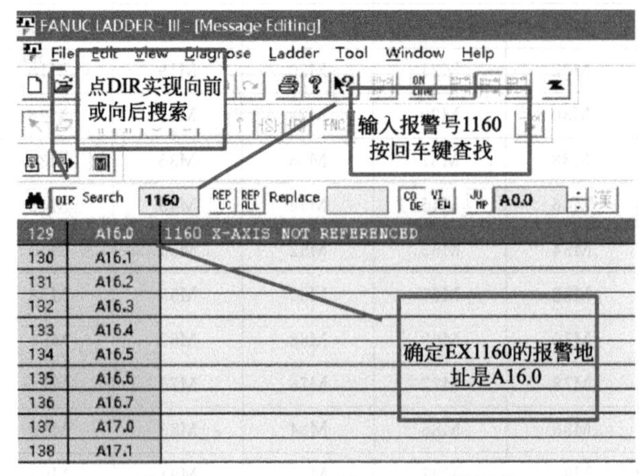

图 10 135 Fladder 搜索 1160 号报警

通过组合键 Ctrl+J，调出 Fladder 的交叉表，输入报警地址 A16.0，见图 10-136。

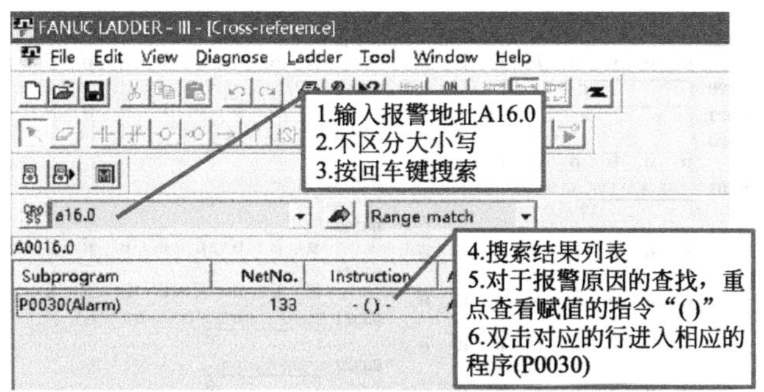

图 10-136　通过交叉表功能查找报警

双击交叉表的搜索结果，Fladder 会自动进入到 A16.0 的引用程序页面，见图 10-137。

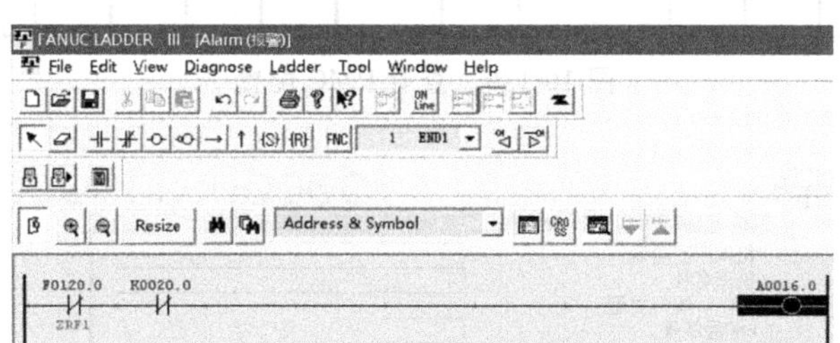

图 10-137　A16.0 的引用程序页面

由于 F120.0 是 NC 发出的系统信号，不可变更。由此可以确定，通过修改 K 参数 K20.0 的值，可临时屏蔽该报警，见图 10-138。

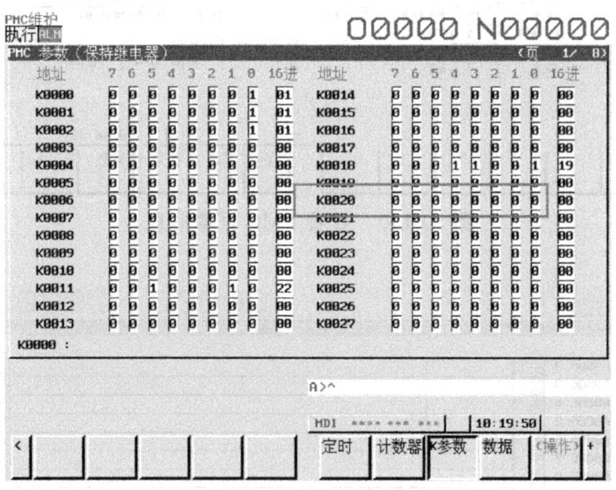

图 10-138　K 参数页面

（2）在线查看方法

对于 PLC 报警，也可以在数控系统侧通过相关操作查找该报警的解决办法。

按如下按键进行操作：【SYSTEM】→【＋】（多次）→【PMC 配置】，见图 10-139。

按【＋】→【信息】查看 PMC 的报警信息，见图 10-140。

可以通过翻页键或者方向键逐页或者逐个搜索，也可以通过输入报警号进行搜索，本章节选择通过搜索报警号查找 PMC 变量信息，输入报警号 1160，点击【搜索】按钮，见图 10-141。

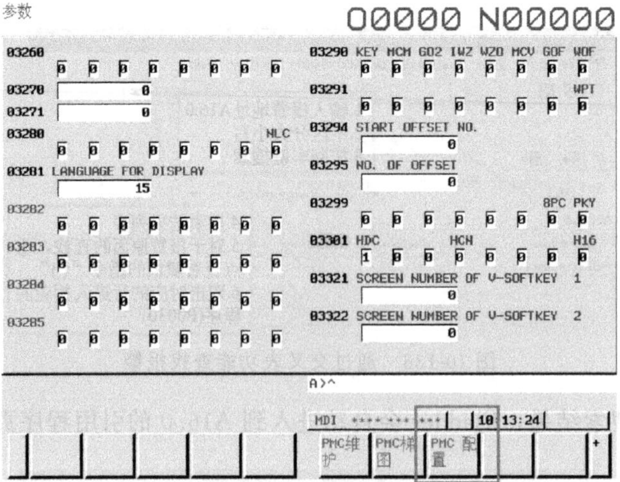

图 10-139　查看 PMC 配置

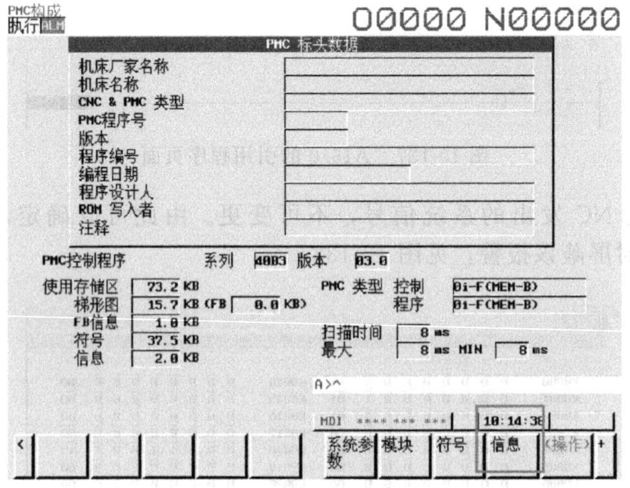

图 10-140　查看 PMC 报警信息

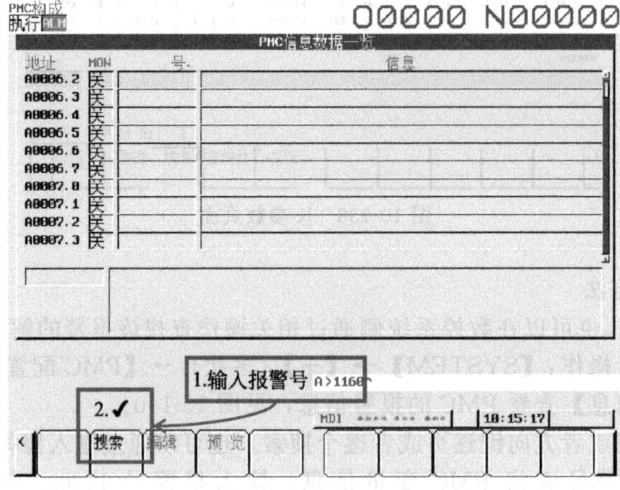

图 10-141　搜索 PMC 报警号

当然也可以通过翻页键【Page Down】逐页查找，报警号 1160 的搜索结果见图 10-142。

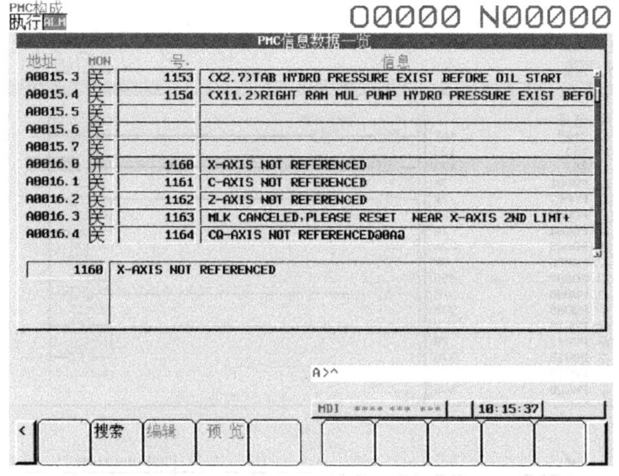

图 10-142　PMC 报警号 1160 已搜索

这时记下 PMC 报警 1160 对应的 PMC 变量地址 A16.0。如果发那科的 PMC 报警内容采用中文码编写，可以通过【操作】→【预览】键进行查看，确认报警内容是否与实际相符，见图 10-143。

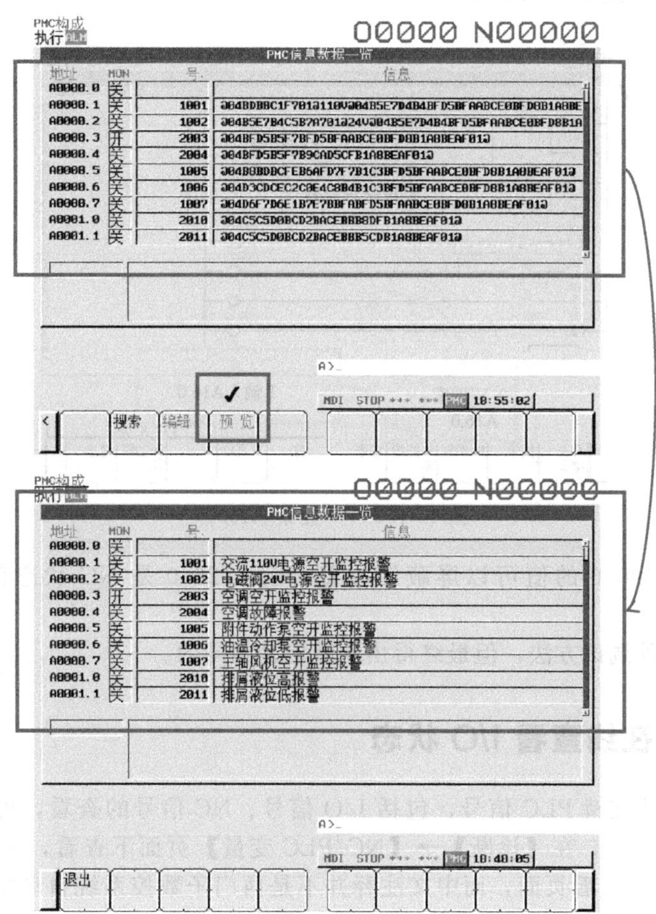

图 10-143　用中文码编写的发那科 PMC 报警信息

通过【<】键退出 PMC 配置信息页面，进入到【PMC 梯图】页面，并点击【缩放】按钮，见图 10-144。

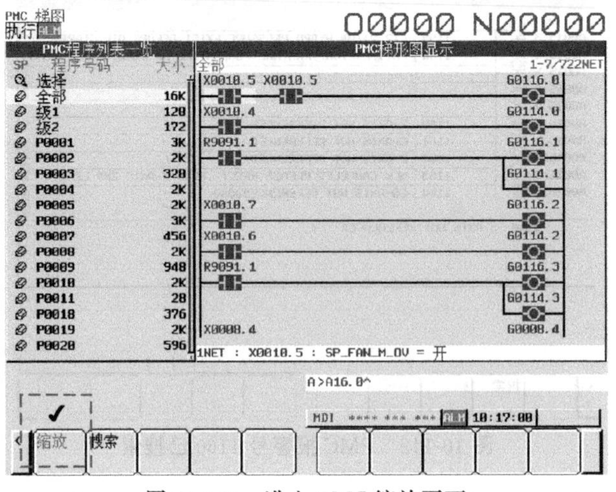

图 10-144　进入 PMC 缩放页面

输入变量 A16.0。由于 A16.0 等于 1 才产生 EX1160 报警，因此选择【W-搜索】，表示的是对 A16.0 赋值的搜索，见图 10-145。

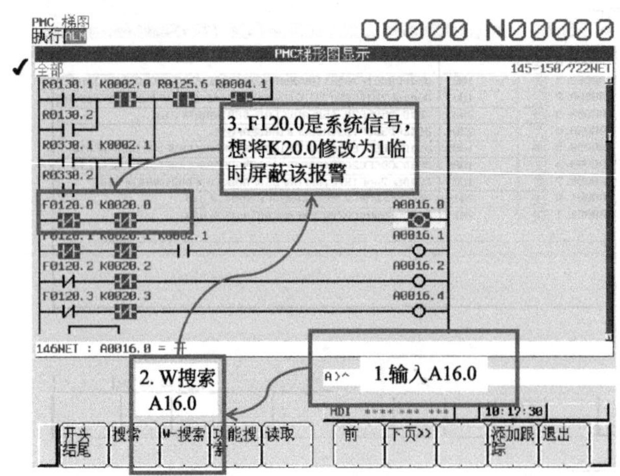

图 10-145　W-搜索 A16.0

修改 K 参数 K20.0 的值可以屏蔽该报警，而 F120.0 是 NC 状态信号，只读信号，见图 10-146。

尽管使用了两种调试方法，但最终得出的结论是相同的。

10.5　828D 在线查看 I/O 状态

西门子数控系统支持 PLC 信号，包括 I/O 信号、NC 信号的查看，可以通过手动输入 PLC 信号地址进行查看，在【诊断】→【NC/PLC 变量】页面下查看，图 10-147 是使用了中文注释的 PLC 信号查看页面，而中文注释并不是西门子数控系统自动生成的，而是通过手动输入或自开发工具将中文注释导入到 PLC 信号变量表中的。

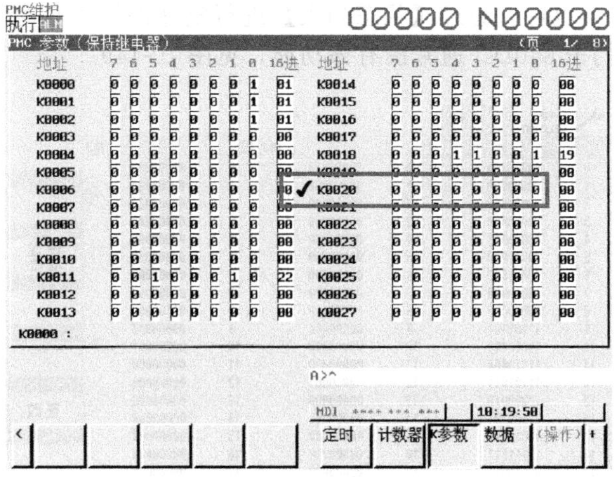

图 10-146　搜索并修改 K20.0

变量	注释	F	值
Q6.0	主轴箱变档阀一	B	0
Q6.1	主轴箱变档阀二	B	0
Q6.2	主轴箱变档阀三	B	0
Q6.3	主轴箱变档阀四	B	0
Q6.4	主轴润滑阀	B	0
Q6.5	主轴变档润滑油泵电机	B	0
Q6.6	主轴箱抱闸电机	B	0
Q6.7	刀架前置静压泵电机	B	0
Q7.0	尾座下体润滑油泵电机	B	0
Q7.1	尾座液压油泵电机	B	0
Q7.2	尾座放松高压油泵电机	B	0
Q7.3	尾座齿条锁紧电磁阀	B	0
Q7.4	尾座齿条放松电磁阀	B	0
Q7.5	锁紧块锁紧阀	B	0
Q7.6	锁紧块放松阀	B	0
Q7.7	下体润滑阀	B	0
Q8.0	启_停	B	0
Q8.1	脉冲使能	B	0
Q8.2	主电机风机接触器	B	0

图 10-147　带有中文注释的 PLC 信号查看表

PLC 变量查看表可以通过手动方式导入与导出，图 10-148 为通过手动方式导入已有的 PLC 变量表。

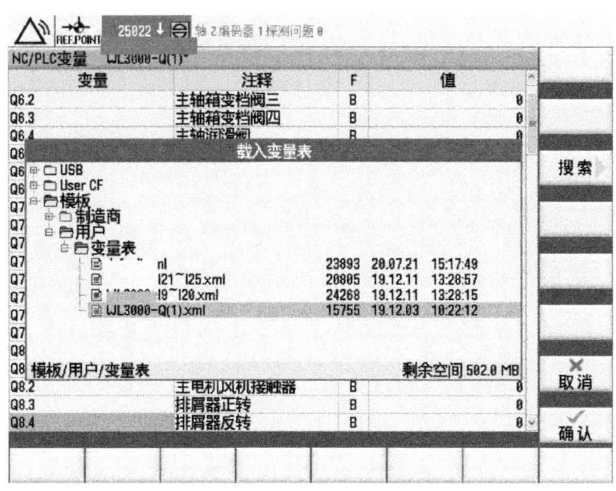

图 10-148　手动导入 PLC 变量表

对于西门子 828D，也可以通过【状态列表】进行整体的输入信号、输出信号、中间变量信号的查看，但西门子 840Dsl 通常没有该功能，见图 10-149。

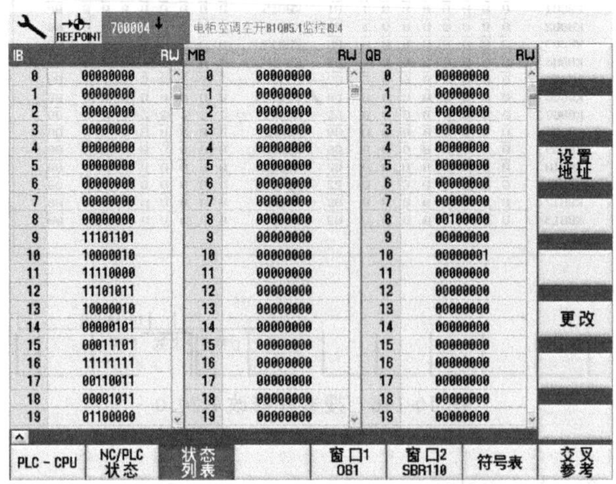

图 10-149 在线查看全部 PLC 信号

10.6 本章节知识点精要

① 西门子 840Dsl 与西门子 828D 的系统 PLC 信号有区别，相比之下发那科 0i-F 与发那科 31i 的系统 PLC 信号没有区别。

② PLC 入门最好的方法就是熟知 M 代码以及 PLC 报警的定义与查看。

③ 西门子的 M 代码及 PLC 报警的定义是固定的，相比之下发那科是任意的。

④ 发那科的 M 代码对应的 PLC 变量是 F10、F7.0 与 G4.3，西门子（828D）的 M 代码对应的 PLC 变量是 DB2500。

⑤ 发那科 PLC 报警查找信号是 PLC 信号 Am.n，西门子（828D）PLC 报警查找信号是 DB1600.DBm.n。

⑥ 不同的 PLC 编程语言有不同的调试方法。

⑦ 学好 PLC 是学好数控机床电气控制的第一步。

第11章 中高端数控机床调试与维修

由中小数控机床组成的自动线，在熟悉 PLC 基础上仅需要结合用户宏变量（＃1000～＃1015、＃1100～＃1115）就能做好电气调试与维修的工作。由于中小数控机床的控制简单，更多的是依赖 PLC 的相关知识，对于 PLC 的知识要求并不是很高。

然而，对于中高端数控机床的调试与维修而言，只具备 PLC 的知识是远远不够的。不仅需要扎实的 PLC 知识，还要求掌握 PLC 与用户宏程序、用户宏变量、系统宏变量的多次结合应用。

本章节以发那科数控系统为例，对 M 代码、宏变量、多级宏程序进行详尽的说明。

11.1 M 代码

11.1.1 标准 M 代码

标准 M 代码功能是数控系统提供的，不需要使用者自己编辑，在程序中执行就能运行，常见 M 代码及功能如表 11-1 所示。

表 11-1 常见的 M 代码及功能

M 代码	功能
M00	程序停止
M01	条件程序
M02	程序结束
M03	主轴正转
M04	主轴反转
M05	主轴停止
M17	子程序结束返回(西门子)
M19	主轴定向
M98	调用子程序
M99	子程序结束返回(发那科)

在执行时，部分 M 代码，例如 M01、M03，可以简化成 M1 和 M3。

11.1.2 自定义普通 M 代码

自定义 M 代码指的是用户自行定义的 M 代码，需要根据实际的控制情况对机床及设备进行控制。通常来说，PLC 中定义的 M 代码功能不要与数控系统提供的标准 M 代码重复，比如说标准 M 代码 M5 是用来实现主轴停止功能的。在 PLC 程序中，我们又定义了 M5 作为夹具的松开控制。这样在加工和调试过程中就容易发生混淆，进而导致机床及设备出现误操作或误动作，有可能造成人员伤亡和设备损坏。M 代码定义方法见 9.2.3 小节。

（1）M 代码冲突

如果在 PLC 程序中自定义 M 代码与标准 M 代码功能重复，那么两个 M 代码功能都会被数控系统执行，只不过数控系统会优先执行用户定义的 M 代码功能，再执行标准的 M 代码功能。

例如，用 M5 来实现夹具的松开控制，加工时也使用 M5 来停止主轴旋转，此时会优先执行夹具松开功能，这个时候主轴还在旋转，松开的工件有可能飞出来，造成人员伤亡和设备损坏。

当然也可以利用数控系统优先执行自定义 M 代码的原理，来完善数控系统的标准 M 代码功能。只有当数控系统提供的标准 M 代码功能无法满足实际的工作需要时，才会在 PLC 中重新定义标准 M 代码功能，以满足实际的工作需求。

例如，在主轴停止旋转前停止冷却功能，一般的加工编程处理就是在执行 M5 之前，执行 M9（水冷停止）。这就需要将 M5 进行重新定义，让系统执行 M5 之前，先停止冷却功能。

（2）M 执行完成

当 M 代码执行完毕后，需要将系统变量 G4.3 置为 1。在日常工作中，M 代码执行完毕的确认，有以下三种情况：

① 通过输入信号，即通过控制到位的输入信号确定 M 代码执行完毕。例如控制夹具夹紧的 M 代码，当执行 M 代码后，在指定的时间内，夹紧到位信号赋值给 G4.3，这时将夹紧到位信号作为 M 代码执行完毕的标志。假设 M10 是夹具夹紧的 M 代码，X0.0 是夹具夹紧到位信号：

a. 图 11-1 是在读取输入信号模块中定义的夹具夹紧完成的中间变量 R100.0。

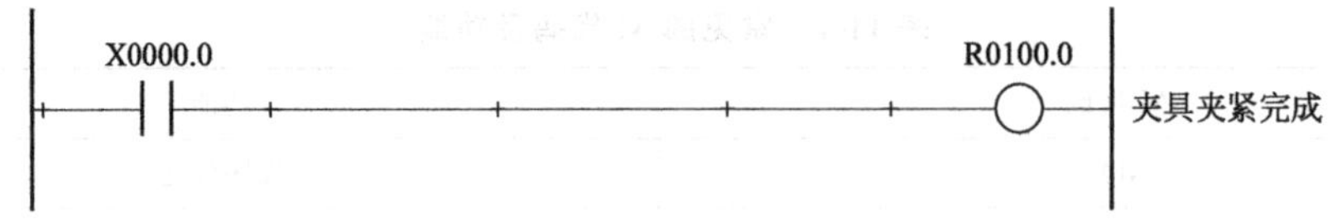

图 11-1 夹具输入信号

b. 图 11-2 是执行 M10 后，判定 M 代码执行完毕的 PLC 简单处理。

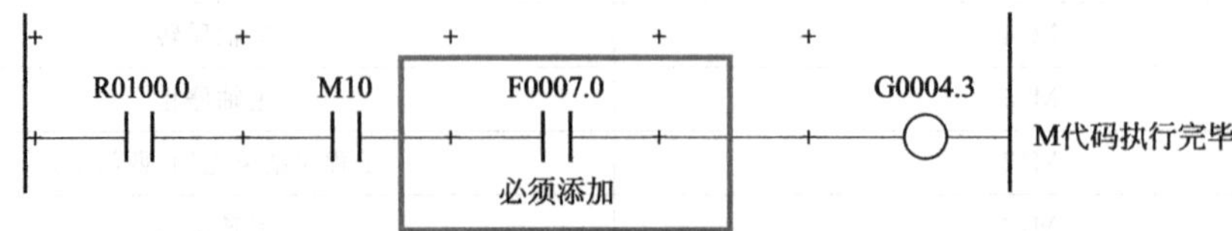

图 11-2 M 代码控制完成输入信号处理

c. M 代码执行完毕的系统信号 G4.3 置位时必须包含 F7.0，否则其他到位信号会终止正在执行的 M 代码，造成误动作，使人员伤害、数控机床及工件损坏。

② 立即完成，即不需要任何的输入信号的确定，就将 G4.3 置为 1。例如启动水冷电机，水箱中一般没有水冷电机启动的反馈信号——输入信号传递给 I/O 模块，这时，在定义水冷启动的 M 代码 M8 时，直接将 R10.5 赋值给 G4.3，见图 11-3。

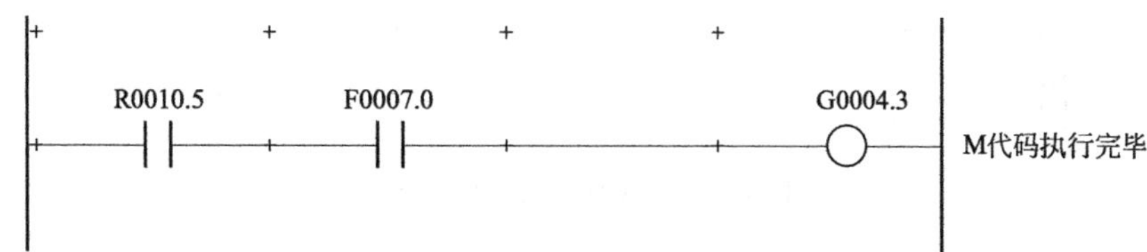

图 11-3　M 代码控制完成即时处理

③ 没有输入信号，但需要延时完成。例如我们在使用部分型号的夹具时，只有夹具夹紧到位信号，没有夹具松开到位信号，对于控制夹具夹紧的 M 代码，需要将夹具夹紧到位信号赋值给 G4.3 作为夹具夹紧完成的标志，但是对于控制夹具松开的 M 代码，需要等待若干秒，例如等待 2000ms，即 2s，也就是等待夹具松开的机械动作完成后，再将 G4.3 置为 1，见图 11-4。

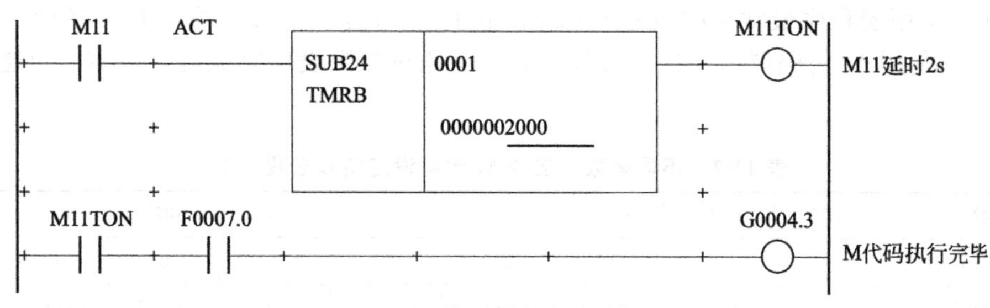

图 11-4　M 代码控制完成延时处理

我们把上述三种情况放在一个 PLC 程序中，就变成了如图 11-5 所示的形式。

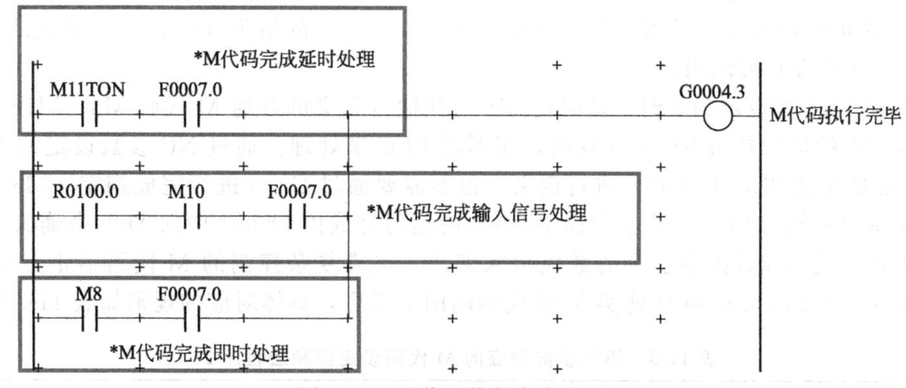

图 11-5　M 代码控制完成处理 1

由于上述三种情况都使用了系统变量 F7.0，为了程序的简洁性，我们单独将 F7.0 提取出来，见图 11-6。

11.1.3　控制型宏程序——自定义特殊 M 代码

普通 M 代码控制的对象通常是机械动作或者电机，如夹具的松开夹紧控制、自动门的打开与关闭、水冷的启动与停止等。

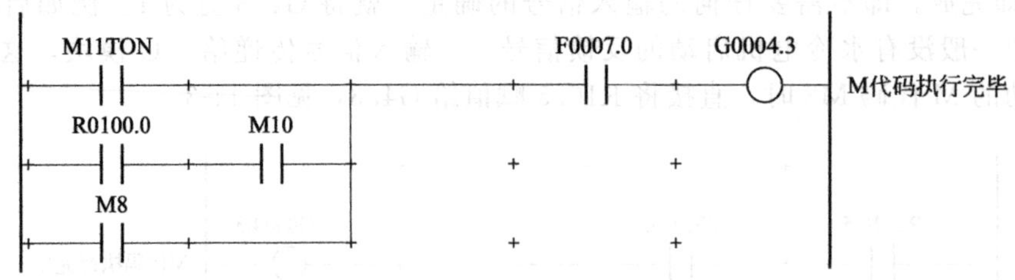

图 11-6　M 代码控制完成处理 2

如果想通过 M 代码进行多组机械动作控制以及主轴、伺服轴的位置控制，纯粹的 PLC 控制，尤其是使用梯形图就非常的繁琐。主轴与伺服轴的控制是由 NC 来完成的，如果通过 PLC 来控制，PLC 程序会变得非常复杂，如果多组机械动作的控制由 PLC 来实现的话，使用梯形图作为 PLC 的编程语言同样十分的复杂。

如果通过宏程序来实现多组机械动作控制、主轴与伺服轴的位置控制，就会变得十分的容易。对于数控系统来说，可以通过定义特殊的 M 代码来调用宏程序，再由宏程序实现复杂控制。

M 代码调用宏程序最常见的就是利用 M6 进行自动换刀、M60 进行自动换台（卧式加工中心），当利用 M 代码调用并执行宏程序时，是通过参数设定完成的，是 NC 功能，详见表 11-2。

表 11-2　不同参数对应的 M 代码设定值和宏程序 1

参数	6071	6072	6073	6074	6075	6076	6077	6078	6079
M 代码设定值	6	60	201	202	0	0	0	0	0
对应宏程序	O9001	O9002	O9003	O9004	O9005	O9006	O9007	O9008	O9009

当参数 6071 被设定为 6，数控系统执行 M6 时，NC 就会调用 O9001 的宏程序（大写字母 O 加 9001，并非数字 0 加 9001，下同），如果 6071 被设定为 66，当 M66 被执行时，调用的宏程序也是 O9001。当 NC 参数 No. 6071～No. 6079 的值为 0 时，表示相应的宏程序 O9001～O9009 没有被调用。

当参数 6071 被设定为 6 时，此时的 M6 与其他自定义的普通 M 代码 M8、M10 等不一样。此时 M6 的运行是由 NC 来实现的，而不是 PLC 来处理。通过 NC 参数设定的 M 代码 M6 既不需要通过 PLC 中的 F10 进行定义，也不需要通过 G4. 3 进行完成判定。M6 在执行时，仅仅是用来指向 O9001 这个宏程序，M6 的运行完成由 O9001 中的 M99 来确认。

对于高端机床或者控制复杂的数控机床来说，实现复杂控制的 M 代码不止上述 9 个。参数 No. 6080～No. 6089 同样能实现 M 代码调用子程序，具体对应的规则如表 11-3 所示。

表 11-3　不同参数对应的 M 代码设定值和宏程序 2

参数	6080	6081	6082	6083	6084	6085	6086	6087	6088	6089
M 代码设定值	0	0	0	0	0	0	0	0	0	0
对应宏程序	O9020	O9021	O9022	O9023	O9024	O9025	O9026	O9027	O9028	O9029

调用宏程序的 M 代码通常 M 值会大于 100，以区分 PLC 中定义的 M 代码及标准 M 代码。M 代码调用宏程序设定见图 11-7，其应用过程见图 11-8。

O9001～O9009、O9020～O9029 与其他的加工程序在格式上是一样的，其内部可以包含主轴与伺服轴的位置控制，也可以执行 M 代码、循环与跳转等代码，见表 11-4。

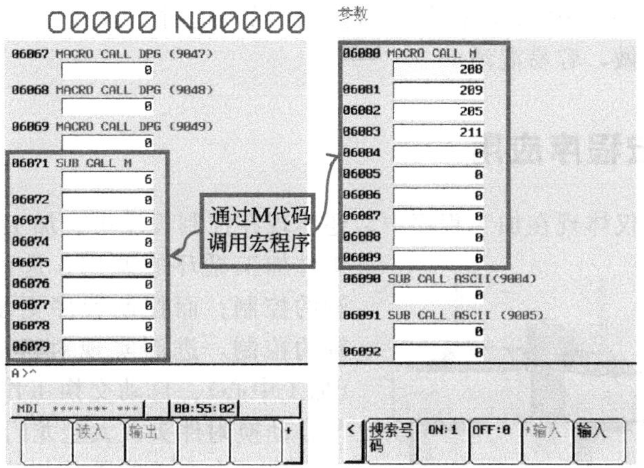

图 11-7　M 代码调用宏程序设定

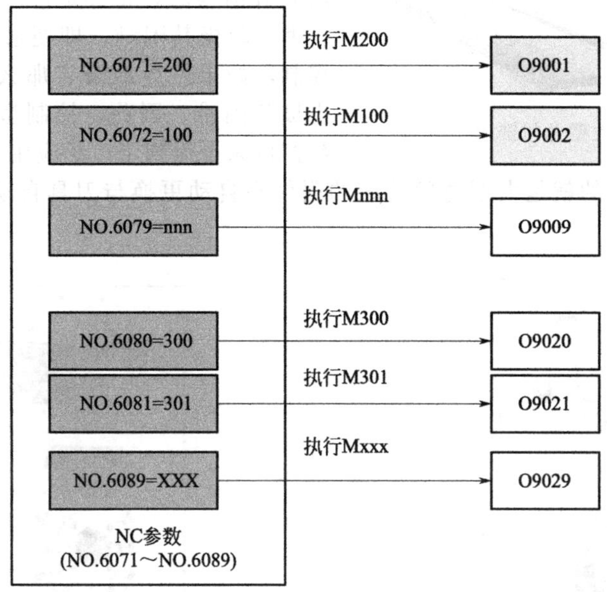

图 11-8　M 代码调用宏程序

表 11-4　宏程序及注释

宏程序	注释
O9001;	宏程序名(固定格式)
M5;	主轴停止
G0G90X0Y0Z0;	*X*、*Y*、*Z* 轴快速移动到位置 0
M11;	M 代码
G4X3;	暂停 3s
IF[#1000EQ0]GOTO11;	逻辑判断及跳转到 N11
N11#3000=1(SPINDLE STATUS ERR);	宏报警:3001 SPINDLE STATUS ERR
M99;	宏程序结束

当然，也可以在 PLC 中定义 M6，当数控系统执行 M6 的时候，系统同样会执行 O9001

这个宏程序，如果 O9001 中也包含了 M6 这个代码，这时 PLC 中定义的 M6 才会被执行，一般来说不建议这么做，容易混淆。

11.2 控制型宏程序应用

宏程序的应用不仅体现在加工程序中，还体现在控制程序中。加工程序更多的是完成对工件加工循环的调用，进而实现对主轴与伺服轴的控制；而控制程序更多的是对主轴、伺服轴的控制，进而实现对机械动作——自动换刀（加工中心）、自动交换工作台（卧式加工中心）与自动换附件头（大型龙门机床）的控制。

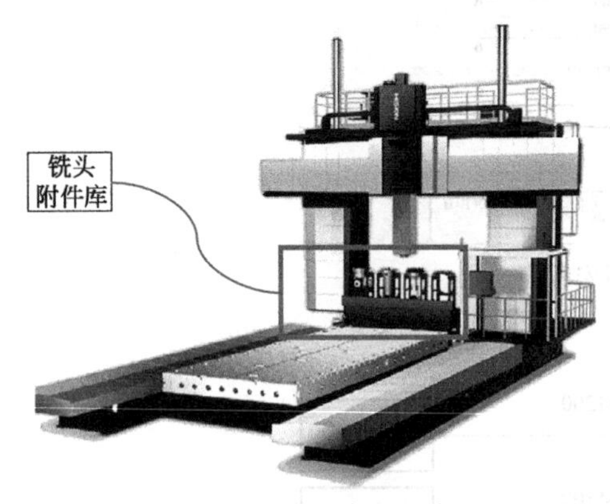

图 11-9 大型龙门铣床

对于中高端的数控机床来说，其自动换刀、自动换台、自动更换铣头等机械动作控制的 PLC 在编写时，尤其是使用梯形图作为 PLC 语言编写时极其困难，即便通过 PLC 实现全部的控制，如果发生故障，那么调试与维修的过程也极其困难。因此，控制型的宏程在中高端的数控机床上得到了广泛应用。

控制过程最复杂的就是大型龙门铣床的附件头自动更换与刀具自动更换，见图 11-9～图 11-11。

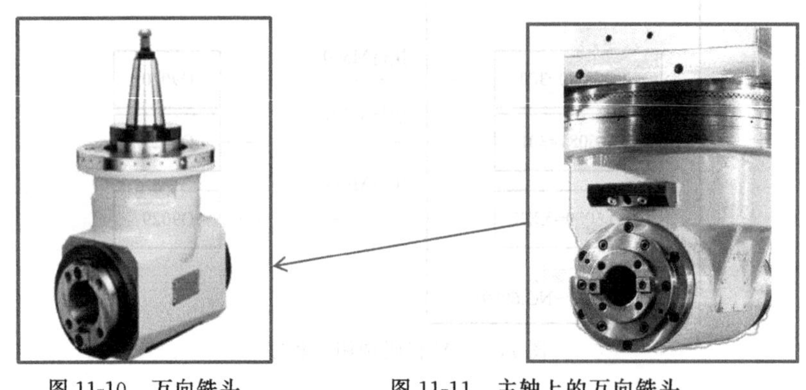
图 11-10 万向铣头　　图 11-11 主轴上的万向铣头

控制过程复杂的大型数控镗床的机械手链式刀库自动换刀，见图 11-12。

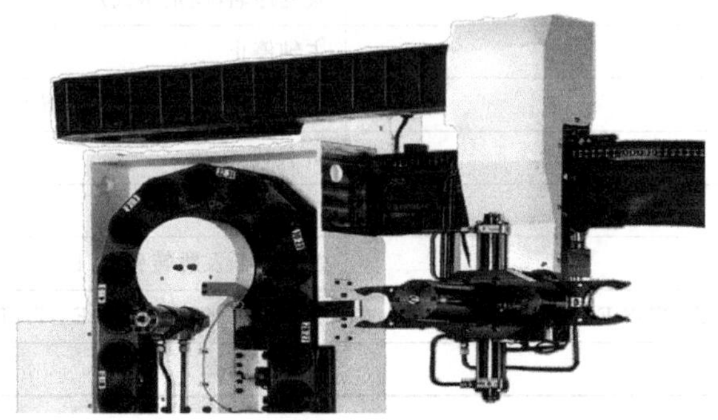
图 11-12 大型数控镗床机械手链式刀库

控制过程复杂的加工中心的链式刀库控制，见图 11-13 和图 11-14。

图 11-13 卧式加工中心链式刀库

控制过程简单的中小数控机床（钻攻中心、雕铣机、车床）的伺服（电机）刀库，见图 11-15～图 11-17。

图 11-14 立式加工中心链式刀库

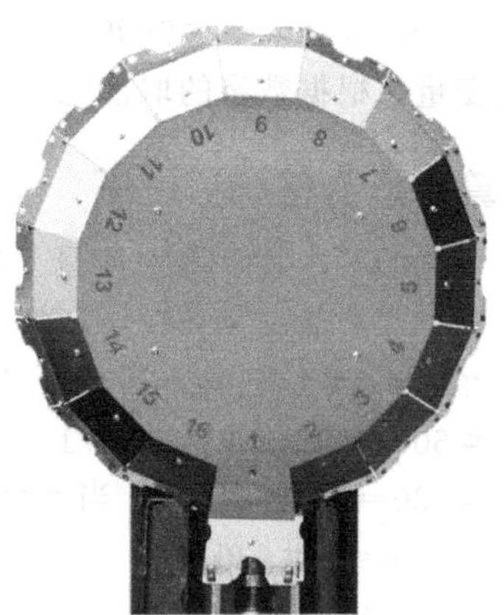

图 11-15 钻攻中心伺服刀库

图 11-16 雕铣机伺服刀库

图 11-17 车床刀塔刀库

控制过程简单的中小型龙门数控机床的直排刀库，见图 11-18。

控制过程最简单的位置固定的刀排自动换刀，见图 11-19。

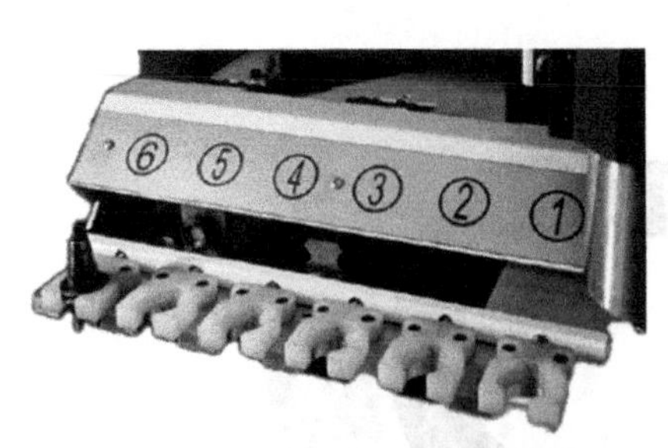

图 11-18　可前后移动的直排刀库（雕铣机）

图 11-19　位置固定的刀排（小型龙门机床）

11.3　宏变量

宏变量是在 NC 控制宏程序中经常使用的一种特殊变量，其典型的变量结构是“＃”加数字，例如，＃0～＃33，＃100～＃199，＃500～＃999，＃1000～＃1015，＃1100～＃1015，＃3000，＃1000～＃9999。

这些宏变量，根据数字的取值范围，有不同的属性、功能及应用场合。

11.3.1　算术运算符

赋值：＃500＝1，表示将宏变量＃500 赋值为 1，当 NC 运行到此行时，宏变量＃500 的值为 1。

加法：＃500＝＃1＋500，当＃1＝100 时，＃500 的值是 600。

减法：＃600＝600－＃1，当＃1＝100 时，＃600 的值是 500。

除法：＃630＝＃4120/100，当＃4120＝10 时，＃630 的值是 0.1。

乘法：＃700＝［＃630－1］＊［360/＃640］，当＃630＝2，＃640＝180 时，＃700 的值是（2－1）×(360/180）＝2。

在进行运算时，优先计算乘除法，再计算加减法，加减运算的部分要使用中括号进行优先运算。例如：＃700＝＃630－1＊360/＃640，当＃630＝2，＃640＝180 时，＃700 的值＝2－1×360/180＝2－2＝0。

11.3.2　宏报警与注释

宏报警：＃3000＝n（英文或拼音），其中 n＝1、2、3、…，括号中的内容是宏程序的报警内容。

运行宏程序：＃3000＝2(HONG CHENG XU BAOJING)，此时数控系统界面会提示“宏程序报警 3002 HONG CHENG XU BAOJING”，同时数控系统进入急停状态，宏程序不再继续运行。

注释：使用括号进行程序内容注释，只能是字母和数字，不能使用中文，宏报警的括号不属于宏报警注释。

11.3.3　条件运算符

条件运算符通常与 IF、WHILE 等组合使用，当满足相应的条件，程序或者跳转（GOTO)、或者急停宏报警（＃3000＝n）或者程序继续进行，见表 11-5。

表 11-5 常见的条件判断符号

条件判断	符号	英文示意	数学符号
等于	EQ	Equal	=
不等于	NE	Not Equal	≠
大于	GT	Great Then	>
大于等于	GE	Great or Equate	⩾
小于	LT	Less Then	<
小于等于	LE	Less or Equate	⩽

最常见的就是 IF 作为判断条件，见表 11-6。

表 11-6 IF 作为判断条件的宏程序

宏程序	注释
%	宏程序开始标头，固定格式，下略
O9212(FUJIAN JIAOHUAN)	1. 程序名 O9212(大写字母 O，不是数字 0) 2. 注释信息 FUJIAN JIAOHUAN(附件交换拼音)
IF[#620EQ180]GOTO1	如果#620 的值等于 180 跳转到 N1 行
#3000=2(FUJIAN JIAODU CUOWU)	1. 如果#620 的值不等于 180，宏程序急停报警 2. 宏报警 3002，报警内容：附件角度错误(拼音)
N1	N1 行
IF[#630EQ0]GOTO10	如果#630 的值等于 0，跳转到 N10 行
……	如果#630 的值不等于 0，程序继续向下运行
N10G01G90G94G53Y[#634-500]	1. N10 行 2. 执行轴移动 Y，Y 移动的距离是#634 的值减去 500
M99	宏程序运行结束，固定用法，下略
%	宏程序结束标头，固定格式，下略

11.3.4 逻辑运算符

AND，逻辑“与”，AND 前后的两个条件同时都满足才能继续，例如 (B>1) AND (C<1)，只有 B 的值大于 1，同时 C 的值小于 1，才满足条件，否则不满足条件。OR，逻辑“或”，OR 前后的两个条件只要满足任意一个就可以继续，例如 (B>1) OR(C<1)，B 大于 1 或者 C 小于 1，就满足条件，否则不满足条件。逻辑运算符举例见表 11-7。

表 11-7 逻辑运算符举例

%	
O9001(ZIDONG HUANDAO)	宏程序 O9001，自动换刀(拼音)
IF[[#610EQ1]OR[#610EQ2]]GOTO5	如果#610 等于 1 或#610 等于 2，跳转到 N5
#3000=5(DANGQIAN FUJIANHAO CUOWU)	1. #610 等于其他的值则宏程序急停报警 2. 报警号 3005，报警内容当前附件号错误(拼音)
N5	N5
IF[#4016NE68]GOTO6	当系统宏变量#4016 的值不等于 68，则跳转到 N6
#3000=9(G68 MODE)	当系统宏变量#4016 的值等于 68，则宏程序急停报警：3009 G68 模式(MODE)
N6	N6

查看宏变量操作顺序如下：【OFFSET/SETTING】→【+】→【宏程序】，通过翻页键【Page up】与【Page down】进行上下页查看。

11.3.5 局部变量

局部变量中的＃0是空变量，在控制宏程序中使用较少。宏变量＃27～＃33也较少使用。应用最多的就是＃1～＃26，仅限宏程序内部使用，用于被调用宏程序的数据接口，临时参与数据运算、临时保存数据，但两个不同的宏程序内的局部变量彼此不影响，当电源关闭时，局部变量被清空，局部宏变量见图11-20。

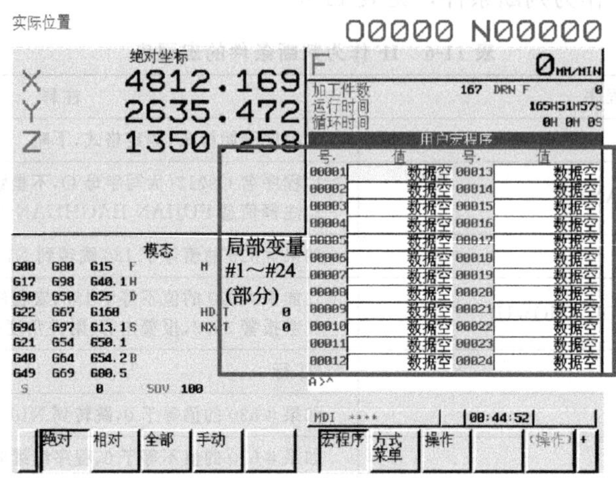

图11-20 局部宏变量

局部宏变量的主要作用就是为被调用的宏程序提供数据接口，具体接口地址见表11-8。

表11-8 接口地址

地址	变量号	地址	变量号	地址	变量号
A	＃1	I	＃4	T	＃20
B	＃2	J	＃5	U	＃21
C	＃3	K	＃6	V	＃22
D	＃7	M	＃13	W	＃23
E	＃8	Q	＃17	X	＃24
F	＃9	R	＃18	Y	＃25
H	＃11	S	＃19	Z	＃26

宏程序不论是主程序，还是子程序或孙程序，都可以定义为一个功能块，包含相应的数据接口。当运行该宏程序时，再根据数据接口获取不同的输入数据，实现不同的控制功能，而为宏程序提供数据接口的就是局部宏变量。具体的应用场景就是通过特殊的M代码调用宏程序。

当通过设定NC参数，通过M代码调用宏程序后，例如通过M200调用宏程序O9001，如果宏程序O9001没有数据接口，那么执行M200时，NC直接运行O9001。如果宏程序有数据接口，那么执行M200时还要根据O9001的数据接口的变量号对接口地址进行赋值。例如宏程序O9001中的接口地址的变量号只有＃1和＃2，运行M200时就要根据表11-8添加相应的接口地址A和B，例如运行M200Am、M200Bn或M200AmBn（m、n是数字）。

当运行 M200Am 时，A 后的值 m 赋给宏程序 O9001 的局部变量＃1，＃1 的值等于 m，由于没有 B，因此对应的宏程序 O9001 的局部变量＃2 的值等于 0；当运行 M200Bn 时，B 后的值 n 赋给 O9001 中的局部变量＃2，＃2 的值等于 n，＃1 的值等于 0；当运行 M200AmBn 时，O9001 中的局部变量＃1 的值等于 m，局部变量＃2 的值等于 n。如果只运行 M200，则 O9001 中的局部变量＃1 与＃2 的值都等于 0，如果运行 M200C1 的话，O9001 中的局部变量＃1 与＃2 的值都等于 0。M 代码调用宏程序及接口数据传输完整的运行流程如图 11-21 所示。

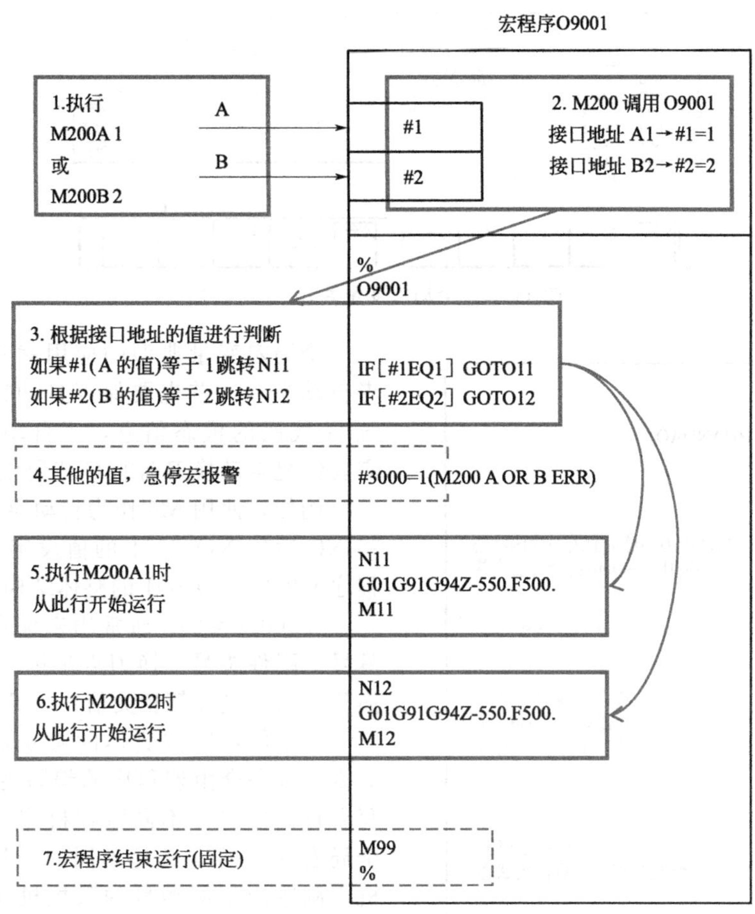

图 11-21　M 代码调用宏程序及接口数据传输

举例说明，执行 M200A1，此时 M200 调用宏程序 O9001，A1 表示对 O9001 的接口＃1 的值赋值为 1，如果执行 M200A5，同样是调用宏程序 O9001，但接口＃1 的值就是 5。

11.3.6　全局变量

全局变量分两组，分别是＃100～＃199 与＃500～＃999。两组宏变量都是全局变量，有相同点，也有不同之处。相同的是两组宏变量都是全局变量，不同的宏程序之间可以共用。不同的是，＃100～＃199 在数控系统电源关闭后，保存的数据被清空，而＃500～＃999 的值在数控系统电源关闭后，宏变量的值仍被保留。

＃100～＃199 在宏程序中通常用来保存数控系统的模态信息，也就是数控系统 G 代码的状态，当然也可以使用＃500～＃999 保存数控系统的模态信息。全局宏变量＃100～

＃199 见图 11-22。

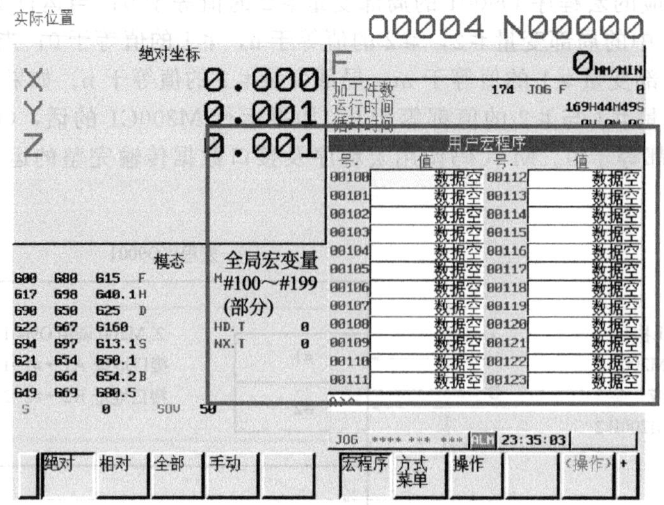

图 11-22　全局宏变量＃100～＃199

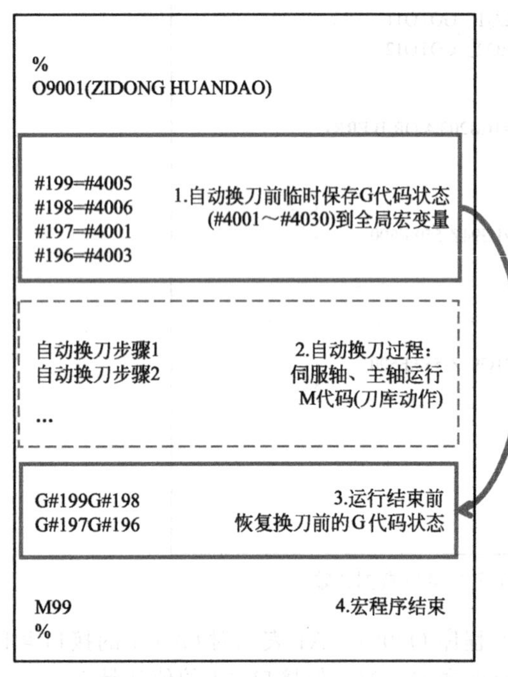

图 11-23　全局宏变量＃100～＃199 的应用

全局宏变量典型的应用就是自动换刀或者自动换台，首先要保存自动换刀前数控系统 G 代码的模态信息，当自动换刀结束后，需要恢复自动换刀前的 G 代码模态状态。

例如，使用 M6 作为自动换刀的 M 代码，将 NC 参数 NO. 6071 的值设定为 6，调用宏程序 O9001，O9001 的整体结构见图 11-23。

＃500～＃999 通常用来保存主轴上的刀具号、附件头号、换刀点坐标、换台点坐标、换附件头点坐标等相关信息，见图 11-24。

至于使用哪些具体的宏变量来保存上述数据，则完全由宏程序的编写者或 PLC 的编写者自由定义。不同数控机床的制造商对于全局宏变量的定义是不同的，甚至相同数控机床制造商不同型号的数控机床对于全局宏变量的定义也不尽相同，需要根据数控机床制造商的用户手册查询或者根据宏程序所定义的控制顺序进行分析。全局宏变量＃500～＃999 的应用见图 11-25。

11.3.7　系统宏变量

系统宏变量是与 NC 和 PLC 的数据相关联的特殊宏变量。数控系统几乎所有的运行数据都可以通过系统宏变量进行获取，部分 NC 数据可以通过宏变量进行赋值。

与全局宏变量不同的是，系统宏变量的值在数控系统界面是看不到的，只能在宏程序中间接的赋值给全局宏变量才能获取具体的值。不同范围的系统宏变量有不同的功能与应用场合，见表 11-9。

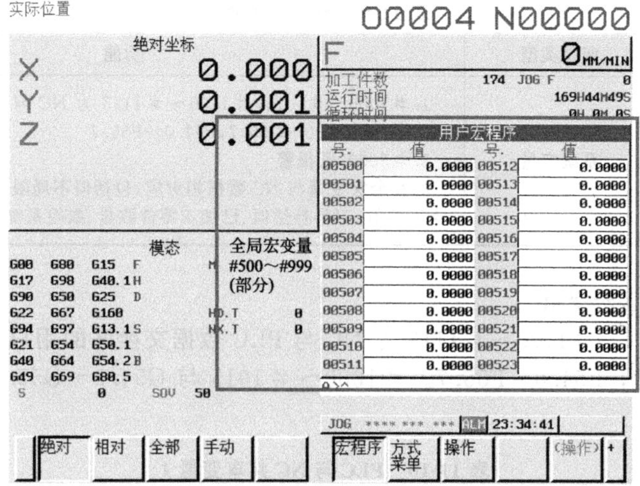

图 11-24　全局宏变量＃500～＃999

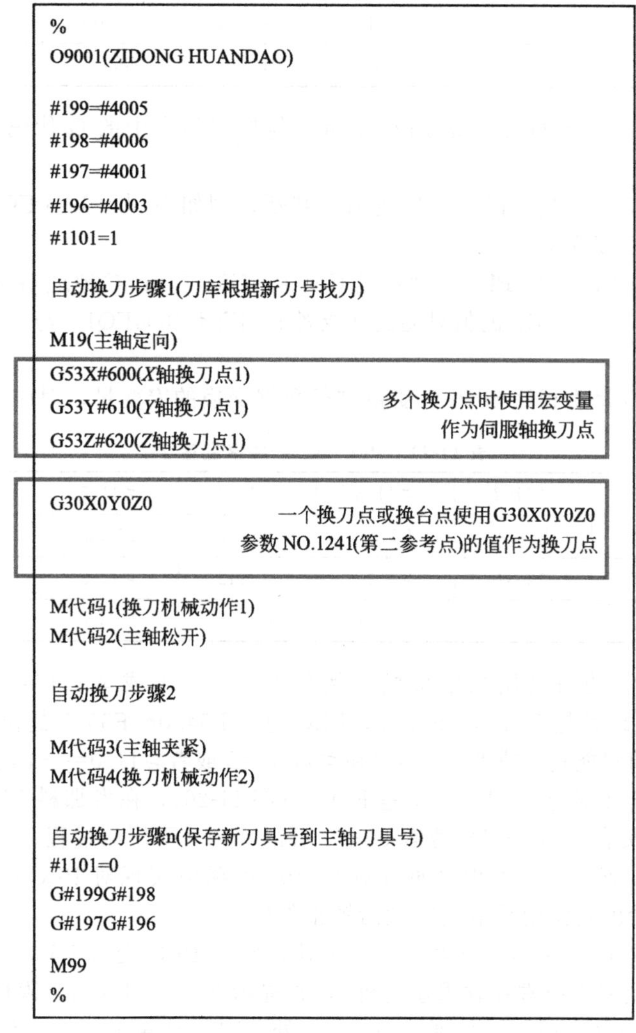

```
%
O9001(ZIDONG HUANDAO)

#199=#4005
#198=#4006
#197=#4001
#196=#4003
#1101=1

自动换刀步骤1(刀库根据新刀号找刀)

M19(主轴定向)
G53X#600(X轴换刀点1)
G53Y#610(Y轴换刀点1)        多个换刀点时使用宏变量
G53Z#620(Z轴换刀点1)              作为伺服轴换刀点

G30X0Y0Z0
                一个换刀点或换台点使用G30X0Y0Z0
           参数NO.1241(第二参考点)的值作为换刀点

M代码1(换刀机械动作1)
M代码2(主轴松开)

自动换刀步骤2

M代码3(主轴夹紧)
M代码4(换刀机械动作2)

自动换刀步骤n(保存新刀具号到主轴刀具号)
#1101=0
G#199G#198
G#197G#196

M99
%
```

图 11-25　全局宏变量＃500～＃999 的应用

表 11-9　系统宏变量

变量号	变量类型	功能
＃1000～＃9999	系统变量	1. ＃1000～＃1015，＃1100～＃1115 为 NC 与 PLC 数据交换区，对应 PLC 信号 G54.0～G55.7，F54.0～F55.7 2. ＃3000，宏报警 3. 其余宏变量与 NC 数据相对应，包括但不局限于：当前 G 代码值、新刀号 T 的值、刀具补偿值、已加工零件数量、数控系统时间、工件坐标系等

（1）数据共享区宏变量

＃1000～＃1015，＃1100～＃1115 为 NC 与 PLC 数据交换区的用户宏变量，对应 PLC 信号 G54.0～G55.7，F54.0～F55.7。＃1000～＃1015 与 G54.0～G55.7 完整的对应关系见表 11-10。

表 11-10　PLC 与 NC 共享变量 1

＃1000	＃1001	＃1002	＃1003	＃1004	＃1005	＃1006	＃1007
G54.0	G54.1	G54.2	G54.3	G54.4	G54.5	G54.6	G54.7
＃1008	＃1009	＃1010	＃1011	＃1012	＃1013	＃1014	＃1015
G55.0	G55.1	G55.2	G55.3	G55.4	G55.5	G55.6	G55.7

表 11-10 中的 G54.0～G55.7 是 PLC 变量，与加工程序中的 G 代码 G54、G55 是完全不同的。

＃1000～＃1015 的值是只读的，只能用于判断，例如 IF［＃1000EQ1］GOTOxx 或者 IF［＃1000NE1］GOTOyy。

由于＃1000～＃1015 对应 PLC 的地址是 G54.0～G55.7，PLC 地址 G54.0～G55.7 是位地址（Bit），因此＃1000～＃1015 的值只能是 0 或者 1，IF[＃1000EQ1] 与 IF[＃1000NE0] 是等效的。

＃1100～＃1115 是宏程序与 PLC 变量进行数据交换的宏变量，对应关系见表 11-11。

表 11-11　PLC 与 NC 共享变量 2

＃1100	＃1101	＃1102	＃1103	＃1104	＃1105	＃1106	＃1107
F54.0	F54.1	F54.2	F54.3	F54.4	F54.5	F54.6	F54.7
＃1108	＃1109	＃1110	＃1111	＃1112	＃1113	＃1114	＃1115
F55.0	F55.1	F55.2	F55.3	F55.4	F55.5	F55.6	F55.7

＃1100～＃1115 的值是用来赋值的，例如＃1100＝1 或＃1115＝1。由于＃1100～＃1115 对应的 PLC 地址是 F54.0～F55.7，PLC 地址 F54.0～F55.7 是位地址（Bit），因此＃1100～＃1115 的值只能是 0 或者 1，不存在＃1100＝2 或者＃1100＝－1 的情况。

用户宏变量＃1101 对应的 PLC 变量是 F54.1（图 11-26），在发那科 PLC 软件 Fladder 中查看 PLC，通过交叉表（Ctrl＋J）搜索 F54.1 可以看到其引用的过程，见图 11-27。

双击交叉表的搜索结果，宏程序通过对＃1101 的赋值实现对 PLC 信号 F54.1 的赋值，从图 11-28 中可以看出其作用是取消或激活轴正限位。

自动换刀宏程序 O9001 运行到＃1101＝1 处，此时 PLC 变量 F54.1 的值为 1，进而取消第一轴正限位（换刀点通常在软限位之外），并提示 No.2034（第二限位打开）；当自动换刀宏程序 O9001 换刀结束后，运行到＃1101＝0 处，PLC 变量 F54.1 的值为 0，进而将轴限位功能生效，确保换刀结束后 NC 恢复正常状态。

```
%
O9001(ZIDONG HUANDAO)

#199=#4005
#198=#4006
#197=#4001
#196=#4003

#1101=1                    宏变量#1101对应PLC变量F54.1
                           运行#1101=1时，对应的PLC变量F54.1=1

自动换刀步骤1
自动换刀步骤2
...
自动换刀步骤n

#1101=0                    宏变量#1101对应PLC变量F54.1
                           运行#1101=0时，对应的PLC变量F54.1=0

G#199G#198
G#197G#196

M99
%
```

图 11-26 用户宏变量与 PLC 变量的对应关系

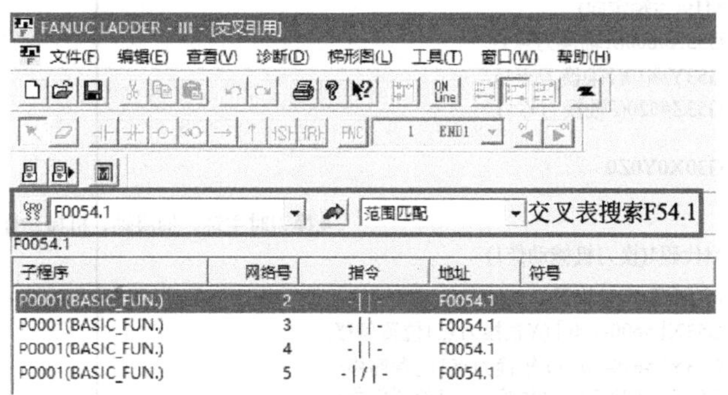

图 11-27 通过交叉表功能搜索 F54.1

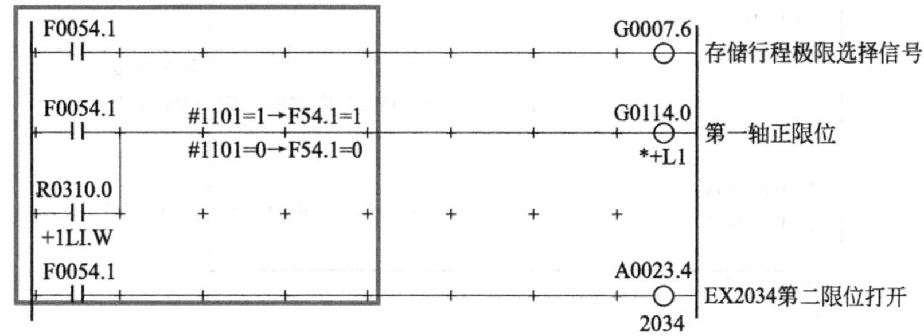

图 11-28 F54.1 的搜索结果

（2）NC状态宏变量

NC状态宏变量是实时记录数控系统状态的宏变量，取值范围是＃2000～＃9999。数控系统运行的实时数据记录在系统状态宏变量中，例如正在运行的T代码、M代码、G代码的值，伺服轴在各个坐标系下的坐标位置，刀具寿命、刀具补偿等相关数据，等等。系统状态宏变量的值大部分是只读的。

下面仍以自动换刀的宏程序为例，进行说明，其中＃4120的值为自动换刀指令T代码的值。例如M6T8，＃4120的值是8，M6T3，＃4120的值是3见图11-29。

%
O9001(ZIDONG HUANDAO)
#199=#4005
#198=#4006
#197=#4001
#196=#4003
1. G代码的模态信息对应的NC宏变量
#4001～#4006，换刀前将其临时保存
#1101=1
IF[#4120GT8] GOTO7999
IF[#4120EQ0] GOTO1000
#3000=1(M6-T NUMBER ERR)
2.新刀号对应的系统宏变量#4120
判断新刀号取值范围是否正确
如果新刀号错误，宏报警#3001
IF[#500EQ1] GOTO1010
IF[#500EQ2] GOTO1020
#3000=2(SP-T NUMBER ERR)
3.使用宏变量#500保存主轴上刀号
判断主轴刀号取值范围
如果主轴上刀号错误，宏报警#3002
M19(主轴定向)
G53X#600(X轴换刀点1)
G53Y#610(Y轴换刀点1)
G53Z#620(Z轴换刀点1)
G30X0Y0Z0
4.换刀时主轴、伺服轴、机械动作
M代码1(换刀机械动作1)
M代码2(主轴松开)
G53X[#600-100](X轴换刀点1位置偏移)
G53Y[#610-50](Y轴换刀点1位置偏移)
G53Z[#620-30](Z轴换刀点1位置偏移)
M代码3(主轴夹紧)
M代码4(换刀机械动作2)
#1101=0
#500=#4120
5.换刀结束
将新刀号(#4120)保存到#500，作为主轴刀号
G#199G#198
G#197G#196
6.恢复自动换刀前的模态信息(G代码)
M99
%

图11-29　状态宏变量在自动换刀宏程序中的应用

11.4 控制型宏程序结构

控制型宏程序与其他的工件加工程序一样，分一级的主程序、二级的子程序、三级的孙程序。

控制型宏程序的主程序可以通过G代码与M代码进行调用，但应用最常见的还是通过M代码对其进行调用。而主程序调用子程序，子程序调用孙程序都是通过M98P+程序名实现的。M98Pxxxx，xxxx对应的是子程序的名称，由于发那科子程序名必须以大写字母O开头，因此实际调用的子程序是Oxxxx。例如，M98P9211，表示调用O9211子程序。子程序运行结束后，以M99作为运行结束标识符返回上一级程序。宏程序之间的调用见图11-30。

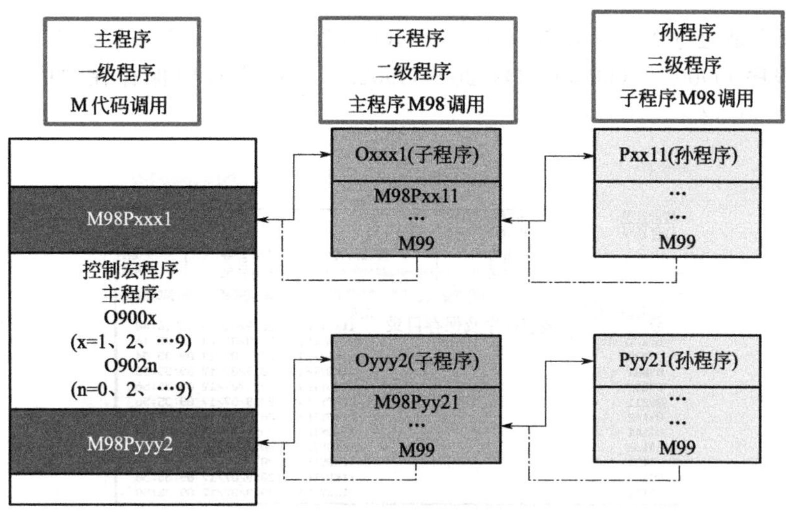

图11-30 宏程序之间的调用

被调用的子程序，在数控系统中的文件路径是固定的。而不同的数控系统对于子程序的存放路径是不同的。

对于发那科数控系统来说，被调用的子程序的文件路径是“USER/LIBRARY/”。在【Prog】（程序）页面下可以查看其保存的位置，见图11-31。

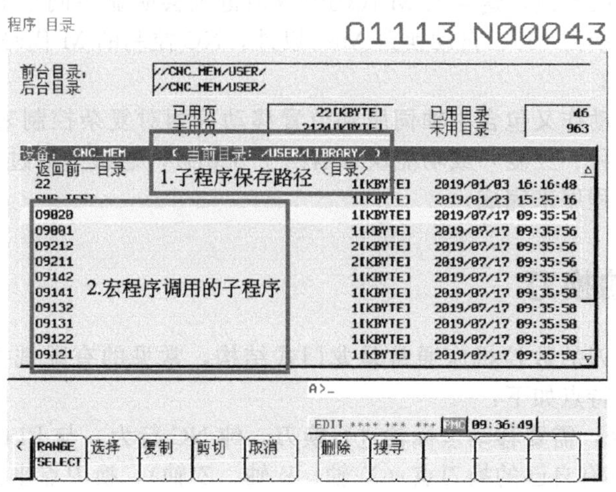

图11-31 发那科数控系统被调用的子程序文件路径

控制宏程序的应用多种多样，不同的行业有不同的应用功能，想要进行全部的、详尽的说明是不可能的，但只要知道宏程序及PLC的运行原理、数据交换过程，就可以融会贯通。而控制宏程序中应用最常见的就是自动换刀功能，下面以自动换刀为应用案例进行讲解。

自动换刀涉及两个宏变量，主轴上的刀号与新刀号；两个M代码，主轴松刀与主轴夹刀。其中主轴松刀与主轴夹刀的M代码是普通的M代码，这里不做详解，只针对宏程序与宏变量进行详解。

保存主轴上刀号的宏变量是随意值，拟定为＃500，新刀号＃4120则是数控系统定义的，是固定值。

11.5 一级宏程序

一级宏程序是通过NC参数NO. 6071～NO. 6079和NO. 6080～NO. 6089定义的M代码调用的宏程序O9001～O9009、O9020～O9029。这些宏程序保存在“USER/LIBRARY/”下，见图11-32。

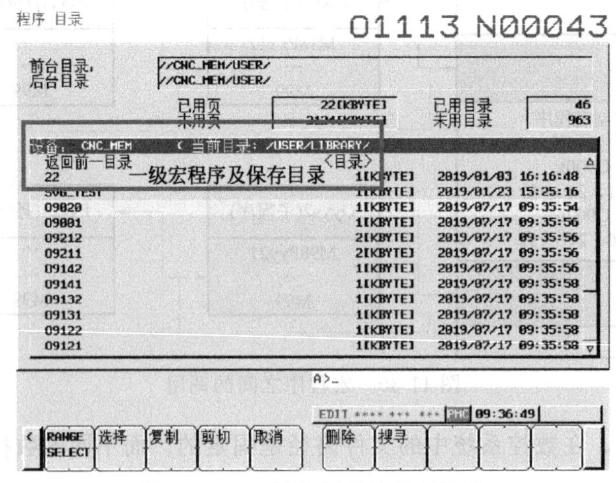

图11-32 一级宏程序及保存目录

当在NC参数中指定M代码执行宏程序时，此时的M代码不再通过PLC进行运行，而是由NC来完成。一般来说，这类的M代码的取值范围会明显不同于PLC运行的M代码，除了约定俗成的自动换刀M6、自动换台M60以外，NC控制的M代码的值会大于100，例如M200A2、M300C3。

对于既包含机械动作又包含主轴伺服轴位置移动等相对复杂控制来说，如果PLC编程语言是梯形图（发那科、三菱）或功能块（西门子828D），通常是通过NC参数的设定去指定相关的宏程序或子程序来完成。

11.6 刀排自动换刀

采用刀排自动换刀的数控机床通常是龙门式结构，常见的有雕铣机、小龙门数控机床等。刀排自动换刀的特点如下：

① 刀排固定不动，需要移动坐标轴进行换刀，纯NC行为，与PLC的关联少；

② 每一把刀具都有自己的换刀点（X轴、Y轴、Z轴），换刀点坐标多；

③ 可能会有主轴定向，但机械动作只有主轴松开与夹紧两个控制；

11.6.1 刀排自动换刀流程

前文提到过，位置固定的刀排自动换刀，其宏程序应用是最简单的，涉及的控制只有坐标轴移动以及主轴松刀与夹刀，主要控制过程就是由NC控制伺服轴移动，见图11-33。简化的换刀流程如图11-34所示。

图11-33 位置固定的刀排（刀排自动换刀）

11.6.2 程序代码

每个人编写宏程序的习惯都不相同，有的人编写得简洁明了，还有注释内容，有的人编写得比较繁琐，而且还没有注释。

想要深入了解宏程序，首先要了解自动换刀宏程序运行的全部过程，在此基础之上，才能快速而又准确地熟悉宏程序，下面就以实际小龙门机床直排刀库的宏程序进行案例解析，直排刀库的刀库容量是8把，换刀宏程序见表11-12。

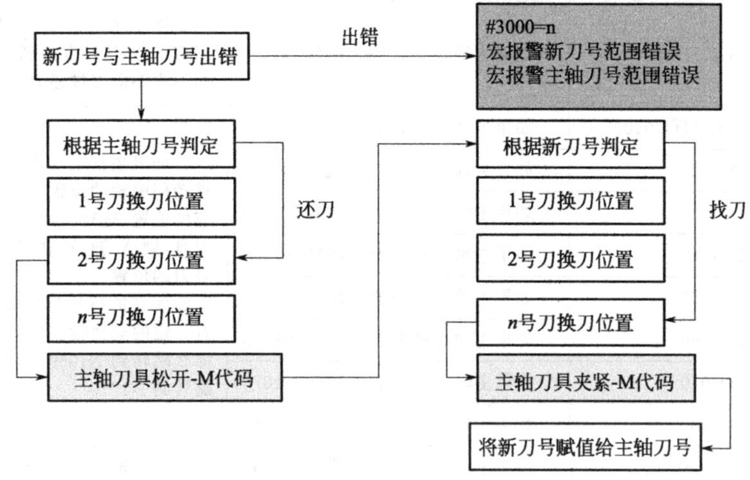

图11-34 简化的换刀流程

表11-12 换刀宏程序

%	注释	解析
O9001	宏程序名	大写字母O开头，M代码只能调用O9001～O9009、O9020～O9029宏程序
N150＃946=＃4001	使用全局变量＃946保存系统模态信息＃4001	宏程序的编写者有的会将模态信息保存到＃100～＃199，也有编写者会保存到＃500～＃999
N160＃947=＃4002	使用全局变量＃947保存系统模态信息＃4002	
N200＃1101=1	PLC变量F54.1=1	在PLC中用交叉表搜索F54.1、F54.2，如果自定义的F信号赋值给NC控制请求的G信号，表示＃1101=1、＃1102=0是用来打开某一功能的，在程序结束前一定会关闭该功能(＃1101=0、＃1102=1)
N250＃1102=0	PLC变量F54.2=0	

续表

%	注释	解析
N500＃945＝0	＃945 赋值为 0	意义未知，暂且忽略，标识(1)
G90	执行 G90	直线快速定位，提高换刀速度
N600IF[＃500EQ＃4120]GOTO7888	如果＃500 等于＃4120，跳转 N7888	与新刀号进行比较的宏变量一定是主轴刀号，如果相同，则不需要换刀，或提示或报警换刀结束一定还包含＃500＝＃4120
IF[＃4120GT8]GOTO7999	如果新刀号大于 8，跳转 N7999	如果新刀号大于某一值，通常是超过刀库容量(最大刀号)，会提示错误，中断换刀
IF[＃4120EQ0]GOTO1000	如果新刀号等于 0，跳转 N1000	新刀号等于 0 跳转的行与超过刀库容量跳转的行不同。如果允许运行 M6T0，通常是将主轴上刀具归还到刀库，归还后，主轴刀号为 0。如果不允许 M6T0 运行，则跳转行应该是 N7999
N999IF[＃500EQ0]GOTO2500	如果主轴刀号等于 0，跳转 N2500	如果主轴刀号是 0，表示已经执行了 M6T0，换刀时直接到刀排中抓取刀具，而不需要向刀排还刀
N1000IF[＃500EQ1]GOTO1010	如果主轴刀号等于 1，跳转 N1010	1. 如果主轴上有刀具，根据主轴刀号，移动伺服轴的位置(主轴位置)到刀架相应的位置，进行刀库还刀，主轴上是 1 号刀具，则 X 轴、Y 轴、Z 轴运行到刀架 1 号刀的位置 2. 跳转的行号与主轴上的刀号一定要有一定的规律性。例如，如果＃500＝6，那么跳转到 N1060；如果＃500＝1，那么跳转到 N1010
IF[＃500EQ2]GOTO1020	如果主轴刀号等于 2，跳转 N1020	
IF[＃500EQ3]GOTO1030	如果主轴刀号等于 3，跳转 N1030	
IF[＃500EQ4]GOTO1040	如果主轴刀号等于 4，跳转 N1040	
IF[＃500EQ5]GOTO1050	如果主轴刀号等于 5，跳转 N1050	
IF[＃500EQ6]GOTO1060	如果主轴刀号等于 6，跳转 N1060	
IF[＃500EQ7]GOTO1070	如果主轴刀号等于 7，跳转 N1070	
IF[＃500EQ8]GOTO1080	如果主轴刀号等于 8，跳转 N1080	
IF[＃500EQ9]GOTO7899	如果主轴刀号等于 9，跳转 N7899	1. 当主轴刀号等于 9、等于 10 以及大于 10 时，跳转的行号是相同的，表示主轴上的刀号错误，统一进行中断处理 2. 跳转时为＃500GT10 而不是＃500GT8，表明该宏程序是由一个 10 把刀具容量的宏程序改编而成，宏程序的编写者没有改编彻底
IF[＃500EQ10]GOTO7899	如果主轴刀号等于 10，跳转 N7899	
IF[＃500GT10]GOTO7899	如果主轴刀号大于 10，跳转 N7899	
N1005＃945＝1	＃945 赋值为 1	意义未知，暂且忽略，标识(2)
N1010＃942＝＃901	＃901 的值赋值给＃942	意义未知，暂且忽略，标识(3)
＃943＝＃911	＃911 的值赋值给＃943	
＃944＝＃921	＃921 的值赋值给＃944	
IF[＃945EQ1]GOTO3000	如果＃945 的值等于 1，跳转 N3000	1. 主轴刀号等于 1，跳转到 N1010 2. 虽然 N1005 行＃945 赋值为 1，但 N1010 是跳转而来的，因此 N1005 行的＃945＝1 并未执行 3. ＃945 的值在程序开始处的“标识(1)”已经被赋值了，＃945 等于 0(N500＃945＝0) 4. 根据＃945 的值进行判断，跳转 N2000，而不是跳转 N3000
GOTO2000	如果＃945 的值不等于 1，跳转 N2000	

续表

%	注释	解析
N1015＃945＝2	＃945 赋值为 2	1. 意义未知，暂且忽略，标识(2)，与上一处类似 2. 相同的是都对＃945 进行赋值，不同的是此时＃945 的值是 2
N1020＃942＝＃902	＃902 的值赋值给＃942	1. 意义未知，暂且忽略，标识(3)，与上一次类似 2. 相同的是都对＃942、＃943、＃944 进行赋值，不同的是赋值来源的宏变量不同
＃943＝＃912	＃912 的值赋值给＃943	
＃944＝＃922	＃922 的值赋值给＃944	
IF[＃945EQ2]GOTO3000	如果＃945 的值等于 2，跳转 N3000	此处跳转 N2000，而不是跳转 N3000，理由与上相同
GOTO2000	如果＃945 的值不等于 2，跳转 N2000	
N1025＃945＝3	重复操作	重复操作
N1030＃942＝＃903		
＃943＝＃913		
＃944＝＃923		
IF[＃945EQ3]GOTO3000		
GOTO2000		
N1035＃945＝4		
N1040＃942＝＃904		
＃943＝＃914		
＃944＝＃924		
IF[＃945EQ4]GOTO3000		
GOTO2000		
N1045＃945＝5		
N1050＃942＝＃905		
＃943＝＃915		
＃944＝＃925		
IF[＃945EQ5]GOTO3000		
GOTO2000		
N1055＃945＝6		
N1060＃942＝＃906		
＃943＝＃916		
＃944＝＃926		
IF[＃945EQ6]GOTO3000		
GOTO2000		
N1065＃945＝7		
N1070＃942＝＃907		
＃943＝＃917		

续表

%	注释	解析
#944=#927		
IF[#945EQ7]GOTO3000		
GOTO2000		
N1075#945=8		
N1080#942=#908		
#943=#918		
#944=#928		
IF[#945EQ8]GOTO3000		
GOTO2000		
N1085#945=9		
N1090#942=#909	重复操作	重复操作
#943=#919		
#944=#929		
IF[#945EQ9]GOTO3000		
GOTO2000		
N1095#945=10		
N1100#942=#910		
#943=#920		
#944=#930		
IF[#945EQ10]GOTO3000		
GOTO2000		
N2000G0G53Z0	行号 N2000,Z 轴运行到位置 0	#945 的值等于 0 时跳转处
M19	主轴定向	主轴定向表示准备进行主轴松刀、换刀
G0G53Y#943	Y 轴运行到位置#943 处	1. 前文中#942、#943、#944 根据不同的主轴刀号进行赋值,在此处运行轴坐标,表明#942、#943、#944 是存储刀架上不同刀号的坐标值 2. 伺服轴开始移动,表示要将主轴移动到刀架处 3. 但 X 轴运行了#941 的坐标,而非#942 的坐标,意义未知,暂且忽略,标识(4)
G0G53X#941	X 轴运行到位置#941 处	
G0G53Z#944	Z 轴运行到位置#944 处	
#1115=1	PLC 变量 F55.7 的值为 1	在 PLC 中用交叉表搜索 F55.7,如果 F55.7 赋值给 NC 控制请求的 G 信号,表示#1115=1 是用来打开某一功能,在程序结束前肯定会关闭该功能(#1115=0)
G4X1	暂停 1s	通常是为了确保上一个机械动作的稳定
G0G53X#942	X 轴运行到#942 处	1. #942 是 X 轴换刀点 2. 前文中"标识(4)"表明此时 X 轴是进入到换刀区域,而不是一步到位进入换刀点

续表

%	注释	解析
M11	M 代码	主轴已经定向,X、Y、Z 轴都进入到换刀点,此时执行 M 代码一定是主轴松开
#500=0		主轴松开后,主轴上的刀号被清零
G04X1	暂停 1s	通常是为了确保上一个机械动作的稳定
G0G53Z0		Z 轴抬起,主轴与主轴上的刀具分离
M10		1. M10 与 M11 的 M 值相近,且都是在换刀时使用 2. M10 是主轴夹紧,需查看 PLC 确认
#1115=0	PLC 变量 F55.7 的值为 0	在 PLC 中用交叉表搜索 F55.7,应用与上文中的#1115=1 相同
G4X1	暂停 1s	通常是为了确保上一个机械动作的稳定
IF[#4120EQ0]GOTO7777	当新刀号(#4120)等于 0,跳转 N7777	与前文新刀号等于 0 相同
N2500IF[#4120EQ1]GOTO1005	行号 N2500,如果新刀号等于 1,跳转 N1005	跳转到 N1005 处,前文如下: N1005#945=1 N1010#942=#901 #943=#911 #944=#921 IF[#945EQ1]GOTO3000 GOTO2000 前文提到根据主轴刀号跳转到 N1010,而 N1005 并未执行,因此#945 的值是 0(N500#945=0),此时跳转到 N1005,则#945=1 被执行,再根据#945 的值进行跳转时,应该跳转到 N3000 处
IF[#4120EQ2]GOTO1015	如果新刀号等于 2,跳转 N1015	
IF[#4120EQ3]GOTO1025	重复操作	重复操作
IF[#4120EQ4]GOTO1035		
IF[#4120EQ5]GOTO1045		
IF[#4120EQ6]GOTO1055		
IF[#4120EQ7]GOTO1065		
IF[#4120EQ8]GOTO1075		
IF[#4120EQ9]GOTO7899		
IF[#4120EQ10]GOTO7899		
IF[#4120GT10]GOTO7899		
N3000		

续表

%	注释	解析
M19	与前文相同，不再赘述	
G0G53Z0		
G0G53Y#943		1.此时#943、#942的值在N1005处已经被更新 2.代表的是新刀号对应的换刀点坐标，而非主轴刀号对应的换刀点坐标
G0G53X#942		
M11		1.主轴松开 2.执行两次，确保中途主轴不会因为故障而夹紧
#1115=1		
#500=0		
G04X1		
G01G53Z#944F200	Z轴运行到换刀点处	F200，Z轴缓慢运行到新刀号的换刀点
M10	主轴夹紧	主轴夹紧，保存新刀号到#500，此时主轴上的刀号等于新刀号，换刀完成
#500=#4120		
G04X1	暂停1s	通常是为了确保上一个机械动作的稳定
G0G53X#941	X轴运行到#941位置处	X轴重新移到换刀区，没有直接移动离开
#1115=0		
G0G53Z0	Z轴移动到0处(最高点)	彻底脱离换刀区
GOTO8888		
N7777#500=#4120	将新刀号#4120赋值给#500	保存新刀号到#500，此时主轴上的刀号等于新刀号，换刀完成
G0G53X#941	X轴运行到#941位置处	X轴重新移到换刀区
GOTO8888		跳转到N8888，换刀执行完成
N7888#3000=1(TOOL ON SP，PLEASE CHECK TOOL NUNBER)		急停宏报警3001，对前文中有关刀号的判断处理
M00		
GOTO8888		
N7999#3000=2(TOOL NUNBER IS WRONG)		急停宏报警3002，对前文中有关刀号的判断处理
M00		
N8888#1101=0		N8888换刀完成后，换刀前打开的功能、保存的模态信息(G代码)都恢复M99退出宏程序
#1102=0		
#945=0		
G#946		
G#947		
M99		
%		

这是最简单的自动换刀的宏程序，全过程只有主轴松夹刀以及坐标轴移动。该自动换刀的宏程序在编写上使用了跳转，并通过宏变量＃942、＃942、＃944统一代替 X 轴、Y 轴、Z 轴的多个换刀点，在一定程度上使得宏程序看上去更加简洁、规范。但该宏程序根据条件进行上下文反复跳转，且宏变量的数值也不停地更新，会对初学者造成一定的困扰，只要认真分析几次，就会豁然开朗了。

一级宏程序如果不能熟练掌握与识读，那么二级宏程序、三级宏程序的识读则更是难上加难。

刀排的自动换刀，是根据新刀号对应的系统宏变量＃4120进行判断实现找刀的过程，再通过任意指定的全局宏变量＃500保存主轴刀号。

11.6.3 刀排刀库常见故障

刀排刀库在自动换刀时如果出错，排除人为因素修改换刀宏程序的情况，通常是换刀时主轴松刀与夹刀出现故障。至于宏程序中NC控制伺服轴与主轴运行的稳定性极高，如果出错，最可能的原因就是各轴的换刀点坐标宏变量被人误改或者机床在开机回零时出现错误导致伺服轴坐标系改变，例如回零开关松动或电机编码器故障等。

虽然刀排刀库的自动换刀宏程序看上去有一点难度，但由于是NC运行，只要程序和相关宏变量没有变更，其运行结果是稳定的。

11.7 伺服刀库自动换刀

伺服刀库的核心功能是绝对值编码器的伺服电机，在接收到新刀号与换刀请求后自行旋转，自动找刀过程不需要PLC程序控制。

通常有如下几种数控机床采用伺服刀具，分别是：钻攻中心、雕铣机、卧式车床。伺服刀库自动换刀的过程如下：

① 伺服刀库通过刀盘的旋转实现找刀；

② 找刀过程不需要PLC处理，由伺服刀库系统自行处理。

钻攻中心伺服刀库（图11-35）的特点：不需要主轴定向；没有松刀与夹刀的控制，通过上下移动，依靠机械结构控制主轴松刀与夹刀。雕铣机伺服刀库（图11-36）特点：可能会有主轴定向；包含主轴松开与夹紧控制；包含刀库前后或左右移动控制。

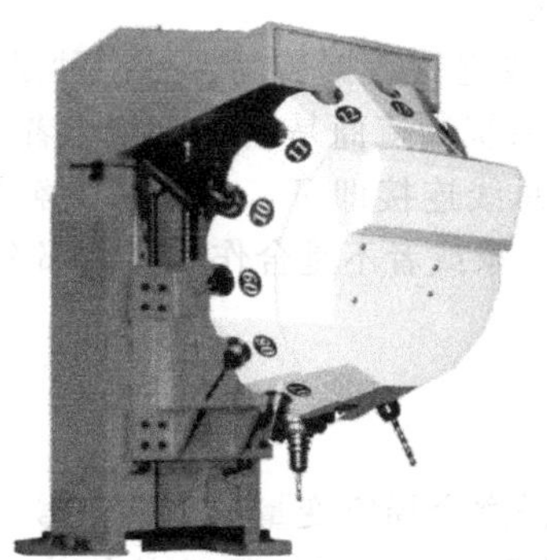
图11-35 钻攻中心的伺服刀库

图11-36 雕铣机伺服刀库

11.7.1 伺服刀库自动换刀流程

前文已经讲解了自动换刀过程中主轴松开与夹紧的控制，因此本节重点讲解钻攻中心伺服刀库的自动换刀，其简化流程如图 11-37 所示。

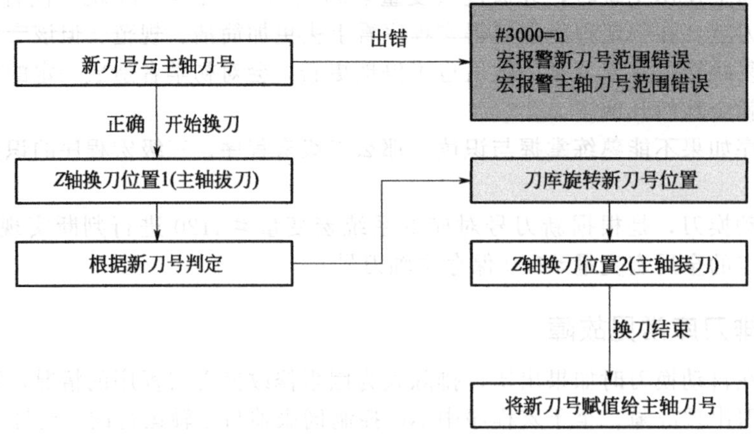

图 11-37 钻攻中心伺服刀库自动换刀的简化流程

伺服刀库的换刀流程看上去比刀排换刀要简易得多，只有两个 Z 轴的换刀点坐标，且通常是固定的，没有 M 代码或者有少量的 M 代码。

11.7.2 伺服刀库原理

伺服刀库运行的原理很简单，其控制核心是伺服电机的旋转，而伺服电机的旋转由伺服电机驱动器控制，而不是由 PLC 进行控制。

伺服刀库采用的伺服电机是绝对值编码器电机，当伺服电机断电后再次开机，依然记得当前刀号所在的位置，其数据保存由驱动器的外挂电池实现，刀库的 1 号刀位置，在机床制造时就已经确定，如果更换新的伺服电机或外挂电池，只需要用手动的方式旋转刀盘至 1 号刀位置，通过设定参数或 M 代码的形式完成 1 号刀位置的初始认定，在以后的应用中也不再需要再次设定。

自动换刀时，PLC 发出一个请求信号给伺服刀库，然后伺服刀库会根据主轴刀号和新刀号自动旋转，或正转或反转，实现找刀动作，也就是说伺服刀库自动换刀的核心依然属于 NC 行为，而不是 PLC 行为。唯一的难点就是如何将新刀号传递给伺服刀库，伺服刀库找到新刀后再如何将新刀号传递给数控机床作为主轴刀号。

这个数据的传递通常有两种方法，一种是通过总线进行数据传输，另一种是通过 PLC 的 I/O 点地址来实现。如果伺服刀库的制造商与数控系统制造商是同一厂家或者合作厂家，那么一定是通过总线来实现，只需要用一根数据线或总线连接即可，并不需要额外的接线。如果伺服刀库的制造商与数控系统的制造商不是同一厂家或者不是合作厂家，那么一定是通过多芯线缆与伺服刀库的硬件接口进行接线。

11.7.3 PLC 与伺服刀库的数据传递

由小龙门机床的自动换刀宏程序可知，可以通过任意全局宏变量的主轴刀号＃500 与新刀号的系统宏变量＃4120 的关系来判断完成找刀的过程。但对于伺服刀库来说，只需要将新刀号的数值传递给伺服刀库，再发出找刀的请求信号，即可完成找刀。

但＃4120 是系统变量，而不是 PLC 变量，因此对于伺服刀库来说，需要借助与＃4120 等同的系统 PLC 信号——字节信号 F26，十进制数值，完成找刀。当执行 M6T5 时，F26 的值等于 5，执行 M6T16 时，F26 的值等于 16。

将 F26 的值转换成输出信号，即电信号传递给伺服刀库进行数据交换，才能实现伺服刀库的自动找刀。而系统 PLC 信号 F26 的值是十进制的，PLC 信号是二进制，代表着电缆芯数，因此需要对 F26 进行进制转换，如图 11-38 所示。

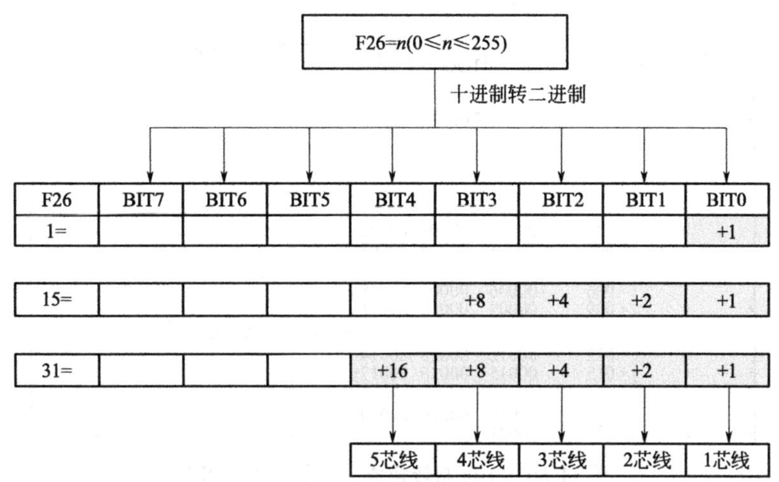

图 11-38　十进制转换成二进制及接线

首先，介绍电气接线部分。伺服刀库的刀库容量通常通常是 14、17、21，如果刀库容量是 14，小于 15，那么按照图 11-38 换刀时就需要 4 根电缆才能将新刀号传递给伺服刀库，换刀结束后再需要 4 根电缆将新刀号作为主轴刀号传递给 PLC；同理，如果刀库容量是 17 或 21，大于 15 小于 31，那么总共需要 10 根（5+5）电缆进行新刀号与主轴刀号的数据传递。

其次，介绍 PLC 程序。需要使用到十进制转二进制的 PLC 功能，在发那科的 PLC 中使用的是 SUB27，功能名称 CODB（Binary CODing）见图 11-39。可以通过复位信号 F1.1 对进制转换进行复位，通过 T 代码系统 PLC 信号 F7.3 激活进制转换功能。当执行 M6T14 时，F26 的值等于 14，F7.3 的值为 1。通过 SUB27 功能将十进制的新刀号转换成二进制的 R232 的值（R232 任意指定），此时 R232.1=1，R232.2=1，R232.3=1，见表 11-13。

表 11-13　伺服刀库的十进制与二进制转换

	BIT7	BIT6	BIT5	BIT4	BIT3	BIT2	BIT1	BIT0
R232	R232.7	R232.6	R232.5	R232.4	R232.3	R232.2	R232.1	R232.0
F26	+128	+64	+32	+16	+8	+4	+2	+1
14	0	0	0	0	1	1	1	0
21	0	0	0	1	0	1	0	1

如果执行 M6T21，那么 R232.4=1，R232.2=1，R232.0=1。再将 R232 的值赋值给输出信号，传递给伺服刀库作为换刀时的新刀号，见图 11-40。

最后，介绍实际接线。不同的伺服刀库厂家定义新刀号与主轴刀号的总体方法都是十进制与二进制互转，但细节略微有差别。有的伺服刀库厂家使用高电平传输新刀号与主轴刀号的数据。即 PLC 模块输出 DC24V 给伺服刀库作为新刀号，伺服刀库输出 DC24V 给 PLC 模块输入作为主轴刀号，这是最直观的十进制与二进制的互相转换，见图 11-41。

有的伺服刀库厂家（我国台湾刀库厂家）使用低电平传输新刀号与主轴刀号数据，即 PLC 模块输出与接收的信号是 DC0V，这种情况就要对实际的二进制的转换结果进行取反，见表 11-14。

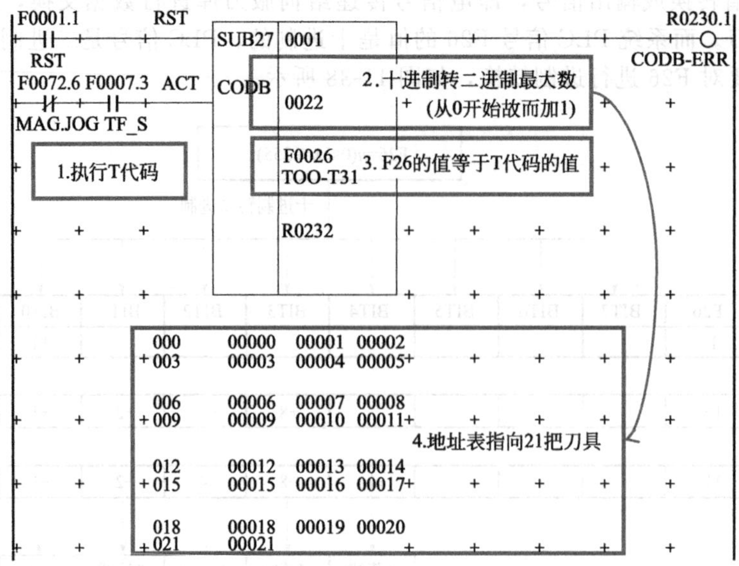

图 11-39　十进制转换成二进制功能 CODB

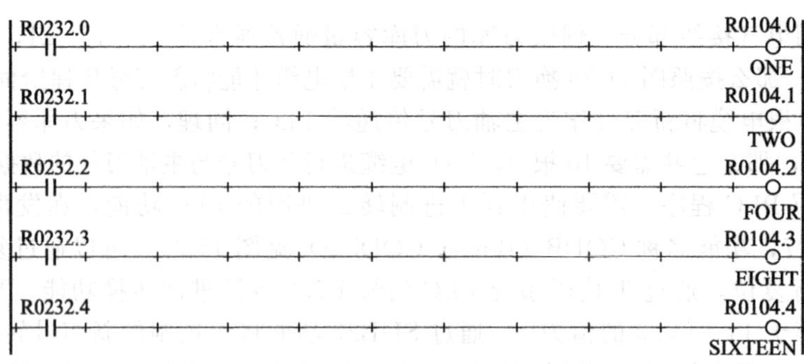

图 11-40　将二进制转换结果转给中间变量 R104

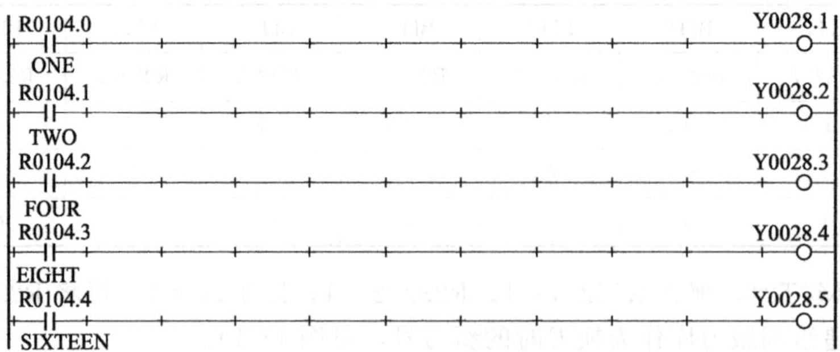

图 11-41　将中间变量 R104 直接转给输出地址 Y28

表 11-14　低电平伺服刀库的十进制与二进制转换

	BIT7	BIT6	BIT5	BIT4	BIT3	BIT2	BIT1	BIT0
R232	R232.7	R232.6	R232.5	R232.4	R232.3	R232.2	R232.1	R232.0
F26	+128	+64	+32	+16	+8	+4	+2	+1

续表

	BIT7	BIT6	BIT5	BIT4	BIT3	BIT2	BIT1	BIT0
14	1	1	1	1	0	0	0	1
21	1	1	1	0	1	0	1	0

此时，中间变量 R104 转给输出信号 Y 时，就要对其值进行取反，见图 11-42。

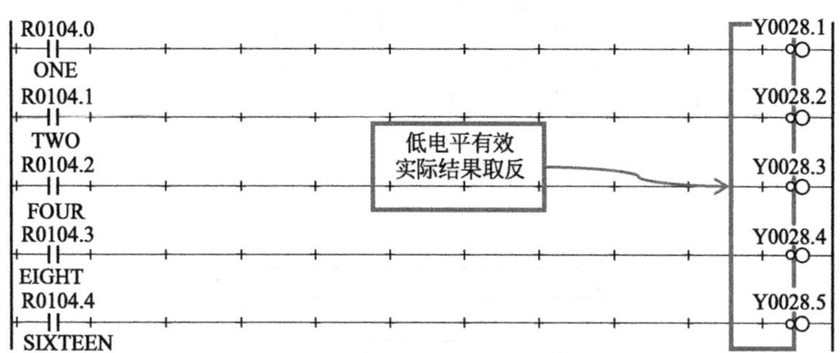

图 11-42　将二进制转换结果取反转给输出信号 Y28

还有的伺服刀库厂家将二进制的结果加 1 作为新刀号或主轴刀号，见图 11-43。

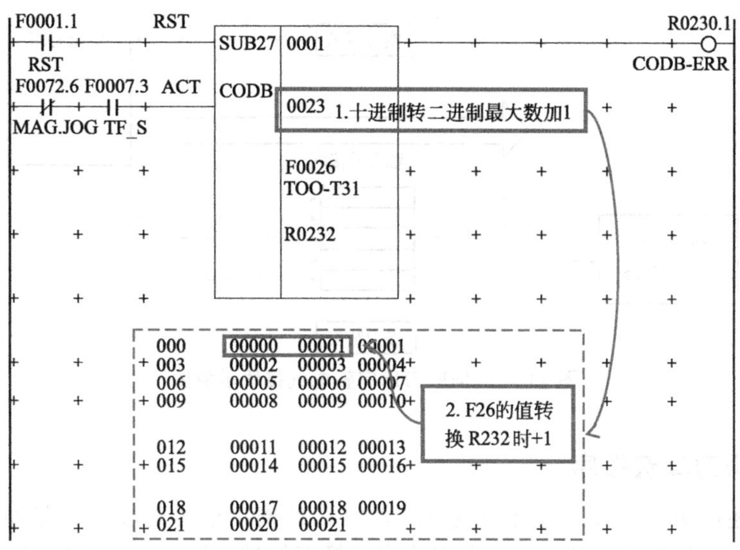

图 11-43　十进制转换成二进制时加 1

在实际的工作中，十进制转换成二进制的功能 SUB27（CODB）是不会出错的，而容易出错的地方就是接线，可能会发生断开或虚连等情况。有的数控机床制造商会采用继电器作为中转，间接地将输出信号传递给伺服刀库，继电器的供电、接线可能存在故障，见图 11-44。

由于伺服刀库在自动换刀时，输出信号传递给伺服刀库，再由一个输出信号作为旋转请求信号，此时伺服刀库会自动旋转到新刀号。当伺服刀库找到新刀号后，就会将新刀号由十进制转换成二进制（伺服刀库内部完成），再由电信号传递给 PLC 模块的输入点作为主轴刀号，再返回一个找刀完成的信号或者组合信号传递给 PLC 输入点，PLC 再以此传递给 G4.3，至此伺服刀库换刀完成，见图 11-45。

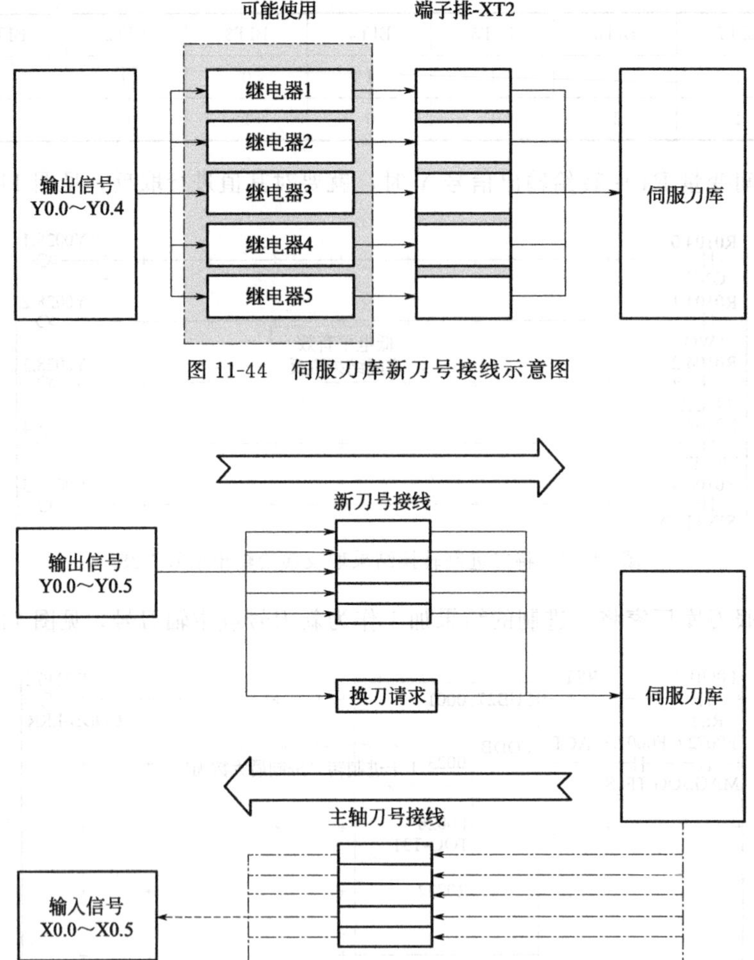

图 11-44　伺服刀库新刀号接线示意图

图 11-45　伺服刀库完整电气接线示意图

11.7.4　伺服刀库宏程序

由前文叙述可知，伺服刀库自动换刀时，PLC 的输出信号与输入信号通过相关接线传递新刀号与主轴刀号数据。理解了伺服刀库自动换刀的过程后，再分析相应的宏程序就容易理解多了，伺服刀库宏程序见表 11-15。

表 11-15　伺服刀库宏程序

宏程序	注释
%	宏程序开头，固定格式
O9001	9001 宏程序
IF[＃999EQ＃4120]GOTO15	1. 由新刀号宏变量＃4120 可以判定＃999 是主轴刀号 2. 这里使用宏变量来判断主轴刀号与新刀号的关系，比使用 PLC 信号简单直观，下同
IF[＃1013EQ1]GOTO9	判断 PLC 的状态，用户变量 G55.5，作用未知，见后文

续表

宏程序	注释
IF[＃4120EQ0]GOTO10	新刀号等于0跳转N10
IF[＃4120GT＃948]GOTO10	1. 新刀号大于＃948跳转N10 2. ＃948是伺服刀库的容量
＃149＝＃4014	通过全局变量保存换刀前的模态信息(G代码状态)
＃148＝＃4003	
＃147＝＃4006	
＃146＝＃4001	
＃3003＝1	通过查询发那科系统宏变量(见附录8发那科系统宏变量查询表)可知,换刀时单段执行无效
G53G80G40G49H0	关闭刀具补偿值
G91G28Z0	返回参考点
M19	主轴定向
＃1113＝1	向PLC发出请求,对应信号是F55.5(由下面的两次*Z*轴定位,可以猜测该句程序是打开限位开关,见后文分析)
G53G0G90Z24.9	*Z*轴第一次定位固定换刀点
G91G30Z0	*Z*轴第二次定位换刀点,此时主轴刀具与主轴脱开
M90	换刀请求
G53G90Z97	*Z*轴第三次定位
G53G0G90Z25.1	*Z*轴第四次定位
G91G28Z0	*Z*轴第五次定位,此时新刀号已在主轴上
＃999＝＃4120	将新刀号＃4120赋值给＃999,作为主轴刀号
＃1113＝0	向PLC发出请求,由上面可知,换刀结束后应该恢复软限位功能
G＃149G＃148G＃147G＃146	恢复换刀前的模态信息(G代码状态)
＃3003＝0	前文＃3003＝1,换刀时单段执行无效,此时＃3003＝0,恢复单段执行功能,前后相对应
GOTO15	跳转N15
N9＃3000＝1(MACHINE OR M CODE LOCK)	1. 出错处理,由此可知前面的＃1013(G55.5)是用来判断机床或M代码是否处于被锁定的状态 2. 如果被锁定,那么急停宏报警3001
GOTO15	跳转N15
N10＃3000＝2(TOOL NUMBER ERROR)	根据前面内容,当新刀号大于刀库容量设定值＃948或者等于0时,宏报警3002刀号错误
GOTO15	跳转N15
N11	跳转N11
N15	N15
M99	宏程序运行结束
%	宏程序结束,固定格式

由伺服刀库自动换刀的宏程序可以看出，虽然宏程序简单，核心内容只有一个M90作为伺服刀库旋转的请求输出，但更多的控制内容都在PLC内部运行。相比之下，小龙门机

床的刀排自动换刀更多的是在NC中运行。伺服刀库出现故障的主要原因就是新刀号与主轴刀号的电气接线故障以及刀库旋转请求的电气接线故障。我们可以查看一下M90在PLC中的应用情况。

打开发那科的PLC程序Fanuc Ladder，通过组合键Ctrl+J调出交叉表，在交叉表中输入F10后回车，查看M代码的调用情况见图11-46。

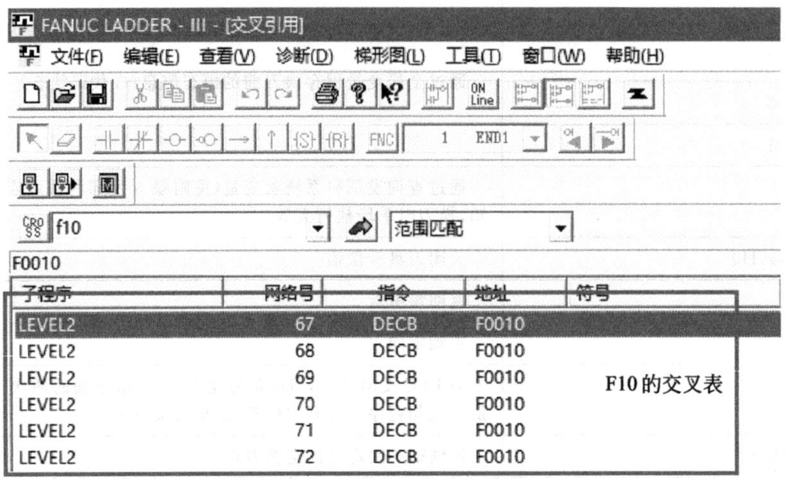

图11-46　通过交叉表查看M代码（F10）的调用情况

由于M90的M代码值比较大，我们从最下方向上查找，双击最下行的检索结果，见图11-47。

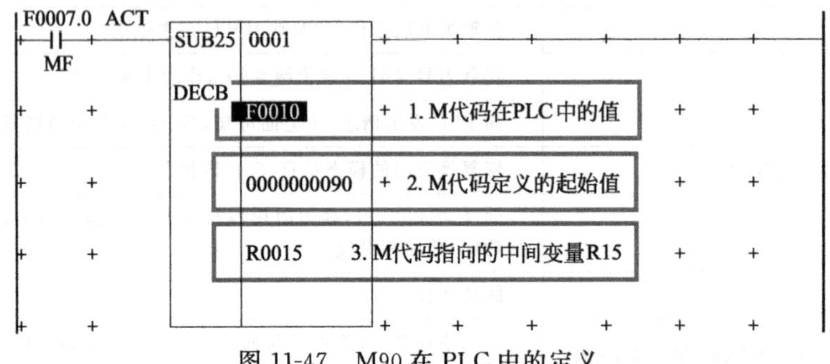

图11-47　M90在PLC中的定义

发那科PLC每次只能定义8个M代码，图11-47中定义的M代码的范围是M90～M97，正好是M90的定义区间，此时的R15.0被定义为M90的中间变量，即数控系统执行M90时，R15.0的值为1。

再一次通过组合键Ctrl+J调出交叉表，输入R15.0（不区分大小写），查看R15.0的调用情况，见图11-48。

由此可知，M90更多的是在P23中引用，鼠标双击P0023的网络号21，查看实际情况，见图11-49。

由PLC程序看出，M90经过两次延时接通，传递给R230.3，能限制M90的只有F72.6的值，见图11-50。

能限制R230.3启动R104.6的有F96.2，K参数K15.0、K5.2（调试用），R16.0，X32.0以及F4.5。鼠标选择R104.6，点击交叉表按钮CROSS或者组合键Ctrl+J，见图11-51。

R0015.0　范围匹配

R0015.0 : M90

子程序	网络号	指令	地址	符号
LEVEL2	72	DECB	R0015	
P0003(ALARM)	26	-||-	R0015.0	M90
P0010(FUNCTION)	4	-||-	R0015.0	M90
P0015(TOOL_LIFE_MANAGE)	3	-||-	R0015.0	M90
P0023	21	-||-	R0015.0	M90
P0023	37	-||-	R0015.0	M90
P0023	40	-||-	R0015.0	M90
P0023	42	-||-	R0015.0	M90

图 11-48　M90 的中间变量 R15.0 的调用情况

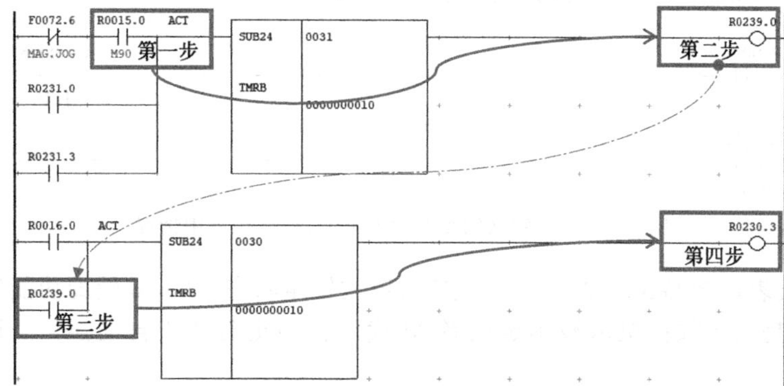

图 11-49　M90(R15.0) 延时接通 R230.3

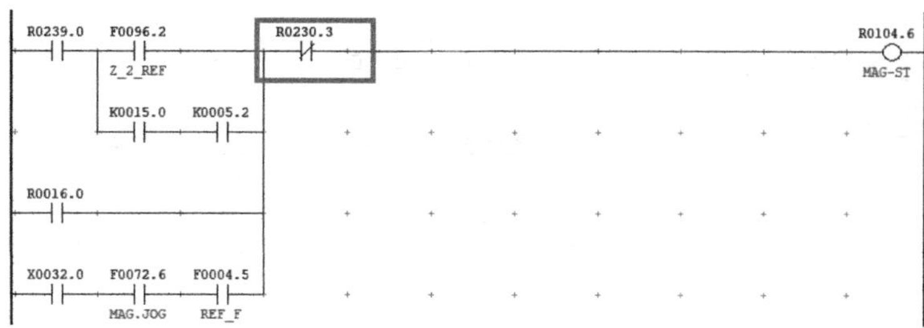

图 11-50　延时接通的 M90(R230.3) 断开后再传递给 R104.6

R0104.6　范围匹配

R0104.6 : MAG-ST

子程序	网络号	指令	地址	符号
LEVEL2	65	-||-	R0104.6	MAG-ST
P0023	23	-()-	R0104.6	MAG-ST
P0023	24	-||-	R0104.6	MAG-ST
P0023	25	-||-	R0104.6	MAG-ST
P0023	36	-||-	R0104.6	MAG-ST

图 11-51　R104.6 的调用情况

由于 P0023 是伺服刀库的换刀程序，输入输出信号的定义通常不在 PLC 的功能程序中，因此此处双击 LEVEL2 行，见图 11-52。

找到 M90 请求伺服刀库旋转的输出信号 Y28.7。如果 Y28.7 的值为 1，那么就查看电

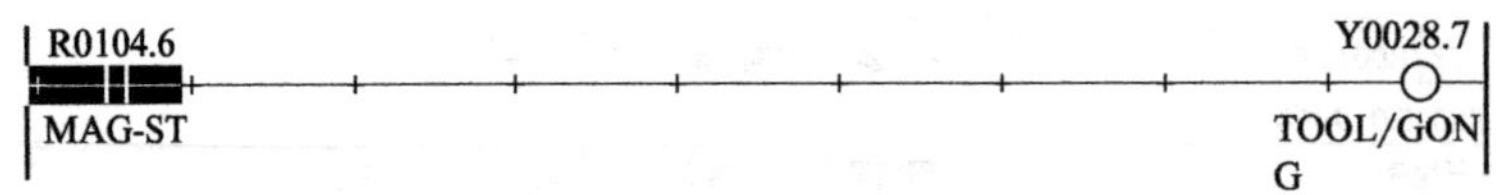

图 11-52　M90 通过输出信号 Y28.7 实现功能

气接线，从输出点 Y28.7 到伺服刀库的接线，如果 Y28.7 的值为 0，则查看前面导致 Y28.7 不为 1 的原因。

M 代码最终指向的通常都是输出信号，对于伺服刀库来说，就是请求伺服刀库旋转的请求信号。

这里回顾一下宏程序中“IF［#1013EQ1］GOTO9”的#1013 对应的 G55.5 的引用情况，在交叉表中搜索 G55.5，查看其调用情况，见图 11-53。

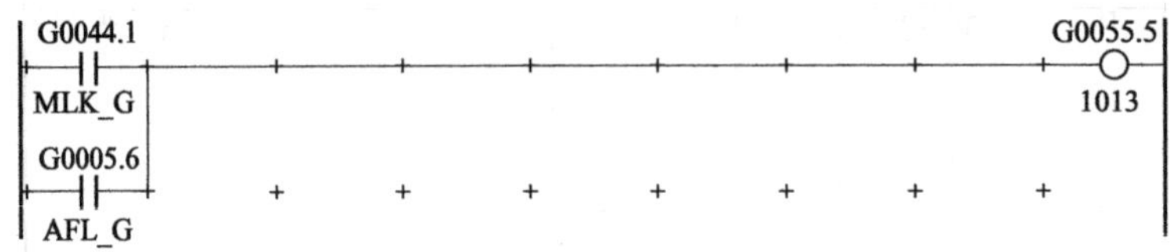

图 11-53　自定义宏变量#1013(G55.5) 引用情况

通过查交叉表可知 G44.1 的含义是数控系统被锁定状态，G5.6 辅助功能锁定（M 代码被锁定），也就是说当数控机床被锁定或者 M 代码被锁定时禁止自动换刀，同时急停宏报警 3001。

再回顾一下#1113=1 与#1113=0 中对应的 F55.5 的引用情况，同样通过交叉表功能搜索 F55.5，见图 11-54 和图 11-55。

F0055.5　范围匹配

F0055.5

子程序	网络号	指令	地址	符号
LEVEL2	32	-|/|-	F0055.5	
P0023	41	-||-	F0055.5	

图 11-54　通过交叉表搜索 F55.5

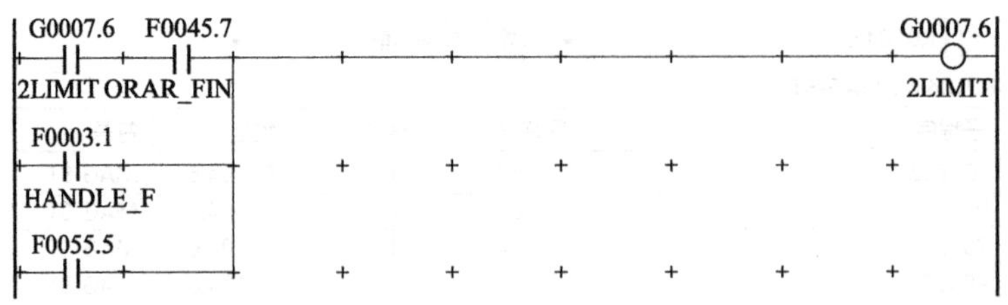

图 11-55　F55.5 关闭限位功能

也就是换刀前通过#1113=1 关闭软限位功能，换刀结束后再通过#1113=0 使软限位功能再生效。

这一点与小龙门机床的刀排换刀宏程序中应用的思路是相同的，不同的是用户宏变量指定。

11.7.5 软操作面板

前文中有一个特殊的系统信号 F72.6，在查找该信号的意义时，其介绍是“软操作面板通用开关信号”。这个信号是发那科系统界面上提供的快捷控制功能，可以节省操作面板的实物按键。

可通过【OFS/SET】→【+】→【设定】→【操作】操作调出软操作界面，见图 11-56。

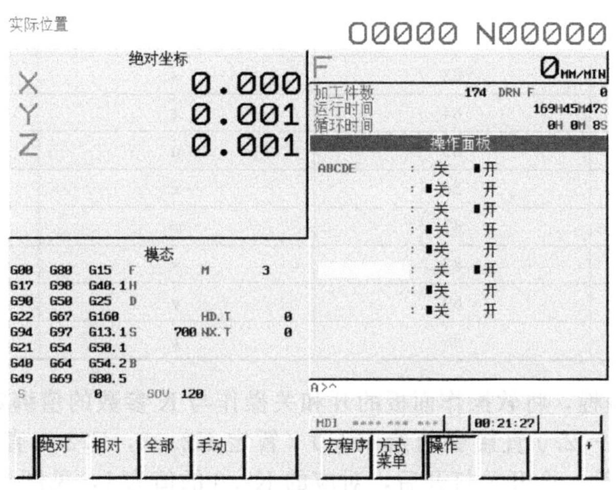

图 11-56 发那科软操作界面

软操作面板的作用通常是代替 K 参数开启调试功能。因为有些数控机床制造商不希望用户自行修改 K 参数导致机床潜在故障，就会使用软操作面板间接修改 K 参数的值开启调试等功能。

软操作面板共计八个软键开关，可以通过方向键将相关的功能开关进行开与关操作。软操作面板的名称是通过 NC 参数 No. 7220～No. 7399 设定的。

参数设定的是数字，实际显示的是字母，数字与字母的对应关系与参数 No. 1020 中定义伺服轴名称的方法是一样的，对应关系参照 ASCII 码表，完整的 ASCII 码表及介绍见附录 7ASCII 码表及介绍。轴名称的 ASCII 码对照表如表 11-16 所示。

表 11-16 轴名称的 ASCII 码对照表

大写字母	数字	小写字母	数字
A	65	a	97
B	66	b	98
C	67	c	99
D	68	d	100
E	69	e	101
F	70	f	102
G	71	g	103
H	72	h	104
I	73	i	105
J	74	j	106
K	75	k	107
L	76	l	108

续表

大写字母	数字	小写字母	数字
M	77	m	109
N	78	n	110
O	79	o	111
P	80	p	112
Q	81	q	113
R	82	r	114
S	83	s	115
T	84	t	116
U	85	u	117
V	86	v	118
W	87	w	119
X	88	x	120
Y	89	y	121
Z	90	z	122

可以通过 PLC 编程，将软操作面板的开和关操作与 K 参数的值绑定。绑定的方法可以是一对一的绑定，即 F72.0 直接赋值给 K2.0（暂定 K2.0），F72.1 直接赋值给 K2.1，等等，当软操作面板的第一个开关打开后，对应的 K2.0 的值为 1，见图 11-57。

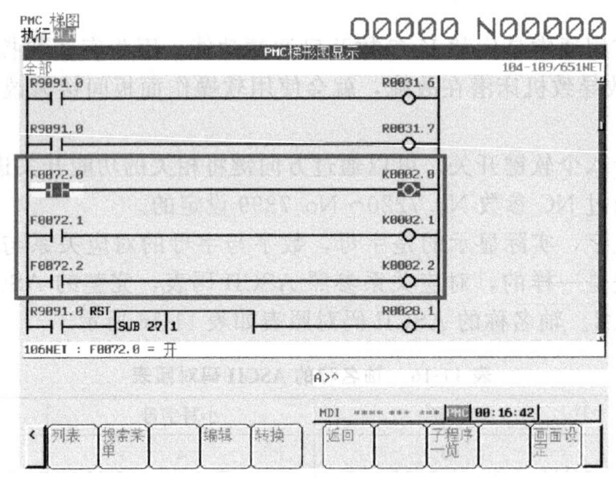

图 11-57　最简单直观的赋值

但这种一对一的赋值虽然直观，但编写 PLC 的过程有点麻烦，需要其他的 PLC 功能将字节 F72 直接整体赋值给 K2，这里使用 SUB8（MOVE）功能，见图 11-58。

MOVE 功能是将 F72 的值移动到 K2 中，移动的标准就是高 4 位（即字节中的位地址 BIT7、BIT6、BIT5、BIT4）与低 4 位（即字节中的位地址 BIT3、BIT2、BIT1、BIT0）全部移动。PLC 功能 MOVE 操作的示意图如图 11-59 所示。

11.7.6　伺服刀库常见故障

伺服刀库的核心功能是伺服电机的旋转，伺服电机运行的稳定性极高。如果伺服刀库出现故障，通常是 I/O 模块与伺服刀库的电气接线出现故障。

如果自动换刀时找到的新刀号错误，那么表明 I/O 模块传递给伺服刀库的电缆接线出

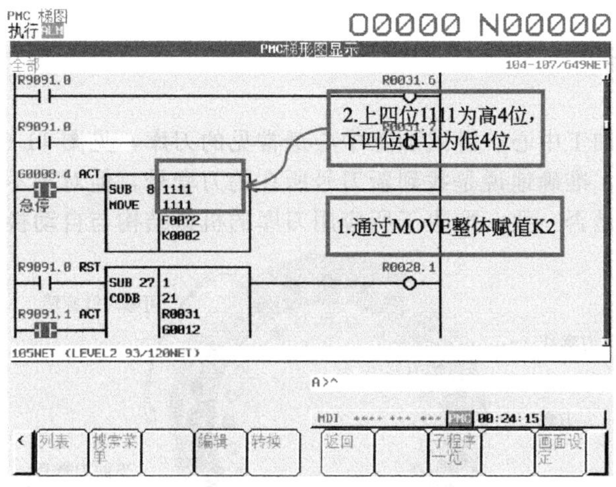

图 11-58　PLC 功能 MOVE 解析

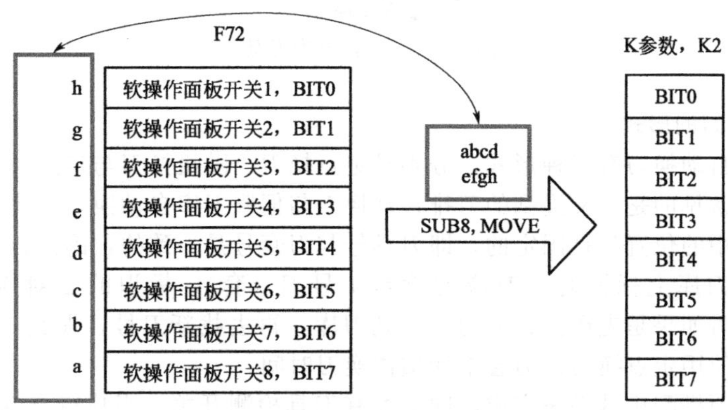

图 11-59　PLC 功能 MOVE 操作的示意图

现错误，如果自动换刀时刀盘旋转的新刀号正确，但 Z 轴不下来完成主轴夹刀，表明伺服刀库传递给 I/O 模块的电缆接线错误，见图 11-60。

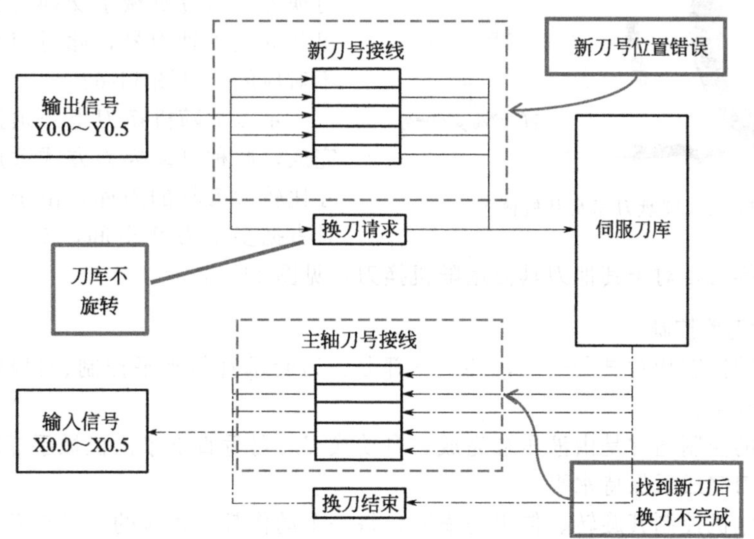

图 11-60　伺服刀库常见电气故障

11.8 圆盘刀库

圆盘刀库是立式加工中心、卧式加工中心最常见的刀库，见图 11-61。

自动换刀时找刀，准确地说是找到新刀号所在的刀套号，但对于不同的数控机床及刀库来说，刀号与刀套号是否一致，取决于所应用刀库的机械结构与自动换刀方式。

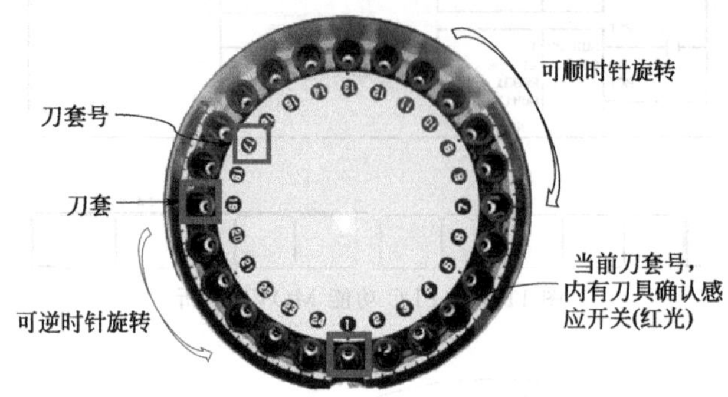

图 11-61 圆盘刀库刀盘

（1）自动换刀的形式

数控机床的自动换刀有三种形式，分别是定点换刀、随机换刀与定点加随机换刀。

定点换刀最常见的是前文提到的刀排自动换刀与伺服刀库自动换刀。定点换刀指的是每一把刀具在刀库中的位置都是固定的，即刀具号与刀套号是一致的，因此自动换刀时新刀号就是新刀套号。刀库上标识的 1 对应的就是 1 号刀（套），标识的 2 对应的就是 2 号刀（套）。自动换刀时如果是先还主轴上的刀具到刀库，再去找新刀号，那么一定是定点换刀。圆盘刀库也可以使用定点换刀，但会增加整体换刀时间。

随机换刀必须搭配机械手来完成，同时配有刀具检测开关。当执行自动换刀的指令时，PLC 判断新刀号所在刀套号的位置，然后刀库旋转到新刀号所在的刀套号，只要刀具检测信号确定刀套上没有刀具，即可进行换刀，通过机械手交换刀具后，新刀套里装的是主轴刀号，此时刀套号与刀号是不对应的，见图 11-62。

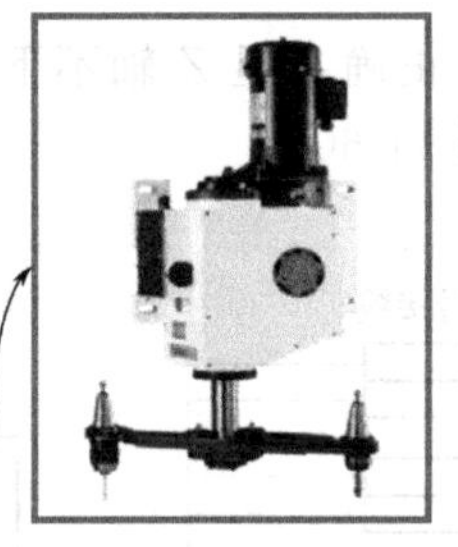

图 11-62 圆盘刀库及其机械手

定点加随机换刀也必须搭配机械手来完成，此种自动换刀方式适用于使用了尺寸比较大刀具的刀库，由于一个大型号刀具占据多个刀套空间，对大型刀具来说，采用定点自动换刀，对于其他刀具使用随机换刀，见图 11-63。

（2）圆盘刀库控制

圆盘刀库的控制相对复杂一些，共有三部分：刀套垂直与水平控制、机械手旋转控制、刀盘旋转电机控制。

刀套部分的控制通常是由液压缸完成，自动换刀时可垂直下来供机械手抓取，找刀时刀盘旋转或者换刀完成后保持水平。

机械手由电机控制其旋转、伸出与缩回，每一个动作都有相应的无触点开关来确认其到位状态。

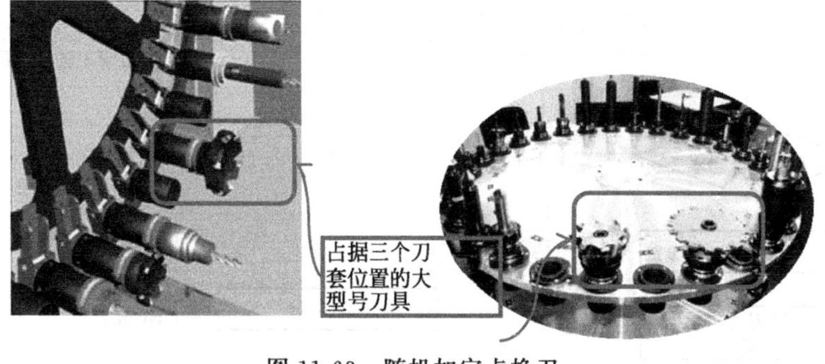

图 11-63　随机加定点换刀

刀盘的旋转通常不是由伺服电机驱动的，而是由普通交流电机实现，刀套的定位通过计数开关与回零开关实现，因此圆盘刀库在自动换刀前需要回零，找到刀库的 1 号刀套位置，再由刀库电机进行正向或反向旋转，由计数信号根据旋转方向对当前刀套进行加 1 或减 1。刀库回零一次后，再次换刀时不需要回零。

如果计数开关出现故障，例如线路断开、被油污干扰、机械动作干扰等，那么就会出现乱刀的情况，而且这种乱刀是很难纠正的，原因很简单，刀套号与刀具号不一致，发生此种情况，通常只能将所有的刀具拆下来，再重新装进刀库中。

如果圆盘刀库的力学性能稳定，质量有保障通常会采用随机换刀，随机换刀会大大缩短换刀时间，但一旦出现乱刀的情况，可能会发生毁坏刀具、毁坏工件的事故，如果刀库重新装刀，也会非常浪费时间。为此很多机床制造商为了防止乱刀，在应用圆盘刀库时会牺牲换刀时间，采用定点换刀的方式，即先通过机械手将主轴刀号还回刀库，再通过刀库旋转到新刀号所在的刀套位置，由机械手将新刀号抓取到主轴上。有的圆盘刀库制造商会采用两个计数开关来避免乱刀的情况发生。

11.8.1　圆盘刀库自动换刀过程

圆盘刀库在自动换刀时分两部分同时运行，其中 M 代码部分，M6 是 NC 功能，调用子程序 O90xx，用来执行主轴定向功能、伺服轴运行到换刀点坐标；而 T 代码是 PLC 功能，用来控制刀库的旋转，如果换刀时刀库已经完成过一次回零操作，那么等刀库旋转到位后直接换刀，如果刀库在通电后并没有完成一次回零操作，刀库先回零，再通过旋转刀库寻找新刀号。其换刀流程如图 11-64 所示。

11.8.2　刀套的控制

刀套的动作控制有两个，分别是刀套水平与刀套垂直。刀套水平是刀套的初始位置，此时刀库可以旋转；刀套垂直时机械手参与换刀，但此时刀库不可以旋转。

刀套的控制与主轴刀具的控制在机械原理上并不相同，但对于电气控制过程来说，两者是完全相同的，其控制过程包含了两个动作到位的输入信号以及两个动作执行的输出信号，也称为双输入双输出控制。气压缸与液压缸的应用场合各不相同，但在电气控制的原理上是完全一样的。双输入双输出控制的形式很多，例如液压缸的伸出与缩回控制、主轴/夹具松开与夹紧控制、交换工作台的正转与反转控制、交换工作台的升起与落下控制等，见图 11-65。

双输入双输出是最常见的控制功能，例如复杂的机械动作控制并不是一步完成所有动作，它可以拆解成多个双输入双输出控制，见图 11-66。

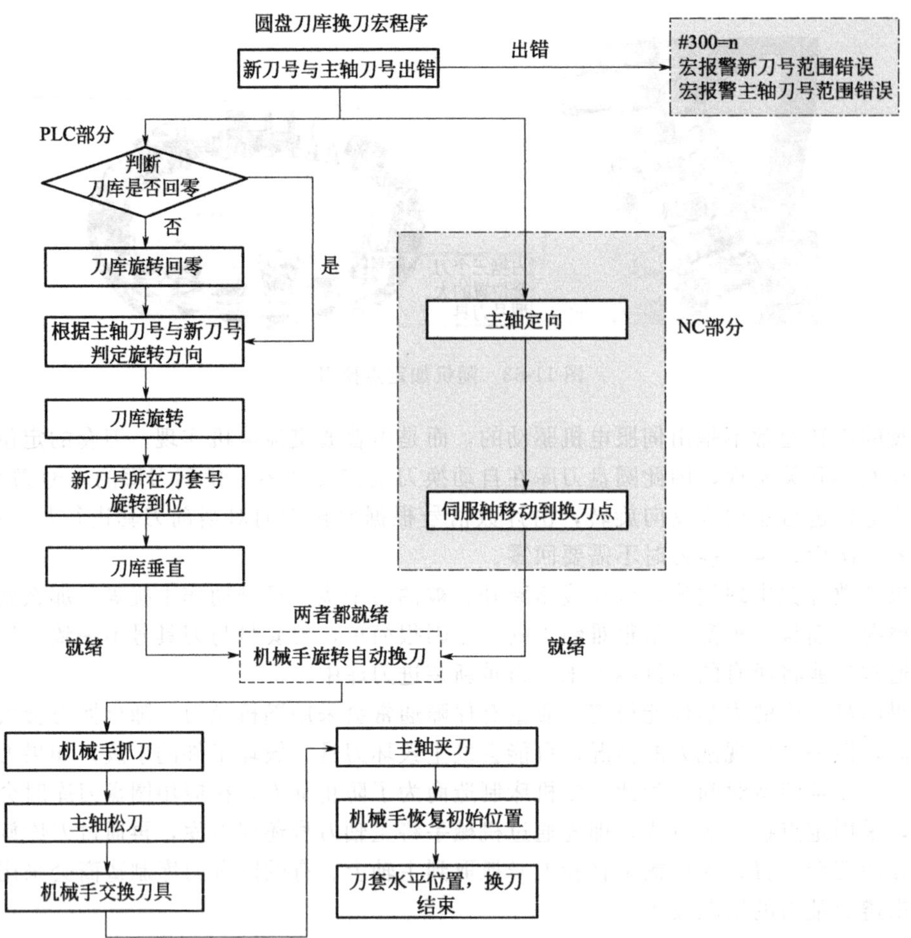

图 11-64　圆盘刀库自动换刀流程

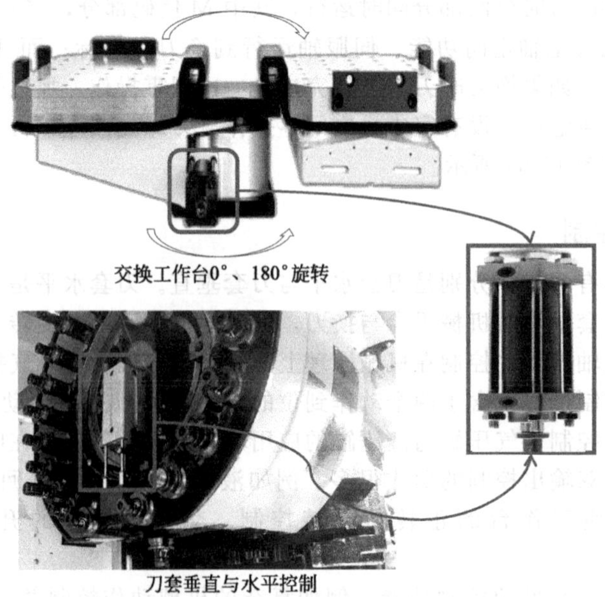

图 11-65　双输入双输出控制的多种形式

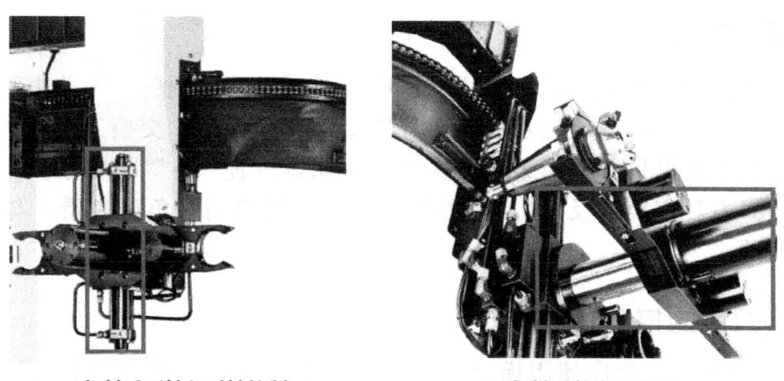

机械手正转与反转控制
机械手伸出与缩回

图 11-66　复杂机械控制的拆解

所有的双输入双输出控制可以由一个按键实现控制。以主轴刀具松开与夹紧控制为例，使用一个按钮实现按一次夹紧、再按一次松开。如果使用 M 代码进行控制也可以使用一个 M 代码实现，但为了区分对待，需要使用两个 M 代码共同控制。有关按钮与 M 代码对松开与夹紧这种双输入双输出动作的控制请参考《数控机床电气控制入门》相关章节，这里不做详细说明。一键双控的 PLC 示意图见图 11-67。

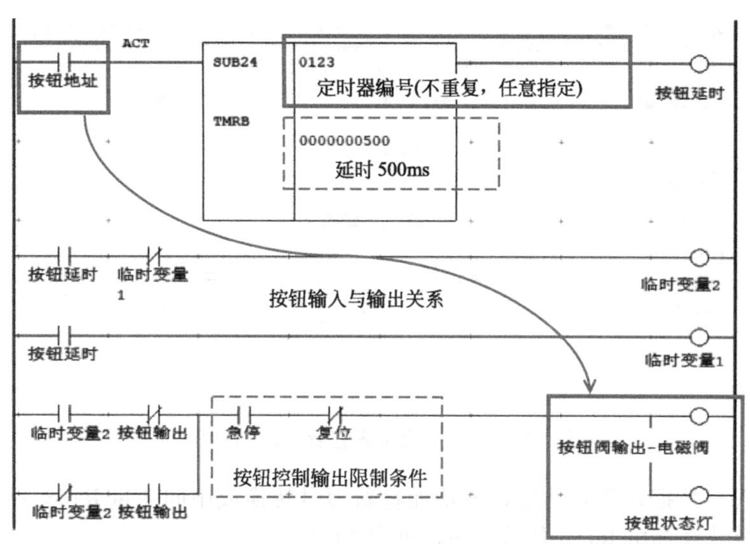

图 11-67　一键双控的 PLC 示意图

图 11-67 的核心部分只有按钮地址与输出电磁阀地址以及限制输出的急停与复位等信号，其余都是临时变量，由于发那科的梯形图所使用的中间变量 R 都是全局变量，如果重复使用可能会导致数控机床产生莫名的误动作。

因此对于复杂控制的高端数控机床包括复杂的自动化生产线来说，如果由梯形图来实现全部的控制动作就会变得十分复杂，因为同一个功能反复使用而导致多次编程。而对于指令表或结构文本可以自定义功能的 PLC 语言来说，只需要编写一个按钮的 PLC 子功能，临时变量都是局部变量，不参与全局运算，可以对其进行多次调用。

需要强调的是，需要对动作控制按钮的输入地址进行延时处理，防止意外触碰，同时还要应用 K 参数或软操作面板开启修调模式控制才能允许按钮和 M 代码控制，以防误操作造成人员伤害及设备、工件损坏。

11.8.3 机械手的控制

圆盘刀库的机械手控制通常是由三相交流电机通过凸轮实现的，并非由液压缸控制。机械手的自动换刀过程可以拆分成三步控制，分别是机械手抓刀、交换刀具及机械手返回原点位置。这三步控制也可以拆分成两组动作：机械手原点位置<═>机械手抓刀位置，刀具交换（正向）<═>刀具交换（反向）。这两组动作从电气控制的角度来看，与双输入双输出控制是完全相同的。

11.8.4 圆盘刀库的控制

由于圆盘刀库的PLC程序使用梯形图时十分复杂，因此本章节不做详细讲解，只对其核心部分进行重点讲解。

圆盘刀库控制重点是根据新刀号所在的刀套号与当前刀套号的关系进行刀库旋转方向的判断，以实现刀库旋转。刀库旋转方向确定后再根据计数功能对当前刀套位置进行递增或递减运算，当前刀套位置等于新刀号所在刀套后刀库停止旋转。这些都由PLC来实现，并非NC功能，因此涉及的PLC信号有新刀号F26，T代码检测信号F7.3、新刀号与当前刀号的比较。

首先是在发那科的PLC中，通过交叉表搜索PLC地址F26，见图11-68。

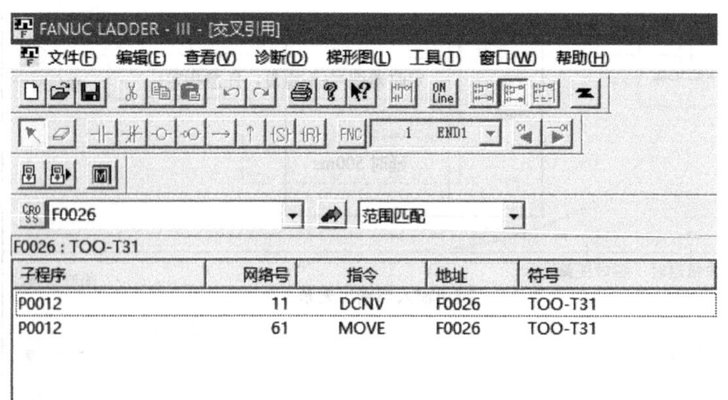

图11-68 通过交叉表查看F26的调用

找到DCNV（数据转换）功能，该功能将新刀号转换成中间变量R153（任意指定），后续的程序处理及计算都由R153代替F26，见图11-69。

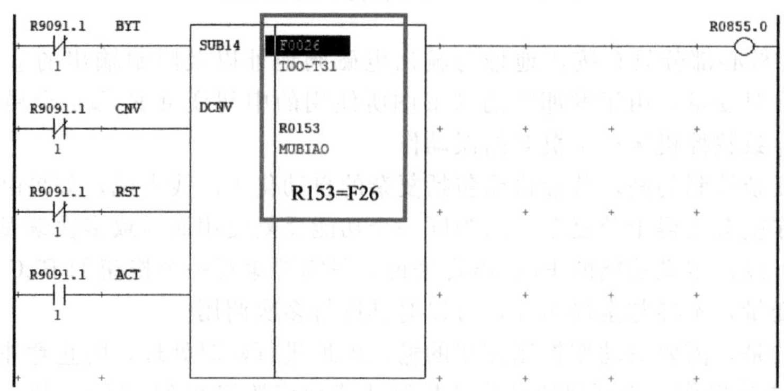

图11-69 将新刀号F26转给中间变量R153

由新刀号所在刀套号、当前刀套号及刀库容量来判断刀库的旋转方向，实现就近找刀。当然也可以只正向找刀或者反向找刀，如果刀库容量小两种找刀方式时间相差不多，如果刀库容量比较大，那么就近找刀会节省很多换刀时间。就近找刀会用到 SUB6，旋转功能（ROT），该功能可以根据新刀号、当前刀套位置、刀库容量计算出刀库的旋转方向及所需要的步数（计数开关的计数次数）。

圆盘刀库除了机械手的到位信号外，还需要三个无触点开关作为输入信号，分别是：回零信号、计数信号及当前刀套刀具确认信号。

刀库在数控机床通电后可以自行回零，也可以在换刀时回零，如果刀库回零一次后，没有手动旋转刀库或者重新通电，再次换刀时直接找刀，不需要再次进行刀库回零。回零时，1 号刀套上突出的金属物（其他刀套上没有）用来感应回零开关。

当自动换刀时，刀库旋转找新刀号所在的刀套号，PLC 会根据旋转方向（正向旋转或反向旋转）并结合计数开关判断当前刀套号是加 1 还是减 1。如果当前刀套号加 1 后超过刀库容量，那么当前刀套号会重新设定为 1，如果当前刀套号减 1 等于 0，那么当前刀套号会被设定为刀库容量。

自动换刀时，PLC 会根据当前刀套号与新刀号所在的刀套位置及刀库容量进行判定，是正向旋转近还是反向旋转近以实现刀库就近换刀。对于小型刀库来说，例如车床的刀塔，由于刀库容量小，换刀时刀库在旋转时统一定义为正向换刀，但对于加工中心来说，刀库容量比较大，就需要就近换刀，以节约换刀时间。

例如，新刀号所在的刀套是 5 号刀套，而当前刀套是 10 号刀套，刀库的容量是 24 把刀。那么刀库就要顺时针旋转，当计数开关计数 5 次后，刀库停止旋转，如果刀库逆时针旋转，则计数开关需要计数 24－10＋5＝19 次。还是相同的刀库，如果新刀号所在的刀套还是 5 号刀套，而当前的刀套号是 23，那么刀库逆时针旋转，计数开关计数 6 次即可完成找刀，如果顺时针旋转则需要计数开关计数 23－5＝18 次才能完成找刀。

圆盘刀库就近找刀示意图见图 11-70，图中实线箭头代表当前刀套号，虚线箭头表示新刀号所在刀套号。实线弧线表示就近找刀时刀库旋转方向。

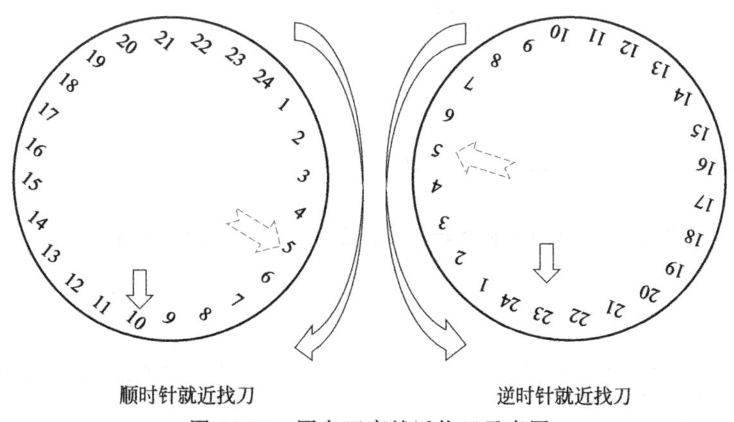

图 11-70 圆盘刀库就近找刀示意图

11.8.5 定点换刀时刀库旋转的 PLC 控制

调出交叉表，搜索 R153，找到 SUB6（ROT）或者 SUB26（ROTB）旋转功能部分。

由前文可得出结论，新刀号地址是 R153，那么可以猜测当前刀套号的对应地址是 R154，而 D 参数 D52 是刀库需要旋转的步数（任意指定，不与其他 D 参数重复即可），由计数开关计算步数。SUB6（ROT）功能会自动算出是正向旋转还是反向旋转，判定结果R621.5（任意指定 R 变量）的值是 0 还是 1，进而判定刀库是正向旋转还是反向旋转，见图 11-71。

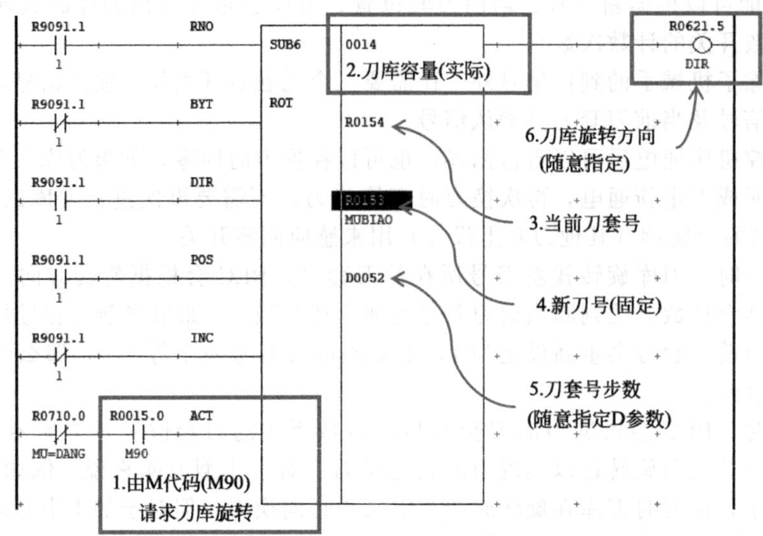

图 11-71　旋转方向的判定

通过交叉表搜索旋转方向 R621.5，见图 11-72 和图 11-73。

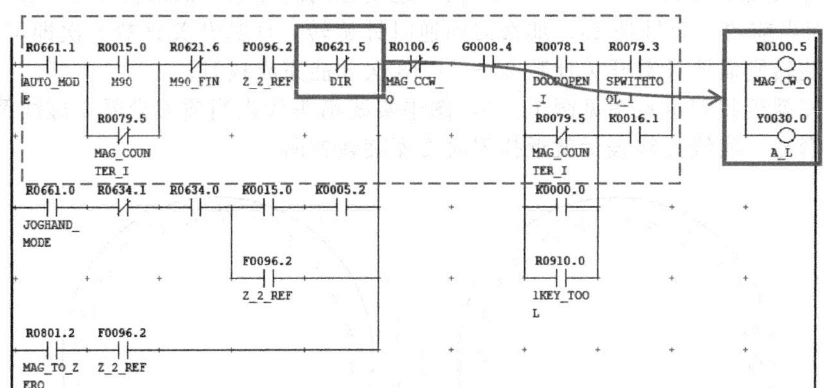

图 11-72　刀库正向旋转中间变量 R100.5 与输出信号 Y30.0

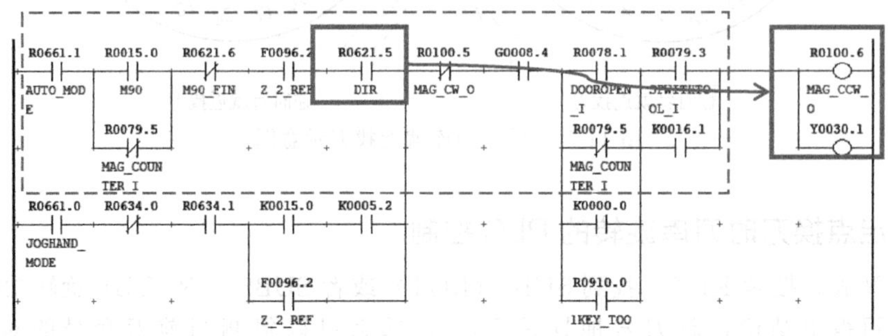

图 11-73　刀库反向旋转中间变量 R100.6 与输出信号 Y30.1

当刀库没有旋转时，在线查看控制刀库旋转方向的线路（图 11-73 中虚线部分），分析是哪些原因导致刀库没有正向旋转或反向旋转。再通过交叉表搜索刀库正向旋转方向信号 R100.5 或反向旋转方向信号 R100.6，找到计数信号功能 SUB5（CTR），见图 11-74。

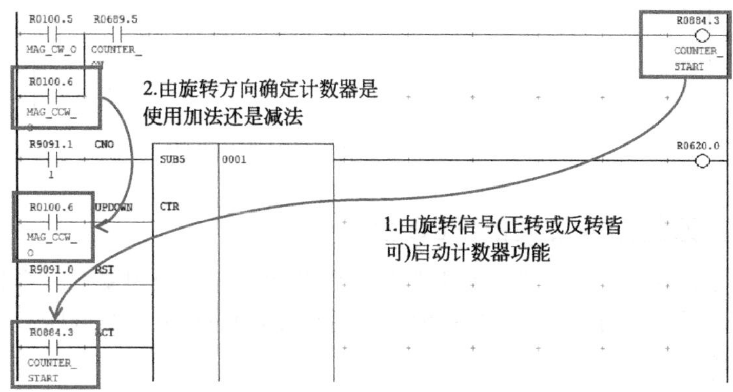

图 11-74　启动计数功能 CTR

启动计数功能 SUB5（CTR）。当新刀号等于当前刀号时，即停止刀库旋转。使用 SUB16（COIN）来判断两个变量是否一致。

搜索 PLC 功能，不能使用交叉表，而是使用搜索功能，在打开的 PLC 程序页面下，按组合键 Ctrl+F 搜索 PLC 功能，见图 11-75。

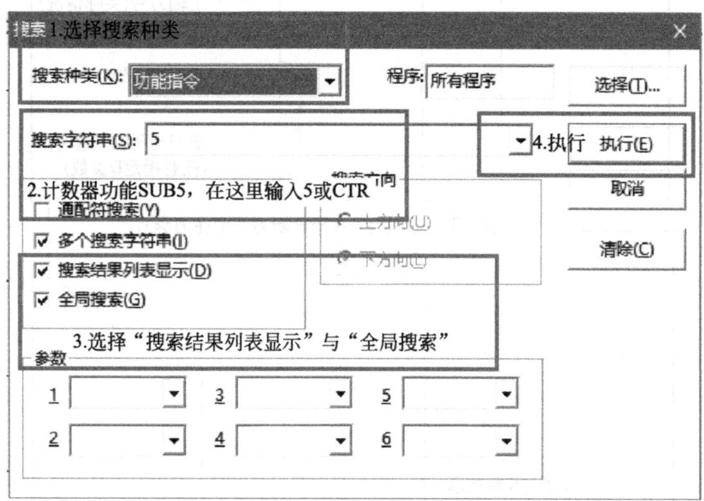

图 11-75　搜索 PLC 功能

在搜索的结果列表中，找到新刀号 R153 的计数器功能，见图 11-76 和图 11-77。

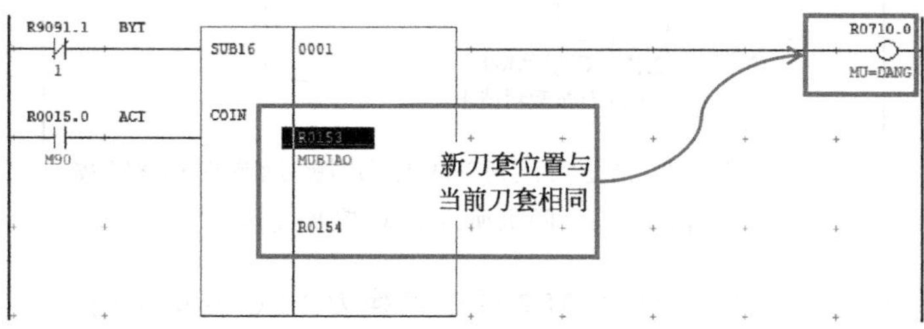

图 11-76　当新刀号 R153 等于计数刀号 R154

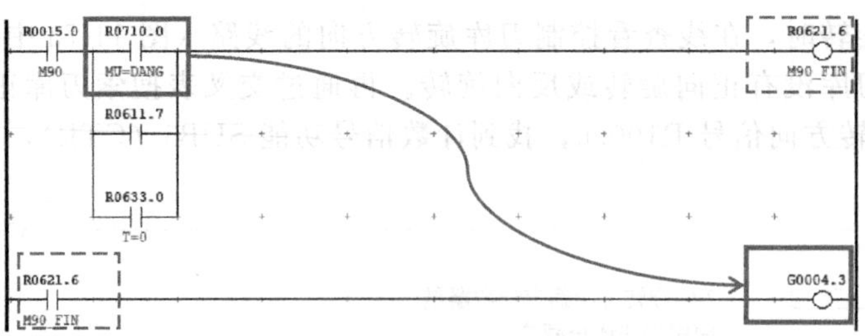

图 11-77　刀库旋转请求代码 M90 结束

11.8.6 随机换刀的刀库旋转的 PLC 控制

由于随机换刀的刀套号不一定就是刀具号，因此相比定点换刀要多一个找到新刀号所在刀套位置的功能，所使用的 PLC 功能是 SUB17（DSCH）或 SUB34（DSCHB）。随机换刀 PLC 控制过程见图 11-78。

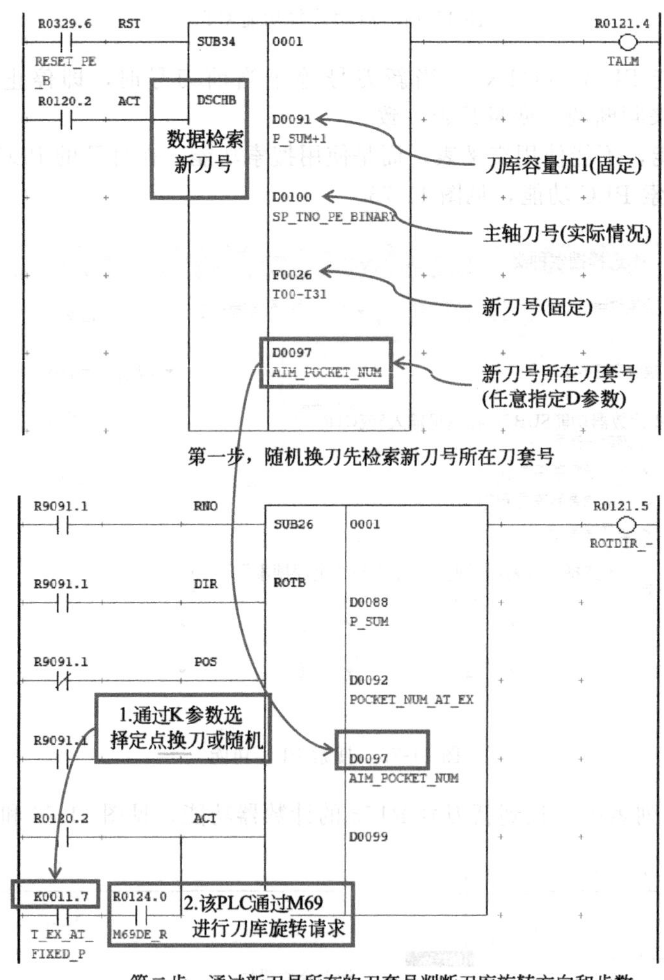

图 11-78　随机换刀 PLC 控制过程

图中 PLC 所使用的的 PLC 变量与前文的定点换刀 PLC 变量不同，仅用来说明随机换刀过程。

11.8.7 常见电气故障

圆盘刀库在自动换刀时，更多的是应用 PLC 对其进行控制，使用 PLC 控制整个换刀过程，对刀库整体的机械稳定性、电气开关质量及接线要求非常高，同时计数开关与回零开关也容易受到外界干扰，例如刀套上粘有油泥、计数开关上粘有铁屑等。

11.9 二级宏程序

二级宏程序区分主程序与子程序，主程序由 M 代码进行调用，设定值由 NC 参数 No.6071～No.6089 进行定义；而子程序由主程序通过 M98P＋程序号调用，一个主程序可以调用多个子程序，整体调用关系见图 11-79。

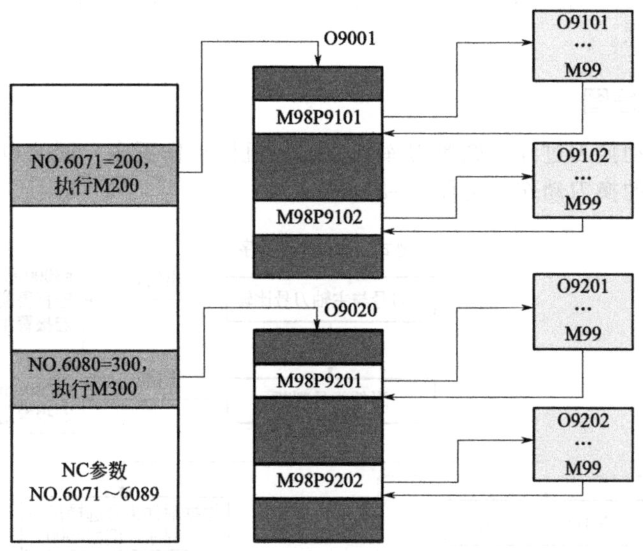

图 11-79　二级宏程序调用示意图

以大型龙门铣床的自动换刀为例讲解二级宏程序的应用。

大型龙门铣床与小型龙门铣床的自动换刀不同，难度也大幅增加。主要体现在大型龙门铣床的主轴上装配有不同的铣头，不同的铣头长度不同，导致不同铣头的自动换刀位置各不相同，不同铣头的刀具装夹方向不同，导致自动换刀时机械手的动作也各不相同。因此大型龙门铣床的自动换刀过程十分复杂。链式机械手刀库和机械手水平、垂直换刀见图 11-80～图 11-82。

11.9.1 链式刀库机械手控制

链式刀库机械手控制过程简化如下：

① 刀库旋转到新刀号所在刀套号；

② 机械手通过多个组合动作将刀库中的刀具取出，并移动到主轴侧；

③ 当伺服轴与主轴运行到位后，机械手通过组合动作及主轴松刀与夹刀交换刀具；

④ 机械手移开或伺服轴移开到安全区域；

⑤ 机械手通过组合动作移动到刀库侧；

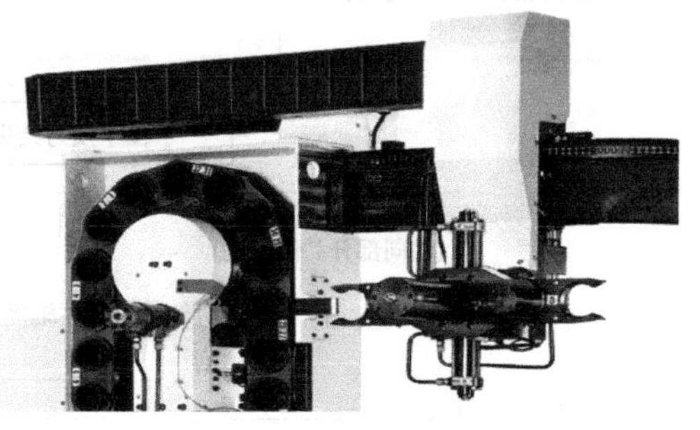

图 11-80　链式机械手刀库

图 11-81 机械手水平换刀

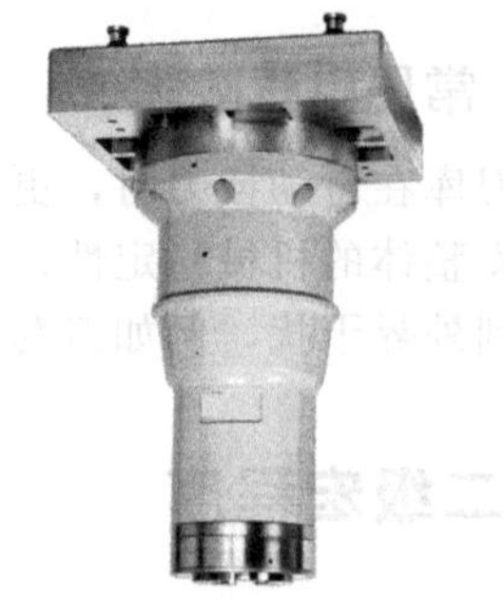

图 11-82 机械手垂直换刀

⑥ 如果是随机换刀则直接通过组合动作将原主轴刀具还回刀库；

⑦ 如果是定点换刀则刀库旋转到原主轴刀号所在刀套位置，再通过机械手组合动作将原主轴刀具还回刀库。

11.9.2 换刀流程图

链式刀库的自动换刀过程与圆盘刀库类似，但机械动作更多，同时也会根据不同的附件类型自动旋转不同的换刀动作，见图 11-83。

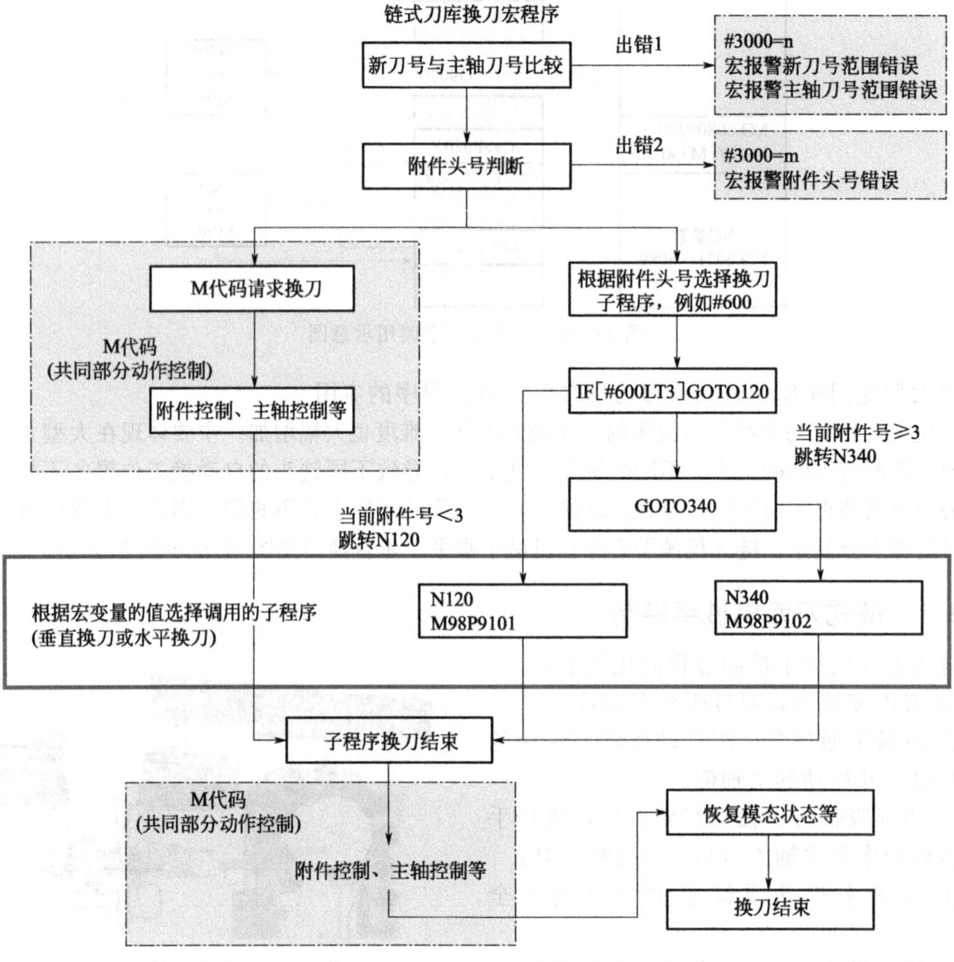

链式刀库换刀宏程序

新刀号与主轴刀号比较

出错1

#3000=n
宏报警新刀号范围错误
宏报警主轴刀号范围错误

附件头号判断

出错2

#3000=m
宏报警附件头号错误

M代码请求换刀

M代码
(共同部分动作控制)

附件控制、主轴控制等

根据附件头号选择换刀子程序，例如#600

IF[#600LT3]GOTO120

当前附件号≥3
跳转N340

GOTO340

当前附件号<3
跳转N120

根据宏变量的值选择调用的子程序
(垂直换刀或水平换刀)

N120
M98P9101

N340
M98P9102

子程序换刀结束

M代码
(共同部分动作控制)

附件控制、主轴控制等

恢复模态状态等

换刀结束

图 11-83 大型龙门铣床附件头自动换刀主程序流程

通常来说，二级宏程序的主程序十分简洁，主要是用来判断调用哪个子程序，而详细的控制功能则存放在子程序中，见图 11-84。

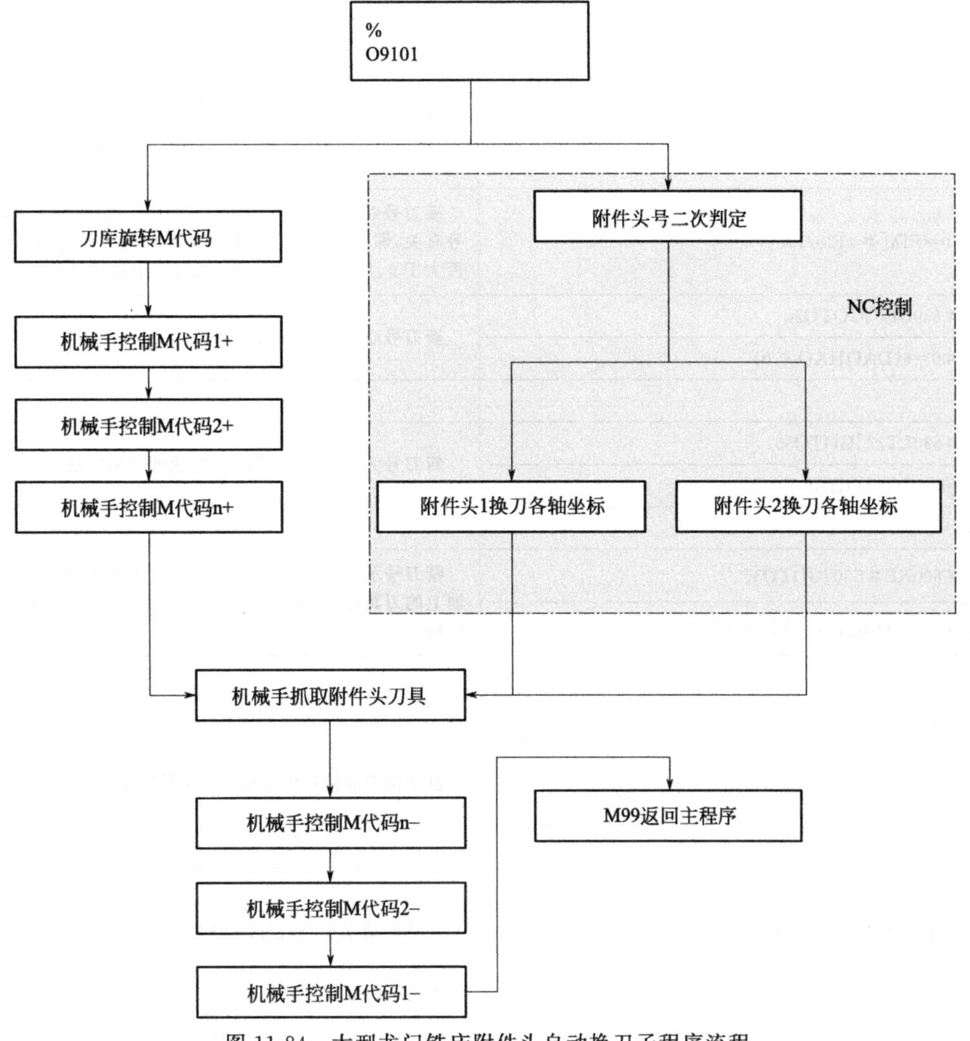

图 11-84　大型龙门铣床附件头自动换刀子程序流程

11.9.3 自动换刀

表 11-17 为某龙门铣床的附件头自动换刀主宏程序实例。

表 11-17　自动换刀宏程序

宏程序	注释
%	
O9001(ZIDONG HUANDAO)	自动换刀宏程序 O9001
IF[[#610EQ1]OR[#610EQ2]OR[#610EQ3]]GOTO5	判断宏变量#610(附件头号)等于 1 或等于 2 或等于 3 进行跳转
#3000=5(DANGQIAN FUJIANHAO CUOWU)	如果附件头号错误，则宏程序报警 3005，报警内容：DANGQIAN FUJIANHAO CUOWU(当前附件号错误)

续表

宏程序	注释
N5	附件头号正确，从此处继续执行宏程序 N5
IF[#4016NE68]GOTO6	判断模态状态#4016是否等于68，进行跳转
#3000=9(G68 MODE)	如果#4016等于68，则宏程序报警(逻辑保护具体思路可忽略)
N6	
#630=FIX[#4120/100]	新刀号对应的系统宏变量为#4120，表明#630与新刀号有关，那么以下所有判断通常是判断刀号是否正确：是否大于0、是否大于刀库容量或者等于主轴刀号
IF[#630GE0]GOTO20	新刀号小于0，宏报警3006
#3000=6(DAOHAO <0)	
N20	
IF[#630LT32]GOTO30	新刀号大于32，宏报警3007，表明刀库容量是32
#3000=7(DAOHAO >32)	
N30	
IF[#600NE#630]GOTO35	新刀号不等于#600，表明该宏程序使用#600保存主轴上的刀具号，自动换刀结束时还会有#600等于新刀号代码
#3000=8(DAOHAO XIANGTONG)	
N35	
#199=#4005	自动换刀前保存模态信息到全局宏变量
#198=#4006	
#197=#4001	
#196=#4003	
N38	
M79(HUANDAO KAISHI)	M代码请求换刀，包括附件控制、主轴控制等
N39G01G90G94	*Z*轴返回零点位置
N40G53Z0	
N43	
IF[#610EQ3]GOTO50	当#610(附件头号)等于3时跳转N50
M98P9211(LISHI HUANDAO)	当#610不等于3时调用O9211子程序(垂直换刀)
GOTO55	O9211运行结束后跳转N55
N50	
M98P9212(WOSHI HUANDAO)	当#610等于3时调用O9212子程序(水平换刀)
N55	当子程序O9212或O9211运行结束后，更新主轴上的刀号，再一次证明#600是用来保存主轴上刀具号的
#600=FIX[#4120/100]	
G#199G#198	恢复模态状态
G#197G#196	
N70	

续表

宏程序	注释
M80(HUANDAO JIESHU)	由M80进行换刀结束后的附件控制、主轴控制等
N170M99	O9001运行结束,至此自动换刀结束
%	

子程序一共有两个，是根据M代码的执行与伺服轴位置控制来进行的，此处只讲解一个子程序，见表11-18。

表11-18　子程序讲解

子程序	注释
%	
O9211(LISHI HUANDAO)	主程序调用的子程序O9211
IF[#620EQ0]GOTO1	对宏变量进行判断 如果错误则宏报警3002 FUJIAN JIAODU CUOWU(附件角度错误)
#3000=2(FUJIAN JIAODU CUOWU)	
N1	
IF[#630EQ0]GOTO10	1.主程序中定义#630与新刀号相关,在此进行二次判断,当新刀号等于0跳转到N10 2.跳转处如果不是宏报警,表明通过M6T0主轴还刀到刀库
G53A[[#630-1]*[360/#640]]	1.通过#630(新刀号)最终执行A轴坐标,表明当前刀库使用的是伺服电机,而且还是发那科的伺服电机,如果此处使用M代码,则表明当前刀库使用的是普通电机(伺服刀库不需要计数信号,通常也不需要回零开关) 2.刀库旋转,至此开始自动换刀的第一步 3.由于大型龙门铣床附件头及刀库控制复杂,为了维修方便简化换刀流程,故而使用伺服电机
(IF[#_UI[0]EQ1]GOTO1)	1.通过#_UI[0]进行逻辑判断,说明#_UI[0]对应用户宏变量#1000,对应PLC变量G54.0 2.由于此两行在括号内,属于注释内容,不需理会
(#3000=1(DAOKU ZHONG WUDAO)	
N5	
M53(PINGYI SUOHUI)	1.刀库旋转结束后的若干个M代码,机械手去刀库抓刀,自动换刀第二步 2.机械动作控制M代码,根据实际动作进行判定,暂停0.5s
G4X0.5	
M56(BADAO SHENCHU)	
G4X0.5	
M52(PINGYI SHENCHU)	
G4X0.5	
M57(BADAO SUOHUI)	
G4X0.5	
N10	当新刀号等于0忽略上述M代码控制过程
G01G90G94	

续表

子程序	注释
IF[#610EQ2]GOTO20	1. 机械手抓刀后再运行伺服轴，自动换刀第三步 2. 根据附件号#610进行判断，移动Y轴坐标，宏变量#614与#624用来保存自动换刀坐标轴坐标 3. 减去500或者其他值，通常是换刀时偏移坐标给机械手换刀动作腾出空间，或者自动换刀时先进入换刀区域再进行自动换刀
G53Y[#614-500]	
GOTO25	
N20	
G53Y[#624-500]	
N25	
M54(YAOBAI ZHI ZHUZHOU)	1. 伺服轴到位后，还是机械手去抓取主轴刀库，自动换刀第四步 2. 机械动作控制M代码，根据实际动作进行判定，暂停0.5秒s
G4X0.5	
M53(PINGYI SUOHUI)	
G4X0.5	
M50(FANZHUAN SHENCHU)	
G4X0.5	
IF[#610EQ2]GOTO50	1. 根据附件头号运行不同的伺服轴位置包括主轴定位角度等 2. 自动换刀第四步
G53Z#615Y#614(1 XITOU)	
M19B#616	
GOTO55	
N50	
G53Z#625Y#624(2 XITOU)	
M19B#626	
N55	
G4X0.5	1. 伺服轴运行到换刀点后，机械手开始交换刀具，自动换刀第五步 2. 机械动作控制M代码，根据实际动作进行判定，暂停0.5s
M52(PINGYI SHENCHU)	
G4X0.5	
N60M82(FUJIAN ZHUZHOU SONGDAO)	
N65G4X0.5	
M56(BADAO SHENCHU)	
G4X0.5	
M53(PINGYI SUOHUI)	
G4X0.5	
M51(FANZHUAN SUOHUI)	
G4X0.5	
M60(HUANDAO SHENCHU)	
G4X0.5	
M50(FANZHUAN SHENCHU)	
G4X0.5	
G01G90	
N75	

续表

子程序	注释
M52(PINGYI SHENCHU)	1. 伺服轴运行到换刀点后,机械手开始交换刀具,自动换刀第五步 2. 机械动作控制 M 代码,根据实际动作进行判定,暂停 0.5s
G4X0.5	
M57(BADAO SUOHUI)	
G4X0.5	
M81(FUJIAN ZHUZHOU JIAJIN)	
N85G4X0.5	
M53(PINGYI SUOHUI)	
G4X0.5	
IF[#610EQ2]GOTO80	1. 根据不同附件号,伺服轴又运行到换刀点附近－500 处 2. 自动换刀第六步
G53Y[#614-500]	
GOTO90	
N80	
G53Y[#624-500]	
N90	
M51(FANZHUAN SUOHUI)	1. 机械手交换刀具后,将主轴上的刀具移动至刀库,自动换刀第七步 2. 机械动作控制 M 代码,根据实际动作进行判定,暂停 0.5s
G4X0.5	
M52(PINGYI SHENCHU)	
G4X0.5	
M55(YAOBAI ZHIDAOKU)	
G4X0.5	
IF[#600EQ0]GOTO120	如果主轴上刀号是 0,则忽略以下步骤,跳转 N120
G53A[[#600-1]*[360/#640]]	1. 再次运行 A 轴(刀库电机轴)坐标,旋转刀库到原主轴刀号所在位置,表明该伺服刀库使用的是定点换刀 2. 旋转刀套到原主轴刀号所在位置,自动换刀第八步
M56(BADAO SHENCHU)	1. 找到原主轴所在刀套后,准备将机械手上的原主轴刀号放回刀库,自动换刀第九步 2. 机械动作控制 M 代码,根据实际动作进行判定,暂停 0.5s
G4X0.5	
IF[#_UI[0]EQ0]GOTO100	1. #_UI[0]对应宏变量#1000,对应 PLC 变量 G54.0,找到原主轴所在刀套后再还刀,表明 G54.0 是用来检测当前刀套中是否有刀 2. 无刀则跳转 N100,有刀则宏报警 3002
#3000=2(DAOKU ZHONG YOUDAO)	
N100	
M56(BADAO SHENCHU)	1. 将主轴上的刀具还回到刀库中,运行结束后自动换刀完成,自动换刀第十步 2. 机械动作控制 M 代码,根据实际动作进行判定,暂停 0.5s
G4X0.5	
M53(PINGYI SUOHUI)	
G4X0.5	
M57(BADAO SUOHUI)	

续表

子程序	注释
G4X0.5	1. 将主轴上的刀具还回到刀库中，运行结束后自动换刀完成，自动换刀第十步 2. 机械动作控制 M 代码，根据实际动作进行判定，暂停 0.5s
M52(PINGYI SHENCHU)	
G4X0.5	
N120	
M56(BADAO SHENCHU)	
G4X0.5	
M61(HUANDAO SUOHUI)	
G4X0.5	
M57(BADAO SUOHUI)	
M99	
%	

11.10 三级宏程序

二级宏程序中的子程序如果再调用一个或多个孙程序，二级宏程序也就变成了三级宏程序。增加一级宏程序调用，宏程序的难度会变得更加复杂。三级宏程序结构示意图见图 11-85。

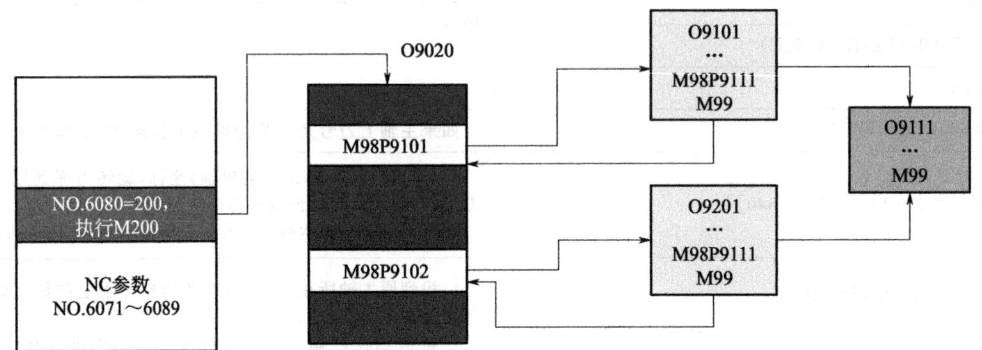

图 11-85　三级宏程序结构示意图

三级宏程序的运行过程如下：由 M 代码调用主程序，主程序依然是用来判断选择运行哪个子程序，而子程序通常是用来给孙程序进行赋值，最终由孙程序完成全部的控制过程。也就是说孙程序是标准控制功能，执行的是相同的控制动作，故而独立出来，通过子程序对其进行赋值调用。例如某个控制过程包含了机械动作控制（M 代码）与坐标轴移动，机械动作相同但坐标轴不同，这样就可以将该控制过程“打包”成一个标准程序，通过其他宏程序对其进行反复调用。

例如大型龙门铣床的附件头更换控制，其主要控制过程包含了抓取附件头与还回附件头，整体控制过程是相同的，但相应的伺服轴坐标不同。万能铣头和存放铣头的架子见图 11-86 和图 11-87。

三级宏程序调用过程如图 11-88 所示。

当执行 M200A1 时，调用主程序 O9020。而 O9020 的接口地址 A 对应的局部变量是

#1，由此判断运行 M200A1 时，主程序 O9020 调用的宏程序是 O9111，当运行 M200B1 时，主程序 O9020 调用的宏程序是 O9112，当运行 M200A2 时，主程序 O9020 调用的是宏程序是 O9121，当运行 M200B2 时，主程序 O9020 调用的子程序是 O9122。有关 M 代码调用宏程序时接口的字母地址与局部变量的对应关系及相关内容详见本章 11.3.5 局部变量。

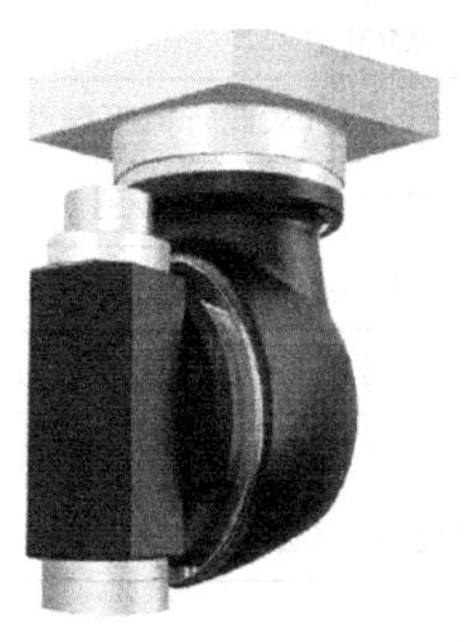

图 11-86　万能铣头

图 11-87　存放铣头架子（多个）

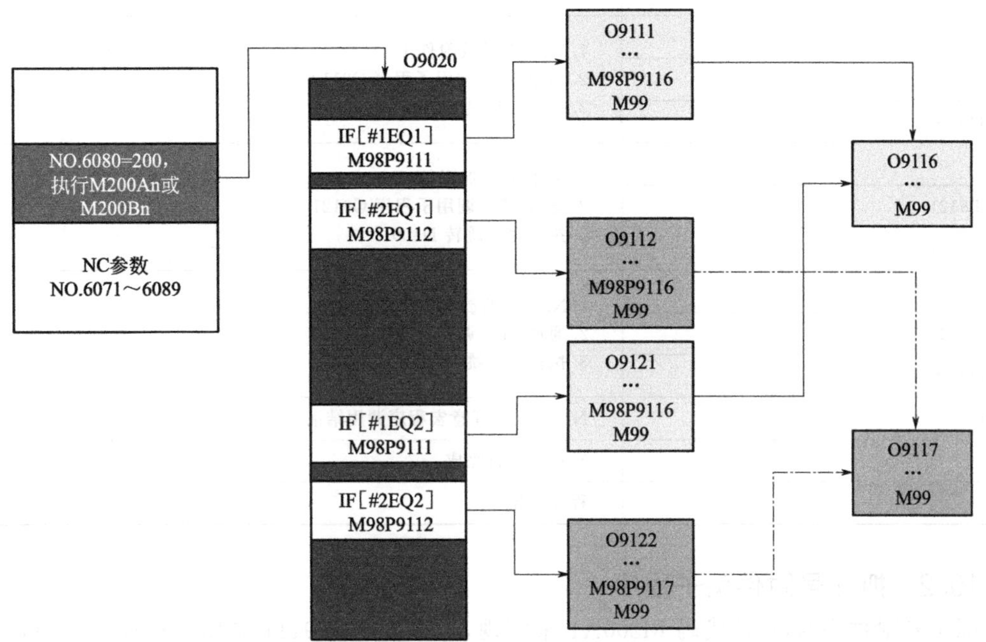

图 11-88　三级宏程序调用过程

通过宏程序编写者的自行约定，约定 M200 是更换附件头，通过字母 A 抓取附件头，通过字母 B 还回附件头，通过 A 或 B 后的数字 1～n 来指定附件头的号码。

11.10.1　自动换附件头主程序

主程序通常是用来判断调用子程序的，自动换附件头主程序见表 11-19。

表 11-19　自动换附件头主程序

主程序	注释
%	程序标头
O9020	程序号 9020

续表

主程序	注释
IF[#4016NE68]GOTO5	1. #4016,系统宏变量,判断当前是否执行 G68 2. 没有执行 G68,跳转正常程序 N5
#3000=5(G68 MODE)	1. 如果执行了 G68,急停 2. 宏报警 3005 G68 MODE
N5	行号 5,如果没有执行 G68,从此行向下继续执行
IF[#1EQ1]GOTO11(ZHUA FU JIAN1)	如果执行 M200A1,此时#1=1,跳转到 N11,抓取附件 1
IF[#2EQ1]GOTO12(FANG FU JIAN1)	如果执行 M200B1,此时#2=1,跳转到 N12,放回附件 1
IF[#1EQ2]GOTO21(ZHUA FU JIAN2)	如果执行 M200A2,此时#1=2,跳转到 N21,抓取附件 2
IF[#2EQ2]GOTO22(FANG FU JIAN2)	如果执行 M200B2,此时#2=2,跳转到 N22,放回附件 2
#3000=2(CODE ERROR)	如果执行了其他的代码,则宏程序急停报警 3002 CODE ERROR
N11	1. N11,开始抓附件 1 2. 通过 M98 调用子程序 O9111 3. 执行完毕跳转 N100
M98P9111	
GOTO100	
N12	1. N12,开始放附件 1 2. 通过 M98 调用子程序 O9112 3. 执行完毕跳转 N100
M98P9112	
GOTO100	
N21	1. N21,开始抓附件 2 2. 通过 M98 调用子程序 O9121 3. 执行完毕跳转 N100
M98P9121	
GOTO100	
N22	1. N22,开始放附件 2 2. 通过 M98 调用子程序 O9122 3. 执行完毕跳转 N100
M98P9122	
GOTO100	
N100	N100,上述任意宏程序调用结束
M99	宏程序执行完成
%	程序标尾

11.10.2 抓 1 号附件头子程序

抓 1 号附件头通过 M 代码 M200A1 来实现，通过 M98P9111 调用子程序 O9111，抓 1 号附件头子程序见表 11-20。

表 11-20 抓 1 号附件头子程序

子程序	注释
%	
O9111(ZHUA 1 HAO XI TOU)	子程序 O9111(括号内为注释内容)
IF[#610EQ0]GOTO1	判断附件头号是否正确
#3000=1(FUJIAN HAO CUOWU)	
N1	
IF[#620EQ0]GOTO5	
#3000=2(FUJIAN JIAODU BUWEI 0)	

续表

子程序	注释
N5	附件头号正确后，继续运行
#690=#691(X ZUOBIAO)	1. 通过全局宏变量进行统一赋值中转，如此操作后在孙宏程序中仅执行中转后的宏变量即可 2. 调用孙宏程序 O9116
#670=#671(Y ZUOBIAO)	
#680=#681(Z ZUOBIAO)	
#660=#661(ZHUZHOU DINGXIANG)	
M98P9116	
#610=1(FUJIAN NO.)	1 号附件头抓取完成后更新附件头号到宏变量#610 中
G01G90G94	Z 轴离开附件头更换坐标，确保安全
G53Z-100.	
GOTO10	
N5	
#3000=1(FUJIAN YIJING CUNZAI)	如果附件头号错误，则宏报警 3001
N10	
M99	
%	

11.10.3 抓附件头孙程序

在子程序 O9111 中，通过 M98P9116 调用孙程序 O9116，抓附件头孙程序见表 11-21。

表 11-21 抓附件头孙程序

孙程序	注释
%	
O9116(FUJIAN ZHIXING CHENGXU)	孙宏程序 O9116
#199=#4005	与自动换刀过程相同，保存模态信息到全局宏变量
#198=#4006	
#197=#4001	
#196=#4003	
G01G90G94	Z 轴移动到零点位置
G53Z0	
M41	主轴切换到低挡
M5	主轴停止 M 代码
G04X1.	暂停 1s
M19B#660	伺服轴运行到更换附件头位置，#670、#680、#690 的赋值来自子宏程序中的赋值中转
G04X1.	
G53X[#690-500]	
G53Y[#670]	
G53Z[#680+550.]✔	
G53X[#690-0]	

续表

孙程序	注释
G04X1.	1. 附件头松开 M 代码,准备抓取 2. 暂停 1s
M84(FUJIAN SONGKAI)	
G04X1.	
G01G91G94Z－550. F500.	1. Z 轴增量运行,缓慢下降到位 2. 前文✔处,Z 轴运行到 # 680＋550,此处增量运行－550mm,正好 Z 轴运行到位
G04X1.	暂停 1s
M83(FUJIAN JIAJIN)	1. 附件头夹紧 M 代码 2. 暂停 1s
G04X1.	
G01G91G94Z200. F500.	Z 轴增量运行,缓慢抬起 200mm
G＃199G＃198	恢复更换附件头前的模态状态
G＃197G＃196	
N170	
M99	孙宏程序运行结束返回
%	

11. 10. 4 自动换附件头的三级宏程序流程图

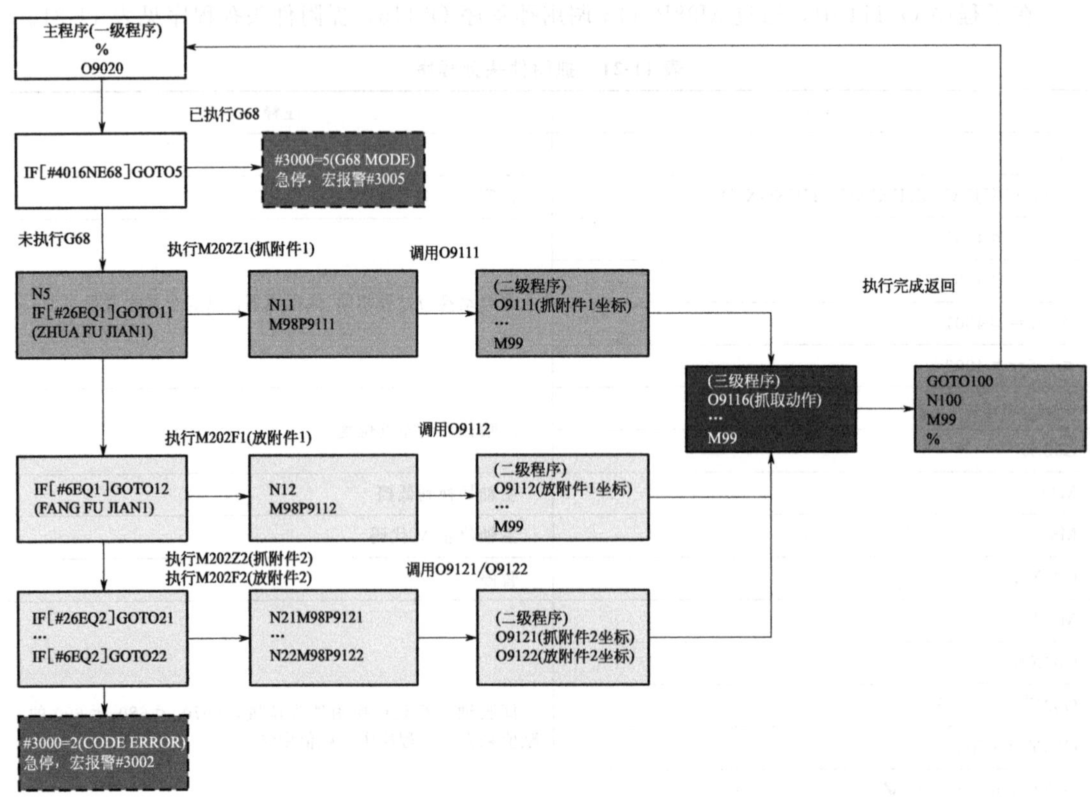

图 11-89 自动换附件头的三级宏程序流程图

11.11 宏变量保护

对于控制复杂的数控机床，会使用大量的全局宏变量存储换台点坐标、换刀点坐标等数据。有些数控机床制造商会对这些宏变量进行保护。当数控机床运行一段时间后或者机床改造过之后，实际的换台点、换刀点、换附件头点等坐标值发生了变化，就要修改这些宏变量，但修改时提示“写保护”，见图 11-90。

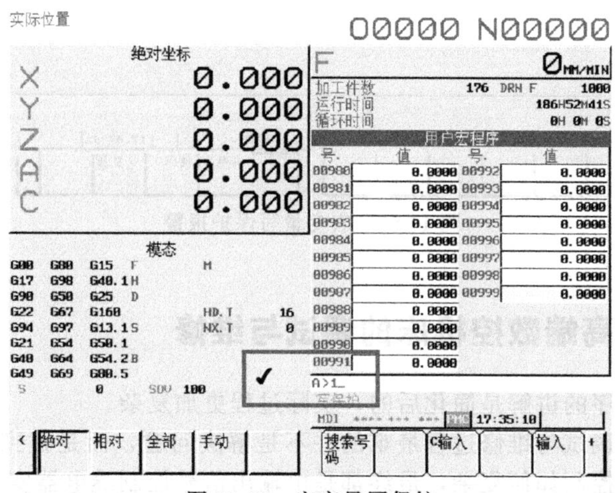

图 11-90　宏变量写保护

此时，可以通过修改参数 No. 6031 与 No. 6032 来解除宏变量的保护，参数 No. 6031 是待保护宏变量的下限，参数 No. 6031 是待保护宏变量的上限。

将 No. 6031 与 No. 6032 的值全部修改为 0，即可解除宏变量的保护。当修改宏变量完成后，还要恢复原有的宏变量保护范围，见图 11-91。

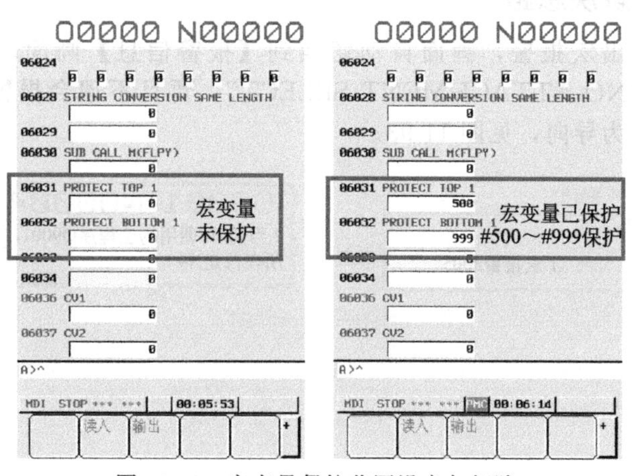

图 11-91　宏变量保护范围设定与解除

如果宏变量保护范围设定错误，或者宏程序中的宏变量应用不当，是不能通过宏程序对其进行赋值的。例如，自动换刀结束前，会将新刀号赋值给全局宏变量，用来保存主轴上的刀号，＃999＝＃4120（新刀号），如果宏程序保护时将＃999 纳入保护范围，那么宏程序执行到此行时会提示错误，见图 11-92。

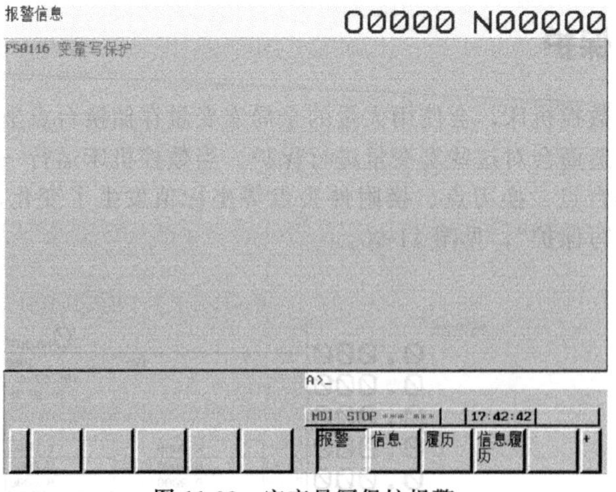

图 11-92　宏变量写保护报警

11.12　实战：高端数控机床的调试与维修

前文中有关宏程序的讲解是简化后的，实际过程更加复杂。

高端数控机床的调试与维修过程最难的并不是解决问题，而是找到问题到底出在哪里。因为不论数控机床的控制如何复杂，最终都是由输出信号控制继电器实现机械动作或者控制接触器实现电机运转，由输入信号确保机械动作或者电机运转到位。

本节以执行自动换刀为例，对常见的故障情况进行详细解析。由于不同型号、不同数控机床制造商所定义的参数、宏报警的定义、M 代码各不相同，因此此处以自动换刀调试流程为例，讲解调试思路。

11.12.1　宏报警解决思路

机床运行时，弹出宏报警，画面自动切换到【报警信息】画面，该页面显示报警号 3005，报警内容是“NO ATTACHMENT SELECT”，暂且不理会报警实际含义，纯粹以解决该宏报警的思路为导向，见图 11-93。

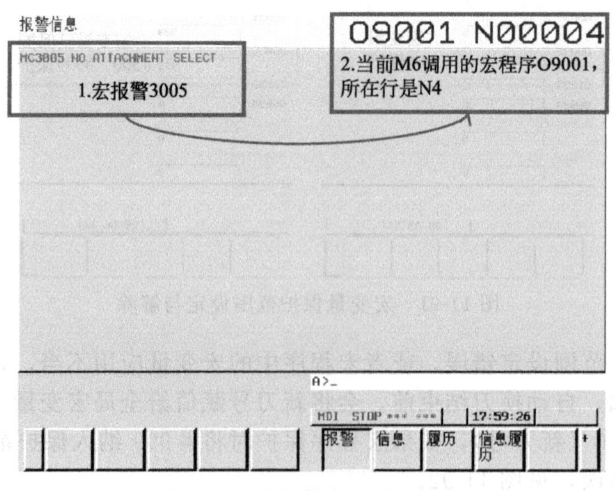

图 11-93　宏报警与相关宏程序

确定发生宏报警所在的宏程序 O9001 及行号（N4）后，此时按下【Prog】（程序）键，查看相关的程序信息，见图 11-94。

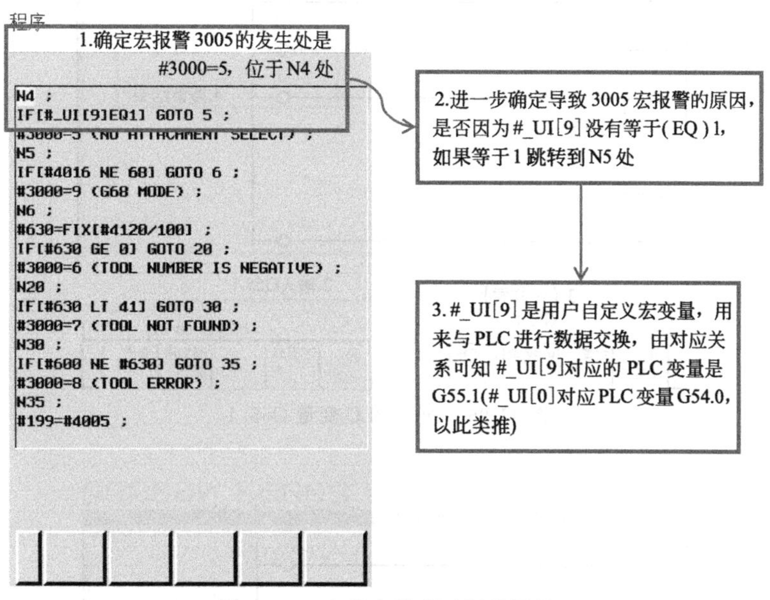

图 11-94　查找宏程序运行错误处

接下来就要到 PLC 中查找 G55.1 不为 1 的原因。按【SYSTEM】键→【+】（多次）→【PMC 梯图】，通过【INPUT】键，进入“全部”，见图 11-95。

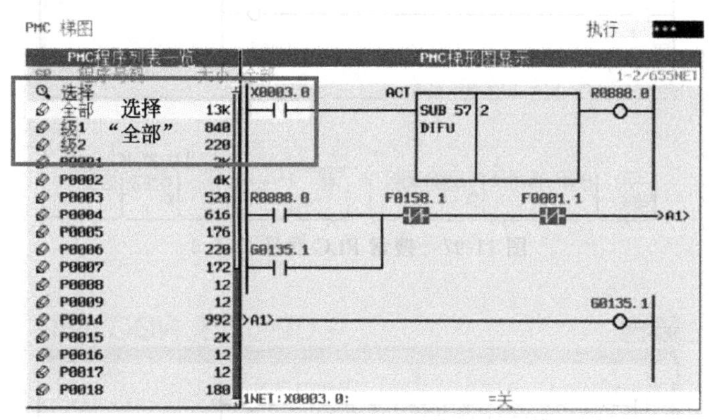

图 11-95　进入“全部”的 PLC

进入到“全部”的 PLC 中后，输入并按【W-搜索】搜索 PLC 变量 G55.1，见图 11-96。

找到了 G55.1 不为 1 的原因，三个用户自定义的 PLC 变量 G54.6、G54.7、G55.0 没有都不为 1。我们逐个查找原因，先从＃1006 找起。通过方向键移动到 G54.6 处，按【W-搜索】，见图 11-97。

再通过方向键移动光标到 R231.0 处，再次点击【W-搜索】，见图 11-98。

发现有两个原因导致 R231.0 的值不为 1，分别是宏变量＃610 的值不为 1，输入地址 X31.0 的值不为 1。

通过电气原理图可知 X31.0 是操作面板上的按钮地址，按下该按钮或者修改宏变量＃610 的值使其等于 1，最终解决宏报警 3005，见图 11-99。

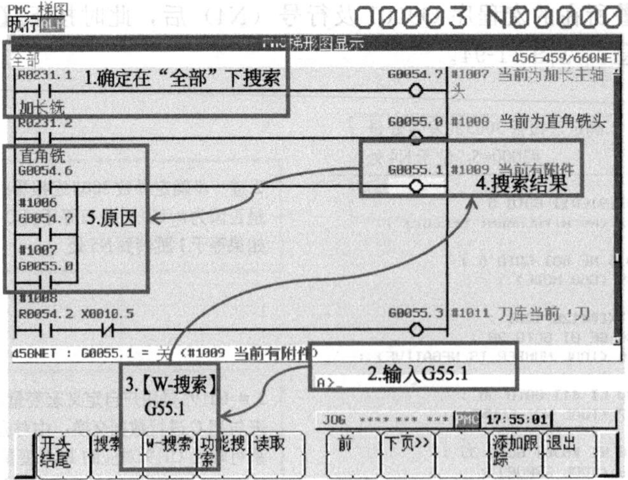

图 11-96 搜索 PLC 变量 G55.1

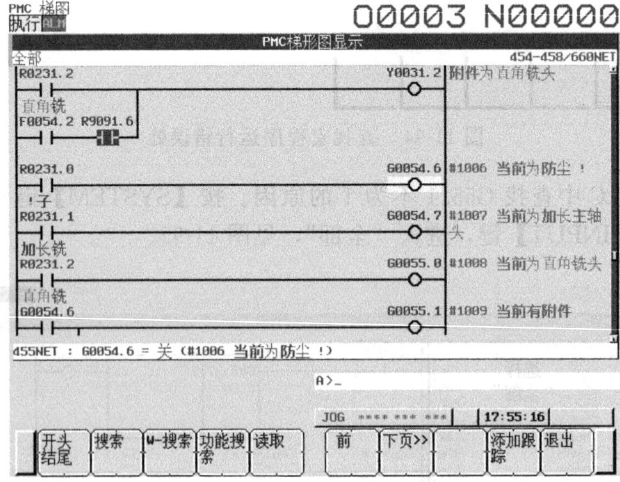

图 11-97 搜索 PLC 变量 G54.6

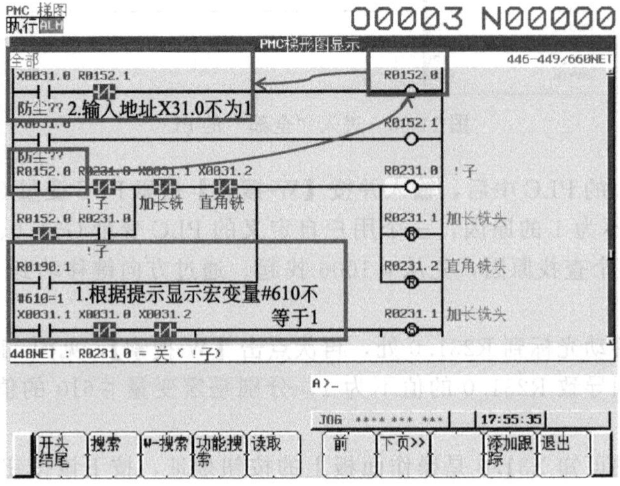

图 11-98 确定原因

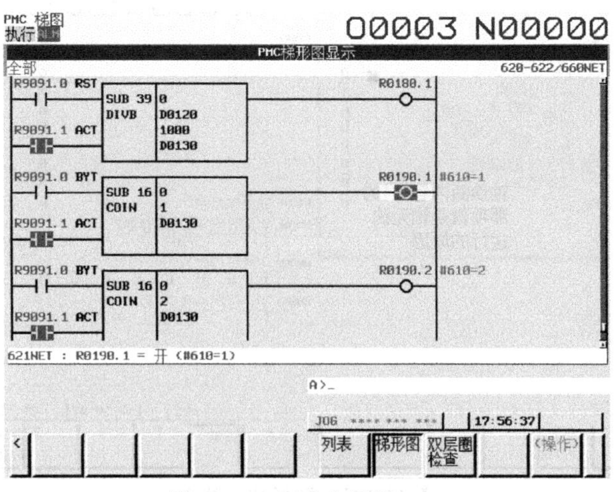

图 11-99　解决宏报警 3005

11.12.2　轴移动

当解决宏报警 3005，进行复位操作后，重新执行自动换刀程序。此时刀库已经开始运行，但机械手抓取刀具后并没有移动到主轴侧抓取主轴上的刀具，也没有任何报警发生。此时，在【Prog】下查看当前运行的宏程序，见图 11-100。

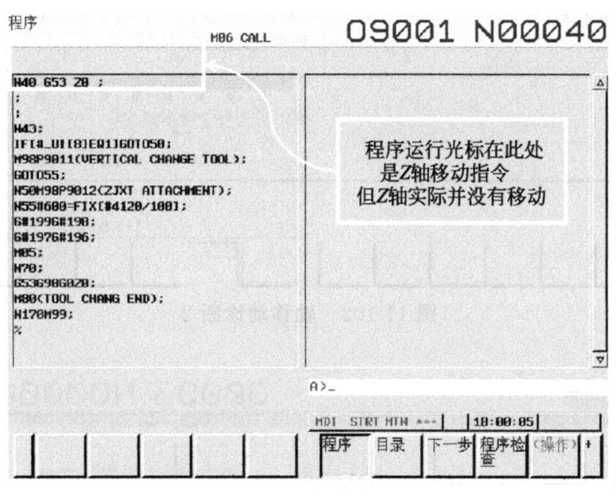

图 11-100　轴移动故障

Z 轴是伺服轴，没有移动可以通过诊断功能进行查看。按【SYSTEM】键，选择【诊断】，见图 11-101。

从图 11-101 可以看出“Jog 倍率 0%”为 1。查看操作面板上的伺服轴倍率开关，发现当前的倍率是 0%，调整倍率后 *Z* 轴运行到坐标 0mm 的位置。

如果是“互锁/启动锁住接通”为 1，见图 11-102，说明 *Z* 轴运行使能、PLC 信号 G130.2（G130 是轴使能信号，G130.0 是第一轴，*Z* 轴是第三轴，因此是 G130.2）的值不为 1。

为了验证这个思路，按【+】（多次），进入到【PMC 梯图】页面，在【全部】页面下搜索 G130.2，见图 11-103。

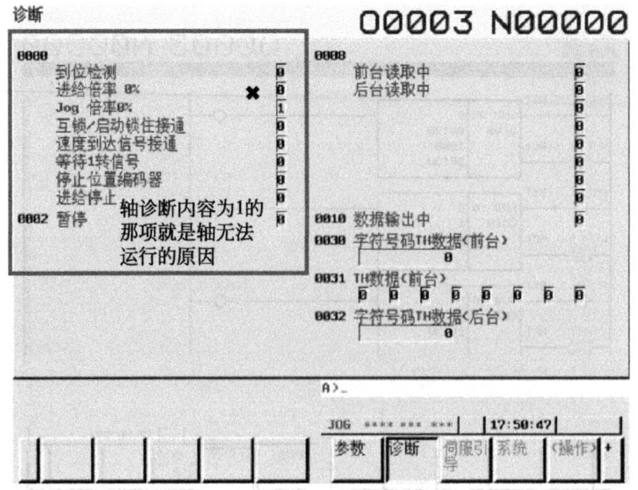

图 11-101 轴移动诊断 1

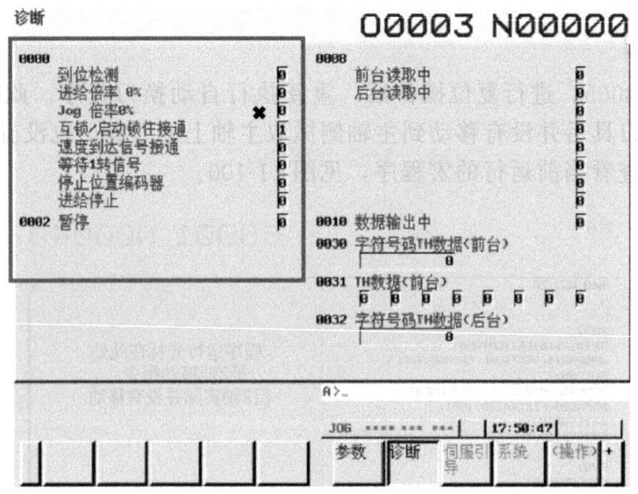

图 11-102 轴移动诊断 2

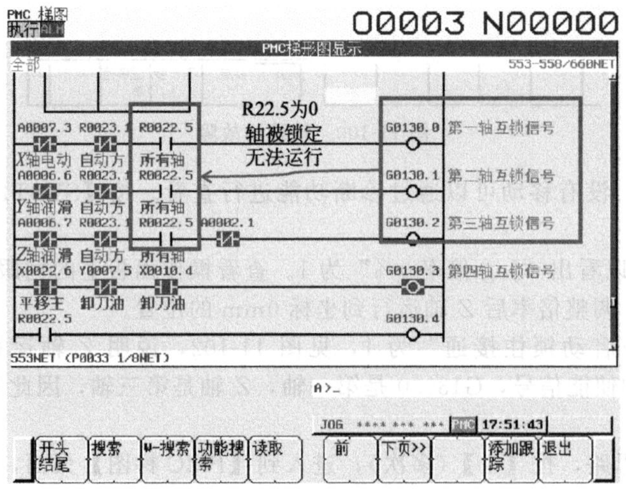

图 11-103 轴移动故障的 PLC 因素

造成 G130.2 不为 1 的原因是 R22.5 不为 1，最终造成 Z 轴不能移动。通过【W-搜索】找到 R22.5 不为 1 的原因并解决，最终 Z 轴可以运行到 0mm 位置，见图 11-104。

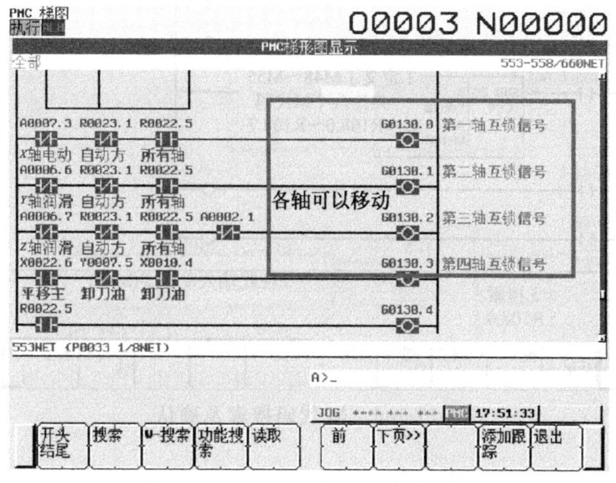

图 11-104 轴移动 PLC 条件满足

11.12.3 M 代码与 PLC 报警

解决了上述问题后，机械手可以抓取主轴上的刀具了，但机械手抓取主轴上的刀具后，迟迟不进行下一步动作。

再次通过【Prog】键，确定当前运行的宏程序是 O9011，程序号是 N1，运行到 M48 处程序不再运行，见图 11-105。

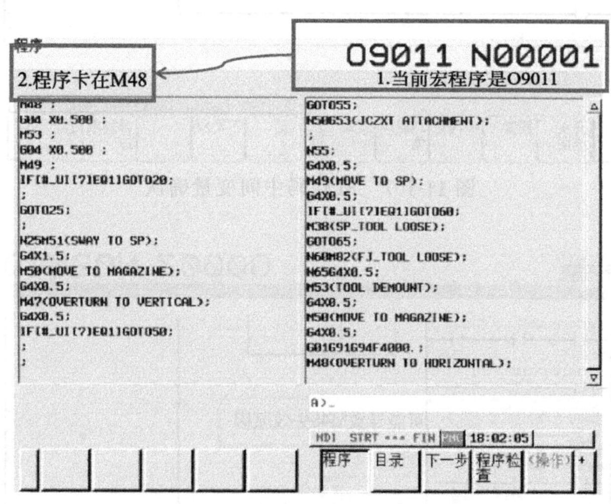

图 11-105 宏程序运行 M 代码故障

再次进入到 PMC 梯图页面，搜索 M 代码值的 PLC 变量 F10，由于发那科 PLC 每次只能定义 8 个 M 代码，因此需要多次搜索 F10，直到定义的 M 代码范围包含 M48，见图 11-106。

由于 R108.0 控制其他信号，因此此时只能对其进行【搜索】操作，见图 11-107。

再次对 R56.0 进行【搜索】操作，搜索到 M48 中间变量 R56.0 和一个输入信号 X10.3，这可能是导致 M48 没有被执行的原因，见图 11-108。通过向上箭头继续查看，见图 11-109。

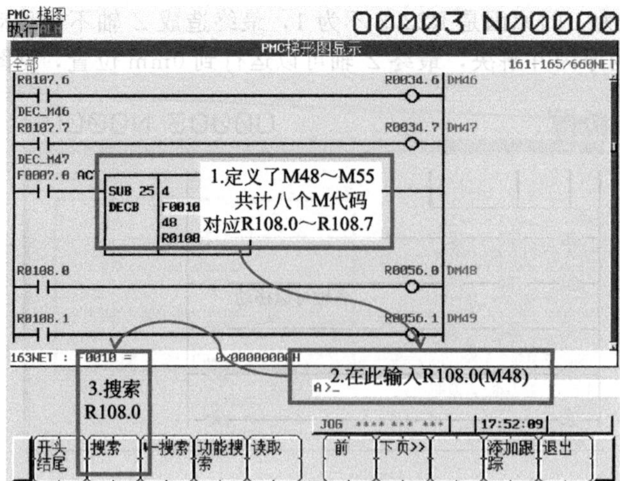

图 11-106　M 代码搜索及确认

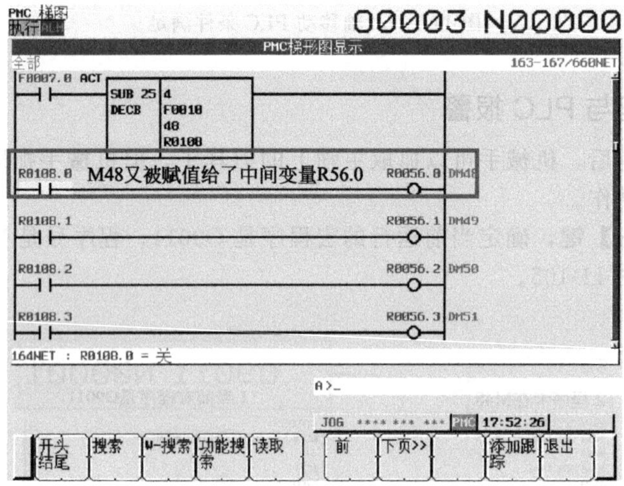

图 11-107　M 代码中间变量确认

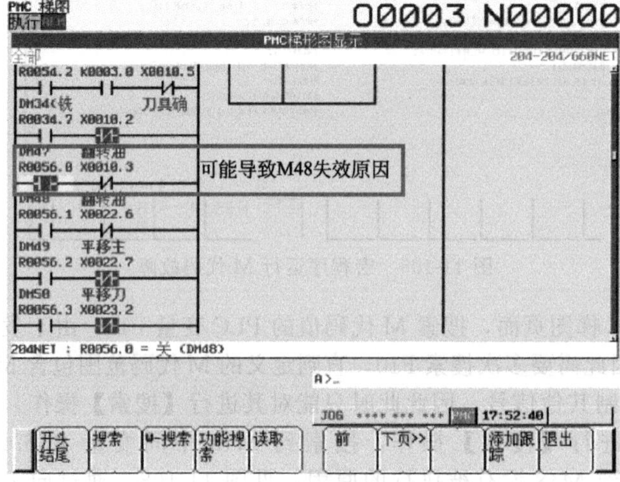

图 11-108　M 代码故障确认 1

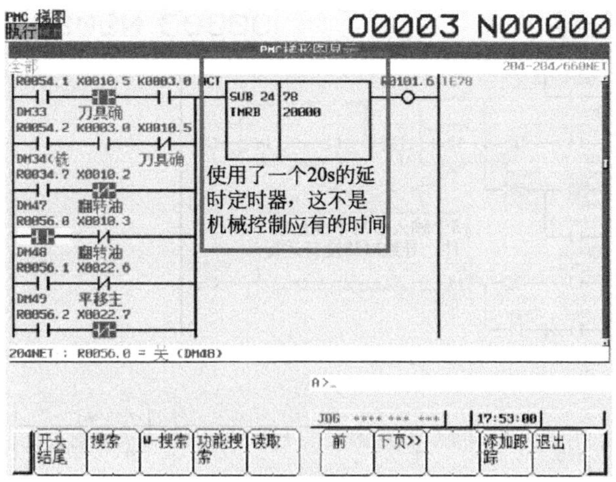

图 11-109　M 代码故障确认 2

由图 11-109 可知这里使用了一个定时器，定时时间是 20s（20000ms），这就有一个疑问，一个机械动作一般不可能延时 20s 再去执行，带着这个疑问继续搜索 R101.6，见图 11-110。

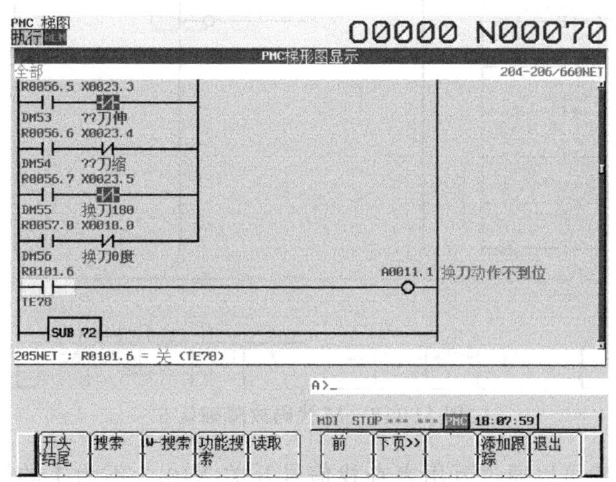

图 11-110　M 代码故障确认 3

R101.6 最终指向报警信号 A11.1，根据注释“换刀动作不到位”或者常理推敲可知此处的 PLC 处理是机械动作超时报警，现在没有发生 PLC 报警的原因是时间还未超过 20s。注意，并不是所有的机床制造商都会添加机械动作超时的 PLC 报警。继续搜索 M48 的中间变量 R56.0，见图 11-111。

通过万用表查看 X10.3、X23.2、X22.7 这三个输入信号的实际状态，确定是因为接线断开或者是无触点开关故障而导致的 M48 没有被执行。

如果机械手已经执行完机械动作了，而没有进行下一步动作的话，那就表明 M48 虽然执行完毕，但没有反馈信号告知数控系统当前 M 代码已经被执行完毕。这时就要搜索 M 代码执行完毕的 PLC 信号 G4.3，当 G4.3 为 1 后，数控系统才认为当前 M 代码执行完毕。

在线搜索 G4.3，并找到 M48 的中间变量 R56.0 所在行或者继续搜索 R56.0 最终确定 G4.3 是否为 1，两种方法皆可，见图 11-112。

最终确定是因为 X10.3 的值不为 1，导致 M48 执行了机械动作却没有将到位状态反馈给 G4.3。

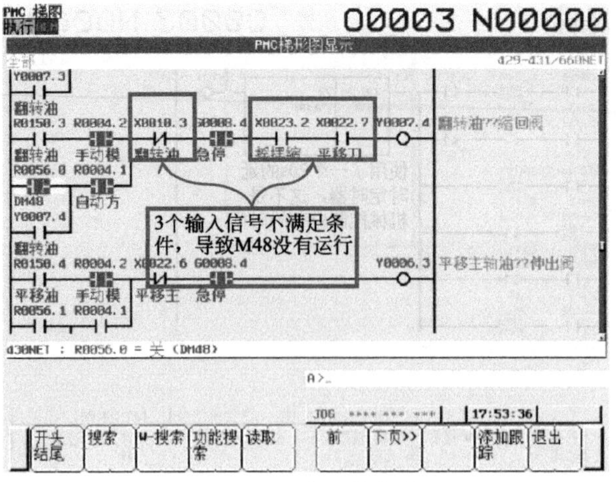

图 11-111　M 代码故障确认 4

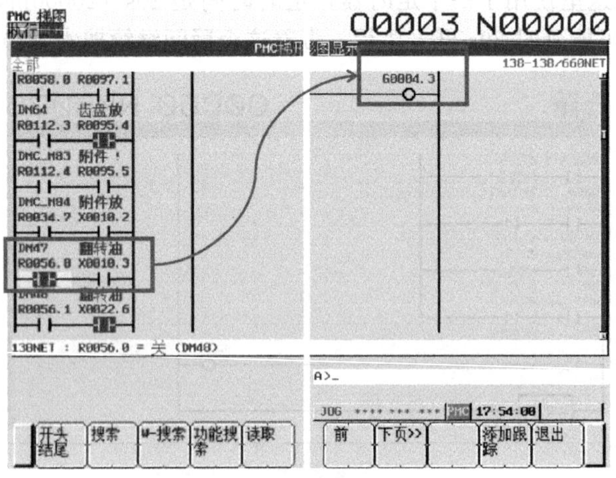

图 11-112　M 代码故障确认 5

确定了原因之后就可以通过万用表查找信号开关 X10.3 不为 1 的原因了。此时超过了 20s，数控系统出现了 PLC 报警 1111，见图 11-113。

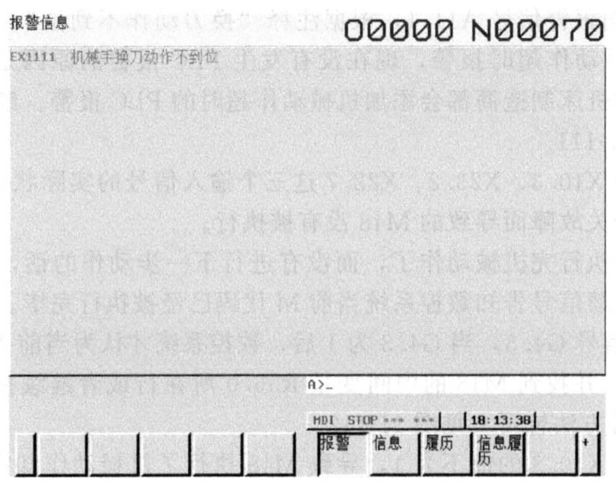

图 11-113　M 代码故障确认——PLC 报警 1111

我们再次确认一下该PLC报警是否与执行M48有关，按【SYSTEM】→【+】(多次)→【PMC配置】→【信息】，在当前页面搜索报警号1111，见图11-114。

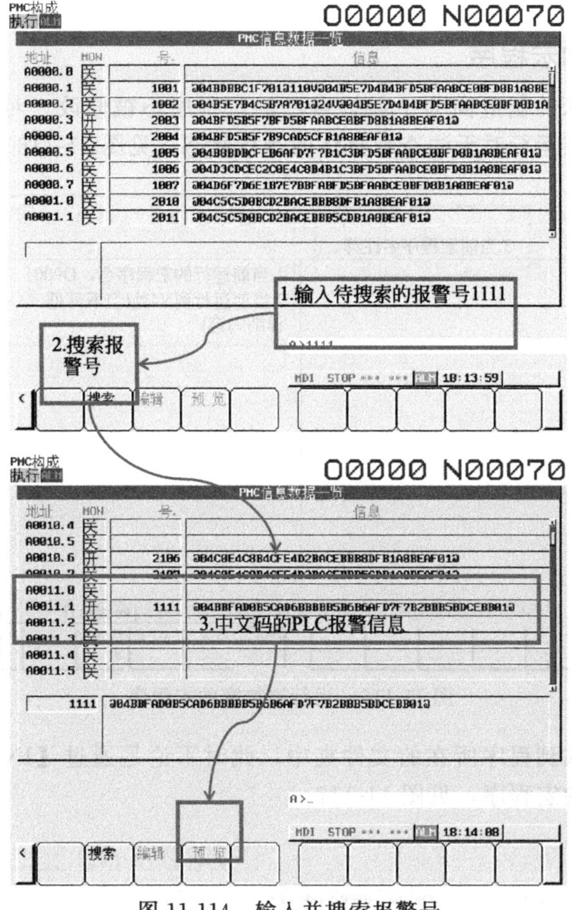

图11-114 输入并搜索报警号

为了确认该报警就是报警页面提示的“机械手换刀动作不到位”报警，点击【预览】键进行查看，见图11-115。

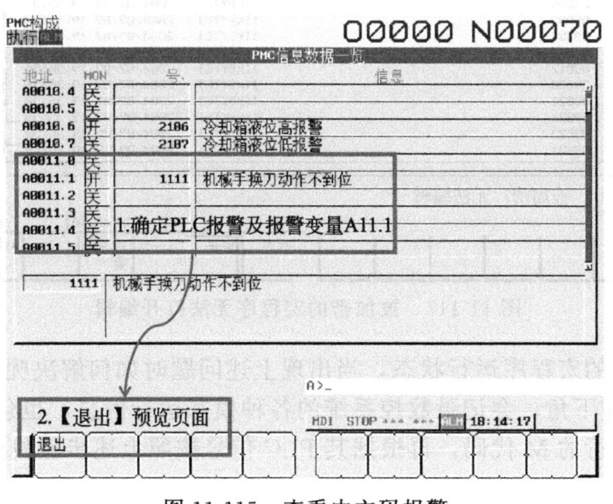

图11-115 查看中文码报警

如果 M48 没有执行机械动作，说明有其他的条件对输出信号进行了限制，如果已经执行了机械动作，数控系统依然处于 M 代码的执行状态，表明该机械动作最终的到位信号丢失。

11.12.4 被加密的宏程序

某些高端数控机床的制造商为了保护自己的宏程序不被修改，对宏程序进行了加密处理，导致相关宏程序在运行时无法查看具体的运行状态，见图 11-116。

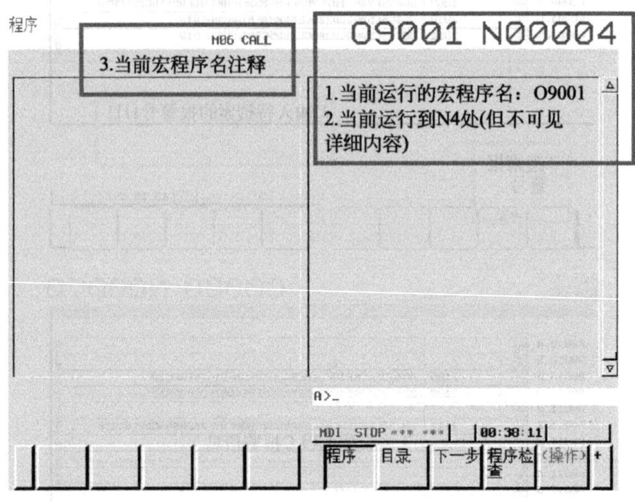

图 11-116 运行被加密的宏程序

通过【目录】进入到程序所在的文件夹中，此时不论是通过【INPUT】键还是其他按键都无法打开被加密的宏程序，见图 11-117。

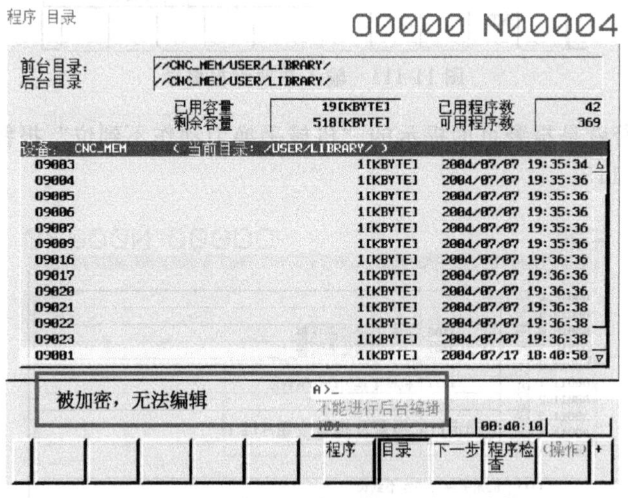

图 11-117 被加密的宏程序无法打开编辑

若无法查看具体的宏程序运行状态，当出现上述问题时如何解决呢？

在 POS 页面的左下角，会记录数控系统的各种模态运行信息，也包括 M 代码的运行状态。可以根据当前运行的 M 代码，再根据其 PLC 信号按照上述步骤找到宏程序无法运行的原因，见图 11-118。

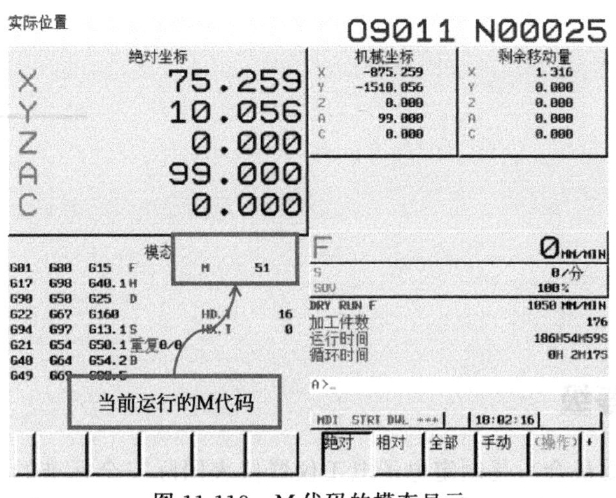

图 11-118　M 代码的模态显示

11.12.5　宏程序中的 M 代码

一般情况下，通过 MDI 执行宏程序内部的 M 代码是不生效的，程序要么不执行有报警提示，要么就一直卡在那里不运行。对于这种情况，在 PLC 中进行 M 代码中间变量的搜索时需要留意相关的 K 参数，只有对相应的 K 参数进行设定，才允许单独运行宏程序中的 M 代码，见图 11-119。

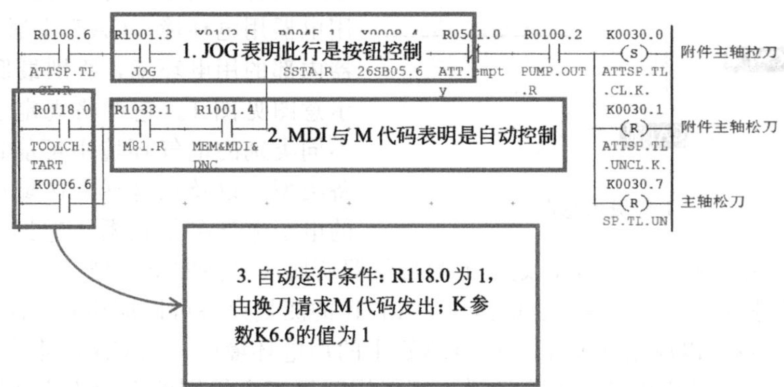

图 11-119　宏程序中 M 代码的运行条件

当 K 参数 K6.6 设定为 1 后，此时可以通过 MDI 的方式运行宏程序中的 M 代码。

11.13　本章节知识点精要

1. 对于高端数控机床来说，仅仅懂得 PLC 是远远不够的。

2. 高端数控机床的调试与维修，最难的不是解决问题，而是找到问题所在。

3. 复杂的动作控制可以拆解成多个简单动作控制。

4. 解决复杂控制的核心有两个：扎实的基础知识与熟悉的控制过程。

5. 宏程序与 PLC 的数据交换是基本的知识技能，因此高端数控机床的调试与维修比自动线要难。

6. 宏程序的学习需要一定的计算机编程基础。

7. 西门子 828D 的换刀子程序是 L6. MPF 或 TCHANGE. MPF。

附录

附录 1 CAT 等级

IEC（国际电工委员会）是制定电子电工仪器仪表国际安全标准的最具权威性的国际电工标准化机构之一。根据 IEC61010-1：2001 测量、控制和实验室用电气设备安全通用要求，一般把电气工作人员工作的区域或电子电气测量仪器的使用场所分为四个等级，用 CAT 加罗马数字表示，安全级别由低到高分别为 CAT Ⅰ、CAT Ⅱ、CAT Ⅲ 和 CAT Ⅳ，级别最高的是 CAT Ⅳ，通常对应室外的电网用电环境，CAT Ⅲ通常对应工厂内部的用电环境，CAT Ⅱ通常对应家用电器用电环境，CAT Ⅰ通常对应家用电器内部的用电环境，级别最低。CAT 等级示意图见图 1。它严格规定了工作人员在不同类别的电气环境中可能遇到的电气设备类型，以及在这样的区域中工作所使用的电子电气测量仪器，它描述了测量仪器在所测量的电路中可执行的测量，划定了测量仪器所属的最高安全区域。

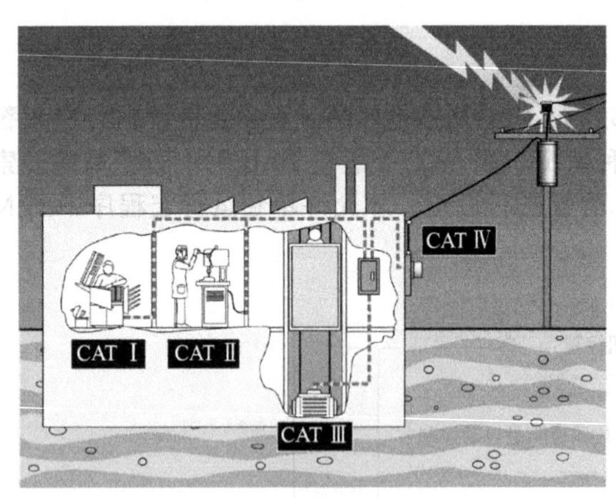

图 1　CAT 等级示意图

CAT 等级是单向向下兼容，也就是说 CAT Ⅳ的测量设备可以应用在 CAT Ⅲ用电环境的电气测量中，也可以应用在 CAT Ⅱ、CAT Ⅰ的用电环境中，而 CAT Ⅲ是绝对不可以应用在 CAT Ⅳ的用电环境中的。通俗地说，不能用工厂安全级别的万用表去测量电网的电压和电流，也不能使用家用安全级别的万用表测量工厂中电网的电压和电流。

CAT 等级后还包含了电压值，例如 CAT Ⅲ600V，表示的是在工厂用电环境下，该万用表等测量设备最高能承受 600V 高压电流，电压数字越大，表示该万用表抗冲击的电压越高。

对于数控机床的电气工程师来说，使用 CAT Ⅲ600V 的万用表，如果万用表质量有保证，使用起来还是很安全的，因为我们测量的电压通常是 AC220V，AC380V 的情况少之又少，对于放大器中直流母线 DC300～DC600V 的高电压，通过数控系统提供的相应诊断工具就能读取。

附录 2 电磁屏蔽

（1）EMI

电磁干扰（Electromagnetic Interference，EMI），是指电子产品工作时会对周边的其他电子产品造成干扰，是电子电气产品经常遇到的问题。造成干扰的原因是频繁变化的电流会造成频繁变化的电磁场，频繁变化的磁场会使周围的电路产生感应电流——楞次定律。由于编码器与光栅尺反馈给放大器的电信号精度极高，如果编码器线和光栅尺线与电机动力线等电流频繁变化的电线电缆挨着，必然会在内部产生感应电流，对反馈的结果造成严重的干扰，最终影响机床的运行精度。

为了减少其他电缆对编码器线与光栅尺线的干扰，首先需要做的就是将电机的动力线与编码器线和光栅尺线分开排布，越远越好。

（2）EMC

EMC 又称为电磁兼容，主要目的就是屏蔽其他电气元件产生的电磁干扰，屏蔽的对象有两个，一个是电气柜内部的电抗器、滤波器以及变压器造成的电磁干扰，另一个就是前文中介绍的来自交流电机动力线的干扰，尤其是伺服电机与主轴电机动力线的电磁干扰。

屏蔽电抗器、滤波器以及变压器造成的电磁干扰的方法有两种，一种是安装位置远离放大器与 I/O 模块，另一种是要保证电抗器、滤波器、变压器的地线横截面积不低于 $6mm^2$。

屏蔽来自交流电机、伺服电机、主轴电机的电磁干扰，就涉及了屏蔽线的原理。动力线中频繁变化的电流会使周围的线路产生感应电流，如果我们给重要的数据线“穿”一件金属外衣，并将其接地，那么这件金属外衣产生的感应电流就会经过地线消失，内部的数据线受到的电池干扰将大幅降低，横截面积越大，电磁干扰产生的感应电流消失越快，这也是电气设计时要求地线的横截面积要足够大的重要原因。

（3）IP 等级

IP(Ingress Protection，IP)，IP 等级是电气设备外壳对异物侵入的防护等级，来自国际电工委员会的标准 IEC60529，IP 等级是电气设备安全防护的重要指标。

IP 等级的格式为 IPXX，其中 XX 为两个阿拉伯数字，第一个数字表示接触保护和灰尘等外来物的保护等级，数字越大，防护等级越高，最大值也是最高级别为 6（表 1）；第二个数字表示防水保护等级，数字越大，防护等级越高，最大值也是最高值为 8（表 2）。

表 1　防尘等级查询表

IPXX	防护范围	说明
0	无防护	对外界的人或物无特殊的防护
1	防止直径大于 50mm 的固体外物侵入	防止人体(如手掌)因意外而接触到电器内部的零件，防止较大尺寸(直径大于 50mm)的外物侵入
2	防止直径大于 12.5mm 的固体外物侵入	防止人的手指接触到电器内部的零件，防止中等尺寸(直径大于 12.5mm)的外物侵入
3	防止直径大于 2.5mm 的固体外物侵入	防止直径或厚度大于 2.5mm 的工具、电线及类似的小型外物侵入而接触到电器内部的零件
4	防止直径大于 1.0mm 的固体外物侵入	防止直径或厚度大于 1.0mm 的工具、电线及类似的小型外物侵入而接触到电器内部的零件
5	防止外物及灰尘	完全防止外物侵入，虽不能完全防止灰尘侵入，但灰尘的侵入量不会影响电器的正常运作
6	防止外物及灰尘	完全防止外物及灰尘侵入

表 2　防水等级查询表

IPXX	防护范围	说明
0	无防护	对水或湿气无特殊的防护
1	防止水滴浸入	垂直落下的水滴(如凝结水)不会对电器造成损坏

IPXX	防护范围	说明
2	倾斜15°时，仍可防止水滴浸入	当电器由垂直倾斜至15°时，滴水不会对电器造成损坏
3	防止喷洒的水浸入	防雨或防止夹角小于60°(相对于垂直方向)的方向所喷洒的水侵入电器而造成损坏
4	防止飞溅的水浸入	防止各个方向飞溅而来的水侵入电器而造成损坏
5	防止喷射的水浸入	防持续至少3min的低压喷水
6	防止大浪浸入	防持续至少3min的大量喷水
7	防止浸水时水的浸入	在深达1m的水中防30min的浸泡影响
8	防止沉没时水的浸入	在深度超过1m的水中防持续浸泡影响。准确的防水条件由制造商针对各设备指定

附录3 西门子与发那科对照说明

西门子与发那科是数控系统应用的两大阵营。西门子是欧洲数控系统的代表，包括海德汉、菲迪亚等，功能丰富、强大，使用过程相对便捷；发那科数控系统三菱数控系统是日系数控系统的代表，包括：三菱，由于国内应用的版本界面做得比较简洁，再加上PLC功能定义随意性强，需要搭配一系列资料才能看得懂。

为了便于学习，本章重点通过对照对西门子和发那科数控系统进行说明，便于各位读者更深刻地了解数控系统。

值得一提的是，中小型数控机床应用发那科、三菱数控系统以及国产数控系统比较多，中型、大型数控机床应用西门子数控系统比较多。

（1）PLC相关信息（表3）

表3 西门子与发那科PLC相关信息对照

	西门子(828D)	发那科
PLC的称呼	PLC	PMC，梯形图，顺序程序(备份数据时)，梯图(口头称呼)
PLC选项1	14512	K参数
PLC选项2	14510	D参数(机械手刀库用得较多) 宏变量
PLC运行数据	保存在DB9nnn中	K参数或D参数
PLC相关备份	PLC程序单独备份 14512存在于NC参数中	不仅需要备份PLC，还需要备份PLC参数(K、D参数)
PLC语言	FDB(功能块)	LAD(梯形图)
PLC报警文本	支持中英文自动切换	支持中文，但需要工具转码或者购买功能
PLC报警文本存在	独立于PLC	保存在PLC中
PLC报警帮助	支持，需要人工添加	不支持
数据交换共享区	$A_IN[x] $A_OUT[x]	#1000～#1015(判断) #1100～#1115(赋值)
PLC系统信号	DBnnnn.DBXa.b	Fa.b(系统状态) Ga.b(系统响应)

续表

	西门子(828D)	发那科
PLC 报警处理	修改 NC 参数 14516,手动选择	报警号 No. 2nnn 是提示信息,非急停方式处理需要编写 PLC 报警号 EX1nnn 是急停处理
PLC 报警信息标识	700xxx(常用)	No. 2nnn、Ex1nnn
PLC 报警系统变量	DB1600. DBx. x	Ax. x
M 代码相关信号	使用 DB2500. DBXa. b 实现全部控制	F7. 0(M 代码启动) G5. 4(M 代码结束) F10(M 代码值) 使用 R 变量实现全部控制
子程序中位置定义	14514	#500～#999
PLC 变量数据格式	位信号 DBX、字节信号 DBB、字信号 DBWDBD、双字信号、实数信号 DBR	位信号、字节信号
对于主轴的 PLC 认定	PLC 信号将主轴计入轴数	PLC 区分主轴与伺服轴

(2) 备份数据（表 4）

表 4　西门子与发那科备份数据对照

	西门子(828D)	发那科
备份过程	插入优盘直接备份	需修改 NO. 20 参数指定备份接口 4→CF 卡,17→优盘
备份方式	开机备份	开机备份可使用优盘或 CF 卡 BOOT 页面必须用 CF 卡备份
NC 备份文件内容	NC 参数,包括 14512	NC 参数(包含驱动数据、伺服电机数据)
驱动、电机数据	可单独备份	不可单独备份
备份数据格式	整体打包或部分备份	NC 参数、PLC 等数据单独备份
恢复 PLC	直接恢复后可用	恢复后还需要将 PLC 写入到 FLASH ROM 中,再手动启动才生效
螺补数据	单轴备份	整体备份
HMI 数据	可备份	无

(3) 系统功能（表 5）

表 5　西门子与发那科系统功能对照

	西门子(828D)	发那科
开关机时间	长	短
突然掉电丢数据概率	较大	较小
联机	数控系统端 IP 固定	数控系统端 IP 可以任意设定
界面操作	界面简洁,操作便捷	界面紧凑,操作比较复杂
I/O 强制	不可强制	可强制
在线编辑 PLC(局部修改)	828D 比较吃力	十分便捷
自动备份数据	不可实现	通过修改参数可实现
操作履历	有,但分析有一定难度	有,但分析有一定难度

续表

	西门子(828D)	发那科
信号监控	不可实现	指定信号变化到报警日志中
参数修改	权限满足	1. 权限满足 2. 开启修改参数功能 3. 必须在 MDI 模式下进行
子程序名称	子程序	宏程序
程序变量	R 变量	宏变量＃500～＃999
子程序中报警信息	MSG(报警内容) 信息提示，系统不急停	＃3000＝n(报警内容) 系统急停，不能信息提示
子程序引用 NC 参数	直接引用 方法：$ 英文参数名	不可直接引用，只能通过指定的系统宏变量调用 方法：＃2000～＃9000(查手册)
子程序	直接调用	需要修改 NC 参数，指定 M 代码调用固定名称的宏程序
程序调用	直接调用	M98P 程序号
子程序路径	制造商循环	Library
子程序文件名	不固定	O＋四位数字(大写字母 O)
I/O 状态	可查看全部 I/O，可手动进行中文注释	查看全部 I/O，需在 PLC 中进行中文注释
报警文本	额外编辑	嵌入在 PLC 程序中
报警帮助文本	额外编辑	无
使能按钮	主轴与伺服轴都有	无
硬件更改	支持热插拔，可通过 PLC 实现切换	不支持热插拔，必须断电
NC 参数相关信息	有相应的说明信息	极为简略，需要查手册

（4）优化（表 6）

表 6　西门子与发那科优化功能对照

	西门子(828D)	发那科
机床优化	在线优化过程简单，支持一键优化	在线手动优化过程繁琐，支持一键优化
示波器功能	支持	支持
自动优化效果	与实际加工情况相差较多	与实际加工情况相差较多

手动优化效果最好，想要实现良好的优化结果，可进行手动优化，但需要丰富的优化经验。

（5）其他（表 7）

表 7　西门子与发那科其他功能对照

	西门子(828D)	发那科
驱动器(名称)	驱动器	放大器
界面开发	直接可用，免费 简易开发，借助 Easyscreen 等文本编程	付费开通功能 Fanuc Picture(FP)

续表

	西门子(828D)	发那科
截图	组合键 Ctrl+P 直接可用	1. 修改参数 NO. 3301.7 使其等 1 2. 按 shift 键 5s 3. 可使用 PMC 截图，缩短截屏的按键时间
二次开发	西门子提供	开发过程相对不是很难，需要 VB、C#自己开发，常规不收费，但特定功能收费
变压器用途	用来给稳压电源供电	用来给稳压电源供电，中小型机床需要额外给放大器供电(AC220V)
子程序数据接口	子程序中直接定义使用	通过#1～#26 调用对应 A～Z，例如 M202A90，M202 调用指定子程序，A 为接口，程序内部#1 代表 A

附录 4　西门子数控系统备份与恢复数据

西门子数控系统 840Dsl 与 828D 的备份过程和方法是相同的，但备份文件的尾缀不同，840Dsl 的备份文件尾缀是“＊.arc”，而 828D 的备份文件尾缀是“＊.ard”。

（1）备份数据

西门子备份过程比较直观，操作也很便利。操作如下：（操作面板）→【调试】（软键操作，后同）→【>】→【调试存档】，通过方向键选择“建立调试存档”，见图 2。

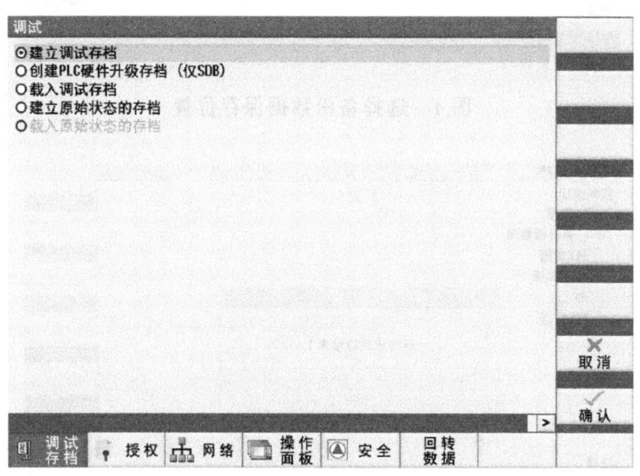

图 2　西门子数控系统数据备份

西门子数控系统的 NC 数据包含 PLC 选项数据，例如参数 14512、参数 14510 等数据，但不包含伺服驱动器、伺服电机等驱动数据，见图 3。

尽管 NC 参数 14512 与 PLC 程序的功能选择是相关联的，但备份时通常将 NC 数据与 PLC 程序单独备份，通过备份数据的名称进行识别。例如备份 NC 数据，通常命名为 NC20180912，备份 PLC 数据时，通常命名为 PLC20180912，见图 4。

选择备份数据的保存位置后，按【确认】键即可进行数据备份，出现“存档已成功结束!”的提示后，备份完成，见图 5。

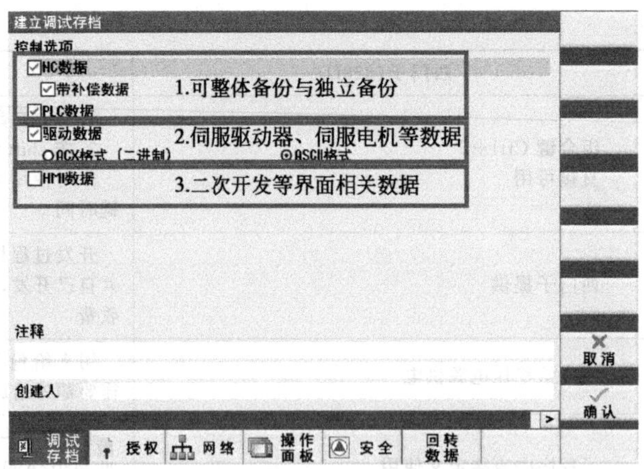

图 3　建立调试存档页面的各种数据

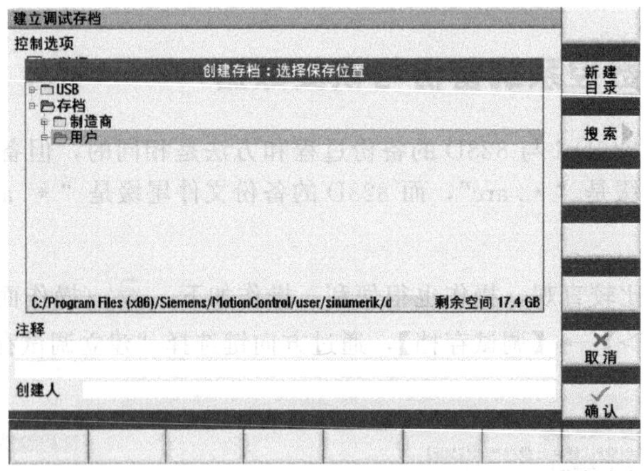

图 4　选择备份数据保存位置

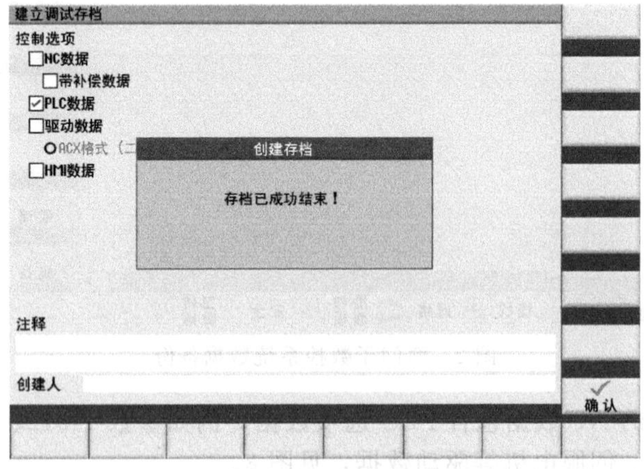

图 5　数据备份完成

（2）恢复数据

恢复数据操作过程与备份数据操作过程相同，不同的是恢复数据在调试存档页面选择的是“载入调试存档”，点击【确认】按键后，找到已有备份数据的位置选择并确认即可，见图 6 和图 7。

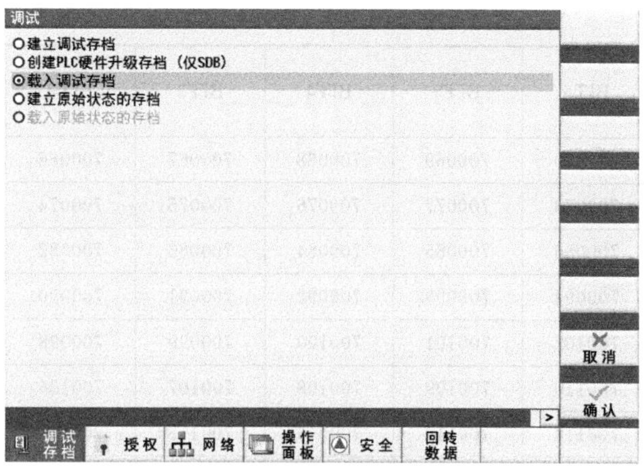

图 6　选择恢复数据

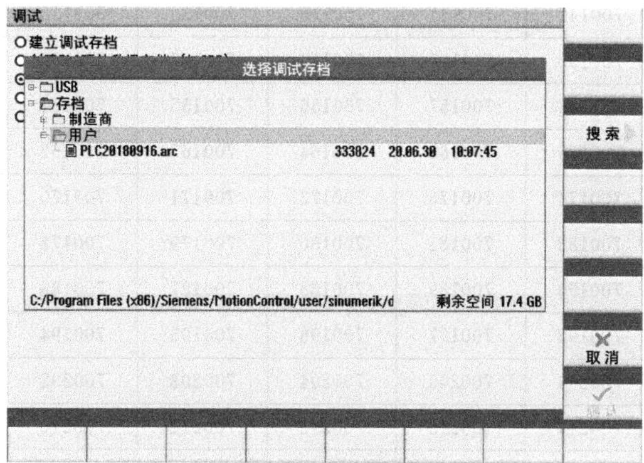

图 7　选择已有备份数据的位置

附录 5　西门子 PLC 报警与报警号查询表

（1）西门子 828D 的 PLC 报警变量与报警号查询表（表 8）

表 8　西门子 828D 的 PLC 报警变量与报警号查询表

DB1600 BYTE	BIT7	BIT6	BIT5	BIT4	BIT3	BIT2	BIT1	BIT0
0	700007	700006	700005	700004	700003	700002	700001	700000
1	700015	700014	700013	700012	700011	700010	700009	700008
2	700023	700022	700021	700020	700019	700018	700017	700016
3	700031	700030	700029	700028	700027	700026	700025	700024
4	700039	700038	700037	700036	700035	700034	700033	700032
5	700047	700046	700045	700044	700043	700042	700041	700040
6	700055	700054	700053	700052	700051	700050	700049	700048
7	700063	700062	700061	700060	700059	700058	700057	700056

续表

DB1600 BYTE	BIT7	BIT6	BIT5	BIT4	BIT3	BIT2	BIT1	BIT0
8	700071	700070	700069	700068	700067	700066	700065	700064
9	700079	700078	700077	700076	700075	700074	700073	700072
10	700087	700086	700085	700084	700083	700082	700081	700080
11	700095	700094	700093	700092	700091	700090	700089	700088
12	700103	700102	700101	700100	700099	700098	700097	700096
13	700111	700110	700109	700108	700107	700106	700105	700104
14	700119	700118	700117	700116	700115	700114	700113	700112
15	700127	700126	700125	700124	700123	700122	700121	700120
16	700135	700134	700133	700132	700131	700130	700129	700128
17	700143	700142	700141	700140	700139	700138	700137	700136
18	700151	700150	700149	700148	700147	700146	700145	700144
19	700159	700158	700157	700156	700155	700154	700153	700152
20	700167	700166	700165	700164	700163	700162	700161	700160
21	700175	700174	700173	700172	700171	700170	700169	700168
22	700183	700182	700181	700180	700179	700178	700177	700176
23	700191	700190	700189	700188	700187	700186	700185	700184
24	700199	700198	700197	700196	700195	700194	700193	700192
25	700207	700206	700205	700204	700203	700202	700201	700200
26	700215	700214	700213	700212	700211	700210	700209	700208
27	700223	700222	700221	700220	700219	700218	700217	700216
28	700231	700230	700229	700228	700227	700226	700225	700224
29	700239	700238	700237	700236	700235	700234	700233	700232
30	700247	700246	700245	700244	700243	700242	700241	700240

（2）西门子 840Dsl 的 PLC 报警变量与报警号查询表（表 9）

表 9　西门子 840Dsl 的 PLC 报警变量与报警号查询表

DB2 BYTE	BIT7	BIT6	BIT5	BIT4	BIT3	BIT2	BIT1	BIT0
180	700007	700006	700005	700004	700003	700002	700001	700000
181	700015	700014	700013	700012	700011	700010	700009	700008
182	700023	700022	700021	700020	700019	700018	700017	700016
183	700031	700030	700029	700028	700027	700026	700025	700024
184	700039	700038	700037	700036	700035	700034	700033	700032
185	700047	700046	700045	700044	700043	700042	700041	700040
186	700055	700054	700053	700052	700051	700050	700049	700048
187	700063	700062	700061	700060	700059	700058	700057	700056

续表

DB2 / BYTE	BIT7	BIT6	BIT5	BIT4	BIT3	BIT2	BIT1	BIT0
188	700071	700070	700069	700068	700067	700066	700065	700064
189	700079	700078	700077	700076	700075	700074	700073	700072
190	700087	700086	700085	700084	700083	700082	700081	700080
191	700095	700094	700093	700092	700091	700090	700089	700088
192	700103	700102	700101	700100	700099	700098	700097	700096
193	700111	700110	700109	700108	700107	700106	700105	700104
194	700119	700118	700117	700116	700115	700114	700113	700112
195	700127	700126	700125	700124	700123	700122	700121	700120
196	700135	700134	700133	700132	700131	700130	700129	700128
197	700143	700142	700141	700140	700139	700138	700137	700136
198	700151	700150	700149	700148	700147	700146	700145	700144
199	700159	700158	700157	700156	700155	700154	700153	700152
200	700167	700166	700165	700164	700163	700162	700161	700160
201	700175	700174	700173	700172	700171	700170	700169	700168
202	700183	700182	700181	700180	700179	700178	700177	700176
203	700191	700190	700189	700188	700187	700186	700185	700184
204	700199	700198	700197	700196	700195	700194	700193	700192
205	700207	700206	700205	700204	700203	700202	700201	700200
206	700215	700214	700213	700212	700211	700210	700209	700208
207	700223	700222	700221	700220	700219	700218	700217	700216
208	700231	700230	700229	700228	700227	700226	700225	700224
209	700239	700238	700237	700236	700235	700234	700233	700232
210	700247	700246	700245	700244	700243	700242	700241	700240

附录 6　异步子程序

异步子程序是西门子特有的一项功能。异步子程序需要分两部分进行讲解，一部分是子程序，另一部分是异步。

子程序，顾名思义是主程序调用的分支程序，以机床加工程序而言，子程序可以是各种标准循环、刚性攻螺纹等，也包括非标准的自定义的功能程序。

异步子程序的异步是相对于同步而言的。同步程序是默认的工件加工程序，工件加工程序就是同步程序，运行时是一行一行地执行，即便是跳转或调用其他子程序，其过程也是一行一行地执行，因此只要不特别强调都是同步程序。

而异步子程序是中断当前运行的程序，去执行其他的程序，执行完毕后，再返回当前行，继续之前的工作。

做一个形象的举例，你正在做某一项工作，期间查询资料、打电话咨询等都是该工作的一部分，属于同步程序与同步子程序。如果领导或老师安排你去门卫处接一个人到他的办公室，于是你中断当前的工作接这个人到指定办公室，再继续之前的工作。接人之前正在做的工作就是同步子程序，而去门卫处接这个人的工作，就是异步子程序。异步子程序运行示意图见图 8。

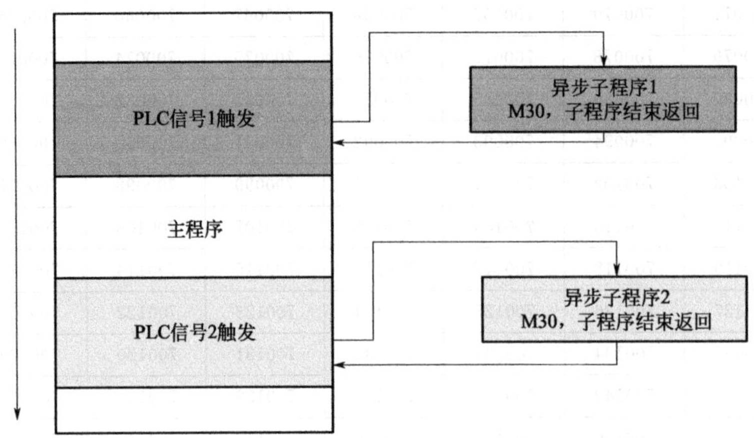

图 8　异步子程序运行示意图

如果你当前的工作状态不对——工作遇到了难点，这时领导或者老师安排你去门卫处接人，你就无法实现了，因为你正在处理问题，接人回来后，接人前正在处理问题的思路可能就忘记了。同理，当前机床状态有故障的话，异步子程序是不能执行的。

西门子 828D 默认支持两个异步子程序，但可以反复调用多次。如果是开通了双通道功能的 828D 系统，则支持四个异步子程序。异步子程序保存在【系统数据】→【NC 数据】→【循环】→【制造商循环】目录下，名称是 PLCASUP1. SPF、PLCASUP2. SPF、PLCASUP3. SPF、PLCASUP4. SPF，除了数字以外，文件名 PLCASUP 是固定的，见图 9。

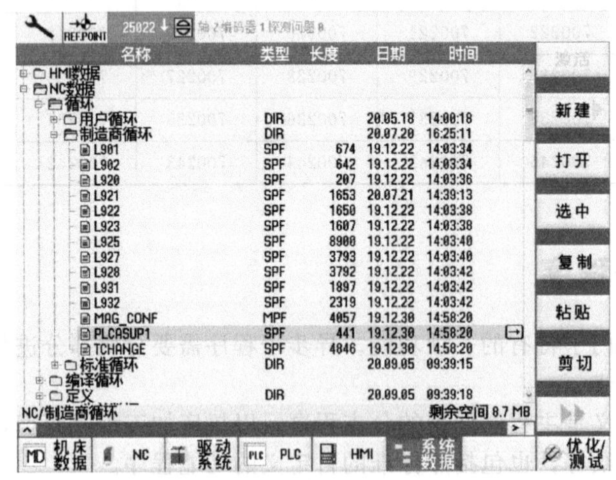

图 9　异步子程序存放位置

（1）PLC 处理

同步子程序的调用是 NC 功能，因此不需要特别的处理，而且可以多次调用。异步子程序的工作原理是无条件地去执行另一个子程序，通过 PLC 信号进行触发来实现的。

既然是通过 PLC 信号实现异步子程序功能，就需要进行 PLC 处理。首先就是触发异步子程序的 PLC 信号的指定，其次是 PLC 信号触发 NC 功能的 PLC 地址。

异步子程序的应用，共分 5 步（第 1 步与第 2 步可以合并在一起）：

第 1 步：由 PLC 初始化异步子程序；

第 2 步：激活异步子程序功能；

第 3 步：异步子程序功能复位；

第 4 步：启动子程序；

第 5 步：复位子程序。

（2）PLC 初始化异步子程序

由于激活异步子程序功能的操作是任意的，因此需要在 PLC 中指定哪个或者哪些操作激活异步子程序功能，见图 10。

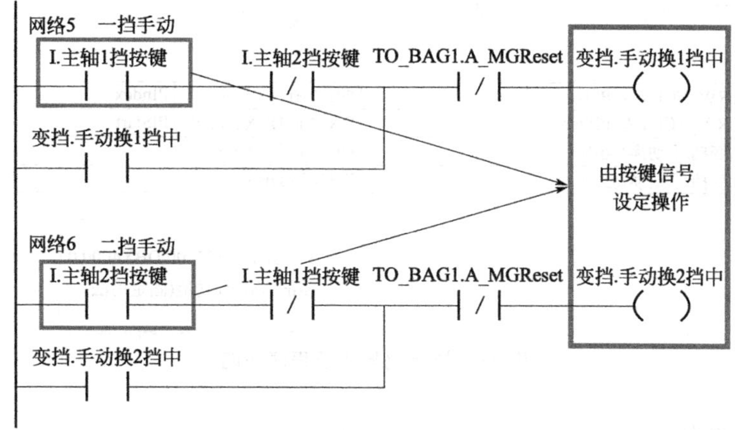

图 10　按钮地址调用异步子程序

初始化异步子程序功能，指的是在何种情况下调用哪一个子程序。

表 10　DB1200. DB4001 的功能

PI Service 索引号 （DB1200. DBB4001）	功能
1	初始化 ASUP1
2	初始化 ASUP2
13	初始化 ASUP3
14	初始化 ASUP4

当 DB1200. DBB4001 的值为 1 时，表示当前操作，会使 PLC 对 1 号异步子程序（ASUP1）进行初始化，当 DB1200. DBB4001 的值为 2 时，表示 PLC 对 2 号异步子程序（ASUP2）进行初始化，见表 10。

如果用数学的表达方法或者使用结构文本（ST）语言编写 PLC 的话，就非常直观了。如果使用梯形图或者功能块进行编程，会使用 MOV（移动）功能，由于 DB1200. DBB4001 是字节（Byte）数据，需要使用 MOV_B(yte) 功能，见图 11。

有激活异步子程序的操作，就有取消异步子程序的操作，相比之下，取消异步子程序的操作方法是固定的，对应的 PLC 程序也是固定的，具体操作见图 12。

激活异步子程序功能后，接下来就要执行子程序，同样也需要 PLC 来触发。执行子程序的 PLC 操作可以与激活子程序的 PLC 操作相同，也可以不同，见图 13。

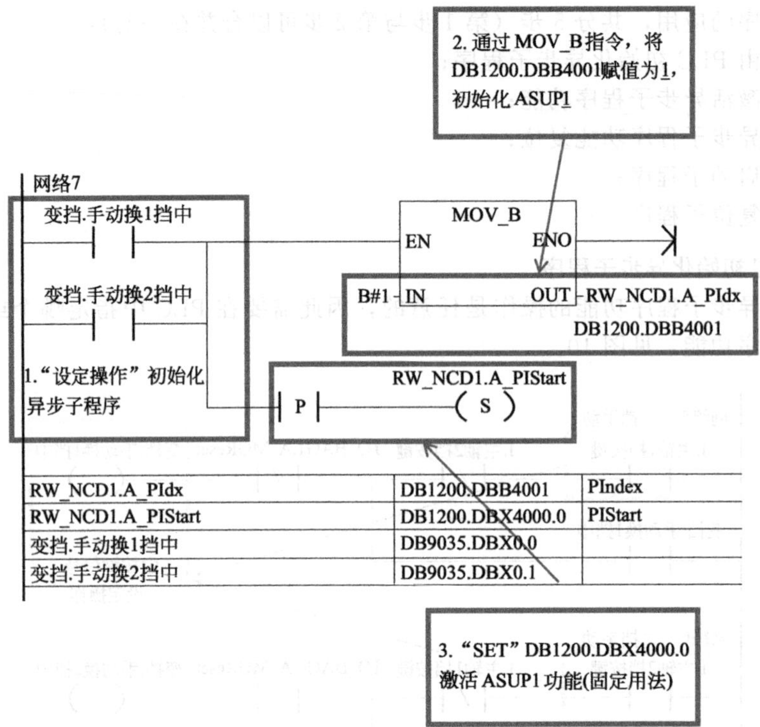

图 11 初始化异步子程序功能

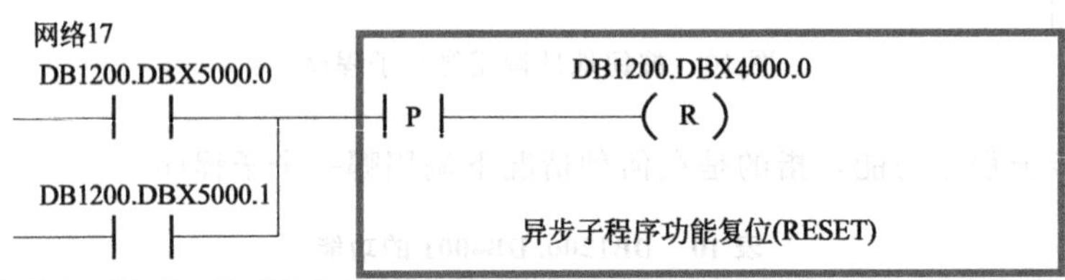

图 12 异步子程序功能复位

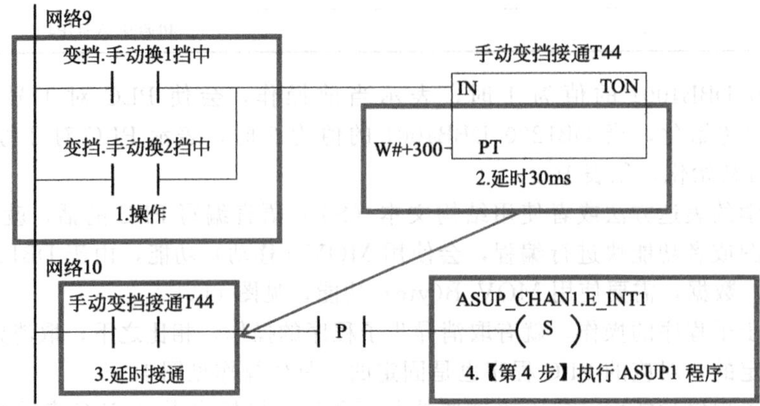

图 13 延时启动子程序

复位异步子程序的方法也是固定的，见图 14。

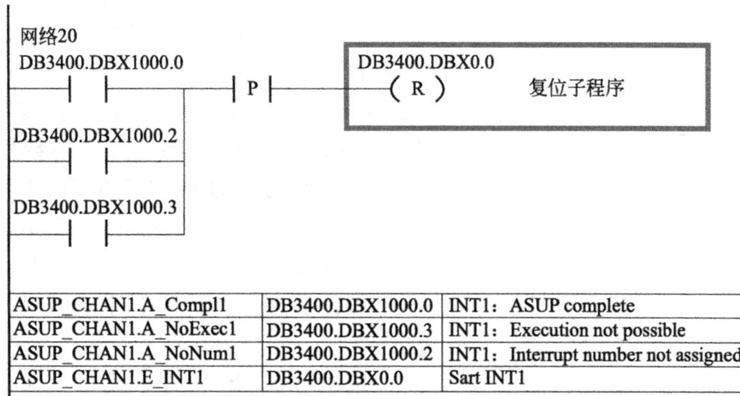

ASUP_CHAN1.A_Compl1	DB3400.DBX1000.0	INT1：ASUP complete
ASUP_CHAN1.A_NoExec1	DB3400.DBX1000.3	INT1：Execution not possible
ASUP_CHAN1.A_NoNum1	DB3400.DBX1000.2	INT1：Interrupt number not assigned
ASUP_CHAN1.E_INT1	DB3400.DBX0.0	Sart INT1

图 14　复位异步子程序

由上述的 PLC 程序可以得知，异步子程序的运行过程是固定的，信号及信号处理也是固定的，唯一不固定的就是实现异步子程序功能的操作或信号。

（3）应用背景

对于中型以上的数控机床来说，都装备有主轴箱，对于主轴箱的电气控制，在前文中已经讲过，由液压站提供动力源，由 PLC 控制电磁阀实现动作。但在实际使用中，当数控机床关机断电后，由于没有液压站持续地提供动力源，控制主轴挡位的液压缸或因为自身原因或因为重力原因，出现一定的位置偏移，见图 15。

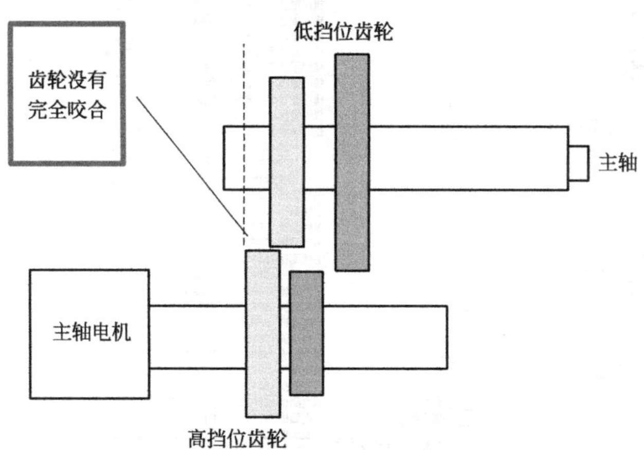

图 15　控制主轴挡位的液压出现位置偏移

如果此时旋转主轴，从机械角度来说，齿轮咬合不充分，主轴切削时尤其是高速旋转会损坏主轴箱的齿轮；从电气角度来说，PLC 的挡位信号丢失，应该禁止主轴或者 NC 运行，防止损坏主轴箱的齿轮。

（4）应用原理

主轴自动挡位查找功能原理很简单，就是断电前主轴挡位是一挡，那么按下该按键时自动切换到一挡，如果上一次主轴挡位是二挡，那么按下该按键，主轴自动切换到二挡。

图 16 为异步子程序 PLCASUP1 的内容，并不是完整版的子程序，为了便于理解，将其大幅简化，该程序由 Notepad＋＋软件打开，语言选择 Visual Basic。

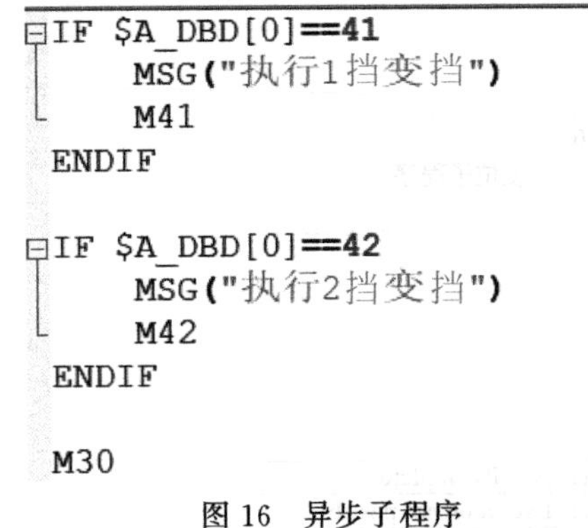

IF $A_DBD[0]==41
MSG("执行1挡变挡")
M41
ENDIF
IF $A_DBD[0]==42
MSG("执行2挡变挡")
M42
ENDIF
M30

图 16 异步子程序

通过该程序，可以得知，根根变量 $A_DBD[0] 的值来选择性执行子程序，当 $A_DBD[0] 的值等于 41 时，提示（MSG）“执行 1 挡变挡”，然后执行 M 代码 M41；当 $A_DBD[0] 的值等于 42 时，提示（MSG）“执行 2 挡变挡”，然后执行 M 代码 M42。$A_DBD[0] 是数据共享区的 NC 变量，与其对应的 PLC 变量是 DB4900.DBB0。

打开 PLC Programming Tool，打开相应的 PLC，点击工具栏的“√”进行编译，见图 17。

编译后在左侧的边框中查找“交叉引用”，见图 18。

按组合键 Ctrl+Y，显示交叉表中 PLC 变量的实际地址（默认是符号地址），在软件界面的右侧，按组合键 Ctrl+F 进行搜索，仅搜索 db4900，不区分大小写，见图 19。

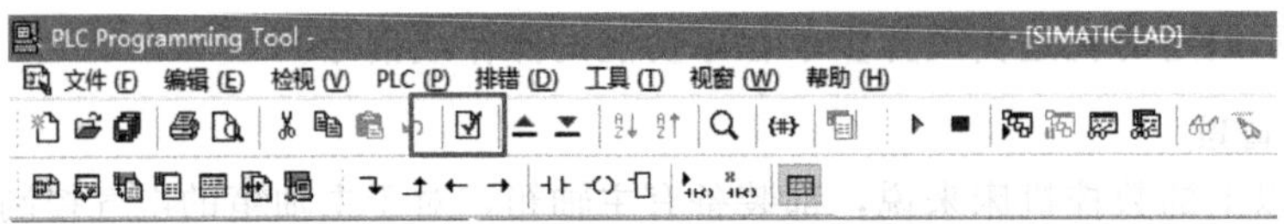

图 17 西门子 828D PLC 编程软件工具栏

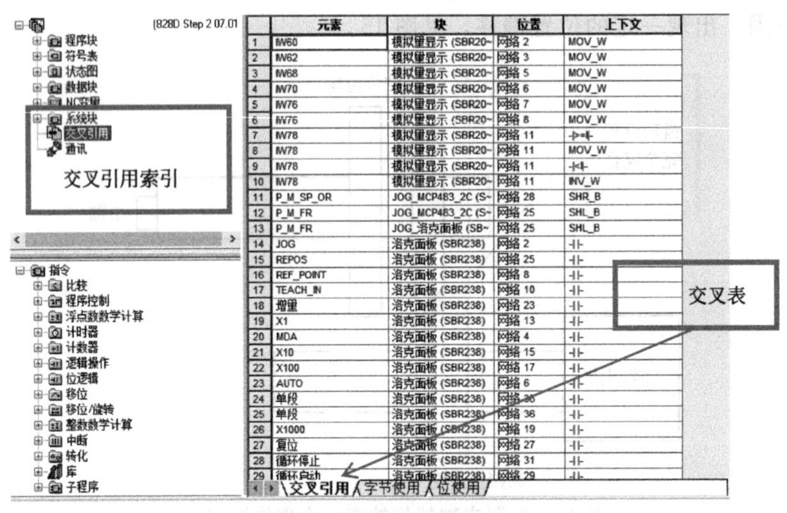

图 18 查找交叉引用

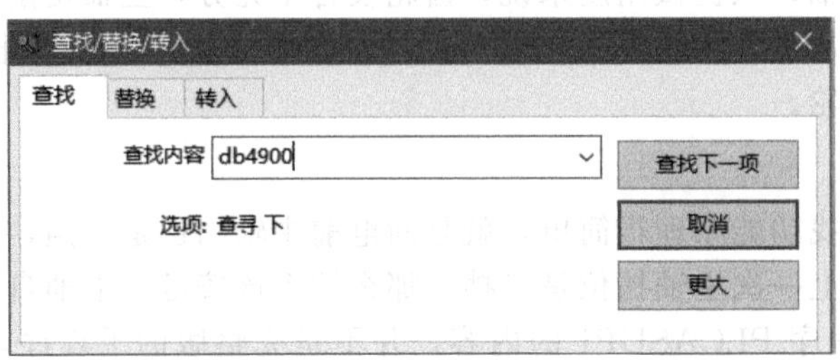

图 19 搜索 db4900

按回车键向下搜索，此时鼠标光标会指向搜索到的地址（看上去并不十分明显），见图 20。

802	DB3803.DBB0	JOG_MCP483_2C (SBR225)	网络 26	MOV_B
803	DB3803.DBB0	JOG_洛克面板 (SBR227)	网络 29	MOV_B
804	DB3804.DBB0	JOG_MCP483_2C (SBR225)	网络 26	MOV_B
805	DB3804.DBB0	JOG_MCP483_2C (SBR225)	网络 26	MOV_B
806	DB3804.DBB0	JOG_洛克面板 (SBR227)	网络 29	MOV_B
807	DB3805.DBB0	JOG_MCP483_2C (SBR225)	网络 26	MOV_B
808	DB3805.DBB0	JOG_洛克面板 (SBR227)	网络 29	MOV_B
809	DB4900.DBB0	搜索结果 ✓	网络 18	MOV_B
810	DB4900.DBB0	变挡控制 (SBR4)	网络 18	MOV_B

\交叉引用 /字节使用 /位使用 /

图 20　搜索结果

关闭搜索对话框，向下滚动鼠标中轮，PLC 程序可能会引用多个数据共享区数据，见图 21。

808	DB3805.DBB0	JOG_洛克面板 (SBR227)	网络 29	MOV_B
809	DB4900.DBB0	变挡控制 (SBR4)	网络 18	MOV_B
810	DB4900.DBB0	变挡控制 (SBR4)	网络 18	MOV_B
811	DB4900.DBB4	换刀控制 (SBR6)	网络 7	MOV_B
812	DB4900.DBB4	换刀控制 (SBR6)	网络 7	MOV_B
813	DB4900.DBB5	换刀控制 (SBR6)	网络 13	MOV_B
814	DB4900.DBB5	换刀控制 (SBR6)	网络 13	MOV_B
815	DB9053.DBB1	JOG_MCP483_2C (SBR225)	网络 25	SHL_B

多个数据共享区变量

图 21　多个数据共享区变量

双击变量 DB4900. DBB0，这时 PLC 软件会自动切换到引用 DB4900. DBB0 的程序页面，并指向引用的网络号，见图 22。

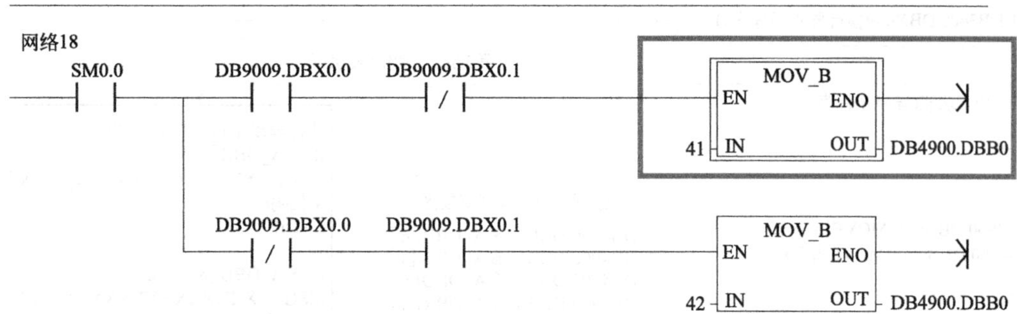

PLC_VAR.Offset_0	DB4900.DBB0
断电保持.二挡标志	DB9009.DBX0.1
断电保持.一挡标志	DB9009.DBX0.0

图 22　DB4900. DBB0 程序页面

通过组合键 Ctrl＋Y，切换到 PLC 符号显示模式，见图 23。

由此可知，当按下手动换挡按键后，触发异步子程序 PLCASUP1，如果当前机床状态是一挡且不是二挡，那么 DB4900. DBB0 的值是 41，因此子程序中的 $ A_DBD[0] 的值就是 41；同理，如果当前机床状态是二挡且不是一挡，那么 DB4900. DBB0 的值是 42，子程序中的 $ A_DBD[0] 的值就是 42。主轴的挡位状态保存在用户数据块 DB9009. DB0. 0 与 DB9009. DB0. 0 中。

用户数据块 DB9000 保存的数值即便机床断电也不会丢失，而且用户数据块具体保存哪些状态或者数据，都是 PLC 编程者自己随机定义的，并没有特殊的标准。

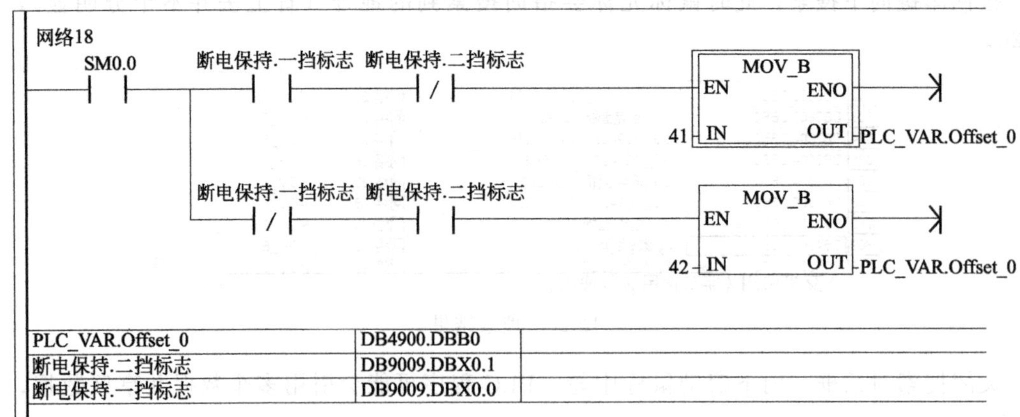

图 23　PLC 符号显式模式下的 DB4900. DBB0 程序页面

（5）应用过程（图 24）

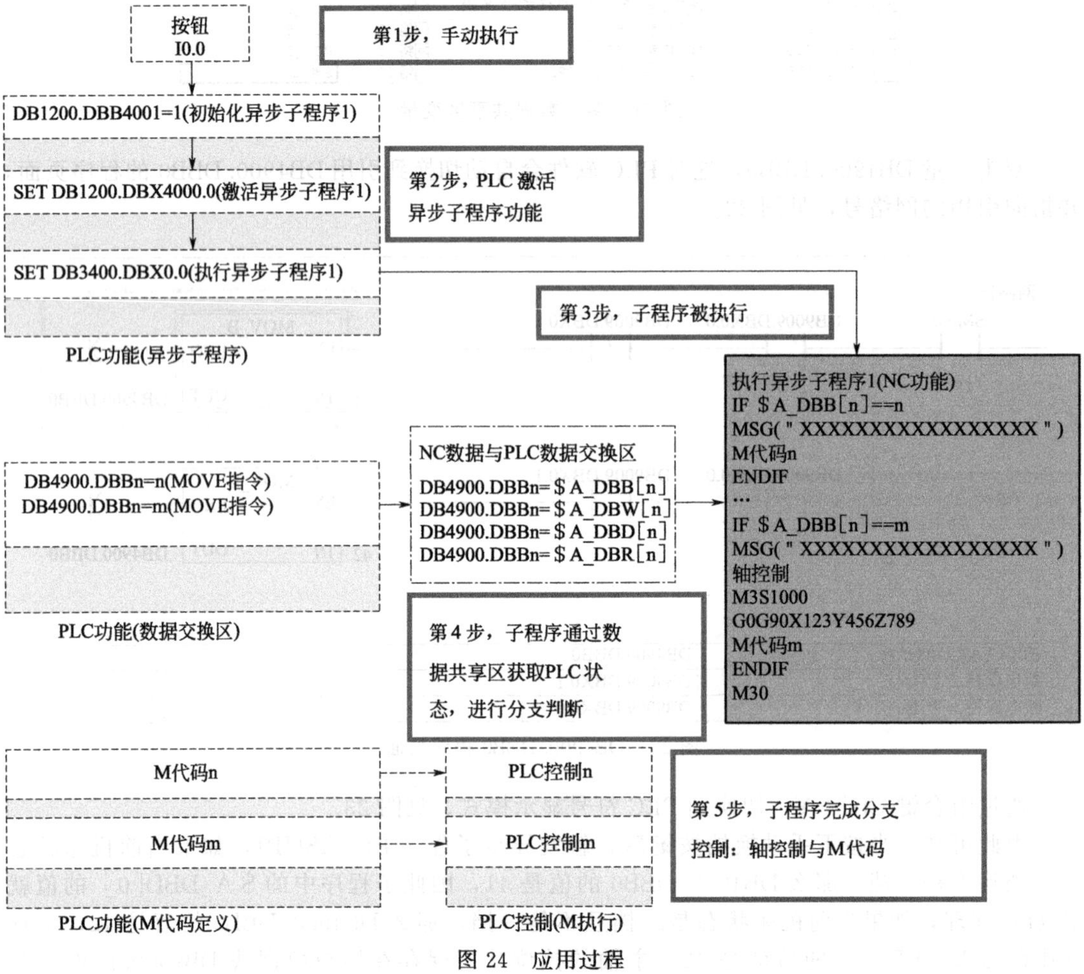

按钮
I0.0

第1步，手动执行

DB1200.DBB4001=1(初始化异步子程序1)

SET DB1200.DBX4000.0(激活异步子程序1)

第2步，PLC 激活异步子程序功能

SET DB3400.DBX0.0(执行异步子程序1)

第3步，子程序被执行

PLC功能(异步子程序)

执行异步子程序1(NC功能)
IF $A_DBB[n]==n
MSG("XXXXXXXXXXXXXXXXX")
M代码n
ENDIF
...
IF $A_DBB[n]==m
MSG("XXXXXXXXXXXXXXXXX")
轴控制
M3S1000
G0G90X123Y456Z789
M代码m
ENDIF
M30

DB4900.DBBn=n(MOVE指令)
DB4900.DBBn=m(MOVE指令)

PLC功能(数据交换区)

NC数据与PLC数据交换区
DB4900.DBBn=$A_DBB[n]
DB4900.DBBn=$A_DBW[n]
DB4900.DBBn=$A_DBD[n]
DB4900.DBBn=$A_DBR[n]

第4步，子程序通过数据共享区获取PLC状态，进行分支判断

M代码n　　PLC控制n

M代码m　　PLC控制m

第5步，子程序完成分支控制：轴控制与M代码

PLC功能(M代码定义)　　PLC控制(M执行)

图 24　应用过程

（6）发那科联机故障

按【MDI】键，按键【SYSTEM】→【+】（多次），直到出现【内藏口】，见图 25。

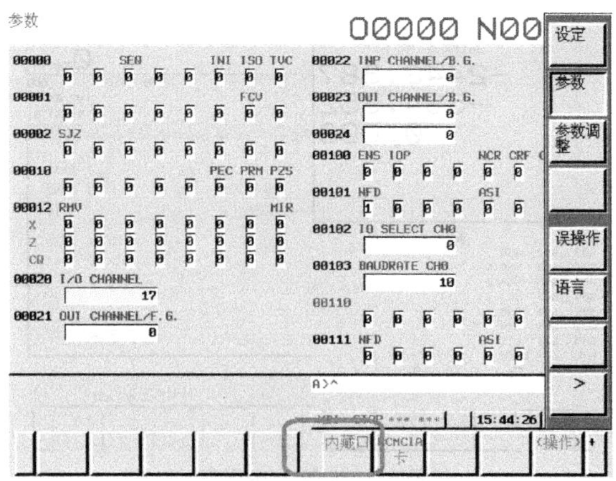

图 25　发那科网卡（内藏口）

在【公共】设置 IP 及子网掩码，固定值。“设备有效”是内置板（默认），如果此时提示禁止修改参数，则需要打开修改参数权限，见图 26。

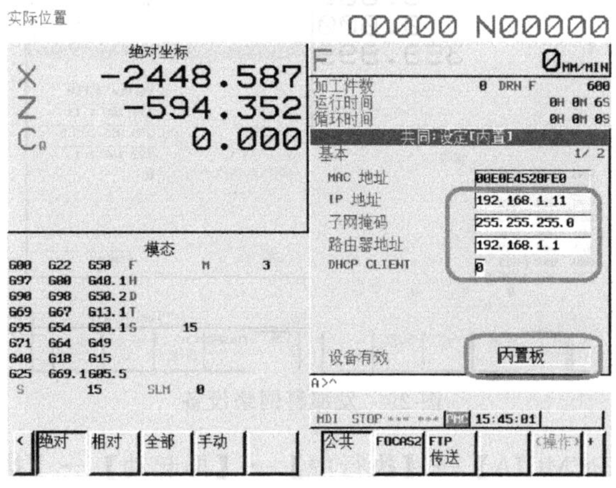

图 26　发那科修改 IP

在【FOCAS2】设定网络端口，也是固定值，“设备有效”是内置板（默认），见图 27。

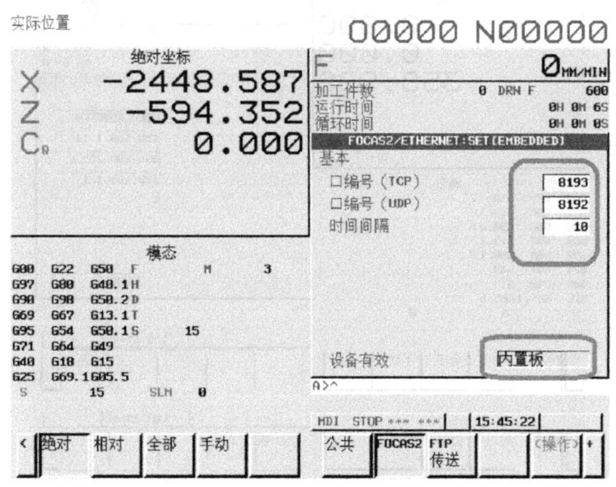

图 27　发那科修改设备端口

将上述设置生效即可，【操作】→【再起动】→【执行】，见图 28。

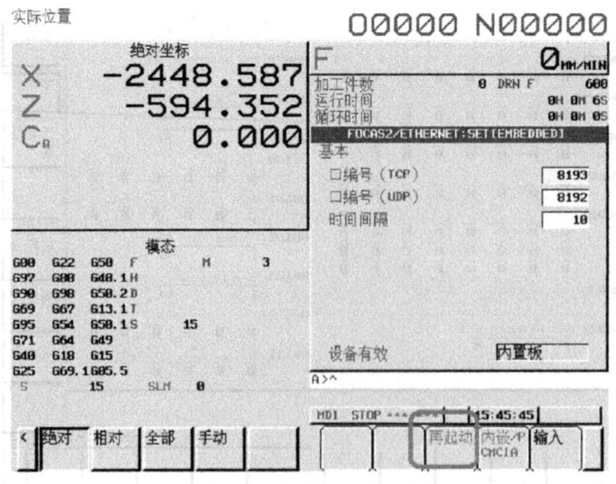

图 28　生效上述设置

如果“设备有效”是 PCMCIA，则需要将 PCMCIA 切换到内置板，见图 29。

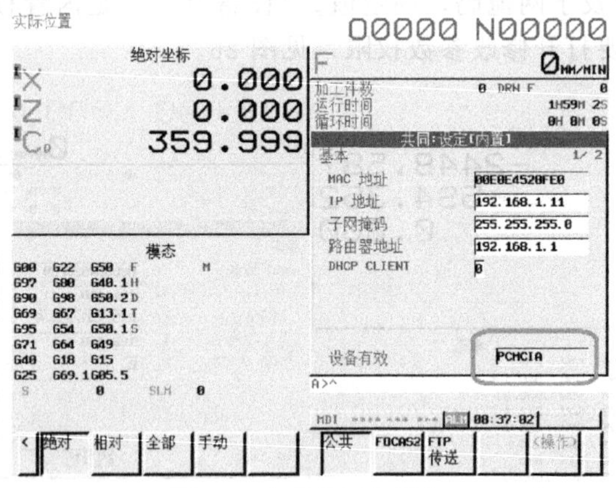

图 29　发那科网络设备

【操作】→【内嵌/PCMCIA】→【执行中】→【再起动】→【执行】，将 PCMCI 切换到内置板，见图 30。

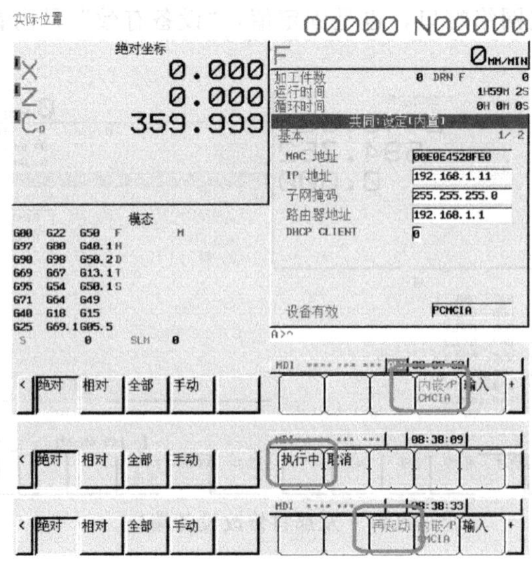

图 30　发那科修改网络设备

附录 7 ASCII 码表及介绍

ASCII（American Standard Code for Information Interchange，美国信息互换标准代码）是基于拉丁字母的一套电脑编码系统。它主要用于显示现代英语和其他西欧语言。它是现今最通用的单字节编码系统，并等同于国际标准 ISO/IEC 646。

ASCII 第一次以规范标准的形态发表是在 1967 年，最后一次更新则是在 1986 年，至今为止共定义了 128 个字符，其中 33 个字符无法显示（这是以现今操作系统为依归，但在 DOS 模式下可显示出一些诸如笑脸、扑克牌花式等 8bit 符号）。且这 33 个字符多数都是已作废的控制字符，控制字符主要用来操控已经处理过的文字，在这 33 个字符之外是 95 个可显示的字符，键盘敲下空白键所产生的空白字符也算 1 个可显示字符（显示为空白）。ASCII 可显示的字符，见表 11。

表 11　ASCII 可显示的字符

十进制	图形	十进制	图形	十进制	图形
32	空格	64	@	96	`
33	!	65	A	97	a
34	"	66	B	98	b
35	#	67	C	99	c
36	$	68	D	100	d
37	%	69	E	101	e
38	&	70	F	102	f
39	'	71	G	103	g
40	(	72	H	104	h
41	)	73	I	105	i
42	*	74	J	106	j
43	+	75	K	107	k
44	,	76	L	108	l
45	-	77	M	109	m
46	.	78	N	110	n
47	/	79	O	111	o
48	0	80	P	112	p
49	1	81	Q	113	q
50	2	82	R	114	r
51	3	83	S	115	s
52	4	84	T	116	t
53	5	85	U	117	u
54	6	86	V	118	v

续表

十进制	图形	十进制	图形	十进制	图形
55	7	87	W	119	w
56	8	88	X	120	x
57	9	89	Y	121	y
58	:	90	Z	122	z
59	;	91	[	123	{
60	<	92	\	124	|
61	=	93	]	125	}
62	>	94	^	126	~
63	?	95	_		

附录 8 发那科系统宏变量查询表

(1) 常用控制宏程序（表 12）

表 12 常用控制宏程序

系统变量号	系统变量名称	属性	内容
#1000～#1015	#_UI[n]	R	G54～G55(PLC 变量,非 G 代码)
#1100～#1115	#_UO[n]	W	F54～F55(PLC 变量)
#3000	#_ALM	W	宏报警
#4001～#4030	[#_BUFG[n]]	R	已加载的程序段的模态信息(G 代码)
#4120	[#_BUFT]	R	已加载的程序段的模态信息(T 代码)——新刀号

(2) 用户宏变量（# 1000～# 1015, # 1100～# 1115）（表 13）

表 13 用户宏变量

系统变量号	系统变量名称	属性	内容
#1000～#1015	#_UI[n]	R	G54～G55(PLC 变量,非 G 代码)
#1100～#1115	#_UO[n]	W	F54～F55(PLC 变量)

(3) 刀具补偿值（# 2001～# 2800）

① 铣床刀具补偿值（表 14）。

表 14 铣床刀具补偿值

系统变量号	系统变量名称	属性	内容
#2001～#2200	[#_OFSHG[n]]	R/W	刀具补偿值(H 代码,几何) (注释)下标 n 为补偿号(1～200)
#10001～#10999			也可以是左边的编号 (注释)下标 n 为补偿号(1～999)

续表

系统变量号	系统变量名称	属性	内容
#2201～#2400	[#_OFSHW[n]]	R/W	刀具补偿值(H 代码,磨损) (注释)下标 n 为补偿号(1～200)
#11001～#11999			也可以是左边的编号 (注释)下标 n 为补偿号(1～999)
#2401～#2600	[#_OFSDG[n]]	R/W	刀具补偿值(D 代码,几何) (注释 1)下标 n 为补偿号(1～200) 注释 1:参数 D15(No. 6004#5)=1 时有效
#12001～#12999			也可以是左边的编号 (注释)下标 n 为补偿号(1～999)
#2601～#2800	[#_OFSDW[n]]	R/W	刀具补偿值(D 代码,磨损) (注释 1)下标 n 为补偿号(1～200) 注释 1:参数 D15(No. 6004#5)=1 时有效
#13001～#13999			也可以是左边的编号 (注释)下标 n 为补偿号(1～999)

② 车床刀具补偿值(表 15)。

表 15 车床刀具补偿值

系统变量号	系统变量名称	属性	内容
#2001～#2064 #10001～#10999	[#_OFSXW[n]]	R/W	*X* 轴补偿值(磨损) (注释)下标 n 为补偿号(1～64)组数比 64 组大时,也可以是左边的编号 (注释)下标 n 为补偿号(1～999)
#2101～#2164 #11001～#11999	[#_OFSZW[n]]	R/W	*Z* 轴补偿值(磨损)(※1) (注释)下标 n 为补偿号(1～64)组数比 64 组大时,也可以是左边的编号 (注释)下标 n 为补偿号(1～999)
#2201～#2264 #12001～#12999	[#_OFSRW[n]]	R/W	刀尖半径补偿值(磨损) (注释)下标 n 为补偿号(1～64)组数比 64 组大时,也可以是左边的编号 (注释)下标 n 为补偿号(1～999)
#2301～#2364 #13001～#13999	[#_OFST[n]]	R/W	假想刀尖 T 位置 (注释)下标 n 为补偿号(1～64)组数比 64 组大时,也可以是左边的编号 (注释)下标 n 为补偿号(1～999)
#2401～#2449 #14001～#14999	[#_OFSYW[n]]	R/W	*Y* 轴补偿值(磨损)(※1) (注释)下标 n 为补偿号(1～49)组数比 49 组大时,也可以是左边的编号 (注释)下标 n 为补偿号(1～999)
#2451～#2499 #19001～#19999	[#_OFSYG[n]]	R/W	*Y* 轴补偿值(几何)(※1) (注释)下标 n 为补偿号(1～49)组数比 49 组大时,也可以是左边的编号 (注释)下标 n 为补偿号(1～999)

续表

系统变量号	系统变量名称	属性	内容
#2701～#2749 #15001～#15999	[#_OFSXG[n]]	R/W	X 轴补偿值(几何)(※1) (注释)下标 n 为补偿号(1～49)组数比 49 组大时,也可以是左边的编号 (注释)下标 n 为补偿号(1～49)
#2801～#2849 #16001～#16999	[#_OFSZG[n]]	R/W	Z 轴补偿值(几何)(※1) (注释)下标 n 为补偿号(1～49)组数比 49 组大时,也可以是左边的编号 (注释)下标 n 为补偿号(1～999)
#2901～#2964 #17001～#17999	[#_OFSRG[n]]	R/W	刀尖半径补偿值(几何) (注释)下标 n 为补偿号(1～64)组数比 64 组大时,也可以是左边的编号 (注释)下标 n 为补偿号(1～999)

(4) 工件坐标系位移量(表 16)

表 16 工件坐标系位移量(#2501、#2601)

系统变量号	系统变量名称	属性	内容
#2501	[#_WKSFTX]	R/W	X 轴工件位移量
#2601	[#_WKSFTZ]	R/W	Z 轴工件位移量
#100751～#100800	[#_WZ_SFT[n]]	R/W	第 n 轴工件坐标系偏移量 (注释)下标 n 为轴号(1～50)

(5) 自动运行变量(表 17)

表 17 自动运行变量(#3000～#3008)

系统变量号	系统变量名称	属性	内容
#3000	[#_ALM]	W	宏程序报警
#3001	[#_CLOCK1]	R/W	时钟 1(单位:1 毫秒)
#3002	[#_CLOCK2]	R/W	时钟 2(单位:1 小时)
#3003	[#_CNTL1]	R/W	控制/允许单程序段停止等待/不等待辅助功能完成信号
#3003bit0	[#_M_SBK]	R/W	控制/允许单程序段停止
#3003bit1	[#_M_FIN]	R/W	等待/不等待辅助功能完成信号
#3004	[#_CNTL2]	R/W	进给暂停有效/无效进给速率倍率有效/无效准确停止检查有效/无效
#3004bit0	[#_M_FHD]	R/W	进给暂停有效/无效
#3004bit1	[#_M_OV]	R/W	进给速率倍率有效/无效
#3004bit2	[#_M_EST]	R/W	准确停止检查有效/无效
#3005	[#_SETDT]	R/W	设定数据的读写
#3006	[#_MSGSTP]	W	随着提示信息一起停止
#3007	[#_MRIMG]	R	镜像的状态(DI 以及设定)
#3008	[#_PRSTR]	R	程序再启动中/非程序再启动中

（6）读写的参数的系统号（表 18）

表 18　读写的参数的系统号（#3018）

系统变量号	系统变量名称	属性	内容
#3018	—	R/W	读写的参数的系统号

（7）正在执行的宏程序系统号（表 19）

表 19　正在执行的宏程序系统号（#3019）

系统变量号	系统变量名称	属性	内容
#3019	[#_PATH_NO]	R	正在执行的宏程序的系统号

（8）系统常量（表 20）

表 20　系统常量（#3100～#3102）

系统变量号	系统变量名称	属性	内容
#0，#3100	[#_EMPTY]	R	空值
#3101	[#_PI]	R	圆周率 π=3.14159265358979323846
#3102	[#_E]	R	自然对数的底数 e=2.71828182845904523536

（9）时间变量（表 21）

表 21　时间变量（#3011～#3012）

系统变量号	系统变量名称	属性	内容
#3011	[#_DATE]	R	年/月/日
#3012	[#_TIME]	R	时/分/秒

（10）部件数（表 22）

表 22　部件数（#3901～#3902）

系统变量号	系统变量名称	属性	内容
#3901	[#_PRTSA]	R/W	部件数的累计值
#3902	[#_PRTSN]	R/W	所需部件数

（11）铣床刀具补偿存储器（表 23）

表 23　铣床刀具补偿存储器（#3980）

系统变量号	系统变量名称	属性	内容
#3980	[#_OFSMEM]	R	刀具补偿存储器信息

（12）主程序号（表 24）

表 24　主程序号（#4000）

系统变量号	系统变量名称	属性	内容
#4000	[#_MAINO]	R	主程序号

（13）模态信息（# 4000~# 4530）

① 铣床模态信息（表 25）。

表 25 铣床模态信息

系统变量号	系统变量名称	属性	内容
＃4001～＃4030	[＃_BUFG[n]]	R	已加载的程序段的模态信息(G 代码)(注释)下标 n 为 G 代码组号
＃4102	[＃_BUFB]	R	已加载的程序段的模态信息(B 代码)
＃4107	[＃_BUFD]	R	已加载的程序段的模态信息(D 代码)
＃4108	[＃_BUFE]	R	已加载的程序段的模态信息(E 代码)
＃4109	[＃_BUFF]	R	已加载的程序段的模态信息(F 代码)
＃4111	[＃_BUFH]	R	已加载的程序段的模态信息(H 代码)
＃4113	[＃_BUFM]	R	已加载的程序段的模态信息(M 代码)
＃4114	[＃_BUFN]	R	已加载的程序段的模态信息(顺序号)
＃4115	[＃_BUFO]	R	已加载的程序段的模态信息(程序号)
＃4119	[＃_BUFS]	R	已加载的程序段的模态信息(S 代码)
＃4120	[＃_BUFT]	R	已加载的程序段的模态信息(T 代码)
＃4130	[＃_BUFWZP]	R	已加载的程序段的模态信息(附加工件坐标系号)
＃4201～＃4230	[＃_ACTG[n]]	R	正在执行的程序段的模态信息(G 代码)(注释)下标 n 为 G 代码组号
＃4302	[＃_ACTB]	R	正在执行的程序段的模态信息(B 代码)
＃4307	[＃_ACTD]	R	正在执行的程序段的模态信息(D 代码)
＃4308	[＃_ACTE]	R	正在执行的程序段的模态信息(E 代码)
＃4309	[＃_ACTF]	R	正在执行的程序段的模态信息(F 代码)
＃4311	[＃_ACTH]	R	正在执行的程序段的模态信息(H 代码)
＃4313	[＃_ACTM]	R	正在执行的程序段的模态信息(M 代码)
＃4314	[＃_ACTN]	R	正在执行的程序段的模态信息(顺序号)
＃4315	[＃_ACTO]	R	正在执行的程序段的模态信息(程序号)
＃4319	[＃_ACTS]	R	正在执行的程序段的模态信息(S 代码)
＃4320	[＃_ACTT]	R	正在执行的程序段的模态信息(T 代码)
＃4330	[＃_ACTWZP]	R	正在执行的程序段的模态信息(附加工件坐标系编号)
＃4401～＃4430	[＃_INTG[n]]	R	被中断的程序段的模态信息(G 代码)(注释)下标 n 为 G 代码组号
＃4502	[＃_INTB]	R	被中断的程序段的模态信息(B 代码)
＃4507	[＃_INTD]	R	被中断的程序段的模态信息(D 代码)
＃4508	[＃_INTE]	R	被中断的程序段的模态信息(E 代码)
＃4509	[＃_INTF]	R	被中断的程序段的模态信息(F 代码)
＃4511	[＃_INTH]	R	被中断的程序段的模态信息(H 代码)
＃4513	[＃_INTM]	R	被中断的程序段的模态信息(M 代码)
＃4514	[＃_INTN]	R	被中断的程序段的模态信息(顺序号)

续表

系统变量号	系统变量名称	属性	内容
#4515	[#_INTO]	R	被中断的程序段的模态信息(程序号)
#4519	[#_INTS]	R	被中断的程序段的模态信息(S代码)
#4520	[#_INTT]	R	被中断的程序段的模态信息(T代码)
#4530	[#_INTWZP]	R	被中断的程序段的模态信息(附加工件坐标系编号)

② 车床模态信息（表26）

表26 车床模态信息

系统变量号	系统变量名称	属性	内容
#4001～#4030	[#_BUFG[n]]	R	已加载的程序段的模态信息(G代码)(注释)下标n为G代码组号
#4108	[#_BUFE]	R	已加载的程序段的模态信息(E代码)
#4109	[#_BUFF]	R	已加载的程序段的模态信息(F代码)
#4113	[#_BUFM]	R	已加载的程序段的模态信息(M代码)
#4114	[#_BUFN]	R	已加载的程序段的模态信息(顺序号)
#4115	[#_BUFO]	R	已加载的程序段的模态信息(程序号)
#4119	[#_BUFS]	R	已加载的程序段的模态信息(S代码)
#4120	[#_BUFT]	R	已加载的程序段的模态信息(T代码)
#4130	[#_BUFWZP]	R	已加载的程序段的模态信息(附加工件坐标系编号)
#4201～#4230	[#_ACTG[n]]	R	正在执行的程序段的模态信息(G代码)(注释)下标n为G代码组号
#4308	[#_ACTE]	R	正在执行的程序段的模态信息(E代码)
#4309	[#_ACTF]	R	正在执行的程序段的模态信息(F代码)
#4313	[#_ACTM]	R	正在执行的程序段的模态信息(M代码)
#4314	[#_ACTN]	R	正在执行的程序段的模态信息(顺序号)
#4315	[#_ACTO]	R	正在执行的程序段的模态信息(程序号)
#4319	[#_ACTS]	R	正在执行的程序段的模态信息(S代码)
#4320	[#_ACTT]	R	正在执行的程序段的模态信息(T代码)
#4330	[#_ACTWZP]	R	正在执行的程序段的模态信息(附加的工件坐标)
#4401～#4430	[#_INTG[n]]	R	被中断的程序段的模态信息(G代码)(注释)下标n为G代码组号
#4508	[#_INTE]	R	被中断的程序段的模态信息(E代码)
#4509	[#_INTF]	R	被中断的程序段的模态信息(F代码)
#4513	[#_INTM]	R	被中断的程序段的模态信息(M代码)
#4514	[#_INTN]	R	被中断的程序段的模态信息(顺序号)
#4515	[#_INTO]	R	被中断的程序段的模态信息(程序号)
#4519	[#_INTS]	R	被中断的程序段的模态信息(S代码)
#4520	[#_INTT]	R	被中断的程序段的模态信息(T代码)
#4530	[#_INTWZP]	R	被中断的程序段的模态信息(附加工件坐标系编号)

(14) 位置信息（表 27）

表 27 位置信息（#5001～#5080）

系统变量号	系统变量名称	属性	内容
#5001～#5020	[#_ABSIO[n]]	R	紧之前的程序段终点位置(工件坐标系) (注释)下标 n 为轴号(1～20)
#100001～#100050			也可以是左边的编号 (注释)下标 n 为轴号(1～50)
#5021～#5040	[#_ABSMT[n]]	R	指令当前位置(机械坐标系) (注释)下标 n 为轴号(1～20)
#100051～#100100			也可以是左边的编号 (注释)下标 n 为轴号(1～50)
#5041～#5060	[#_ABSOT[n]]	R	指令当前位置(工件坐标系) (注释)下标 n 为轴号(1～20)
#100101～#100150			也可以是左边的编号 (注释)下标 n 为轴号(1～50)
#5061～#5080	[#_ABSKP[n]]	R	跳转位置(工件坐标系) (注释)下标 n 为轴号(1～20)
#100151～#100200			也可以是左边的编号 (注释)下标 n 为轴号(1～50)

(15) 铣床刀具长度补偿值（表 28）

表 28 铣床刀具长度补偿值（#5081～#5100）

系统变量号	系统变量名称	属性	内容
#5081～#5100	[#_TOFS[n]]	R	刀具长度补偿值 (注释)下标 n 为轴号(1～20)
#100201～#100250		R	也可以是左边的编号。 (注释)下标 n 为轴号(1～50)

(16) 车床刀具位置偏置值（表 29）

表 29 车床刀具位置偏置值（#5081～#5130）

系统变量号	系统变量名称	属性	内容
#5081,#100201	[#_TOFSWX]	R	*X* 轴刀具位置偏置值(磨损)
#5082,#100202	[#_TOFSWZ]	R	*Z* 轴刀具位置偏置值(磨损)
#5083,#100203	[#_TOFSWY]	R	*Y* 轴刀具位置偏置值(磨损)
#5084～#5100	[#_TOFS[n]]	R	任意轴的刀具位置偏置值(磨损) (注释)下标 n 为轴号(4～20)
#100204～#100250		R	任意轴的刀具位置偏置值(磨损) (注释)下标 n 为轴号(4～50)

续表

系统变量号	系统变量名称	属性	内容
#5121，#100901	[#_TOFSGX]	R	*X* 轴刀具位置偏置值(几何)
#5122，#100902	[#_TOFSGZ]	R	*Z* 轴刀具位置偏置值(几何)
#5123，#100903	[#_TOFSGY]	R	*Y* 轴刀具位置偏置值(几何)
#5124～#5140	[#_TOFSG[n]]	R	任意轴的刀具位置偏置值(几何) (注释)下标 n 为轴号(4～20)
#100904～#100950		R	任意轴的刀具位置偏置值(几何) (注释)下标 n 为轴号(4～50)

(17) 伺服位置偏差值（表 30）

表 30　伺服位置偏差值（#5100～#5120）

系统变量号	系统变量名称	属性	内容
#5101～#5120	[#_SVERR[n]]	R	伺服位置偏差值 (注释)下标 n 为轴号(1～20)
#100251～#100300		R	也可以是左边的编号。 (注释)下标 n 为轴号(1～50)

(18) 手动手轮中断值（表 31）

表 31　手动手轮中断值（#5121～#5140）

系统变量号	系统变量名称	属性	内容
#5121～#5140	[#_MIRTP[n]]	R	手轮中断值 (注释)下标 n 为轴号(1～20)
#100651～100700		R	也可以是左边的编号。 (注释)下标 n 为轴号(1～50)

(19) 待走量（表 32）

表 32　待走量（#5181～#5200、#100801～#100850）

系统变量号	系统变量名称	属性	内容
#5181～#5200	[#_DIST[n]]	R	待走量 (注释)下标 n 为轴号(1～20)
#100801～#100850		R	也可以是左边的编号。 (注释)下标 n 为轴号(1～50)

(20) 工件原点偏置值（#5201~#5340，#100301~#100650）

① 铣床工件原点偏置值（表 33）。

表 33　铣床工件原点偏置值

系统变量号	系统变量名称	属性	内容
#5201～#5220	[#_WZCMN[n]]	R/W	公用工件原点偏置值 (注释)下标 n 为轴号(1～20)

续表

系统变量号	系统变量名称	属性	内容
#5221～#5240	[#_WZG54[n]]	R/W	G54 工件原点偏置值 (注释)下标 n 为轴号(1～20)
#5241～#5260	[#_WZG55[n]]	R/W	G55 工件原点偏置值 (注释)下标 n 为轴号(1～20)
#5261～#5280	[#_WZG56[n]]	R/W	G56 工件原点偏置值 (注释)下标 n 为轴号(1～20)
#5281～#5300	[#_WZG57[n]]	R/W	G57 工件原点偏置值 (注释)下标 n 为轴号(1～20)
#5301～#5320	[#_WZG58[n]]	R/W	G58 工件原点偏置值 (注释)下标 n 为轴号(1～20)
#5321～#5340	[#_WZG59[n]]	R/W	G59 工件原点偏置值 (注释)下标 n 为轴号(1～20)
#100301～#100350	[#_WZCMN[n]]	R/W	外部工件原点偏置值 (注释)下标 n 为轴号(1～50)
#100351～#100400	[#_WZG54[n]]	R/W	G54 工件原点偏置值 (注释)下标 n 为轴号(1～50)
#100401～#100450	[#_WZG55[n]]	R/W	G55 工件原点偏置值 (注释)下标 n 为轴号(1～50)
#100451～#100500	[#_WZG56[n]]	R/W	G56 工件原点偏置值 (注释)下标 n 为轴号(1～50)
#100501～#100550	[#_WZG57[n]]	R/W	G57 工件原点偏置值 (注释)下标 n 为轴号(1～50)
#100551～#100600	[#_WZG58[n]]	R/W	G58 工件原点偏置值 (注释)下标 n 为轴号(1～50)
#100601～#100650	[#_WZG59[n]]	R/W	G59 工件原点偏置值 (注释)下标 n 为轴号(1～50)

② 车床工件原点偏置值（表 34）。

表 34　车床工件原点偏置值

系统变量号	系统变量名称	属性	内容
#5201～#5220	[#_WZCMN[n]]	R/W	外部工件原点偏置值 (注释)下标 n 为轴号(1～20)
#5221～#5240	[#_WZG54[n]]	R/W	G54 工件原点偏置值 (注释)下标 n 为轴号(1～20)
#5241～#5260	[#_WZG55[n]]	R/W	G55 工件原点偏置值 (注释)下标 n 为轴号(1～20)

续表

系统变量号	系统变量名称	属性	内容
＃5261～＃5280	[＃_WZG56[n]]	R/W	G56 工件原点偏置值 (注释)下标 n 为轴号(1～20)
＃5281～＃5300	[＃_WZG57[n]]	R/W	G57 工件原点偏置值 (注释)下标 n 为轴号(1～20)
＃5301～＃5320	[＃_WZG58[n]]	R/W	G58 工件原点偏置值 (注释)下标 n 为轴号(1～20)
＃5321～＃5340	[＃_WZG59[n]]	R/W	G59 工件原点偏置值 (注释)下标 n 为轴号(1～20)
＃100301～＃100350	[＃_WZCMN[n]]	R/W	外部工件原点偏置值 (注释)下标 n 为轴号(1～50)
＃100351～＃100400	[＃_WZG54[n]]	R/W	G54 工件原点偏置值 (注释)下标 n 为轴号(1～50)
＃100401～＃100450	[＃_WZG55[n]]	R/W	G55 工件原点偏置值 (注释)下标 n 为轴号(1～50)
＃100451～＃100500	[＃_WZG56[n]]	R/W	G56 工件原点偏置值 (注释)下标 n 为轴号(1～50)
＃100501～＃100550	[＃_WZG57[n]]	R/W	G57 工件原点偏置值 (注释)下标 n 为轴号(1～50)
＃100551～＃100600	[＃_WZG58[n]]	R/W	G58 工件原点偏置值 (注释)下标 n 为轴号(1～50)
＃100601～＃100650	[＃_WZG59[n]]	R/W	G59 工件原点偏置值 (注释)下标 n 为轴号(1～50)

(21) 跳转位置（表 35）

表 35　跳转位置（检测单位＃5421～＃5440、＃100701～＃100750）

系统变量号	系统变量名称	属性	内容
＃5421～＃5440	[＃_SKPDTC[n]]	R	跳转位置(检测单位) (注释)下标 n 为轴号(1～20)
＃100701～＃100750		R	也可以是左边的编号 (注释)下标 n 为轴号(1～50)

(22) 车床第 2 形状刀具偏置值（表 36）

表 36　车床第 2 形状刀具偏置值（＃5801～＃5896）

系统变量号	系统变量名称	属性	内容
＃5801～＃5832 ＃27001～＃27999	[＃_OFSX2G[n]]	R/W	第 2 形状刀具偏置 *X* 轴补偿值 (注释)下标 n 为补偿号(1～32)组数比 32 组还要大时，也可以是左边的编号 (注释)下标 n 为补偿号(1～999)

续表

系统变量号	系统变量名称	属性	内容
#5833～#5864 #28001～#28999	[#_OFSZ2G[n]]	R/W	第2形状刀具偏置Z轴补偿值 (注释)下标n为补偿号(1～32)组数比32组还要大时,也可以是左边的编号 (注释)下标n为补偿号(1～999)
#5865～#5896 #29001～#29999	[#_OFSY2G[n]]	R/W	第2形状刀具偏置Y轴补偿值 (注释)下标n为补偿号(1～32)组数比32组还要大时,也可以是左边的编号 (注释)下标n为补偿号(1～999)

(23) 扩展工件原点偏置值 (#7000～#7960, #14001～116000) (表37)

表37　扩展工件原点偏置值

系统变量号	系统变量名称	属性	内容
#7001～#7020	[#_WZP1[n]]	R/W	G54.1P1工件原点偏置值 (注释)下标n为轴号(1～20)
#7021～#7040	[#_WZP2[n]]	R/W	G54.1P2工件原点偏置值 (注释)下标n为轴号(1～20)
…	…	…	…
#7941～#7960	[#_WZP48[n]]	R/W	G54.1P48工件原点偏置值 (注释)下标n为轴号(1～20)
#14001～#14020	[#_WZP1[n]]	R/W	G54.1P1工件原点偏置值 (注释)下标n为轴号(1～20)
#14051～#14100	[#_WZP2[n]]	R/W	G54.1P2工件原点偏置值 (注释)下标n为轴号(1～20)
…	…	…	…
#19971～#20000	[#_WZP300[n]]	R/W	G54.1P300工件原点偏置值 (注释)下标n为轴号(1～20)
#101001～#101050	[#_WZP1[n]]	R/W	G54.1P1工件原点偏置值 (注释)下标n为轴号(1～50)
#101051～#101100	[#_WZP2[n]]	R/W	G54.1P2工件原点偏置值 (注释)下标n为轴号(1～50)
…	…	…	…
#115901～#115950	[#_WZP299[n]]	R/W	G54.1P299工件原点偏置值 (注释)下标n为轴号(1～50)
#115951～#116000	[#_WZP300[n]]	R/W	G54.1P300工件原点偏置值 (注释)下标n为轴号(1～50)

(24) 扩展工件原点偏置值（表 38）

表 38　扩展工件原点偏置值（#7000～#7960，#14001～116000）

系统变量号	系统变量名称	属性	内容
#7001～#7020	[#_WZP1[n]]	R/W	G54.1P1 工件原点偏置值 (注释)下标 n 为轴号(1～20)
#7021～#7040	[#_WZP2[n]]	R/W	G54.1P2 工件原点偏置值 (注释)下标 n 为轴号(1～20)
…	…	…	…
#7941～#7960	[#_WZP48[n]]	R/W	G54.1P48 工件原点偏置值 (注释)下标 n 为轴号(1～20)
#101001～#101050	[#_WZP1[n]]	R/W	G54.1P1 工件原点偏置值 (注释)下标 n 为轴号(1～50)
#101051～#101100	[#_WZP2[n]]	R/W	G54.1P2 工件原点偏置值 (注释)下标 n 为轴号(1～50)
…	…	…	…
#115901～#115950	[#_WZP299[n]]	R/W	G54.1P299 工件原点偏置值 (注释)下标 n 为轴号(1～50)
#115951～#116000	[#_WZP300[n]]	R/W	G54.1P300 工件原点偏置值 (注释)下标 n 为轴号(1～50)

(25) 其他（表 39）

表 39　其他（#8570）

系统变量号	系统变量名称	属性	内容
#8570	—	R/W	P-CODE 变量/系统变量(#10000～)的切换

(26) 快速移动程序段重叠时的速度减速比（表 40）

表 40　快速移动程序段重叠时的速度减速比（#100851～#100900）

系统变量号	系统变量名称	属性	内容
#100851～#100900	[#_ROVLP[n]]	R/W	快速移动程序段重叠时的速度减速比(注释)下标 n 为轴号(1～50)

(27) 串行主轴（表 41）

表 41　串行主轴（#100951～#100954）

系统变量号	系统变量名称	属性	内容
#100951～#100954	[#_SPSTAT[n]]	R	各主轴的状态(注释)下标 n 为主轴号(1～4)

（28）主轴最高转速钳制值（表 42）

表 42 主轴最高转速钳制值（＃100959）

系统变量号	系统变量名称	属性	内容
＃100959	[＃_CSSSMAX]	R	由主轴最高转速钳制指令所指令的主轴最高转速

（29）动态基准刀具补偿值（表 43）

表 43 动态基准刀具补偿值（＃118051～＃118450）

系统变量号	系统变量名称	属性	内容
＃118051～＃118100	[＃_DOFS1[n]]	R/W	动态基准刀具补偿值(第 1 组)(注释)下标 n 为轴号(1～50)
＃118101～＃118150	[＃_DOFS2[n]]	R/W	动态基准刀具补偿值(第 2 组)(注释)下标 n 为轴号(1～50)
＃118151～＃118200	[＃_DOFS3[n]]	R/W	动态基准刀具补偿值(第 3 组)(注释)下标 n 为轴号(1～50)
＃118201～＃118250	[＃_DOFS4[n]]	R/W	动态基准刀具补偿值(第 4 组)(注释)下标 n 为轴号(1～50)
＃118251～＃118300	[＃_DOFS5[n]]	R/W	动态基准刀具补偿值(第 5 组)(注释)下标 n 为轴号(1～50)
＃118301～＃118350	[＃_DOFS6[n]]	R/W	动态基准刀具补偿值(第 6 组)(注释)下标 n 为轴号(1～50)
＃118351～＃118400	[＃_DOFS7[n]]	R/W	动态基准刀具补偿值(第 7 组)(注释)下标 n 为轴号(1～50)
＃118401～＃118450	[＃_DOFS8[n]]	R/W	动态基准刀具补偿值(第 8 组)(注释)下标 n 为轴号(1～50)

（30）局部坐标系偏置量（表 44）

表 44 局部坐标系偏置量（＃118501～＃118550）

系统变量号	系统变量名称	属性	内容
＃118501～＃118550	[＃_LCLOFS[n]]	R	局部坐标系偏置量(注释)下标 n 为轴号(1～50)

附录 9 发那科 F 信号与 G 信号列表

（1）特殊的 F 信号与 G 信号

特殊的 F 信号与 G 信号，指的是用户在 PLC 中自定义的 F 信号与 G 信号，只有固定的地址范围，但没有固定的含义，主要用来实现宏程序与 CNC 的互相控制。F 信号的地址范围是 F54.0～F55.7，共计 16 个位信号，对应宏程序中的宏变量为＃1100～＃1115。G 信号的地址范围是 G54.0～G55.7，共计 16 个位信号，对应宏程序中的宏变量为＃1000～＃1015，详见表 45。

表 45 特殊的 F 信号与 G 信号

自定义 F 信号	用户宏变量	变量名称	自定义 G 信号	用户宏变量	变量名称
F54.0	#1100	#_UO[0]	G54.0	#1000	#UI[0]
F54.1	#1101	#_UO[1]	G54.1	#1001	#UI[1]
F54.2	#1102	#_UO[2]	G54.2	#1002	#UI[2]
F54.3	#1103	#_UO[3]	G54.3	#1003	#UI[3]
F54.4	#1104	#_UO[4]	G54.4	#1004	#UI[4]
F54.5	#1105	#_UO[5]	G54.5	#1005	#UI[5]
F54.6	#1106	#_UO[6]	G54.6	#1006	#UI[6]
F54.7	#1107	#_UO[7]	G54.7	#1007	#UI[7]
F55.0	#1108	#_UO[8]	G55.0	#1008	#UI[8]
F55.1	#1109	#_UO[9]	G55.1	#1009	#UI[9]
F55.2	#1110	#_UO[10]	G55.2	#1010	#UI[10]
F55.3	#1111	#_UO[11]	G55.2	#1011	#UI[11]
F55.4	#1112	#_UO[12]	G55.4	#1012	#UI[12]
F55.5	#1113	#_UO[13]	G55.5	#1013	#UI[13]
F55.6	#1114	#_UO[14]	G55.6	#1014	#UI[14]
F55.7	#1115	#_UO[15]	G55.7	#1015	#UI[15]

M 代码在调用宏程序完成复杂的机械控制与机床运行控制时，例如雷尼绍的刀具检测程序、换刀程序、换台程序，经常会看到#11nn=1 或者 IF [#10nn EQ 1]，其中 0≤*nn*≤15。

F54.0～F55.7，表示 PLC 接收来自宏程序的运行状态，实现下一步控制机械运行的动作；G54.0～G55.7，表示 PLC 完成机械动作后发送给宏程序继续运行的条件，因此在宏程序中对应的#11nn 只能用来赋值，而#10nn 只能用来进行逻辑判断。

当宏程序中运行#11nn=1 时，与运行 M3S1000 一样，运行后 PLC 中相应的 F 信号赋值为 1，对应关系见表 40。例如执行#1102=1，对应 PLC 中的 F54.2 被置为 1；又如执行#1112=1，表示将 PLC 中的 F55.4 置为 1。

通过宏程序对宏变量的赋值，实现宏程序对 PLC 中 F 信号的赋值，进而实现对机械动作的控制，见图 31。

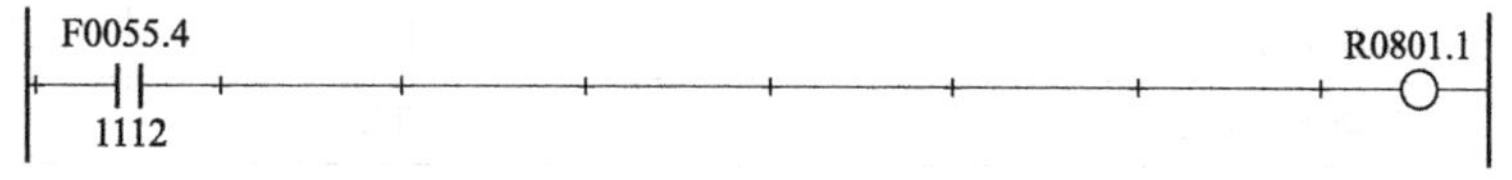

图 31 PLC 中的自定义 F 信号

宏程序中运行 IF[#1011 EQ 1] 时，表示当前的宏程序运行到此行时，不能再继续运行，需要等到某机械动作完成后，对应的到位信号将 PLC 中 G55.3 赋值为 1 后，方可继续运行，见图 32。

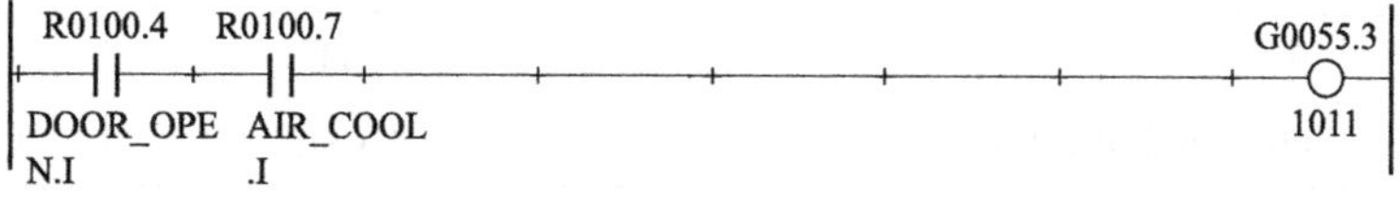

图 32 PLC 中的自定义 G 信号

由于特殊F信号与G信号及用户宏变量定义的随意性比较强，因此没有参考性，如果想要了解它们的具体含义，需要结合实际控制过程与步骤或者查询调试手册。

（2）标准的F信号与G信号

T系列表示的是车床系列数控系统版本，M系列表示的是铣床系列数控系统版本，○表示该信号在相应的版本中可用，—表示该信号在相应的版本中不可用。

由于F信号与G信号众多，表46仅作查询用途，而不需要全部记忆。我们只需要知道，数控系统的任何状态都有对应的F信号进行获取，通过PLC实现对NC的任何请求都要通过对相应G信号的赋值来完成。在日常的工作中，我们仅仅需要记住常用的信号即可。

表46　标准F信号与G信号查询表

地址（Address）	信号名称	符号（Symbol）	T系列	M系列
X8.4	急停信号	*ESP	○	○
G0～G1	外部数据输入的数据信号	ED0～ED15	○	○
G2.0～G2.6	外部数据输入的地址信号	EA0～EA6	○	○
G2.7	外部数据输入的读取信号	ESTB	○	○
G4.3	M代码结束信号	FIN	○	○
G4.4	第2M功能结束信号	MFIN2	○	○
G4.5	第3M功能结束信号	MFIN3	○	○
G5.0	辅助功能结束信号	MFIN	○	○
G5.1	外部运行功能结束信号	EFIN	—	○
G5.2	主轴功能结束信号	SFIN	○	○
G5.3	刀具功能结束信号	TFIN	○	○
G5.4	第2辅助功能结束信号	BFIN	○	—
G5.6	辅助功能锁住信号	AFL	○	○
G5.7	第2辅助功能结束信号	BFIN	—	○
G6.0	程序再启动信号	SRN	○	○
G6.2	手动绝对值信号	*ABSM	○	○
G6.4	倍率取消信号	OVC	○	○
G6.6	跳转信号	SKIPP	○	
G7.1	启动锁住信号	STLK	○	
G7.2	循环启动信号	ST	○	○
G7.4	行程检测3解除信号	RLSOT3	○	
G7.5	跟踪信号	*FLWU	○	○
G7.6	存储行程极限选择信号	EXLM	○	○
G7.7	行程到限解除信号	RLSOT	—	○
G8.0	互锁信号	*IT	○	○
G8.1	切削程序段开始互锁信号	*CSL	○	○
G8.3	程序段开始互锁信号	*BSL	○	○

续表

地址 (Address)	信号名称	符号 (Symbol)	T系列	M系列
G8.4	急停信号	*ESP	○	○
G8.5	进给暂停信号	*SP	○	○
G8.6	复位和倒回信号	RRW	○	○
G8.7	外部复位信号	ERS	○	○
G9.0～G9.4	工件号检索信号	PN1,PN2,PN4, PN8,PN16	○	○
G10～G11	手动移动速度倍率信号	*JV0～*JV15	○	○
G12	进给速度倍率信号	*FV0～*FV7	○	○
G14.0,G14.1	快速进给速度倍率信号	ROV1,ROV2	○	○
G16.7	F1位进给选择信号	F1D	—	○
G18.0～G18.3	手动进给轴选择信号	HS1A～HS1D	○	○
G18.4～G18.7		HS2A～HS2D	○	○
G19.0～G19.3		HS3A～HS3D	○	○
G19.4,G19.5	手轮进给量选择信号(增量进给信号)	MP1,MP2	○	○
G19.7	手动快速进给选择信号	RT	○	○
G23.5	在位检测无效信号	NOINPS	○	○
G24.0～G25.5	扩展工件号检索信号	EPNO～EPN13	○	○
G25.7	扩展工件号检索开始信号	EPNS	○	○
G27.0	主轴选择信号	SWS1	○	○
G27.1		SWS2	○	○
G27.2		SWS3	○	○
G27.3	各主轴停止信号	*SSTP1	○	○
G27.4		*SSTP2	○	○
G27.5		*SSTP3	○	○
G27.7	Cs轮廓控制切换信号	CON	○	○
G28.1,G28.2	齿轮选择信号(输入)	GR1,GR2	○	—
G28.4	主轴松开完成信号	*SUCPF	○	—
G28.5	主轴夹紧完成信号	*SCPF	○	—
G28.6	主轴停止完成信号	SPSTP	○	—
G28.7	第2位置编码器选择信号	PC2SLC	○	○
G29.0	齿轮挡选择信号(输入)	GR21	○	
G29.4	主轴速度到达信号	SAR	○	○
G29.5	主轴定向信号	SOR	○	○
G29.6	主轴停信号	*SSTP	○	○
G30	主轴速度倍率信号	SOV0～SOV7	○	○
G32.0～G33.3	主轴电机速度指令信号	R01I～R12I	○	○

续表

地址 (Address)	信号名称	符号 (Symbol)	T系列	M系列
G33.5	主轴电机指令输出极性选择信号	SGN	○	○
G33.6		SSIN	○	○
G33.7	PMC控制主轴速度输出控制信号	SIND	○	○
G34.0～G35.3	主轴电机速度指令信号	R01I2～R12I2	○	○
G35.5	主轴电机指令输出极性选择信号	SGN2	○	○
G35.6	主轴电机指令输出极性选择信号	SSIN2	○	○
G35.7	PMC控制主轴速度输出控制信号	SIND2	○	○
G36.0～G37.3	主轴电机速度指令信号	RO1I3～R12I3	○	○
G37.5	主轴电机指令极性选择信号	SGN3	○	○
G37.6	主轴电机指令极性选择信号	SSIN3	○	○
G37.7	主轴电机速度选择信号	SIND3	○	○
G38.2	主轴同步控制信号	SPSYC	○	○
G38.3	主轴相位同步控制信号	SPPHS	○	○
G38.6	*B* 轴松开完成信号	*BECUP	—	○
G38.7	*B* 轴夹紧完成信号	*BECLP	—	○
G39.0～G39.5	刀具偏移号选择信号	OFN0～OFN5	○	—
G39.6	工件坐标系偏移值写入方式选择信号	WOQSM	○	
G39.7	刀具偏移量写入方式选择信号	GOQSM	○	
G40.5	主轴测量选择信号	S2TLS	○	
G40.6	位置记录信号	PRC	○	
G40.7	工件坐标系偏移量写入信号	WOSET	○	
G41.0～G41.3	手轮中断轴选择信号	HS1IA～HS1ID	○	○
G41.4～G41.7		HS2IA～HS2ID	○	○
G42.0～G42.3		HS3IA～HS3ID	—	○
G42.7	直接运行选择信号	DMMC	○	○
G43.0～G43.2	方式选择信号	MD1,MD2,MD4	○	○
G43.5	DNC运行选择信号	DNCI	○	○
G43.7	手动返回参考点选择信号	ZRN	○	○
G44.0,G45	跳过任选程序段信号	BDT1,BDT2～BDT9	○	○
G44.1	所有轴机床锁住信号	MLK	○	○
G46.1	单程序段信号	SBK	○	○
G46.3～G46.6	储存器保护信号	KEY1～KEY4	○	○
G46.7	空运行信号	DRN	○	○
G47.0～G47.6	刀具组号选择信号	TL01～TL64	○	
G47.0～G48.0		TL01～TL256	—	○
G48.5	刀具跳过信号	TLSKP	○	○

续表

地址 (Address)	信号名称	符号 (Symbol)	T系列	M系列
G48.6	每把刀具的更换复位信号	TLRSTI	—	○
G48.7	刀具更换复位信号	TLRST	○	○
G19.0～G50.1	刀具寿命计数倍率信号	*TLV0～*TLV9	—	○
G53.0	通用累计计数器启动信号	TMRON	○	○
G53.3	用户宏程序中断信号	UINT	○	○
G53.6	误差检测信号	SMZ	○	—
G53.7	倒角信号	CDZ	○	
G54～G55	用户宏程序输入信号	UI000～UI015	○	
G58.0	程序输入外部启动信号	MINP	○	○
G58.1	外部读开始信号	EXRD	○	○
G58.2	外部阅读/传出停止信号	EXSTP	○	○
G58.3	外部传出启动信号	EXWT	○	○
G60.7	尾架屏蔽选择信号	*TSB	○	
G61.0	刚性攻螺纹信号	RGTAP	○	○
G61.4,G61.5	刚性攻螺纹主轴选择信号	RGTSP1	○	—
G62.1	CRT 显示自动清屏取消信号	*CRTOF	○	○
G62.6	刚性攻螺纹回退启动信号	RTNT	—	○
G63.5	垂直/角度轴控制无效信号	NOZAGC	○	○
G66.0	所有轴 VRDY OFF 报警忽略信号	IGNVRY	○	○
G66.1	外部键入方式选择信号	ENBKY	○	○
G66.4	回退信号	RTRCT	○	○
G66.7	键代码读取信号	EKSET	○	○
G67.6	硬拷贝(截屏)停止信号	HCABT	○	○
G67.7	硬拷贝(截屏)请求信号	HCREQ	○	○
G70.0	转矩限制 LOW 指令信号(串行主轴)	TLMLA	○	○
G70.1	转矩限制 HIGH 指令信号(串行主轴)	TLMHA	○	○
G70.2,G70.3	离合器/齿轮信号(串行主轴)	CTH1A,CTH2A	○	○
G70.4	主轴反转指令信号	SRVA	○	○
G70.5	主轴正转指令信号	SFRA	○	○
G70.6	主轴定向指令信号	ORCMA	○	○
G70.7	机床准备就绪信号(串行主轴)	MRDYA	○	○
G71.0	报警复位信号(串行主轴)	ARSTA	○	○
G71.1	急停信号(串行主轴)	*ESPA	○	○
G71.2	主轴选择信号(串行主轴)	SPSLA	○	○
G71.3	动力线切换结束信号(串行主轴)	MCFNA	○	○
G71.4	软启动停止取消信号(串行主轴)	SOCAN	○	○

续表

地址 (Address)	信号名称	符号 (Symbol)	T 系列	M 系列
G71.5	速度积分控制信号	INTGA	○	○
G71.6	输出切换请求信号	RSLA	○	○
G71.7	动力线状态检测信号	RCHA	○	○
G72.0	准停位置变换信号	INDXA	○	○
G72.1	变换准停位置时旋转方向指令信号	ROTAA	○	○
G72.2	变换准停位置时最短距离移动指令信号	NRROA	○	○
G72.3	微分方式指令信号	DEFMDA	○	○
G72.4	模拟倍率指令信号	OVRA	○	○
G72.5	增量指令外部设定型定向信号	INCMDA	○	○
G72.6	变换主轴信号时主轴 MCC 状态信号	MFNHGA	○	○
G72.7	用磁传感器时高输出 MCC 状态信号	RCHHGA	○	○
G73.0	用磁传感器的主轴定向指令	MORCMA	○	○
G73.1	从动运行指令信号	SLVA	○	○
G73.2	电机动力关断信号	MPOFA	○	○
G73.4	断线检测无效信号	DSCNA	○	○
G74.0	转矩限制 LOW 指令信号	TLMLB	○	○
G74.1	转矩限制 HIGH 指令信号	TLMHB	○	○
G74.2,G74.3	离合器/齿轮挡信号	CTH1B,CTH2B	○	○
G74.4	CCW 指令信号	SRVB	○	○
G74.5	CW 指令信号	SFRB	○	○
G74.6	定向指令信号	ORCMB	○	○
G74.7	机床准备就绪信号	MRDYB	○	○
G75.0	报警复位信号	ARSTB	○	○
G75.1	急停信号	*ESPB	○	○
G75.2	主轴选择信号	SPSLB	○	○
G75.3	动力线切换完成信号	MCFNB	○	○
G75.4	软启动停止取消信号	SOCNB	○	○
G75.5	速度积分控制信号	INTGB	○	○
G75.6	输出切换请求信号	RSLB	○	○
G75.7	动力线状态检测信号	PCHB	○	○
G76.0	准停位置变换信号	INDXB	○	○
G76.1	变换准停位置时旋转方向指令信号	ROTAB	○	○
G76.2	变换准停位置时最短距离移动指令信号	NRROB	○	○
G76.3	微分方式指令信号	DEFMDB	○	○
G76.4	模拟倍率指令信号	OVRB	○	○
G76.5	增量指令外部设定型定向信号	INCMDB	○	○

续表

地址 (Address)	信号名称	符号 (Symbol)	T 系列	M 系列
G76.6	变换主轴信号时主主轴 MCC 状态信号	MFNHGB	○	○
G76.7	用磁传感器是 Hing 输出 MCC 状态信号	RCHHGB	○	○
G77.0	用磁传感器的主轴定向指令	MORCMB	○	○
G77.1	从动运行指令信号	SLVB	○	○
G77.2	电机动力关断信号	MPOFB	○	○
G77.4	断线检测无效信号	DSCNB	○	○
G78.0～G79.3	主轴定向外部停止的位置指令信号	SHA00～SHA11	○	○
G80.0～G81.3		SHB00～SGB11	○	○
G91.0～G91.3	组号指定信号	SRLNI0～SRLNI3	○	○
G92.0	I/O Link 确认信号	LOLACK	○	○
G92.1	I/O Link 指定信号	LOLS	○	○
G92.2	Power Mate 读/写进行中信号	BGIOS	○	○
G92.3	Power Mate 读/写报警信号	BGIALM	○	○
G92.4	Power Mate 后台忙信号	BGEM	○	○
G96.0～G96.6	1%快速进给倍率信号	* HROV0～* HROV6	○	○
G96.7	1%快速进给倍率选择信号	HROV	○	○
G98	键代码信号	EKC0～EKC7	○	○
G100	进给轴和方向选择信号	+J1～+J4	○	○
G101.0～G101.3	外部减速信号 2	* +ED21～* +−ED24	○	○
G102	进给轴和方向选择信号	−J1～J4	○	○
G103.0～G103.3	外部减速信号 2	* −ED21～* −ED24	○	○
G104	坐标轴方向存储器行程限位开关信号	+EXL1～+EXL4	○	○
G105		−EXL1～−EXL4	○	○
G106	镜像信号	MI1～MI4	○	○
G107.0～G107.3	外部减速信号 3	* +ED31～* +E34	○	○
G108	各轴机床锁住信号	MLK1～MLK4	○	○
G109.0～G109.3	外部减速信号 3	* −ED31～* −ED34	○	○
G110	行程极限外部设定信号	+LM1～+LM4	—	○
G112		−LM1～−LM4	—	○
G114	超程信号	* +L1～* +L4	○	○
G116		* −L1～* −L4	○	○
G118	外部减速信号	* +ED1～* +ED4	○	○
G120		* −ED1～−* ED4	○	○
G124.0～G124.3	控制轴脱开信号	DTCH1～DTCH4	○	○
G125	异常负载检测忽略信号	IUDD1～IUDD4	○	○

续表

地址（Address）	信号名称	符号（Symbol）	T系列	M系列
G126	伺服关闭信号	SVF1～SVF4	○	○
G127.0～G127.3	Cs轮廓控制方式精细加/减速功能无效信号	CDF1～CDF4	○	○
G130	各轴互锁信号	*IT1～*IT4	○	○
G132.0～G132.3	各轴和方向互锁信号	＋MIT1～＋MIT4	—	○
G134.0～G134.3	各轴和方向互锁信号	－MIT1～－MIT4	—	○
G136	控制轴选择信号(PMC轴控制)	EAX1～EAX4	○	○
G138	简单同步轴选择信号	SYNC1～SYNC4	○	○
G140	简单同步手动进给轴选择信号	EFINA	—	○
G142.0	辅助功能结束信号(PMC轴控制)	EFINA	○	○
G142.1	累积零位检测信号	ELCKZA	○	○
G142.2	缓冲禁止信号	EMBUFA	○	○
G142.3	程序段停信号(PMC轴控制)	ESBKA	○	○
G142.4	伺服关断信号(PMC轴控制)	ESOFA	○	○
G142.5	轴控制指令读取信号(PMC轴控制)	ESTPA	○	○
G142.6	复位信号(PMC轴控制)	ECLRA	○	○
G142.7	轴控制指令读取信号(PMC轴控制)	EBUFA	○	○
G143.0～G143.6	轴控制指令信号(PMC轴控制)	EC0A～EC6A	○	○
G143.7	程序段停禁止信号(PMC轴控制)	EMSBKA	○	○
G144～G145	轴控制进给速度信号(PMC轴控制)	EIFA～EIF15A	○	○
G146～G149	轴控制数据信号(PMC轴控制)	EID0A～31A	○	○
G150.0,G150.1	快速进给倍率信号(PMC轴控制)	ROV1E,ROV2E	○	○
G150.5	倍率取消信号(PMC轴控制)	OVCE	○	○
G150.6	手动快速选择信号(PMC轴控制)	RTE	○	○
G150.7	空运行信号(PMC轴控制)	DRNE	○	○
G151	进给速度倍率信号(PMC轴控制)	*FV0E～*FV7E	○	○
G154.0	辅助功能结束信号(PMC轴控制)	EFINB	○	○
G154.1	累积零检测信号(PMC轴控制)	ELCKZB	○	○
G154.2	缓冲禁止信号	EMBUFB	○	○
G154.3	程序段停信号(PMC轴控制)	ESBKB	○	○
G154.4	伺服关闭信号(PMC轴控制)	ESOFB	○	○
G154.5	轴控制暂停信号(PMC轴控制)	ESTPB	○	○

续表

地址 (Address)	信号名称	符号 (Symbol)	T 系列	M 系列
G154.6	复位信号(PMC 轴控制)	ECLRB	○	○
G154.7	轴控制指令读取信号(PMC 轴控制)	EBUFB	○	○
G155.0～G155.6	轴控制指令信号(PMC 轴控制)	EC0B～EC6B	○	○
G155.7	程序段停信号(PMC 轴控制)	EMSBKB	○	○
G156～G157	轴控制进给速度信号(PMC 轴控制)	EIFB～EIF15B	○	○
G158～G161	轴控制数据信号(PMC 轴控制)	EID0B～31B	○	○
G166.0	辅助功能结束信号(PMC 轴控制)	EFINC	○	○
G166.1	累积零位检测信号	ELCKZC	○	○
G166.2	缓冲禁止信号	EMBUFC	○	○
G166.3	程序段停信号(PMC 轴控制)	ESBKC	○	○
G166.4	伺服关断信号(PMC 轴控制)	ESOFC	○	○
G166.5	轴控制指令读取信号(PMC 轴控制)	ESTPC	○	○
G166.6	复位信号(PMC 轴控制)	ECLRC	○	○
G166.7	轴控制指令读取信号(PMC 轴控制)	EBUFC	○	○
G167.0～G167.6	轴控制指令信号(PMC 轴控制)	EC0C～EC6C	○	○
G167.7	程序段停禁止信号(PMC 轴控制)	EMSBKC	○	○
G168～G169	轴控制进给速度信号(PMC 轴控制)	EIFC～EIF15C	○	○
G170～G173	轴控制数据信号(PMC 轴控制)	EID0C～31C	○	○
G178.0	辅助功能结束信号(PMC 轴控制)	EFIND	○	○
G178.1	累积零位检测信号	ELCKZD	○	○
G178.2	缓冲禁止信号	EMBUFD	○	○
G178.3	程序段停信号(PMC 轴控制)	ESBKD	○	○
G178.4	伺服关断信号(PMC 轴控制)	ESOFD	○	○
G178.5	轴控制指令读取信号(PMC 轴控制)	ESTPD	○	○
G178.6	复位信号(PMC 轴控制)	ECLRD	○	○
G178.7	轴控制指令读取信号(PMC 轴控制)	EBUFD	○	○
G179.0～G179.6	轴控制指令信号(PMC 轴控制)	EC0D～EC6D	○	○
G179.7	程序段停禁止信号(PMC 轴控制)	EMSBKD	○	○
G180～G181	轴控制进给速度信号(PMC 轴控制)	EIFD～EIF15D	○	○
G182～G185	轴控制数据信号(PMC 轴控制)	EID0D～31D	○	○
G192	各轴 VRDY OFF 报警忽略信号	IGVRY1～IGVRY4	○	○
G198	位置显示忽略信号	NPOS1～NPOS4	○	○
G199.0	手摇脉冲发生器选择信号	IOBH2	○	○
G199.1	手摇脉冲发生器选择信号	IOBH3	○	○

续表

地址 (Address)	信号名称	符号 (Symbol)	T系列	M系列
G200	轴控制高级指令信号	EASIP1～EASIP4	○	○
G274.4	Cs轴坐标系建立请求信号	CSFI1	○	○
G349.0～G349.3	伺服转速检测有效信号	SVSCK1～SVSCK4	○	○
G359.0～G359.3	各轴在位检测无效信号	NOINP1～NOINP4	○	○
F0.0	倒带信号	RWD	○	○
F0.4	进给暂停报警信号	SPL	○	○
F0.5	循环启动报警信号	STL	○	○
F0.6	伺服准备就绪信号	SA	○	○
F0.7	自动运行信号	OP	○	○
F1.0	报警信号	AL	○	○
F1.1	复位信号	RST	○	○
F1.2	电池报警信号	BAL	○	○
F1.3	分配结束信号	DEN	○	○
F1.4	主轴使能信号	ENB	○	○
F1.5	攻螺纹信号	TAP	○	○
F1.7	CNC信号	MA	○	○
F2.0	英制输入信号	INCH	○	○
F2.1	快速进给信号	RPDO	○	○
F2.2	恒表面切削速度信号	CSS	○	○
F2.3	螺纹切削信号	THRD	○	○
F2.4	程序启动信号	SRNMV	○	○
F2.6	切削进给信号	CUT	○	○
F2.7	空运行检测信号	MDPN	○	○
F3.0	增量进给选择检测信号	MINC	○	○
F3.1	手轮进给选择检测信号	MH	○	○
F3.2	JOG进给检测信号	MJ	○	○
F3.3	手动数据输入选择检测信号	MMDI	○	○
F3.4	DNC运行选择确认信号	MRMT	○	○
F3.5	自动运行选择检测信号	MMEM	○	○
F3.6	储存器编辑选择检测信号	MEDT	○	○
F3.7	示教选择检测信号	MTCHIN	○	○
F4.0,F5	跳过任选程序段检测信号	MBDT1, MBDT2～MBDT9	○	○

续表

地址(Address)	信号名称	符号(Symbol)	T系列	M系列
F4.1	所有轴机床锁住检测信号	MMLK	○	○
F4.2	手动绝对值检测信号	MABSM	○	○
F4.3	单程序段检测信号	MSBK	○	○
F4.4	辅助功能锁住检测信号	MAFL	○	○
F4.5	手动返回参考点检测信号	MREF	○	○
F7.0	辅助功能选通信号	MF	○	○
F7.1	高速接口外部运行信号	EFD	—	○
F7.2	主轴速度功能选通信号	SF	○	○
F7.3	刀具功能选通信号	TF	○	○
F7.4	第2辅助功能选通信号	BF	○	—
F7.7			—	○
F8.0	外部运行信号	EF	—	○
F8.4	第2M功能选通信号	MF2	○	○
F8.5	第3M功能选通信号	MF3	○	○
F9.4	M译码信号	DM30	○	○
F9.5		DM02	○	○
F9.6		DM01	○	○
F9.7		DM00	○	○
F10～F13	M代码辅助功能代码信号	M00～M31	○	○
F14～F15	第2M代码信号	M200～M215	○	○
F16～F17	第3M代码信号	M300～M315	○	○
F22～F25	主轴速度代码信号	S00～S31	○	○
F26～F29	刀具功能代码信号	T00～T31	○	○
F30～F33	第2辅助功能代码信号	B00～B31	○	○
F34.0～F34.2	齿轮选择信号(输出)	GRIO,GR2O,GR3O	—	○
F35.0	主轴功能检测报警信号	SPAL	○	○
F36.0	12位代码信号	RO01～RO12	○	○
F37.3			○	○
F38.0	主轴夹紧信号	SCLP	○	—
F38.1	主轴松开信号	SUCLP	○	—
F38.2	主轴使能信号	ENB2	○	○
F38.3		ENB3	○	○
F40～F41	实际主轴速度信号	AR0～AR15	○	—
F44.1	Cs轮廓控制切换结束信号	FSCSL	○	○

续表

地址 (Address)	信号名称	符号 (Symbol)	T 系列	M 系列
F44.2	主轴同步速度控制结束信号	FSPSY	○	○
F44.3	主轴相位同步控制结束信号	FSPPH	○	○
F44.4	主轴同步控制报警信号	SYCAL	○	○
F45.0	报警信号(串行主轴)	ALMA	○	○
F45.1	零速度信号(串行主轴)	SSTA	○	○
F45.2	速度检测信号(串行主轴)	SDTA	○	○
F45.3	速度到达信号(串行主轴)	SARA	○	○
F45.4	负载检测信号 1(串行主轴)	LDT1A	○	○
F45.5	负载检测信号 2(串行主轴)	LDT2A	○	○
F45.6	转矩限制信号(串行主轴)	TLMA	○	○
F45.7	定向结束信号(串行主轴)	ORARA	○	○
F46.0	动力线切换信号(串行主轴)	CHPA	○	○
F46.1	主轴切换结束信号(串行主轴)	CFINA	○	○
F46.2	输出切换信号(串行主轴)	RCHPA	○	○
F46.3	输出切换结束信号(串行主轴)	RCFNA	○	○
F46.4	从动运动状态信号(串行主轴)	SLVSA	○	○
F46.5	用位置编码器的主轴定向接近信号(串行主轴)	PORA2A	○	○
F46.6	用磁传感器主轴定向结束信号(串行主轴)	MORA1A	○	○
F46.7	用磁传感器主轴定向接近信号(串行主轴)	MORA2A	○	○
F47.0	位置编码器一转信号检测的状态信号(串行主轴)	PC1DTA	○	○
F47.1	增量方式定向信号(串行主轴)	INCSTA	○	○
F47.4	电机激磁关断状态信号(串行主轴)	EXOFA	○	○
F48.4	Cs 轴坐标系建立状态信号	CSPENA	○	○
F49.0	报警信号(串行主轴)	ALMB	○	○
F49.1	零速度信号(串行主轴)	SSTB	○	○
F49.2	速度检测信号(串行主轴)	SDTB	○	○
F49.3	速度到达信号(串行主轴)	SARB	○	○
F49.4	负载检测信号 1(串行主轴)	LDT1B	○	○
F49.5	负载检测信号 2(串行主轴)	LDT2B	○	○
F49.6	转矩限制信号(串行主轴)	TLMB	○	○
F49.7	定向结束信号(串行主轴)	ORARB	○	○

续表

地址 (Address)	信号名称	符号 (Symbol)	T 系列	M 系列
F50.0	动力线切换信号(串行主轴)	CHPB	○	○
F50.1	主轴切换结束信号(串行主轴)	CFINB	○	○
F50.2	输出切换信号(串行主轴)	RCHPB	○	○
F50.3	输出切换结束信号(串行主轴)	RCFNB	○	○
F50.4	从动运动状态信号(串行主轴)	SLVSB	○	○
F50.5	用位置编码器的主轴定向接近信号(串行主轴)	PORA2B	○	○
F50.6	用磁传感器主轴定向结束信号(串行主轴)	MORA1B	○	○
F50.7	用磁传感器主轴定向接近信号(串行主轴)	MORA2B	○	○
F51.0	位置编码器一转信号检测的状态信号(串行主轴)	PC1DTB	○	○
F51.1	增量方式定向信号(串行主轴)	INCSTB	○	○
F51.4	电机激磁关断状态信号(串行主轴)	EXOFB	○	○
F53.0	键输入禁止信号	INHKY	○	○
F53.1	程序屏幕显示方式信号	PRGDPL	○	○
F53.2	阅读/传出处理中信号	RPBSY	○	○
F53.3	阅读/传出报警信号	RPALM	○	○
F53.4	后台忙信号	BGEACT	○	○
F53.7	键代码读取结束信号	EKENB	○	○
F54～F55	用户宏程序输出信号	UO000～UO015	○	○
F56～F59		UO100～UO131	○	○
F60.0	外部数据输入读取结束信号	EREND	○	○
F60.1	外部数据输入检索结束信号	ESEND	○	○
F60.2	外部数据输入检索取消信号	ESCAN	○	○
F61.0	*B* 轴松开信号	BUCLP	—	○
F61.1	*B* 轴夹紧信号	BCLP	—	○
F61.2	硬拷贝停止请求接受确认	HCAB2	○	○
F61.3	硬拷贝进行中信号	HCEXE	○	○
F62.0	AI 先行控制方式信号	AICC	—	○
F62.3	主轴 1 测量中信号	S1MES	○	—
F62.4	主轴 2 测量中信号	S2MES	○	—
F62.7	所需零件计数到达信号	PRTSF	○	○
F63.7	多边形同步信号	PSYN	○	—

续表

地址 (Address)	信号名称	符号 (Symbol)	T系列	M系列
F64.0	更换刀具信号	TLCH	○	○
F64.1	新刀具选择信号	TLNW	○	○
F64.2	每把刀具的切换信号	TLCHI	—	○
F64.3	刀具寿命到期通知信号	TLCHB	—	○
F65.0	主轴的转向信号	RGSPP	—	○
F65.1		RGSPM	—	○
F65.4	回退完成信号	RTRCTF	○	○
F66.0	先行控制方式信号	G8MD	○	○
F66.1	刚性攻螺纹回退结束信号	RTPT	—	○
F66.5	小孔径深孔钻孔处理中信号	PECK2	—	○
F70～F71	位置开关信号	PSW01～PSW16	○	○
F72	软操作面板通用开关信号	OUT0～OUT7	○	○
F73.0	软操作面板信号(MD1)	MD1O	○	○
F73.1	软操作面板信号(MD2)	MD2O	○	○
F73.2	软操作面板信号(MD4)	MD4O	○	○
F73.4	软操作面板信号(ZRN)	ZRNO	○	○
F75.2	软操作面板信号(BDT)	BDTO	○	○
F75.3	软操作面板信号(SBK)	SBKO	○	○
F75.4	软操作面板信号(MLK)	MLKO	○	○
F75.5	软操作面板信号(DRN)	DRNO	○	○
F75.6	软操作面板信号(KEY1～KEY4)	KEYO	○	○
F75.7	软操作面板信号(* SP)	SPO	○	○
F76.0	软操作面板信号(MP1)	MP1O	○	○
F76.1	软操作面板信号(MP2)	MP2O	○	○
F76.3	刚性攻螺纹方式信号	RTAP	○	○
F76.4	软操作面板信号(R0V1)	R0V10	○	○
F76.5	软操作面板信号(R0V2)	R0V20	○	○
F77.0	软操作面板信号(HS1A)	HS1A0	○	○
F77.1	软操作面板信号(HS1B)	HS1B0	○	○
F77.2	软操作面板信号(HS1C)	HS1CO	○	○
F77.3	软操作面板信号(HS1D)	HS1D0	○	○
F77.6	软操作面板信号(RT)	RT0	○	○

续表

地址 (Address)	信号名称	符号 (Symbol)	T 系列	M 系列
F78	软操作面板信号(* FV0～* FV7)	* FV0O～* FV7O	○	○
F79～F80	软操作面板信号(* JV0～* JV15)	* JV0O～* JV15O	○	○
F81.0,F81.2, F81.4,F81.6	软操作面板信号(+J1～+J4)	+J1O～+J4O	○	○
F81.1,F81.3, F81.5,F81.7	软操作面板信号(−J1～−J4)	−J1O～−J4O	○	○
F90.0	伺服轴异常负载检测信号	ABTQSV	○	○
F90.1	第 1 主轴异常负载检测信号	ABTSP1	○	○
F90.2	第 2 主轴异常负载检测信号	ABTSP2	○	○
F94	返回参考点结束信号	ZP1～ZP4	○	○
F96	返回第 2 参考位置结束信号	ZP21～ZP24	○	○
F98	返回第 3 参考位置结束信号	ZP31～ZP34	○	○
F100	返回第 4 参考位置结束信号	ZP41～ZP44	○	○
F102	轴移动信号	MV1～MV4	○	○
F104	到位信号	INP1～INP4	○	○
F106	轴运动方向信号	MVD1～MVD4	○	○
F108	镜像检测信号	MMI1～MMI4	○	○
F110.0～F110.3	控制轴脱开状态信号	MDTCH1～MDTCH4	○	○
F112	分配结束信号(PMC 轴控制)	EADEN1～EADEN4	○	○
F114	转矩极限到达信号	TRQL1～TRQL4	○	—
F120	参考点建立信号	ZRF1～ZRF4	○	○
F122.0	高速跳转状态信号	HDO0	○	○
F124	行程限位到达信号	+OT1～+OT4	—	○
F124.0～F124.3	超程报警中信号	OTP1～OTP4	○	○
F126	行程限位到达信号	−OT1～−OT4	—	○
F129.5	0%倍率信号(PMC 轴控制)	EOVO	○	○
F129.7	控制轴选择状态信号(PMC 轴控制)	* EAXSL	○	○
F130.0	到位信号(PMC 轴控制)	EINPA	○	○
F130.1	零跟随误差检测信号(PMC 轴控制)	ECKZA	○	○
F130.2	报警信号(PMC 轴控制)	EIALA	○	○
F130.3	辅助功能执行信号(PMC 轴控制)	EDENA	○	○
F130.4	轴移动信号(PMC 轴控制)	EGENA	○	○
F130.5	正向超程信号(PMC 轴控制)	EOTPA	○	○

续表

地址(Address)	信号名称	符号(Symbol)	T 系列	M 系列
F130.6	负向超程信号(PMC 轴控制)	EOTNA	○	○
F130.7	轴控制指令读取结束信号(PMC 轴控制)	EBSYA	○	○
F131.0	辅助功能选通信号(PMC 轴控制)	EMFA	○	○
F131.1	缓冲器满信号(PMC 轴控制)	EABUFA	○	○
F131～F142	辅助功能代码信号(PMC 轴控制)	EM11A～EM48A	○	○
F133.0	到位信号(PMC 轴控制)	EINP8	○	○
F133.1	零跟随误差检测信号(PMC 轴控制)	BCKZB	○	○
F133.2	报警信号(PMC 轴控制)	EIALB	○	○
F133.3	辅助功能执行信号(PMC 轴控制)	EDENB	○	○
F133.4	轴移动信号(PMC 轴控制)	EGENB	○	○
F133.5	正向超程信号(PMC 轴控制)	EOTPB	○	○
F133.6	负向超程信号(PMC 轴控制)	EOTNB	○	○
F133.7	轴控制指令读取结束信号(PMC 轴控制)	EBSYB	○	○
F134.0	辅助功能选通信号(PMC 轴控制)	EMFB	○	○
F134.1	缓冲器满信号(PMC 轴控制)	EABUFB	○	○
F135～F145	辅助功能代码信号(PMC 轴控制)	EM11B～EM48B	○	○
F136.0	到位信号(PMC 轴控制)	EINPC	○	○
F136.1	零跟随误差检测信号(PMC 轴控制)	BCKZC	○	○
F136.2	报警信号(PMC 轴控制)	EIALC	○	○
F136.3	辅助功能执行信号(PMC 轴控制)	EDENC	○	○
F136.4	轴移动信号(PMC 轴控制)	EGENC	○	○
F136.5	正向超程信号(PMC 轴控制)	EOTPC	○	○
F136.6	负向超程信号(PMC 轴控制)	EOTNC	○	○
F136.7	轴控制指令读取结束信号(PMC 轴控制)	EBSYC	○	○
F137.0	辅助功能选通信号(PMC 轴控制)	EMFC	○	○
F137.1	缓冲器满信号(PMC 轴控制)	EABUFC	○	○
F138～F148	辅助功能代码信号(PMC 轴控制)	EM11C～EM48C	○	○
F139.0	到位信号(PMC 轴控制)	EINPD	○	○
F139.1	零跟随误差检测信号(PMC 轴控制)	BCKZD	○	○
F139.2	报警信号(PMC 轴控制)	EIALD	○	○
F139.3	辅助功能执行信号(PMC 轴控制)	EDEND	○	○
F139.4	轴移动信号(PMC 轴控制)	EGEND	○	○

续表

地址 (Address)	信号名称	符号 (Symbol)	T系列	M系列
F139.5	正向超程信号(PMC轴控制)	EOTPD	○	○
F139.6	负向超程信号(PMC轴控制)	EOTND	○	○
F139.7	轴控制指令读取结束信号(PMC轴控制)	EBSYD	○	○
F140.0	辅助功能选通信号(PMC轴控制)	EMFD	○	○
F140.1	缓冲器满信号(PMC轴控制)	EABUFD	○	○
F141～F151	辅助功能代码信号(PMC轴控制)	EM11D～EM48D	○	○
F172.6	绝对位置编码器电池电压零值报警信号	PBATZ	○	○
F172.7	绝对位置编码器电池电压值低报警信号	PBATL	○	○
F177.0	从装置I/O Link选择信号	IOLNK	○	○
F177.1	从装置外部读取开始信号	ERDIO	○	○
F177.2	从装置读/写停止信号	ESTPIO	○	○
F177.3	从装置外部写开始信号	EWTI0	○	○
F177.4	从装置程序选择信号	EPRG	○	○
F177.5	从装置宏变量选择信号	EVAR	○	○
F177.6	从装置参数选择信号	EPARM	○	○
F177.7	从装置诊断选择信号	EDGN	○	○
F178.0～F178.3	组号输出信号	SRLN00～SRLN03	○	○
F180	冲撞式参考位置设定的矩极限到达信号	CLRCH1～CLRCH4	○	○
F182	控制信号(PMC轴控制)	EACNT1～EACNT4	○	○
F274.4	Cs轴坐标系建立报警信号	CSF1	○	○
F298.0～F298.3	报警预测信号	TDFSV1～TDFSV4	○	○
F349.0～F349.3	伺服转速低报警信号	TSA1～TSA4	○	○

附录10 名词解释

（1）双通道和双路径

双通道是西门子数控系统的称呼，双路径是发那科数控系统的称呼。由于西门子双通道功能应用得比较多，因此本书统一称之为双通道。为了便于理解双通道，首先说明什么是单通道。

从三轴钻攻中心，到四轴卧式加工中心再到五轴加工中心，虽然伺服轴的轴数在增加，但实际运行时使用的仍然是一个插补功能，也就是单通道。当使用G代码同时实现多轴联动控制时，未参与联动的轴必须等多轴联动结束后方可运行。例如，使用G02实现*X*轴、*Y*轴联动进行铣圆加工，此时的*Z*轴要么参与铣圆加工，与*X*轴、*Y*轴进行联动，实现螺旋线加工，要么等待*X*轴、*Y*轴运行结束后才可以进行，见图33。

双通道功能，最简单的理解就是两个插补器，意味着数控系统可以同时执行两个工件程序，且互不影响。例如通道 1 的 X 轴、Y 轴正在进行平面铣圆加工，而通道 2 的 Z 轴不必等待 X 轴、Y 轴运行结束就可以自由运行。

最常见的形式是两个相同的伺服轴，例如两个 X 轴、一个 Y 轴、一个 Z 轴，或者两个 X 轴、两个 Y 轴、一个 Z 轴，或者两个 X 轴、两个 Y 轴、两个 Z 轴。而最核心的特点是两个相同的伺服轴彼此独立。双通道功能通常应用在大型数控机床上，见图 34 和图 35。

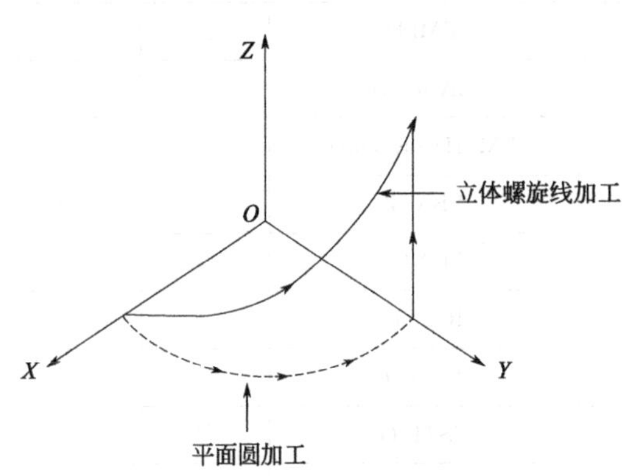

图 33　平面圆加工与立体螺旋线加工

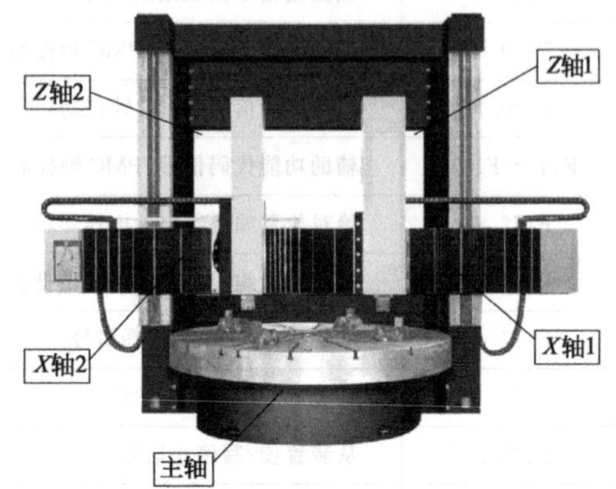

图 34　双主轴立式车床（大型立式车床）

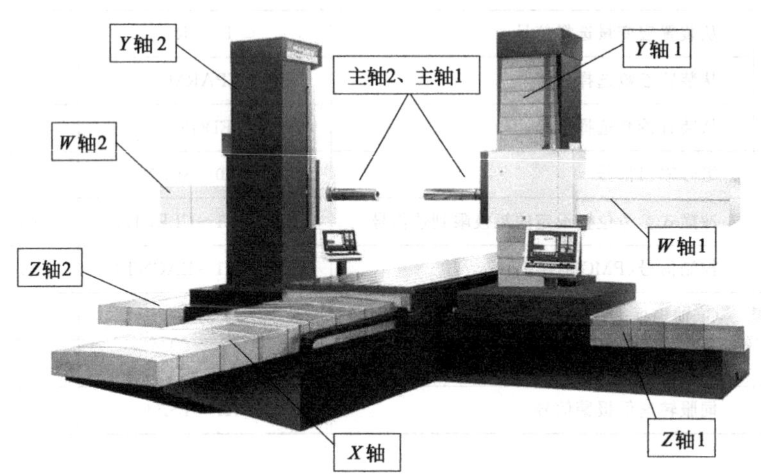

图 35　对头镗床（大型镗床）

双通道功能的核心指标是两个插补功能，彼此独立运行，对于中小型的数控机床来说，即便应用了两个伺服轴与主轴，也不能独立插补运行，因此不是双通道功能，见图 36。

双头雕铣机虽然应用了两个 Z 轴，但这两个 Z 轴的运行是同步的，因此不是双通道。数控机床的型号越大，要求的 NC 功能越强大。对于雕铣机、高光机这种小微数控机床，其数控系统的运算功能有限，可以实现的加工功能也有限，是不可能实现双通道运行的。

（2）电主轴

传统的主轴与主轴电机是分离的，主轴与主轴电机通过带、齿轮等进行传动，而电主轴是机床主轴与主轴电机融为一体。电主轴这种主轴电机与主轴合二为一的机械结构，导致电主轴无法通过外部管路对其进行润滑与冷却，因此电主轴内部自带冷却、润滑管路。

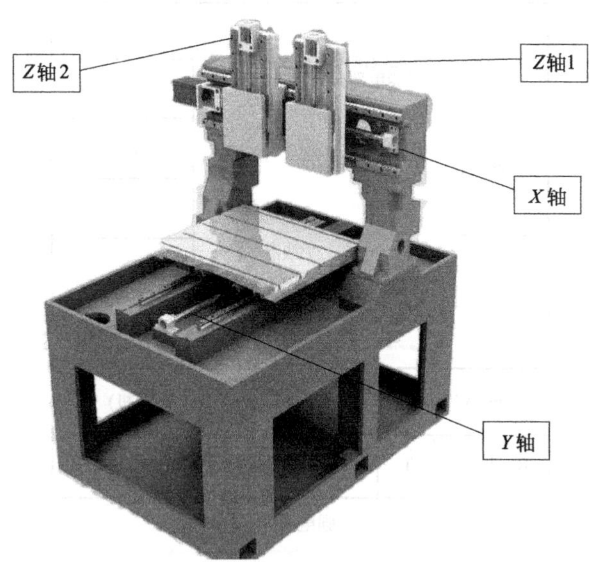

图 36　双头雕铣机（小型龙门机床）

电主轴由于少了中间环节，因此运行稳定性非常高，运行噪声低，加工精度高。电主轴在加工前需要热机，加工时的转速区间在 10000r/min 以上。电主轴高转速运行，且不通过齿轮传动增加输出转矩，故而电主轴的切削力很小，见图 37。

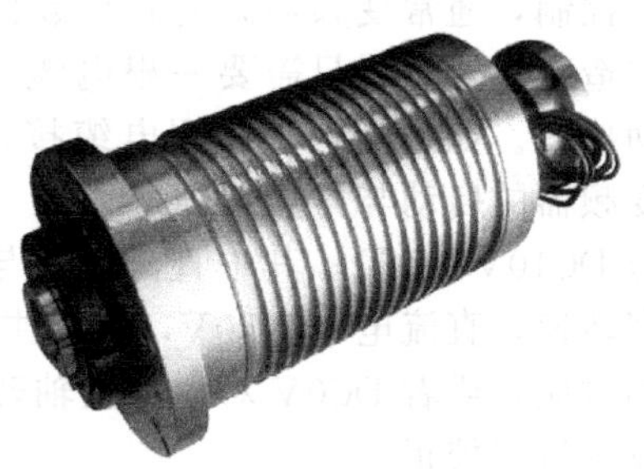
图 37　电主轴实物图

电主轴的电动机均采用交流异步感应电动机，运行时只关注实际的转速，故而有的数控机床制造商会采用变频器对其进行控制，以降低成本，见图 38 和图 39。

（3）变频器设定

① 变频器电气接线

变频器的电气接线分两部分，分别是强电部分和控制部分，其中强电部分的接线是固定的，控制部分的接线是不固定的。强电部分又分变频器供电（POWER）接线与电机（MOTOR）供电接线，见图 40。

图 38　西门子变频器

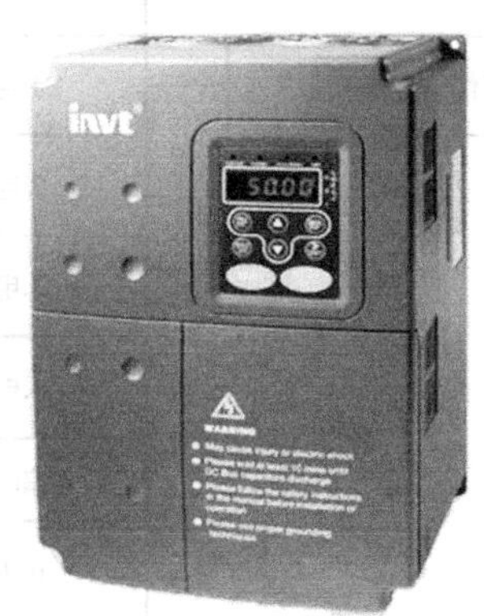

图 39　英威腾（国产）变频器

控制部分也分两大部分，分别是总线接口与电缆接口。如果变频器采用总线接口进

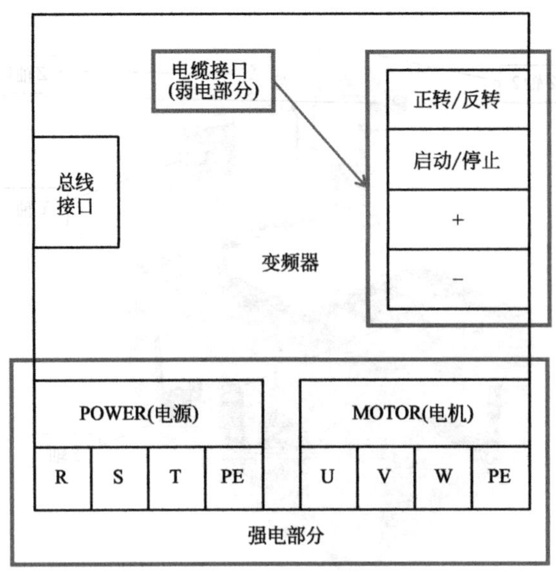

图 40　变频器电气接线示意图

行控制，通常变频器制造商与数控系统制造商是合作厂家或者变频器与数控系统是同一制造商，变频器只需要一根电缆、光缆、网线与数控系统进行连接即可，不需要额外手动接线。如果变频器采用电缆接口进行控制，需要确定以下几个控制信号的电气接线：变频器的启动与停止（DC24V）、正转与反转（DC24V）以及直流电压（电压介于 DC0V 与 DC10V 之间）。其中直流电压与变频器的转速成正比，直流电压 DC10V，对应主轴最高转速，直流电压 DC0V，对应主轴转速是 0。如果直流电压与实际转速不是百分百正比例对应，或者 DC0V 对应的主轴转速不是 0，那么说明直流电压存在零漂，可以通过参数设置进行校正。

② 变频器参数设定

由于变频器对主轴的速度精度要求不高，因此只需要对主轴的基本参数进行设定即可，其余是控制参数可以通过变频器的自学习模式自动获取。设定参数方法，不同的制造商各不相同，但设定的内容基本一致，见图 41。

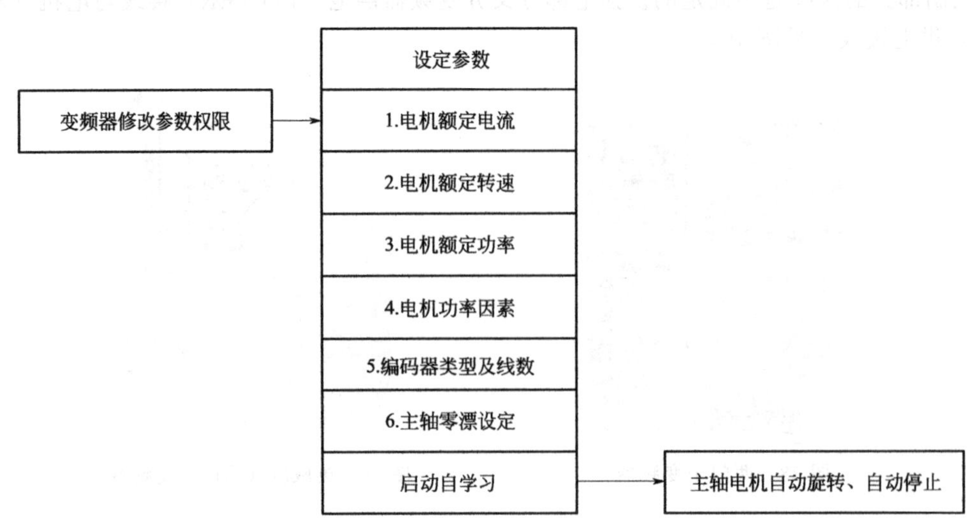

图 41　变频器参数设定

附录 11　PLC 其他数据格式

位（Bit）和字节（Byte）是 PLC 编程中最常见的数据格式，西门子数控系统还会使用其他数据格式的 PLC 变量：字（Word）与双字（Double Word）。

位信号的取值是 0 和 1 或者 False（0）和 True（1）。字节信号由 8 个“位”组成，取值范围是 00000000～11111111，对应十进制是 0～255。

字信号由 16 个“位”组成，取值范围是 0000000000000000～1111111111111111，对应十进制是 0～65535。西门子 PLC 变量表示字信号的是 DBnnnn. DBW，例如 DB9040. DBW16。

双字信号由 32 个“位”组成，取值范围是 00000000000000000000000000000000～11111111111111111111111111111111，对应十进制是 0～4，294，967，295。西门子 PLC 变量表示双字信号的是 DBnnnn. DBD，例如 DB1600. DBD0。

对于数控机床的 PLC 模块来说，一个单独的 I/O 模块通常是两个字节信号，也就是 16 个位信号，也就说一个字信号。当需要对 PLC 信号进行批量化操作时，如果使用位信号，就要对每一个位信号进行逻辑编程；如果使用字节信号，可以对 8 个位信号进行整体操作；如果使用字信号，就可以对 16 个位信号进行整体操作。

例如数控机床配有三色灯用来显示数控机床的运行状态，红色灯显示数控机床报警状态，绿色灯显示数控机床正在运行程序，黄色灯显示数控机床待机状态。

在编写 PLC 时，就要通过相关的 PLC 报警变量（发那科是 Am. n，西门子 828D 是 DB1600. DBXm. n）通过逻辑“或”的方式将红色灯的输出地址置为 1，见图 42。

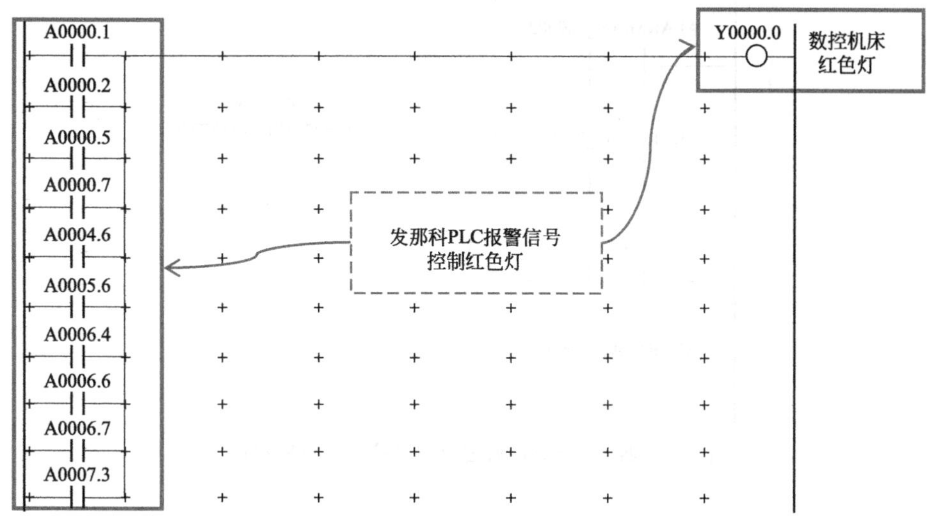

图 42　不连续的 PLC 报警信号控制红色灯

使用双字编写红色警示灯的 PLC 程序。

DB1600. DBD0 表示 DB1600. DBX0. 0～DB1600. DBX0. 7，DB1600. DBX1. 0～DB1600. DBX1. 7，DB1600. DBX2. 0～DB1600. DBX2. 7，DB1600. DBX3. 0～DB1600. DBX3. 7 共计 32 个“位”的值都不等于 0，此时才将红色警示灯置为 1，因此下一组双字是 DB1600. DBD4，见图 43 和图 44。

使用双字（包括字信号、字节信号）进行 PLC 编程，会节省 PLC 程序篇幅，编程更加方便，但降低了 PLC 的直观性，增加了调试与维修的难度。

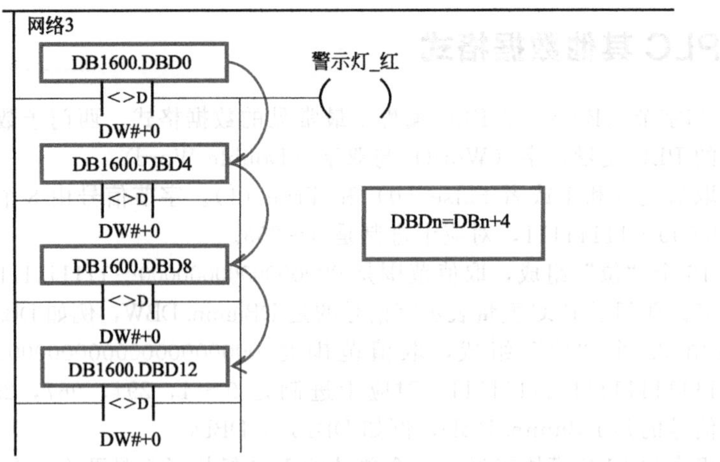

图 43　西门子 828D 通过 PLC 报警的双字变量控制红色警示灯

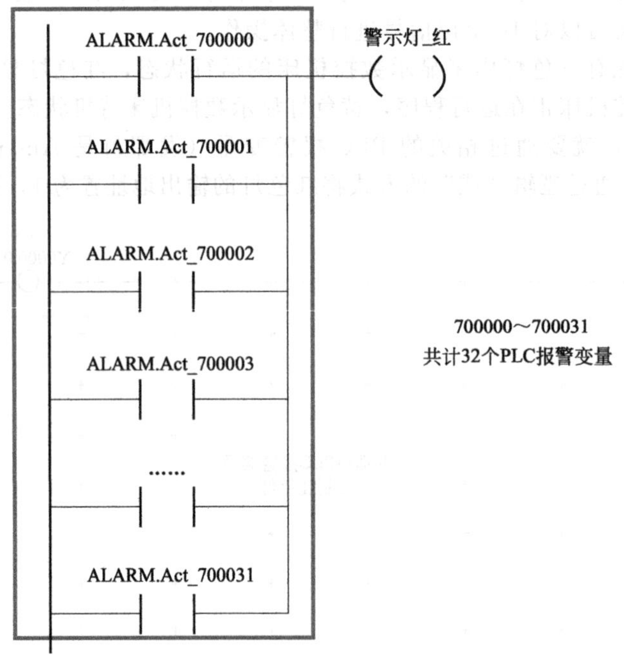

图 44　西门子 828D 通过位信号控制红色警示灯

附录 12　GBK 字库

我们经常使用各种编码标准的汉字，编码到底是什么呢？所谓编码，就是以固定的顺序排列字符，并以此作为记录、存贮、传递、交换的统一内部特征，这个字符排列顺序被称为编码。和中文字库有关的编码标准有：GB 码、GBK 码、BIG-5 码等，不同编码的汉字字库都与汉字的应用有密切关系。

（1）方正 GBK 字库内码表

GBK 字库共分为 5 部分，其中 GBK/1 和 GBK/5 为符号部分，GBK/2 为与 GB2312 兼

容的国标汉字部分，GBK/3 和 GBK/4 为扩展汉字部分。表 47 中空缺处为 GBK 中没有编码的字位。

表 47　方正 GBK 字库

B0	0	1	2	3	4	5	6	7	8	9	A	B	C	D	E	F
A		啊	阿	埃	挨	哎	唉	哀	皑	癌	蔼	矮	艾	碍	爱	隘
B	鞍	氨	安	俺	按	暗	岸	胺	案	肮	昂	盎	凹	敖	熬	翱
C	袄	傲	奥	懊	澳	芭	捌	扒	叭	吧	笆	八	疤	巴	拔	跋
D	靶	把	耙	坝	霸	罢	爸	白	柏	百	摆	佰	败	拜	稗	斑
E	班	搬	扳	般	颁	板	版	扮	拌	伴	瓣	半	办	绊	邦	帮
F	梆	榜	膀	绑	棒	磅	蚌	镑	傍	谤	苞	胞	包	褒	剥	
B1	0	1	2	3	4	5	6	7	8	9	A	B	C	D	E	F
A		薄	雹	保	堡	饱	宝	抱	报	暴	豹	鲍	爆	杯	碑	悲
B	卑	北	辈	背	贝	钡	倍	狈	备	惫	焙	被	奔	苯	本	笨
C	崩	绷	甭	泵	蹦	迸	逼	鼻	比	鄙	笔	彼	碧	蓖	蔽	毕
D	毙	毖	币	庇	痹	闭	敝	弊	必	辟	壁	臂	避	陛	鞭	边
E	编	贬	扁	便	变	卞	辨	辩	辫	遍	标	彪	膘	表	鳖	憋
F	别	瘪	彬	斌	濒	滨	宾	摈	兵	冰	柄	丙	秉	饼	炳	

（2）查询 GBK 码的方法

确定一个汉字的 GBK 码，需要通过查询汉字的纵横坐标对应的字母及数字。先确定纵坐标字母，再确定横坐标数字。

例如，确定“啊”字中文码，先确定 B0，再确定 A，最后确定对应的横坐标 1，那么“啊”字所对应的 GBK 码是 B0A1，见图 45。

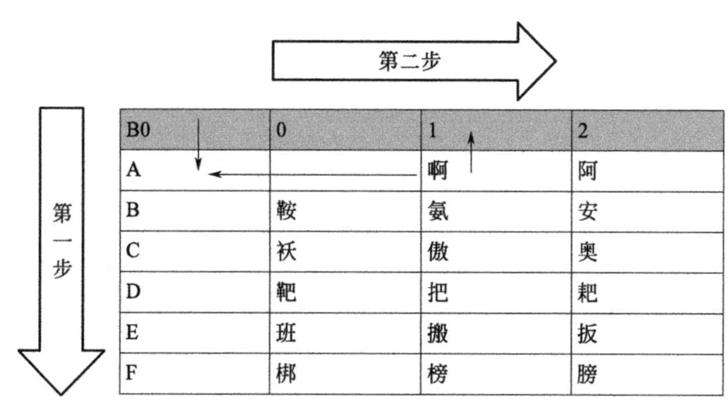

B0	0	1	2
A		啊	阿
B	鞍	氨	安
C	袄	傲	奥
D	靶	把	耙
E	班	搬	扳
F	梆	榜	膀

图 45　查询 GBK 码的方法

又例如，确定“扳”字 GBK 码，先确定 B0，再确定 E，再确定 2，即对应中文码为 B0E2。

手动查询的过程很复杂，效率又低，而通过自开发的软件功能自动转换的话，实现 PMC 的中文报警则是极其容易的事。图 46 为笔者应用 Excel 自开发的一键批量互转工具截图。

网络上提供的 GBK 码转换工具很多，但不能直接应用到发那科 PMC 中文报警中。

中文 转中文	中文码 转中文码
1000 (A0.0,X32.0) 机床照明电,源AC220V	1000 (A0.0,X32.0) @04BBFAB4B2D5D5C3F7B5E701@,@04D4B401@AC
1001 (A0.1,X32.1) 交流控制，电源AC110V	1001 (A0.1,X32.1) @04BDBBC1F7BFD8D6C6A3ACB5E7D4B401@AC110
1002 (A0.2,X32.2) DC24V直流电源监控	1002 (A0.2,X32.2) DC24V@04D6B1C1F7B5E7D4B4BCE0BFD801@
1003 (A0.3,X32.3) DC24V直流稳压电源监	1003 (A0.3,X32.3) DC24V@04D6B1C1F7CEC8D1B9B5E7D4B4BCE0BFD
1004 (A0.4,X32.4) 空调1电源监控	1004 (A0.4,X32.4) @04BFD5B5F701@1@04B5E7D4B4BCE0BFD801@
1005 (A0.5,X32.5) 空调2电源监控	1005 (A0.5,X32.5) @04BFD5B5F701@2@04B5E7D4B4BCE0BFD801@
1006 (A0.6,X32.6) 空调3电源监控	1006 (A0.6,X32.6) @04BFD5B5F701@3@04B5E7D4B4BCE0BFD801@
1007 (A0.7,X32.7) 空调4电源监控	1007 (A0.7,X32.7) @04BFD5B5F701@4@04B5E7D4B4BCE0BFD801@
1008 (A1.0,X33.0) 空调1故障	1008 (A1.0,X33.0) @04BFD5B5F701@1@04B9CAD5CF01@
1009 (A1.1,X33.1) 空调2故障	1009 (A1.1,X33.1) @04BFD5B5F701@2@04B9CAD5CF01@
1010 (A1.2,X33.2) 空调3故障	1010 (A1.2,X33.2) @04BFD5B5F701@3@04B9CAD5CF01@
1011 (A1.3,X33.3) 空调4故障	1011 (A1.3,X33.3) @04BFD5B5F701@4@04B9CAD5CF01@

图 46 一键批量互转工具截图

（3）发那科 PMC 报警中文码

发那科中文码应用过程中，在对应的 GBK 码前添加“@04”，在 GBK 码后添加“01@”。如果是连续的中文，则忽略前后的“@04”与“01@”。对于数字和字母则不使用 GBK 码，见表 48。

表 48 空调故障报警中文码

<table>
<tr><td colspan="4">1008(A1.0,X33.0)@04BFD5B5F701@1@04B9CAD5CF01@</td></tr>
<tr><td colspan="4">1008(A1.0,X33.0)空调 1 故障</td></tr>
<tr><td>空</td><td>BFD5</td><td>调</td><td>B5F7</td></tr>
<tr><td>故</td><td>B9CA</td><td>障</td><td>D5CF</td></tr>
</table>

参考文献

[1] 佟冬. 数控机床电气控制入门 [M]. 北京：化学工业出版社，2020.

[2] 约翰·奥尼尔，极客之王：特斯拉传 [M]. 林雨，译. 北京：现代出版社，2019.

[3] 佟冬，闵立. 基于 Excel 的 FANUC 系统参数诊断 [J]. 金属加工（冷加工），2017 (22)：53-55.

[4] 佟冬. 数控机床伺服轴同轴度的快速检测 [J]. 金属加工（冷加工），2020 (7)：42-44.

[5] 徐东毅，佟冬. 飞扬 F0 数控系统在卧式加工中心上的应用 [J]. 制造技术与机床，2015 (10)：165-168.

[6] 闵立，佟冬. i5 数控系统在立式加工中心上的应用 [J]. 电力设备，2017，01：193.

[7] 闵立，佟冬. i5 数控机床回零方式综述及故障诊断 [J]. 电力设备，2017，02：63-64.

[8] 佟冬，闵立. 飞扬 C0 数控系统在五轴加工中心上的应用 [J]. 金属加工（冷加工），2017 (5)：12-14.